進階篇

Python

遊戲開發講座 | 動作射擊 與3D賽車

廣瀨豪 著・吳嘉芳 譯

＊　　＊　　＊

致未來的遊戲設計師

本書是用 Python 程式語言解說如何開發正式遊戲的教材。這是《Python 遊戲開發講座入門篇｜基礎知識與 RPG 遊戲》的續篇，倘若你已經具備了 Python 方面的知識，直接閱讀這本《進階篇》，也能紮實地學會開發遊戲的 Know How。這本書製作了**動作遊戲**、**射擊遊戲**、還有模擬 3D 影像效果的 **3D 賽車遊戲**。上一本著作曾經解說過幾個小遊戲的作法，包括**掉落物拼圖遊戲**、**角色扮演遊戲**，若你能一併瀏覽，可以學到更廣的遊戲開發類型。

筆者的本業是遊戲設計師，使用 C/C++、C#、Java、JavaScript 等語言開發過遊戲軟體及應用程式。認識 Python 之後，愛上它的魅力，而開始使用 Python 開發遊戲。多數拿起這本書的人，應該都已經理解 Python 的優點，不過為了還不熟悉 Python 的讀者，筆者想在此簡單介紹這個程式語言的優秀之處。

首先，與 C 類語言及 Java 等其他語言相比，Python 的描述方法很簡單，能立即確認輸入程式執行的動作，因此 Python 可說是非常適合初學者學習的程式語言。

此外，Python 還有許多可以開發各種軟體的模組，專業的程式設計師能使用這些模組來組合出高階程式。換句話説，這是一種廣泛且深奧的程式設計語言。我們從近年來 Python 大受歡迎，被運用在企業的系統開發、機器學習的人工智慧開發、學術研究領域等情況就能瞭解，Python 是極為優秀的程式開發語言。

筆者根據各種商用遊戲軟體的開發經驗撰寫了這本書，書中網羅了開發遊戲需要的技巧，當你在製作原創遊戲時，可以當作參考。此外，筆者撰寫這本書的目的是希望透過遊戲開發深入學習 Python，對於想進一步運用 Python 的人來説，也非常實用。若這本書能幫助到希望體會開發遊戲的樂趣，或想實現偉大夢想的人，筆者將深感榮幸。

2019 年秋　廣瀨 豪

Contents

序言 5
導言｜本書的使用方法 10
序幕｜遊戲開發與程式設計師 15

Chapter 1　遊戲開發的基本知識 1

Lesson 1-1　按鍵輸入 24
Lesson 1-2　即時處理 29
Lesson 1-3　角色的動畫 31
Lesson 1-4　利用二維列表管理地圖資料 38
Lesson 1-5　判斷地面與牆壁 41
COLUMN　　　Python 的整合開發環境 44

Chapter 2　遊戲開發的基本知識 2

Lesson 2-1　矩形的碰撞偵測 50
Lesson 2-2　圓形的碰撞偵測 54
Lesson 2-3　三角函數的用法 57
Lesson 2-4　索引與計時器 65
Lesson 2-5　製作小遊戲！ 68
COLUMN　　　遊戲的世界觀 75

Chapter 3　製作動作遊戲！上篇

Lesson 3-1　吃點數遊戲 78
Lesson 3-2　顯示迷宮 81
Lesson 3-3　移動角色 84
Lesson 3-4　角色的方向及動畫 89
Lesson 3-5　順暢移動角色 93
Lesson 3-6　取得道具，增加分數 101
Lesson 3-7　敵人登場 105
Lesson 3-8　標題、過關、遊戲結束 110
COLUMN　　　BASIC 與 Python 120

製作動作遊戲！下篇

Lesson 4-1	加入多個關卡	122
Lesson 4-2	加入主角的剩餘命數	131
Lesson 4-3	新敵人登場	136
Lesson 4-4	製作結尾	144
Lesson 4-5	準備各種關卡	156
Lesson 4-6	製作地圖編輯器	158
Lesson 4-7	輸出地圖編輯器的資料	161
COLUMN	知名動畫遊戲的開發秘辛 之一	166

Pygame 的用法

Lesson 5-1	關於 Pygame	170
Lesson 5-2	安裝 Pygame	172
Lesson 5-3	Pygame 的基本用法	176
Lesson 5-4	用 Pygame 繪製影像	180
Lesson 5-5	旋轉與縮放影像	183
Lesson 5-6	同時輸入多個按鍵	187
COLUMN	關於復古遊戲	190

製作射擊遊戲！上篇

Lesson 6-1	關於射擊遊戲	192
Lesson 6-2	在 Pygame 快速捲動	196
Lesson 6-3	移動我機	199
Lesson 6-4	發射飛彈	206
Lesson 6-5	發射多發飛彈	210
Lesson 6-6	發射彈幕	217
COLUMN	知名動畫遊戲的開發秘辛 之二	223

Chapter 7

製作射擊遊戲！中篇

Lesson 7-1	敵機的處理	226
Lesson 7-2	用飛彈擊落敵機	235
Lesson 7-3	加入爆炸效果	241
Lesson 7-4	加入防禦力	248
Lesson 7-5	標題、玩遊戲、遊戲結束	256
COLUMN	Python 只用三行就能製作出派對遊戲	265

Chapter 8

製作射擊遊戲！下篇

Lesson 8-1	加入音效	268
Lesson 8-2	增加敵機的種類	279
Lesson 8-3	魔王機登場	286
Lesson 8-4	完成遊戲	297
COLUMN	用遊戲控制器操作遊戲！	309

Chapter 9

製作3D賽車遊戲！上篇

Lesson 9-1	關於賽車遊戲	314
Lesson 9-2	3DCG 與模擬 3D	316
Lesson 9-3	遠近法	318
Lesson 9-4	思考道路呈現的狀態	320
Lesson 9-5	運用擬3D技巧繪製道路｜使用矩形	322
Lesson 9-6	運用擬3D技巧繪製道路｜使用多邊形	326
Lesson 9-7	表現道路的彎度	328
Lesson 9-8	表現道路的高低起伏 之一	332
Lesson 9-9	表現道路的高低起伏 之二	335
COLUMN	讓道路隨意變化的程式	339

Chapter 10

製作3D賽車遊戲！中篇

Lesson 10-1	使用 Pygame	342
Lesson 10-2	畫出較精緻的賽道	344
Lesson 10-3	依照彎曲狀態移動背景	351

Lesson 10-4　表現道路起伏 356

Lesson 10-5　繪製車道的分隔線 362

Lesson 10-6　定義賽道之一 彎曲資料 366

Lesson 10-7　定義賽道之二 起伏資料 369

Lesson 10-8　定義賽道之三 道路旁的物體 371

Lesson 10-9　控制玩家的賽車 378

COLUMN　　檢測處理速度下降的問題 389

Chapter 11

製作3D賽車遊戲！下篇

Lesson 11-1　讓電腦控制的賽車在賽道上行駛 392

Lesson 11-2　加入判斷賽車碰撞的處理 402

Lesson 11-3　從起點到終點的過程 409

Lesson 11-4　加入單圈時間 418

Lesson 11-5　可以選擇車種 427

COLUMN　　電腦遊戲 AI 438

Appendix

特別附錄

Appendix 1　Game Center 208X 442

Appendix 2　《Animal》掉落物拼圖 448

後記 449

索引 450

本書的使用方法

這裡要介紹書中出現的兩位解說員,以及必須先瞭解的內容,包括接下來要製作的遊戲、下載檔案的網頁用法、學習方式等。

登場人物簡介

本書由在《Python 遊戲開發講座入門篇|基礎知識與 RPG 遊戲》也負責過協助工作的「水鳥川堇」以及「白川彩華」擔任解說員。這兩位 Python 專家現在負責以下工作。

水鳥川堇
IT 公司的老闆,在公司成立電腦遊戲事業部,開始開發教育用遊戲軟體,同時也在母校慶王大學擔任程式設計教學的客座副教授。

白川彩華
在慶王大學學習過程式設計的理科女。因強大的程式設計技術實力而被延攬至水鳥川堇的公司,從事遊戲開發工作。這些遊戲軟體是教育機構或教科書出版社委託製作,目的是讓孩童能愉快地學習程式設計,他對自己的工作感到自豪,每天都孜孜不倦地設計程式。

本書製作的遊戲

第 1～2 章要學習開發遊戲的基本技術,之後進行演練。
本書將一步一步詳細解說動作遊戲、彈幕射擊遊戲、3D 賽車遊戲等熱門遊戲類型是如何設計程式?
請反覆練習,磨練程式設計的能力!

Chapter 2 小遊戲

《METEOR》(左)與《流浪貓》(右)是躲避敵人的小遊戲。這是最適合學習設計遊戲程式基本技術的題材。

Chapter 3-4 動作遊戲

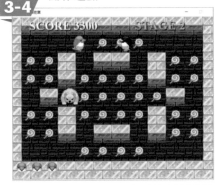

《提心吊膽企鵝迷宮》是取得迷宮內所有糖果就過關的吃點數遊戲。

Chapter 6-8 彈幕射擊遊戲

《Galaxy Lancer》是在擊落敵機的同時，不斷前進的垂直捲動式彈幕射擊遊戲。

Chapter 9-11 3D 賽車遊戲

《Python Racer》是大量運用 3D 模擬技術，呈現出逼真立體感、彎道、賽道起伏的賽車遊戲。

你注意到隱藏角色了嗎？（答案請見 P.314）

特典 遊戲啟動器及掉落物拼圖遊戲

也能啟動原創遊戲！

《Game Center 208X》（左）是可以選擇、啟動遊戲的遊戲啟動器。《Animal》（右）是相同顏色的方塊排成一排即可消除的標準掉落物拼圖遊戲。

>>> 範例程式的使用方法

本書使用的範例程式可以透過以下網址下載。

下載網址程式　**http://books.gotop.com.tw/download/ACG006200**

範例程式是以加上密碼的 ZIP 格式壓縮，請輸入 P.453 的密碼再解壓縮。每章的程式
分別儲存在各個資料夾內，如下圖所示。

書中的每個說明都清楚標示了使用的範例程式位於哪個資料夾內，以及該範例的檔案
名稱。倘若你自行輸入程式，卻無法正常執行時，請開啟該資料夾，參考範例程式。

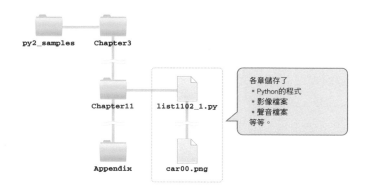

■ 程式的表記方式

書中的程式是由**行號**、**程式**、**說明**等三欄構成，如下所示。太長無法顯示成一行的程
式會跳過行號，插入空行。此外，與前面程式重複的部分有時會省略。

程式的顏色和 Python 開發工具 IDLE 編輯器視窗內顯示的顏色一致，當你使用編輯器
開啟程式，進行比較時，請特別注意這一點。

程式 ▶ list0101_2.py

■ 文字編輯器

本書的程式是使用 Python 標準內建的整合開發環境 IDLE 確認執行狀況。雖然書中已經盡量用最短的行數描述程式，但是這裡要學習的三個遊戲完成程式含有不少行數，使用文字編輯器比較方便確認這些程式。

●可以免費使用的編輯器

Atom	這是 GitHub 公司開發的開放原始碼文字編輯器，支援包含 Python 在內的多種程式設計語言。 **https://atom.io/**
Brackets	這是 Adobe Systems 公司開發的免費編輯器，同樣也支援包含 Python 在內的多種程式設計語言。 **http://brackets.io/**

文字編輯器的種類琳瑯滿目，你可以在網路上搜尋，選用適合自己的編輯器。

現在已有方便開發Python，可以免費使用的整合開發環境。想要開發正式軟體的人，可以善用這種軟體。在 Chapter 1 的專欄內，將會介紹稱作 Pycharm 的整合開發環境。

■ 注意事項

程式、影像、聲音等所有範例檔案的著作權都歸作者所有，唯讀者們的個人用途不在此限，可以隨意改良、改造程式。

》》 學習方法

本書是依照以下步驟來學習遊戲開發的技巧。

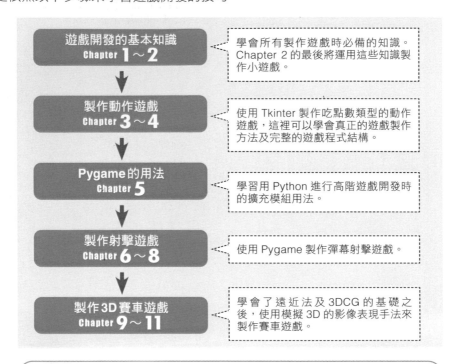

遊戲開發的基本知識 Chapter 1～2	學會所有製作遊戲時必備的知識。Chapter 2 的最後將運用這些知識製作小遊戲。
製作動作遊戲 Chapter 3～4	使用 Tkinter 製作吃點數類型的動作遊戲，這裡可以學會真正的遊戲製作方法及完整的遊戲程式結構。
Pygame 的用法 Chapter 5	學習用 Python 進行高階遊戲開發時的擴充模組用法。
製作射擊遊戲 Chapter 6～8	使用 Pygame 製作彈幕射擊遊戲。
製作 3D 賽車遊戲 Chapter 9～11	學會了遠近法及 3DCG 的基礎之後，使用模擬 3D 的影像表現手法來製作賽車遊戲。

看過第一本著作的讀者也可以從 Chapter 6 開始學習。但是從 Chapter 6 開始，需要具備 Chapter 2 說明的「碰撞偵測」及「三角函數」知識，請先學會這個部分再繼續學習。

POINT

來自筆者的建議

當你學習完畢後，你的遊戲開發知識就能達到一定的等級。此外，每個程式都包含了 Python 的程式設計技巧，在你看完這本書之後，一定能大幅提升運用 Python 的能力。

這是一本以遊戲開發為題材的書，請以愉快、輕鬆的心情來閱讀。儘管書中也有比較難懂的內容，但是你不用勉強自己要在當下完全瞭解，困難的部分可以日後再回頭學習，請先概略看到最後的特別附錄。

特別附錄也可以學會有助於徹底掌握 Python 的知識。

遊戲開發與程式設計師

在進入正式說明之前，我想先談談遊戲開發的內容，介紹專業遊戲開發的現況，以及個人應該如何製作遊戲等各種疑問。

01. 遊戲開發流程

各位讀者之中，應該有人希望進入遊戲開發公司工作，或想轉職成為遊戲設計師吧！或者有人認為「雖然我已經會使用 Python 了，但頭一次接觸遊戲開發。」因此我想應該讓你先瞭解遊戲開發的概要，說明以下內容：

- 專業的遊戲開發流程
- 個人應以何種流程開發遊戲

》》》 專業的遊戲開發流程

首先要說明專業的遊戲開發流程。家用遊戲軟體及智慧型手機的遊戲 app 是依照以下流程來發布、銷售。

第一本著作用專欄簡單說明過這個流程，不過這裡將詳細說明每個流程要執行的工作。

企劃立案是構思要製作何種遊戲的階段，思考遊戲的規則，以及設定並整理成書面內容（企劃書），主要由稱作規劃師的人員來撰寫企劃。公司內部根據整理遊戲內容的企劃書，討論「這個遊戲是否有製作價值」。具體而言，這個階段要評估「這個遊戲真的好玩嗎？」，還有開發這個遊戲「公司能否從中獲利？」。

如果要判斷能否獲利，必須設定開發費用。預算及人力評估包括開發該遊戲需要多少位何種職務的設計師，需要多久的時間才能開發完畢，計算出所需的開發費用。

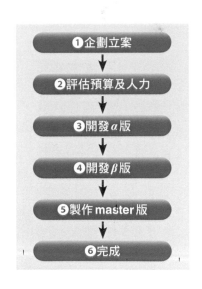

① 企劃立案
↓
② 評估預算及人力
↓
③ 開發 α 版
↓
④ 開發 β 版
↓
⑤ 製作 master 版
↓
⑥ 完成

擁有決定權的開發部長或主管若判斷開發這款遊戲可以讓公司獲利，就會展開開發工作。小型製作公司通常是由老闆判斷是否開始開發。

決定開發之後，進入開發 α 版的階段。α 版是製作一般遊戲的主要部分，確認使用者是否能瞭解規則及操作方法。

專業開發團隊的架構

完成 α 版之後，篩選出應該改良的重點，進入開發 β 版的階段。如果在 α 版階段判斷「這是款無聊的遊戲，就算發布也不會賺錢」，或「內容雖好，卻要花費過多的開發費用」等，有時會當場停止開發。

順利進入 β 版的開發階段後，開始製作該遊戲的整體結構。當接近 β 版的完成階段時，討論實際上使用者玩遊戲的情況並提出意見，確認是否有修改之處。

包含這些改良的部分，進入最終階段，製作 master 版。從 β 版進入 master 版階段，將透過改良部分及增加內容來提高 β 版的完成度，同時繼續製作。master 版接近完成時（或接近 β 版完成期間），要檢視遊戲的細節，找出錯誤（程式或資料的問題），進行修改，這個部分稱作除錯。有一定規模的大公司，會有專責的人員負責除錯工作。小型製作公司或開發團隊有時是由所有團隊成員一起除錯。

》》 個人或志同道合者的遊戲開發流程

接著要介紹個人或志同道合者開發遊戲的流程。個人或志同道合者一般是按照右圖的流程來製作遊戲。

如果要製作正式的遊戲，必須取得平面設計素材及聲音素材。身邊若有平面設計師或音效設計師，可以與他們討論製作素材的方式，但是個人開發遊戲時，通常周遭沒有製作影音素材的人才。

因此以下要說明準備遊戲素材的指引。

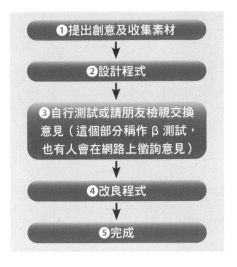

❶提出創意及收集素材

❷設計程式

❸自行測試或請朋友檢視交換意見（這個部分稱作 β 測試，也有人會在網路上徵詢意見）

❹改良程式

❺完成

02.製作遊戲的素材

個人製作遊戲軟體時，請用以下方法準備平面素材。

- 自行繪製
- 使用免費素材
- 在網路上搜尋接案的平面設計師並委託對方繪製

我想對很多人來說，要自行製作聲音素材是非常困難的一件事，所以剛開始最好使用免費素材。

遊戲開發的初學者不需要一開始就尋找平面設計師及音效設計師的協助，建議你**別在意圖畫得好不好，先嘗試自行準備**。另外，也有很多提供免費素材的網站，請透過網路取得你喜歡的素材，試著著手製作。

筆者也曾自行或與同好一起製作電腦遊戲軟體，並發布於網路上。根據當時的實戰經驗，建議你可以按照以下流程來開發遊戲。

❶ 先用暫時性的素材設計程式，並且自行設計這些暫時性的素材
❷ 等遊戲開發有一定進展後，再取代成免費素材
❸ 尋找設計師繪製遊戲內的重要素材

假設我們要製作《超級馬力歐》這種 2D 動作遊戲。場景中的方塊設計很簡單，可以自行繪製，背景中的雲和山則使用免費素材。若希望以好看的原創設計呈現主角與敵人，則在網路上尋找設計師來負責製作。我想利用這種方法，不用花費太多預算，就能製作出有一定品質的遊戲。

此外，承接平面設計或音效製作案件的自由設計師良莠不齊，收費價格也高低不一。希望準備正式素材的人，可以透過 pixiv 尋找接案的設計師，先試著與對方討論。

免費素材有些可以商用，有些只要是免費軟體都可以使用，類型琳瑯滿目。透過網際網路取得的素材請遵守該素材網站上記載的規定。

03. 程式設計師的職責

接下來要說明程式設計師的職責。在說明結論之前，這裡先引用與電腦有關的名言。

有句話說「沒有軟體的電腦不過是個普通的箱子」。意思是，不論多棒的電腦，沒有軟體就無法發揮作用。

長期使用電腦的人，應該聽過這句話。筆者大概是在國、高中時期，從電腦相關節目，抑或當時看過的電腦雜誌上得知這句話。長大之後，才知道這句話是撐起日本電腦產業黎明期的宮永好道提出的。

這句名言也很適合套用在遊戲機或智慧型手機上。家用遊戲機及智慧型手機都是一種電腦設備，如果沒有啟動該設備的軟體，就無法使用。即使組裝了高效能的零件，沒有軟體，電腦設備就一無是處。

相對來說，筆者見過許多優秀的軟體，即便是效能較差的硬體，也能透過程式，達到超越硬體規格的效能。各位讀者之中，應該也有人知道這種軟體吧！

接下來要說明程式設計師的職責。不論是在遊戲製造商工作的專業程式設計師，或因個人興趣而製作遊戲的程式設計師，他們的工作就是**讓遊戲實際動起來**。

程式設計師寫出讓角色動起來的程式，角色就會開始動作。角色的動作生動逼真，使用者覺得操作起來很順暢，或「這個角色的動作卡卡的，很難操作」而覺得不滿意，全都是根據程式的組合方法而定。

程式設計師肩負著賦予遊戲世界生命的重責大任。遊戲好不好玩，當然與原本的創意有關。可是完成的遊戲是否優秀，就得靠程式設計師的功力了。

優秀的程式設計師通常可以將有趣的企劃變成好玩的遊戲。這本書在製作遊戲時，也會一併說明讓遊戲變好玩的技巧。

04. 先試作看看！

「我想製作遊戲，卻沒有好點子」。應該有這種人吧？

從無到有或許很困難。沒有好點子時，也可以從模仿你喜歡的遊戲開始著手。

程式設計的初學者很難製作出和市售遊戲一樣的成品，所以最初只要模仿遊戲的精華即可。請先模仿你喜歡的部分遊戲，開始練習如何設計程式。

舉例來說，操作角色，盡量避免被敵人發現的潛行遊戲。如果你喜歡這種遊戲，可以用紅色圓形代表敵人，藍色圓形代表自己，終點是綠色四角形。當藍色圓形接近紅色圓形，在一定範圍內後，紅色圓形就會追逐藍色圓形。只要做到這一點，就代表程式設計成功。接著再思考設置障礙物，表現敵人視線（目光方向）的程式，分階段開發遊戲。在這個過程中，你一定會想出「加入這種規則，應該會變有趣」的創意。

相反地，一開始創意就源源不絕的人，請從這些創意中，選擇最容易達成的想法開始嘗試。當你的程式設計經驗還不夠豐富時，一次組合各種規格會造成混亂。本書將分階段加入完成遊戲的必要規則來設計程式，請當作參考。

假設你喜歡《龍族拼圖》，請試著設計用滑鼠移動畫面上多色正方形的程式。完成之後，思考顏色一致時的處理。倘若你喜歡《怪物彈珠》，就試著製作點擊顯示在畫面上的圓形，就會移動的程式。完成之後，再設計拖曳圓形，可以調整彈力強度的程式。從你會的地方開始著手，逐漸挑戰困難的處理。

05. Python 不適合開發遊戲？

有些人認為 Python「無法製作 3D 遊戲，所以不適合用來開發遊戲。」的確，據筆者所知，在撰寫這本書時，還沒有一個 Python 函式庫可以輕鬆處理 3D 模型資料（例如開發遊戲時可以快速繪圖的模式）。儘管 Python 準備了各種函式庫，卻不擅長 3DCG 相關功能，這或許是 Python 少數的缺點之一。

如果你很瞭解數學及程式設計的知識與技術，或許能運用 Python 自行開發繪製立體影像的程式，但是對多數人來說，這點非常困難，也不實際。

那麼，只能放棄使用 Python 開發 3D 遊戲了嗎？

不，並非如此。「模擬 3D 世界」的手法可以運用技巧製作出 3D 遊戲。事實上，1980年到 1990 年中期的各種 3D 遊戲都是用只具備 2D 繪圖能力的硬體製作出來的。當時模擬 3D 的知名遊戲包括了任天堂的《F-ZERO》、《瑪利歐賽車》、SEGA 的《Out Run》等。直到今日，這些遊戲仍擁有大批粉絲，筆者也很喜歡。本書也利用了模擬 3D 的手法，說明開發賽車遊戲的方法。

■ 根據實際教學經驗的建議

從下一章開始將要學習遊戲開發的技術。在此之前，筆者想先說明一件事。筆者曾在大學及職業學校教過遊戲開發課程，根據當時的經驗，如果要學習遊戲開發的基本知識，2D 遊戲比較適合。

這些學生都是遊戲開發的初學者，筆者先傳授簡單的 2D 遊戲製作方法，同時讓學生思考改良哪個部分會讓遊戲變得更有趣。由於是簡單的 2D 遊戲，不會被呈現方式誤導，而能講求遊戲原本的趣味性。例如，「提高主角的移動速度？」、「增加敵人的數量？」、「改變敵人的行為模式？」等。

2D 遊戲的動作是在平面上進行，可以看到整個畫面，能輕易瞭解程式變化反映在畫面上的結果。開發 2D 遊戲可以學會讓遊戲變好玩的必要規則以及操作的重要性。

使用 Python 製作的程式可以輕鬆更改程式，立刻確認動作，很適合用來學習遊戲開發。用 2D 遊戲思考讓遊戲變好玩的知識也能運用在 3D 遊戲的開發工作上。基於上述理由，用描述簡單、容易學習的 Python 來製作遊戲，可以打好遊戲開發的基礎。

COLUMN

成為遊戲製造商！

發布遊戲軟體的平台（硬體）包括家用遊戲機、電腦、智慧型手機。

在這些硬體中，個人要開發、銷售家用遊戲機的遊戲軟體幾乎不可能。家用遊戲機的遊戲軟體不可能未和硬體製造商簽約就逕行開發，可以簽約的只有公司。此外，如果要銷售家用遊戲軟體，需要幾個程序，包括委託 CERO 團體審查遊戲的內容等。

或許有人知道個人能自由展現創意，發布、銷售電腦軟體或智慧型手機的 app。如果是電腦遊戲、智慧型手機 app，你可以成立一個人的遊戲製造商，並加入業界。這裡雖然使用了遊戲製造商這個名詞，卻不需要成立公司。

「真的嗎？」可能有人會感到驚訝，這裡稍微說明一下，電腦軟體包括發布該軟體的各種服務。我們可以使用這些服務開發遊戲，以下載軟體的方式發布、銷售。智慧型手機之中，iOS 設備用的 app 是透過 Apple 公司發布，Android 設備用的 app 是透過 Google 公司的 Google PLAY 發布。Windows 用的軟體、Mac 用的軟體、iOS app、Android app 都可以把個人開發的軟體，透過各種商店傳送到全世界。

電腦軟體與智慧型手機的發送申請很簡單，只要邊查詢網路邊操作，任何人都可以完成。因此會製作遊戲程式的程式設計師，一個人就能成為遊戲製造商，與世界各地的人交易！

網際網路尚未出現之前，個人無法在沒有成立公司的情況下成為遊戲製造商。現在這個年代，不光是遊戲，個人製作的插畫、漫畫、動畫、音樂、小說等各種內容，透過網際網路傳送到世界各地，就能抓住商機。

當作商品銷售的遊戲軟體通常是用 C++、C#、Java、Swift 等程式設計語言開發。這些語言比 Python 還難，如果要開發出商品化的遊戲，就得在一段時間內，持續學習程式設計才行。

Python 是非常容易學習的程式設計語言，前面也曾說過，這種語言很適合用來學習遊戲開發。筆者認為，學會用 Python 設計程式及開發遊戲的基礎後，再挑戰其他程式設計語言，可以有效吸收所有與程式設計有關的知識及軟體的開發技術。

下一章要開始學習遊戲開發的技術，請和我們一起愉快地學習。

遇到不懂的地方請貼上便利貼，方便日後複習，再繼續學下去。累積了程式設計的知識之後，前面不懂的地方自然就能豁然開朗，因此建議採取的學習方式是，先大致看過一次，再回頭閱讀不明白之處。

一開始要使用標準模組 tkinter 學習製作遊戲必備的知識。Chapter 1 要學習遊戲開發最基本的按鍵輸入，以及即時處理等五個項目。接著 Chapter 2 要學習碰撞偵測與三角函數，利用這些知識完成小遊戲。

對於已經看過《Python 遊戲開發講座入門篇｜基礎知識與 RPG 遊戲》的讀者而言，這本書有部分內容重複，不過這些是遊戲開發的重要知識，請利用這個部分徹底複習。

遊戲開發的基本知識 1

1

Chapter

按鍵輸入

遊戲軟體經常要接受按鍵輸入,根據按鍵值移動角色或開啟選單畫面等各種處理。製作遊戲時,按鍵輸入的程式可以說是基本中的基本。以下要說明 Python 的按鍵輸入方法。

顯示視窗

在 Python 匯入 tkinter 模組,就會在畫面中顯示視窗。我們可以在視窗內置入顯示文字的部分以及按鈕等,也可以置入繪製影像或圖形的畫布元件。

以下要確認的程式是在畫面中顯示視窗,並置入顯示文字的標籤。按鍵輸入就是在這個視窗上執行。

請輸入以下程式,另存新檔之後,再執行程式。

程式 ▶ list0101_1.py(←請用相同檔名儲存)

```
1  import tkinter                                    匯入 tkinter 模組
2
3  root = tkinter.Tk()                               建立視窗元件
4  root.geometry("400x200")                          設定視窗尺寸
5  root.title("用Python處理GUI")                      設定視窗標題
6  label = tkinter.Label(root, text="遊戲開發的第      建立標籤元件
   一步", font=("Times New Roman", 20))
7  label.place(x=80, y=60)                           置入標籤
8  root.mainloop()                                   顯示視窗
```

 你可以從本書提供的網址下載這些程式,請務必使用 IDLE 或文字編輯器,試著自行輸入程式,這樣一定能提升你的程式設計能力。

執行這個程式,會顯示如**圖 1-1-1** 的視窗。

利用第 3 行的 **Tk()** 命令建立視窗,並用第 4 行的 **geometry()** 命令設定尺寸,再用第 5 行的 **title()** 命令設定標題。

這個程式在視窗上置入了顯示文字的標籤,執行這項處理的是第 6 ~ 7 行的程式。用 **Label()** 命令建立標籤,在 Label() 命令的 () 內描述的第一個 root 是置入標籤的視窗。用 text= 設定顯示的字串,並用 font= 設定字串的字體。這個程式設定了多數電腦會使用的 Times New Roman 字體。第 7 行的 **place()** 是置入元件的命令,並用參數 x=、y= 設定放置在視窗內的位置。

利用第 8 行的 mainloop() 顯示視窗。

圖 1-1-1　list0101_1.py 的執行結果

如果和這次一樣，用程式在視窗內置入標籤，可以省略 Label() 命令的參數 root。後面的程式在建立各種元件的命令中，會省略參數 root。

視窗的座標是以左上角為原點 (0, 0)，水平方向是 X 軸，垂直方向是 Y 軸。

圖 1-1-2　X 軸與 Y 軸的開始位置與方向

電腦畫面的座標也是很重要的知識。製作遊戲時，要分別決定畫面的寬度與高度。接著決定各種座標，包括角色的移動範圍、顯示分數或生命的位置等。

關於 GUI

置入了按鈕及文字輸入欄的視窗，操作上非常直覺且容易瞭解，這種介面稱作圖形使用者介面（GUI：Graphical User Interface）。Python 主要有以下幾個命令可以處理 GUI 的元件。

表 1-1-1　Python 主要的 GUI 命令

元件	命令	描述範例
標籤	Label()	label = tkinter.Label(text= 字串 , font= 字體)
按鈕	Button()	button = tkinter.Button(text= 字串)
單行文字輸入欄	Entry()	entry = tkinter.Entry(width= 字數)
多行文字輸入欄	Text()	text = tkinter.Text()
核取按鈕（核取方塊）	Checkbutton()	cbtn = tkinter.Checkbutton(text= 字串)
畫布元件	Canvas()	canvas = tkinter.Canvas(width= 寬度 , height= 高度)

這些 GUI 的用法已經在《Python 遊戲開發講座入門篇｜基礎知識與 RPG 遊戲》詳細說明過，請自行參考。

用 bind() 命令執行按鍵輸入

以下要確認建立視窗，接受按鍵輸入的程式。請輸入以下程式，另存新檔之後，再執行程式。

程式 ▶ list0101_2.py

```
1   import tkinter                                         匯入 tkinter 模組
2
3   def key_down(e):                                       定義函數
4       key_c = e.keycode                                      把 keycode 的值代入變數 key_c
5       label1["text"] = "keycode "+str(key_c)                 在標籤 1 顯示該值
6       key_s = e.keysym                                       把 keysym 的值代入變數 key_s
7       label2["text"] = "keysym "+key_s                       在標籤 2 顯示該值
8
9   root = tkinter.Tk()                                    建立視窗元件
10  root.geometry("400x200")                              設定視窗尺寸
11  root.title("按鍵輸入")                                設定視窗標題
12  root.bind("<KeyPress>", key_down)                     設定按下按鍵時執行的函數
13  fnt = ("Times New Roman", 30)                         定義字體
14  label1 = tkinter.Label(text="keycode", font=fnt)      建立標籤 1 元件
15  label1.place(x=0, y=0)                                置入標籤 1
16  label2 = tkinter.Label(text="keysym", font=fnt)       建立標籤 2 元件
17  label2.place(x=0, y=80)                               置入標籤 2
18  root.mainloop()                                       顯示視窗
```

執行這個程式之後，會顯示以下視窗，按下鍵盤上的按鍵，會顯示對應的值。

圖 1-1-3　list0101_2.py 的執行結果

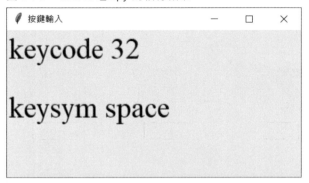

在 tkinter 建立的視窗輸入按鍵，第 12 行的視窗元件 (root) 會在發生按下按鍵的事件
（<KeyPress>）時，執行用 bind() 命令設定的函數。
第 3 ～ 7 行的程式定義了該函數。Python 是用 def 定義函數。

格式：定義函數

```
def 函數名稱：
    處理
```

這次定義的是取得按鍵輸入事件的函數，所以描述為 def key_down(e):，利用參數 e
取得事件。
按鍵的值包括 keycode 與 keysym。Windows 與 Mac 的 keycode 值不同，因此本書
是用 keysym 的值判斷輸入的按鍵。

> 使用者在軟體操作按鍵或滑鼠時，會發生事件。例如，按下
> 或放開按鍵時，會發生按鍵事件，移動滑鼠或按下滑鼠按鍵
> 時是發生滑鼠事件。

使用 bind() 命令可以取得的主要事件如下所示。

表 1-1-2　bind() 命令可以取得的主要事件

<事件>	事件內容
<KeyPress> 或 <Key>	按下按鍵
<KeyRelease>	放開按鍵
<Motion>	移動滑鼠游標
<ButtonPress> 或 <Button>	按下滑鼠按鍵
<ButtonRelease>	放開滑鼠按鍵

利用 bind() 命令也可以接受滑鼠輸入。想製作用滑鼠輸入的遊戲，可以參考《Python遊戲開發講座入門篇｜基礎知識與 RPG 遊戲》的掉落物拼圖遊戲，裡面說明了滑鼠的輸入方法，請自行參考。

Lesson 1-2 即時處理

動作遊戲開始之後，就算使用者沒有執行任何動作，遊戲內的時間仍會繼續計時，敵人會追逐並攻擊玩家。依照時間軸前進的處理就稱作即時處理。

製作遊戲時，即時處理的程式是不可或缺的部分。以下要說明在 Python 執行即時處理的方法。

›››用after()命令執行即時處理

Python 可以用 after() 命令執行即時處理。以下要確認在視窗內持續顯示目前時間的程式，掌握即時處理的感覺。請輸入以下程式，另存新檔之後，再執行程式。

程式 ▶ list0102_1.py

```
1   import tkinter                                      匯入 tkinter 模組
2   import datetime                                     匯入 datetime 模組
3
4   def time_now():                                     定義函數
5       d = datetime.datetime.now()                         把目前的時間代入變數 d
6       t = "{0}:{1}:{2}".format(d.hour, d.minute,          把時、分、秒代入變數 t
    d.second)
7       label["text"] = t                                   更改標籤的字串
8       root.after(1000, time_now)                           1 秒後再次執行這個函數
9
10  root = tkinter.Tk()                                 建立視窗元件
11  root.geometry("400x100")                            設定視窗尺寸
12  root.title("簡易時鐘")                               設定視窗標題
13  label = tkinter.Label(font=("Times New Roman", 60)) 建立標籤元件
14  label.pack()                                        置入標籤
15  time_now()                                          執行 time_now() 函數
16  root.mainloop()                                     顯示視窗
```

執行這個程式，會顯示目前時刻，如**圖 1-2-1** 所示，時間會持續更新。

圖 1-2-1　list0102_1.py 的執行結果

第 4 ～ 8 行定義了執行即時處理的函數。這個函數是使用 datetime 模組的命令取得目前的時間，然後顯示在標籤上。接著使用 after() 命令，再次執行這個函數，持續顯示時間。以圖示分析這種處理，結果如**圖 1-2-2** 所示。

圖 1-2-2　使用 after() 命令執行即時處理

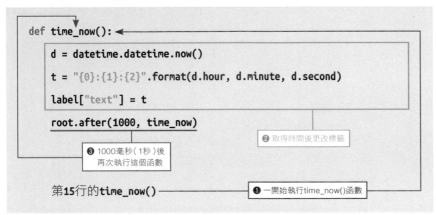

》》》 取得時間

這個程式匯入了處理時間的 datetime 模組。第 5 行的 datetime.now() 命令把現在的時間代入變數 d，第 6 行的 d.hour 取出時，d.minute 取出分、d.second 取出秒。如果要取得西元、月、日，會使用 d.year、d.month、d.day 描述。

》》》 format() 命令

第 6 行的 format() 命令是將字串 {} 取代成參數值。依序將 {} 取代成參數值，就可以省略 {} 內的數值。

圖 1-2-3　format() 命令的處理

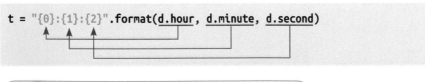

 datetime 模組的用法及 format() 命令都很重要，請先在此確認清楚。

Lesson 1-3　角色的動畫

遊戲中出現的角色會跑、跳，做出各種動作。2D 遊戲是使用多張影像準備角色的動作，再依序顯示這些影像，變成動畫。以下將說明這個方法。

》》》 描繪影像

tkinter 會把影像或圖形繪製在畫布元件上。以下將先確認顯示一張影像檔案的程式。這個程式使用了下面的影像檔案，你可以透過本書提供的網址下載這個檔案。

圖 1-3-1　這次使用的影像檔案

park.png

請輸入以下程式，另存新檔之後，再執行程式。

程式 ▶ list0103_1.py

```
1   import tkinter                                        匯入 tkinter 模組
2
3   root = tkinter.Tk()                                   建立視窗元件
4   root.title("在Canvas繪製影像")                          設定視窗標題
5   canvas = tkinter.Canvas(width=480, height=300)        建立畫布元件
6   canvas.pack()                                         置入畫布
7   img_bg = tkinter.PhotoImage(file="park.png")          在變數 img_bg 載入影像
8   canvas.create_image(240, 150, image=img_bg)           在畫布繪製影像
9   root.mainloop()                                       顯示視窗
```

執行這個程式，會在視窗內顯示影像（**圖 1-3-2**）。

畫布是用 **Canvas()** 命令設定寬度與高度，如第 5 行所示。用第 6 行的 **pack()** 命令在視窗內置入畫布。pack() 命令會在視窗內置入 GUI，這次的用法是根據畫布大小來決定視窗尺寸。

載入影像的是第 7 行的 PhotoImage() 命令。在參數 file= 設定影像的檔案名稱，用第 8 行的 create_image() 命令繪製影像。這個命令把 x 座標、y 座標、載入影像的變數描述為參數，並用 image= 設定載入影像的變數。

使用 create_image() 命令設定的座標是影像的中心，如圖 **1-3-3** 所示。

圖 1-3-2　list0103_1.py 的執行結果

圖 1-3-3　create_image() 命令的座標

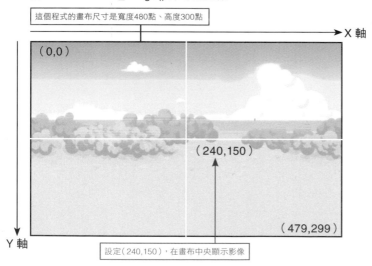

部分程式語言必須將座標設定為(0,0)，才能像這樣顯示影像。Python 及 Pygame 也一樣，若要將影像顯示在這個位置，一定要設定成(0,0)。Chapter 5 將說明如何用 Pygame 繪製影像。

⫸⫸⫸ 捲動背景

接下來要水平捲動背景。和前面的程式一樣，這次也要使用 park.png 影像，請輸入以下程式，另存新檔之後，再執行程式。

程式 ▶ list0103_2.py

```
1   import tkinter                                          匯入 tkinter 模組
2
3   x = 0                                                   管理捲動位置的變數
4   def scroll_bg():                                        定義函數
5       global x                                            把 x 當作全域變數處理
6       x = x + 1                                           x 的值加 1
7       if x == 480:                                        x 為 480 時
8           x = 0                                           x 變成 0
9       canvas.delete("BG")                                 暫時刪除背景影像
10      canvas.create_image(x-240, 150, image=img_bg,       繪製背景影像（左側）
    tag="BG")
11      canvas.create_image(x+240, 150, image=img_bg,       繪製背景影像（右側）
    tag="BG")
12      root.after(50, scroll_bg)                           50 毫秒後再次執行這個函數
13
14  root = tkinter.Tk()                                     建立視窗元件
15  root.title("捲動畫面")                                   設定視窗標題
16  canvas = tkinter.Canvas(width=480, height=300)          建立畫布元件
17  canvas.pack()                                           置入畫布
18  img_bg = tkinter.PhotoImage(file="park.png")            在變數 img_bg 載入影像
19  scroll_bg()                                             執行捲動畫面的函數
20  root.mainloop()                                         顯示視窗
```

執行這個程式後，會往水平方向捲動背景。這裡省略了執行畫面，請確認背景會持續捲動。

第 4 ～ 12 行定義了執行捲動顯示的函數。利用 after() 命令，每 50 毫秒持續執行這個函數（即時處理）。

使用第 3 行宣告的變數 x 管理背景的繪圖位置。x 的值是透過第 6 ～ 8 行的程式及 if 語法在 0 到 479 之間變化（變成 480 後恢復成 0）。在 scroll_bg() 函數的外側宣告 x。**Python 讓函數外側宣告的變數在函數內變化時，必須使用 global 命令宣告成全域變數，如第 5 行所示。**

第 10 ～ 11 行使用 x 的值設定座標，在左右繪製兩張背景。這樣在視窗內會顯示下圖用紅框包圍的範圍（**圖 1-3-4**）。

圖 1-3-4　捲動背景

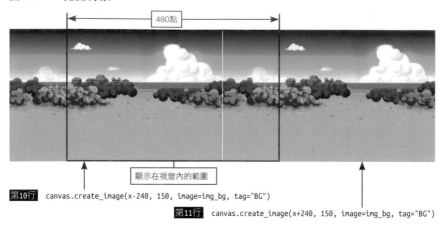

第10行　canvas.create_image(x-240, 150, image=img_bg, tag="BG")

第11行　canvas.create_image(x+240, 150, image=img_bg, tag="BG")

如果你覺得 scroll_bg() 函數的內容很難，請在第 11 行加上 # 再執行，這樣就會只顯示、捲動左側影像，如下所示。

```
#    canvas.create_image(x+240, 150, image=img_bg, tag="BG")
```

接著請刪除第 11 行的 #，在第 10 行加上 # 再執行，這次只會捲動右側影像。請用這種方法掌握 x 座標的變化及背景的位置關係。

 #是Python的註解符號。執行程式時，會忽略#之後的部分，不會執行加上#的命令。

繪製影像的 create_image() 命令使用了 tag= 參數，這個參數稱作**標籤**。在畫布繪製影像或圖形時，標籤是很重要的元素，以下將說明這一點。

››› 關於標籤

Python 在畫布上持續覆寫影像或圖形時，可能會讓軟體的動作變得奇怪。若要防止這一點，必須使用 delete() 命令，刪除已經繪製的影像，再重新描繪。

這次的程式是在第 9 ～ 11 行執行這個部分。先在 create_image() 命令的參數決定影像的標籤名稱，tag= 標籤名稱，然後在 delete() 命令的參數設定該標籤，刪除影像。

除了 Python，大部分的程式語言不需要刪除影像或圖層，可以直接覆寫。此外，Python 的擴充模組 Pygame 也能直接覆寫，不用刪除影像或圖形。

> 剛開始可能有人會對 Python 的 tkinter 不可覆寫影像的規定感到困擾。請別想得太難，只要記得若要在畫布上反覆繪圖，就得遵守這個原則即可。

讓角色變成動畫

接下來要確認小狗在捲動的公園內走路的程式。除了先前程式的 park.png 之外，還要使用以下影像檔案。從本書提供的網址就可以下載檔案（請參考 P.12）。

圖 1-3-5　動畫使用的影像檔案

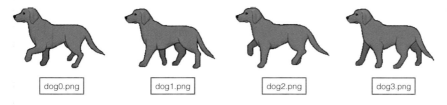

| dog0.png | dog1.png | dog2.png | dog3.png |

請輸入以下程式，另存新檔之後，再執行程式。

程式 ▶ list0103_3.py

```
1   import tkinter                                      匯入 tkinter 模組
2
3   x = 0                                               管理捲動位置的變數
4   ani = 0                                             小狗動畫使用的變數
5   def animation():                                    定義函數
6       global x, ani                                       把這些當作全域變數處理
7       x = x + 4                                           x 的值加 4
8       if x == 480:                                        x 為 480 時
9           x = 0                                               x 變成 0
10      canvas.delete("BG")                                暫時刪除影像
11      canvas.create_image(x-240, 150, image=img_bg,      繪製背景影像（左側）
    tag="BG")
12      canvas.create_image(x+240, 150, image=img_bg,      繪製背景影像（右側）
    tag="BG")
13      ani = (ani+1)%4                                     讓 ani 的值在 0 ～ 3 之間變化
14      canvas.create_image(240, 200, image=img_          繪製小狗影像
    dog[ani], tag="BG")
15      root.after(200, animation)                          200 毫秒後再次執行這個函數
```

```
16
17  root = tkinter.Tk()                                   建立視窗元件
18  root.title("動畫")                                     設定視窗標題
19  canvas = tkinter.Canvas(width=480, height=300)        建立畫布元件
20  canvas.pack()                                          置入畫布
21  img_bg = tkinter.PhotoImage(file="park.png")          在變數 img_bg 載入背景影像
22  img_dog = [                                            在列表 img_dog 載入小狗影像
23      tkinter.PhotoImage(file="dog0.png"),          ┐   動畫使用的四張影像
24      tkinter.PhotoImage(file="dog1.png"),          │
25      tkinter.PhotoImage(file="dog2.png"),          │
26      tkinter.PhotoImage(file="dog3.png")           ┘
27  ]
28  animation()                                           執行顯示動畫的函數
29  root.mainloop()                                        顯示視窗
```

執行這個程式，就會捲動背景，顯示小狗走路的動畫（**圖 1-3-6**）。

這裡準備了四張讓小狗動起來的影像。這些影像是利用第 22 ～ 27 行的程式載入 img_dog 列表內。列表相當於 C 語言或 Java 中的陣列，接下來將在 Lesson 1-4 說明這個部分。

利用第 14 行顯示小狗時，已經在 ani 變數設定了影像列表。運用第 13 行的算式，讓 ani 的值在 0 ～ 3 的範圍內重複變化。這個算式使用的 % 是求餘數的運算子。我想開發遊戲時，應該有很多程式設計師會使用 %（筆者也是），知道這個運算子的人應該也不少，以下要說明 % 的用法。

圖 1-3-6　list0103_3.py 的執行結果

⟫⟫⟫ % 運算子

例如，10%5 是 10 除以 5，餘數是 0。8%3 是 8 除以 3，餘數是 2。這次的程式是以

```
ani = (ani+1)%4
```

這種方式描述

這個算式是當 ani 的值為 0 時，ani = (0+1)%4，把 1 代入 ani。

ani 的值為 1 時，ani = (1+1)%4，把 2 代入 ani。

ani 的值為 2 時，ani = (2+1)%4，把 3 代入 ani。

ani 的值為 3 時，ani = (3+1)%4，由於 4 除以 4 的餘數為 0，因此代入 0。

如此一來，ani 的值為 1 → 2 → 3 → 0 → 1 → 2 → 3 → 0····，在 0～3 的範圍內反覆變化。小狗影像的編號是用 ani 的值來設定，藉此產生動畫。

```
ani = ani + 1
if ani == 4:
    ani = 0
```
這三行算式與條件式可以簡單描述為 ani = (ani+1)%4。這種寫法很方便，請先記下來。

這個程式的7～9行使用這種寫法，就能用一行描述成 x = (x+4)%480。

這裡學習的是 2D 遊戲的角色動畫。3D 遊戲是使用角色的模型資料，以及定義動作的動作資料讓角色做出各種動作。

利用二維列表管理地圖資料

Python 的列表類似 C 語言或 Java 等其他程式設計語言的陣列。Python 的軟體開發是用列表管理各種資料。說明過列表之後,將確認實際使用列表管理遊戲資料的程式。

》》》 關於列表

所謂的列表是在變數加上編號,統一管理數值、字串等資料。我們在前面的程式中已經說明過,Python 的列表也可以統一處理影像。

圖 1-4-1　一維列表示意圖

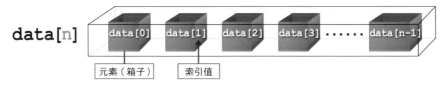

這個列表有 n 個名稱為 data 的箱子。
每個箱子稱作元素,[] 內的數字稱作索引值。

圖 1-4-2　二維列表示意圖

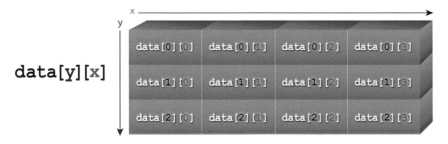

這個列表為 3 列 ×4 行,共有 12 個箱子。

>>> 顯示地圖

以下要確認用二維列表定義地圖資料，顯示地圖的程式。這個程式使用了以下影像，請透過本書提供的網址下載檔案。

圖 1-4-3　製作地圖時使用的影像檔案

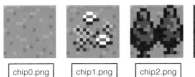

chip0.png　　chip1.png　　chip2.png　　chip3.png

※這種構成遊戲畫面的最小單位稱作圖塊。

請輸入以下程式，另存新檔之後，再執行程式。

程式 ▶ list0104_1.py

```
1   import tkinter
2
3   root = tkinter.Tk()
4   root.title("地圖資料")
5   canvas = tkinter.Canvas(width=336, height=240)
6   canvas.pack()
7   img = [
8       tkinter.PhotoImage(file="chip0.png"),
9       tkinter.PhotoImage(file="chip1.png"),
10      tkinter.PhotoImage(file="chip2.png"),
11      tkinter.PhotoImage(file="chip3.png")
12  ]
13  map_data = [
14      [0, 1, 0, 2, 2, 2, 2],
15      [3, 0, 0, 0, 2, 2, 2],
16      [3, 0, 0, 1, 0, 0, 0],
17      [3, 3, 0, 0, 0, 0, 1],
18      [3, 3, 3, 3, 0, 0, 0]
19  ]
20  for y in range(5):
21      for x in range(7):
22          n = map_data[y][x]
23          canvas.create_image(x*48+24, y*48+24,
    image=img[n])
24  root.mainloop()
```

|匯入 tkinter 模組|
|建立視窗元件|
|設定視窗標題|
|建立畫布元件|
|置入畫布|
|在列表內載入影像|
|　草的圖塊|
|　花的圖塊|
|　森林的圖塊|
|　海的圖塊|
|用二維列表定義地圖資料|
|　　〃|
|　　〃|
|　　〃|
|　　〃|
|　　〃|
|y 加 1，重複從 0 到 4|
|　x 加 1，重複從 0 到 6|
|　　把列表的值代入變數 n|
|　　繪製圖塊|
|顯示視窗|

執行這個程式後，會顯示以下畫面。

圖 1-4-4　list0104_1.py 的執行結果

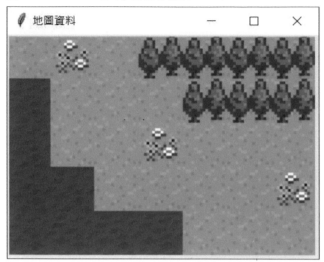

我們利用第 13 ～ 19 行的二維列表定義了地圖資料。

重複第 20 ～ 23 行的雙重迴圈，把 map_data[y][x] 的值代入變數 n，繪製 n 值的圖塊。這次的影像尺寸設定為長 48 點、寬 48 點，所以繪製圖塊的座標設定為 x*48+24、y*48+24。

在 for 語法內放入另一個 for 語法的處理會運用在各種軟體開發上。嵌入 for 語法的結構稱作「巢狀迴圈」。

Lesson 1-5　判斷地面與牆壁

角色在遊戲軟體的地圖中移動時，一般會包括可進入的場所與不可進入的場所。可進入的場所稱作**地面**，不可進入的場所稱作**牆壁**。角色會移動的遊戲必須判斷地面與牆壁，以下將說明判斷方法。

≫≫≫ 使用滑鼠游標的座標

這裡要確認的是點擊 Lesson 1-4 顯示的地圖後，判斷滑鼠游標位置的程式。使用的影像和之前一樣。

請輸入以下程式，另存新檔之後，再執行程式。

程式 ▶ list0105_1.py

```
1   import tkinter                                          匯入 tkinter 模組
2
3   def mouse_click(e):                                     定義函數
4       px = e.x                                              把滑鼠游標的 X 座標代入 px
5       py = e.y                                              把滑鼠游標的 Y 座標代入 py
6       print("滑鼠游標的座標是({},{})".format(px, py))          輸出 px 與 py 的值
7       mx = int(px/48)                                       把 px 除以 48 的整數值代入 mx
8       my = int(py/48)                                       把 py 除以 48 的整數值代入 my
9       if 0 <= mx and mx <= 6 and 0 <= my and my <= 4:       如果 mx 與 my 在資料範圍內
10          n = map_data[my][mx]                                把圖塊的編號代入 n
11          print("這裡的圖塊是" + CHIP_NAME[n])                  輸出圖塊的名稱
12
13  root = tkinter.Tk()                                     建立視窗元件
14  root.title("地圖資料")                                   設定視窗標題
15  canvas = tkinter.Canvas(width=336, height=240)         建立畫布元件
16  canvas.pack()                                           置入畫布
17  canvas.bind("<Button>", mouse_click)                   點擊畫布時執行的函數
18  CHIP_NAME = [ "草", "花", "森林", "海" ]                 在列表定義圖塊的名稱
19  img = [                                                在列表載入影像
20      tkinter.PhotoImage(file="chip0.png"),                草的圖塊
21      tkinter.PhotoImage(file="chip1.png"),                花的圖塊
22      tkinter.PhotoImage(file="chip2.png"),                森林的圖塊
23      tkinter.PhotoImage(file="chip3.png")                 海的圖塊
24  ]
25  map_data = [                                            用二維列表定義地圖資料
26      [0, 1, 0, 2, 2, 2, 2],                                 〃
27      [3, 0, 0, 0, 2, 2, 2],                                 〃
28      [3, 0, 0, 1, 0, 0, 0],                                 〃
29      [3, 3, 0, 0, 0, 0, 1],                                 〃
30      [3, 3, 3, 3, 0, 0, 0]                                  〃
31  ]
32  for y in range(5):                                     y 加 1，重複從 0 到 4
33      for x in range(7):                                    x 加 1，重複從 0 到 6
34          canvas.create_image(x*48+24, y*48+24,               繪製圖塊
    image=img[map_data[y][x]])
35  root.mainloop()                                         顯示視窗
```

執行程式之後，請試著點擊地圖上的各個位置。點擊處的座標，以及在該處的物件會顯示在殼層視窗（**圖 1-5-1**）。

我們在第 3～ 11 行定義了按下滑鼠游標時執行的函數。利用第 17 行的 bind() 命令設定這個函數，點擊畫布時，就會執行該函數。

圖 1-5-1 　list0105_1.py 的執行結果

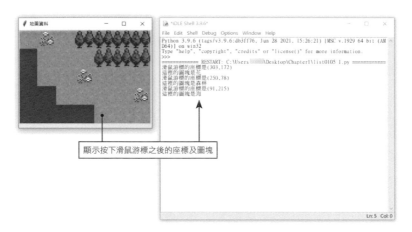

顯示按下滑鼠游標之後的座標及圖塊

讓我們詳細檢視這個函數。利用第 4～5 行 px = e.x、py = e.y 取得游標的 (x,y) 座標，接著把 px 除以 48，捨去小數點後的值代入 mx，把 py 除以 48，捨去小數點後的值代入 my。48 是指圖塊影像的寬度與高度的點數。這裡的 mx 與 my 會成為列表 map_data 的 x 方向與 y 方向的索引值，查詢 map_data[my][mx] 的值，就可以知道該處有什麼物件。

以下是上述說明的示意圖。

圖 1-5-2　畫布上的座標與列表索引值的關係

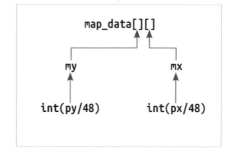

px 的值 0～47 ↓ mx = 0	px 的值 48～95 ↓ mx = 1
py 的值 0～47 → my = 0	py 的值 0～47 → my = 0
px 的值 0～47 ↓ mx = 0	px 的值 48～95 ↓ mx = 1
py 的值 48～95 → my = 1	py 的值 48～95 → my = 1

圖塊的大小是48×48點

游標的座標除以 48，可以求出放入地圖資料的列表索引值。

```
map_data[][]
         my      mx
int(py/48)   int(px/48)
```

地面與牆壁

以這個地圖來說，草、花、森林屬於地面，玩家可以在此處行走，而海洋屬於牆壁，所以無法進入。這次的程式把地圖資料 3（海）當成牆壁，藉此限制角色的移動範圍，這樣就能瞭解可以進入的場所及無法進入的場所。

圖 1-5-3　遊戲的地面與牆壁

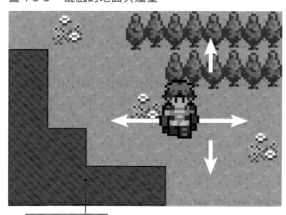

變成牆壁而無法進入

Chapter 3～4製作動作遊戲時，就會用到這裡學到的判斷地面與牆壁的知識。

Python 的整合開發環境

如果是像這一章的簡短程式，使用 Python 附屬的 IDLE，就能順利輸入並確認執行狀態。IDLE 的優點是，與其他整合開發環境相比，可以快速執行，使用起來毫無壓力。即使是規格低階的電腦，也能立刻啟動 IDLE。基於這個理由，筆者常使用 IDLE 進行行數較短的程式開發，以及簡單的演算法研究。

但是一旦進入正式的軟體開發階段，功能有限的 IDLE 會面臨到行數較多的程式不易確認的問題。此時，最好安裝方便 Python 開發的整合開發環境。以下要介紹 PyCharm 整合開發環境。

PyCharm 是由捷克 JetBrains 公司開發給 Python 使用的整合開發環境。

圖 1-A　PyCharm 的畫面

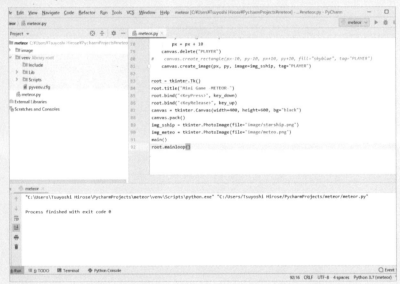

透過 JetBrains 公司的官網（https://www.jetbrains.com/pycharm/）就可以下載 PyCharm。以上網址是撰寫本書時的資料，如果出現變動，請使用 Google 等搜尋引擎搜尋，或直接從 JetBrains 公司的首頁（https://www.jetbrains.com/）進入 PyCharm 網頁再下載。撰寫本書時，PyCharm 有兩個版本，筆者使用的是免費的 Community 版。Community 版是 Python 專用的整合開發環境。

圖 1-B　下載 PyCharm

▪ **PyCharm**的用法

以下簡單説明用法。

1 啟動PyCharm，選取「New Project」。

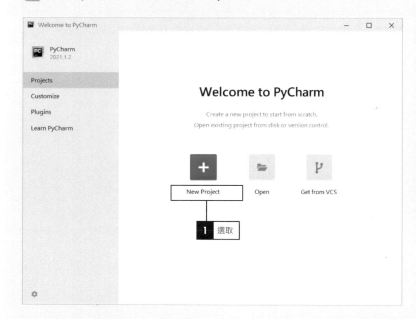

2 輸入專案名稱，按下「Create」。這裡將專案名稱命名為 meteor。

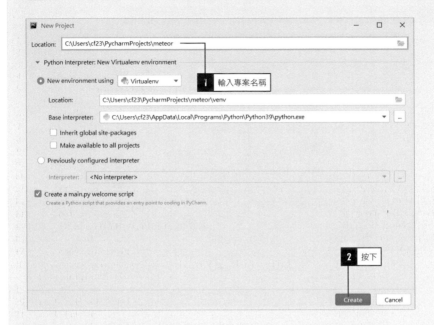

3 開啟以下開發畫面。

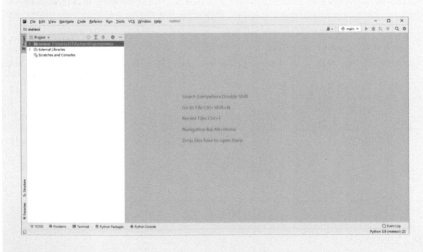

4 執行「File→New→Python File」命令。

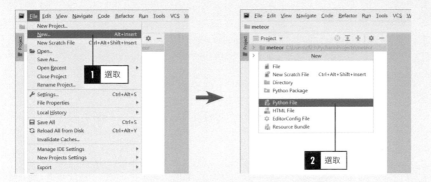

5 輸入程式的檔案名稱,這樣就會建立副檔名為 py 的檔案,請在此輸入程式。

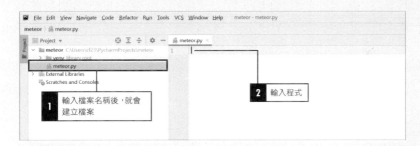

6 執行「File→Save All」命令,就可以儲存檔案。

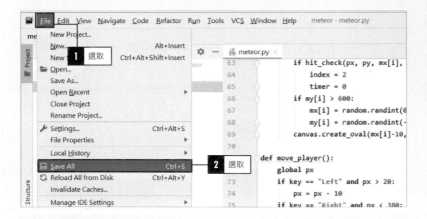

7 執行「Run→Run」命令，就可以執行程式。

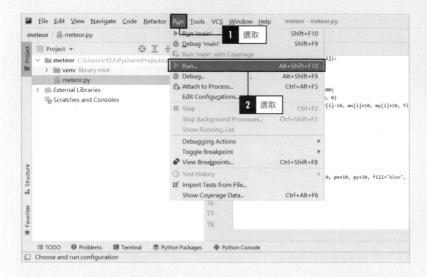

8 這是執行程式後的狀態。

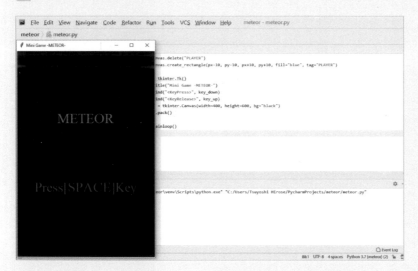

本章要學習製作遊戲所需的深入知識，然後將這裡學到的知識與上一章的內容結合，完成小遊戲。

由於碰撞偵測與三角函數是新的知識，已經看過《Python 遊戲開發講座入門篇｜基礎知識與 RPG 遊戲》的讀者，請仔細閱讀這個部分。

遊戲開發的基本知識2

Chapter

2

矩形的碰撞偵測

判斷兩個物體是否接觸稱作碰撞偵測。碰撞偵測不僅是角色之間的接觸,也會用在遊戲中的各種場景。例如發射子彈時,是否打到對手,或主角是否拾起物品,這些都是用碰撞偵測來判斷。這次要利用這個單元及下個單元來說明碰撞偵測的方法。

用矩形進行碰撞偵測

以下要說明判斷兩個矩形(長方形)是否重疊的程式。確認動作之後,再介紹判斷方法。請輸入以下程式,另存新檔之後,再執行程式。

程式 ▶ list0201_1.py

行	程式	說明
1	`import tkinter`	匯入 tkinter 模組
2		
3	`def hit_check_rect():`	定義函數
4	`    dx = abs((x1+w1/2) - (x2+w2/2))`	把兩個矩形的中心在 X 方向的距離代入 dx
5	`    dy = abs((y1+h1/2) - (y2+h2/2))`	把兩個矩形的中心在 Y 方向的距離代入 dy
6	`    if dx <= w1/2+w2/2 and dy <= h1/2+h2/2:`	用 if 判斷矩形重疊的條件
7	`        return True`	如果重疊就傳回 True
8	`    return False`	沒有重疊就傳回 False
9		
10	`def mouse_move(e):`	定義函數
11	`    global x1, y1`	變成全域變數
12	`    x1 = e.x - w1/2`	把藍色矩形的 X 座標變成游標的座標
13	`    y1 = e.y - h1/2`	把藍色矩形的 Y 座標變成游標的座標
14	`    col = "blue"`	把 blue 字串代入 col
15	`    if hit_check_rect() == True:`	如果兩個矩形接觸
16	`        col = "cyan"`	把 cyan 字串代入 col
17	`    canvas.delete("RECT1")`	暫時刪除藍色矩形
18	`    canvas.create_rectangle(x1, y1, x1+w1, y1+h1, fill=col, tag="RECT1")`	繪製藍色矩形
19		
20	`root = tkinter.Tk()`	建立視窗元件
21	`root.title("用矩形進行碰撞偵測")`	設定視窗標題
22	`canvas = tkinter.Canvas(width=600, height=400, bg="white")`	建立畫布元件
23	`canvas.pack()`	置入畫布
24	`canvas.bind("<Motion>", mouse_move)`	移動滑鼠游標時執行的函數
25		
26	`x1 = 50`	藍色矩形左上角的 X 座標
27	`y1 = 50`	藍色矩形左上角的 Y 座標
28	`w1 = 120`	藍色矩形的寬度
29	`h1 = 60`	藍色矩形的高度
30	`canvas.create_rectangle(x1, y1, x1+w1, y1+h1, fill="blue", tag="RECT1")`	在畫布繪製藍色矩形
31		
32	`x2 = 300`	紅色矩形左上角的 X 座標

33	y2 = 100	紅色矩形左上角的 Y 座標
34	w2 = 120	紅色矩形的寬度
35	h2 = 160	紅色矩形的高度
36	canvas.create_rectangle(x2, y2, x2+w2, y2+h2, fill="red")	在畫布繪製紅色矩形
37		
38	root.mainloop()	顯示視窗

執行這個程式會顯示藍色與紅色矩形，如下圖所示。在視窗上移動滑鼠游標，可以移動藍色矩形。藍色矩形碰到紅色矩形時，會變成水藍色。請讓藍色矩形由不同方向接觸紅色矩形，確認碰撞偵測。

圖 2-1-1　確認碰撞偵測

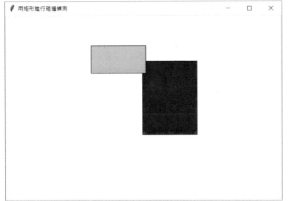

這裡要說明矩形之間的碰撞偵測方法。判斷方法有幾個，這次的程式是利用兩個矩形的中心座標距離（點數）來判斷。內容略微困難，請一邊檢視**圖 2-1-2**，一邊思考。

圖 2-1-2　兩個矩形的中心距離

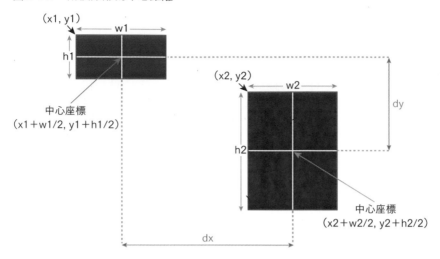

這張圖的 x1、y1、w1、h1 是程式第 26 ～ 29 行宣告的變數，x2、y2、w2、h2 是程式第 35 行宣告的變數。

這裡要思考兩個矩形的中心在 X 方向的距離 dx 與 Y 方向的距離 dy。藍色矩形的中心座標是 (x1 + w1/2, y1 + h1/2)，紅色矩形的中心座標是 (x2 + w2/2, y2 + h2/2)。如果紅色矩形在藍色矩形的右側，dx 的值是 (x2 + w2/2) – (x1 + w1/2)；如果紅色矩形在藍色矩形的左側，則為 (x1 + w1/2) – (x2 + w2/2)。換句話說，dx 的值是 (x1 + w1/2) – (x2 + w2/2) 的絕對值。

Python 可以使用 **abs()** 命令求出絕對值，dx 可以描述為

```
dx = abs((x1+w1/2) - (x2+w2/2))
```

同樣地，dy 可以描述為

```
dy = abs((y1+h1/2) - (y2+h2/2))
```

接著請邊檢視**圖 2-1-3**，思考與 X 軸方向重疊時，dx 的值是多少。

圖 2-1-3　在 X 軸方向重疊

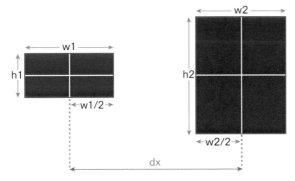

由這張圖來看，dx 的值如果低於藍色矩形寬度的 1/2 與紅色矩形寬度的 1/2 相加後的值，就視為重疊。轉換成條件式的話，若 dx <= w1/2+w2/2，X 軸方向重疊；同樣地，dy <= h1/2+h2/2 是 Y 軸方向重疊。

> dx <= w1/2+w2/2 且 dy <= h1/2+h2/2

此時兩個矩形重疊（接觸）。

以上的計算與判斷是由第 3 ～ 8 行定義的 hit_check_rect() 函數執行。這個函數在矩形接觸時，會傳回 True，分開時則傳回 False。

Python 計算絕對值的 abs() 命令不用匯入任何模組就能使用。雖然這是與數學有關的命令，卻不需要匯入 math 模組。

藍色矩形的移動是由第 10 ～ 18 行定義的函數執行，為了在移動滑鼠游標後執行這個函數，而在第 24 行對畫布描述了 bind() 命令。

圓形的碰撞偵測

接著要說明圓形的碰撞偵測。其實碰撞偵測的方法有很多種，不過只要記住「判斷矩形是否重疊」以及「判斷圓形是否重疊」這兩種方法，就可以運用在各種情況。

⟫⟫ 用圓形進行碰撞偵測

以下要確認判斷兩個圓形是否重疊的程式，說明確認動作後的判斷方法。請輸入以下程式，另存新檔之後，再執行程式。

程式 ▶ list0202_1.py

1	`import tkinter`	匯入 tkinter 模組
2	`import math`	匯入 math 模組
3		
4	`def hit_check_circle():`	定義函數
5	`    dis = math.sqrt((x1-x2)*(x1-x2) + (y1-y2)` `*(y1-y2))`	計算二點之間的距離再代入 dis
6	`    if dis <= r1 + r2:`	如果 dis 的值小於兩個圓形半徑的加總
7	`        return True`	就傳回 True
8	`    return False`	如果大於，則傳回 False
9		
10	`def mouse_move(e):`	定義函數
11	`    global x1, y1`	變成全域變數
12	`    x1 = e.x`	綠色圓形的 X 座標成為游標的座標
13	`    y1 = e.y`	綠色圓形的 Y 座標成為游標的座標
14	`    col = "green"`	把 green 字串代入 col
15	`    if hit_check_circle() == True:`	兩個圓形接觸之後
16	`        col = "lime"`	把 lime 字串代入 col
17	`    canvas.delete("CIR1")`	暫時刪除綠色圓形
18	`    canvas.create_oval(x1-r1, y1-r1, x1+r1, y1+r1,` `fill=col, tag="CIR1")`	繪製綠色圓形
19		
20	`root = tkinter.Tk()`	建立視窗元件
21	`root.title("用圓形進行碰撞偵測")`	設定視窗標題
22	`canvas = tkinter.Canvas(width=600, height=400,` `bg="white")`	建立畫布元件
23	`canvas.pack()`	置入畫布
24	`canvas.bind("<Motion>", mouse_move)`	移動滑鼠游標時執行的函數
25		
26	`x1 = 50`	綠色圓形中心的 X 座標
27	`y1 = 50`	綠色圓形中心的 Y 座標
28	`r1 = 40`	綠色圓形的半徑
29	`canvas.create_oval(x1-r1, y1-r1, x1+r1, y1+r1,` `fill="green", tag="CIR1")`	在畫布繪製綠色圓形
30		
31	`x2 = 300`	橘色圓形中心的 X 座標
32	`y2 = 200`	橘色圓形中心的 Y 座標
33	`r2 = 80`	橘色圓形的半徑
34	`canvas.create_oval(x2-r2, y2-r2, x2+r2, y2+r2,`	在畫布繪製橘色圓形

	fill="orange")	
35		
36	root.mainloop()	顯示視窗

執行這個程式，會顯示綠色及橘色圓形，如下圖所示。在視窗上移動滑鼠游標，就能移動綠色圓形。綠色圓形接觸到橘色圓形會變成亮綠色。請從各種方向接觸橘色圓形，確認碰撞偵測的執行狀態。

圖 2-2-1　確認碰撞偵測

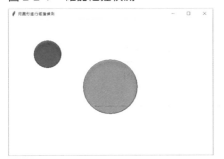 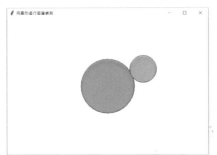

圓形的碰撞偵測是利用兩個圓心中心之間的距離（點數）來進行。在這個程式中，綠色圓形的中心座標是 (x1, y1)，半徑是 r1，橘色圓形的中心座標是 (x2, y2)、半徑是 r2。

圖 2-2-2　兩個圓形中心的距離

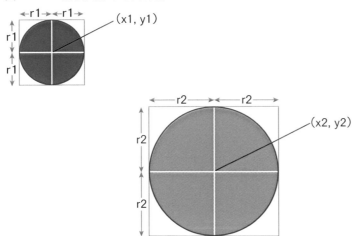

兩個圓心的中心距離可以用數學計算兩點間距離的公式算出來，請見以下使用了根號的公式。

$$\sqrt{(x_1-x_2)^2+(y_1-y_2)^2}$$

Python 是用 **sqrt()** 命令求出根號值。匯入 math 模組，就可以使用 sqrt()。
兩個圓形中心的距離可以描述為

```
dis = math.sqrt((x1-x2)*(x1-x2) + (y1-y2)*(y1-y2))
```

這個值如果小於兩個圓形半徑的加總 (r1 + r2) 時，圓形會重疊。
第 4 ～ 8 行定義的 hit_check_circle() 函數負責判斷以上的計算結果。這個函數在圓形
接觸時，會傳回 True，分開時則傳回 False。

 這裡說明了數學方面的知識，包括二點間的距離及根號的計算等。如果你覺
得有點困難，請先概略瞭解，之後透過製作遊戲，實際使用碰撞偵測來加深
理解程度。

Lesson
2-3

Lesson 2-3　三角函數的用法

三角函數是代表三角形的角度大小與邊長比的函數。開發遊戲時，使用三角函數可以模擬角色的動作，或繪製出華麗的特效軌跡。這本書在製作射擊遊戲時，會用三角函數計算敵機的移動方向或放射狀發射子彈。

數學的三角函數

數學是利用下圖右邊的公式來顯示三角函數。

圖 2-3-1　三角函數

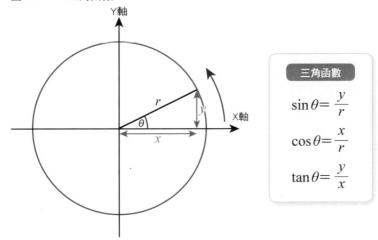

$$\sin\theta = \frac{y}{r}$$

$$\cos\theta = \frac{x}{r}$$

$$\tan\theta = \frac{y}{x}$$

※ 這張圖的 (x, y) 是圓周上的座標，r 是圓的半徑

數學的角度是從 X 軸的右邊開始逆時針計算，一周是 360 度。Python 等程式設計語言的角度方向與數學相反（順時針），請特別注意。

> 我想應該有人會利用 sin（正弦）、cos（餘弦）、tan（正切）第一個字母 s、c、t 的書寫方式來記住彼此相除的算法。

圖 2-3-2　用 sin、cos、tan 第一個字母的書寫體記住算式

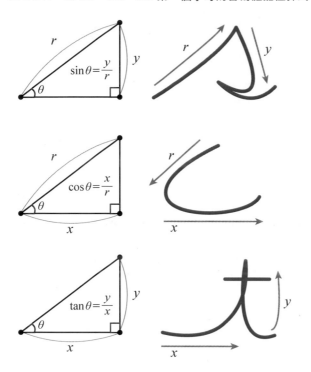

》》》 計算 sin、cos、tan 的值

以下要説明利用 sin() 命令、cos() 命令、tan() 命令分別求值的程式。請輸入以下程式，另存新檔之後，再執行程式。

程式 ▶ list0203_1.py

```
1  import math                          匯入 math 模組
2  d = 45 # 度                          把度的值代入 d
3  a = math.radians(d) # 轉換成弧度      把 d 的值轉換成弧度並代入 a
4  s = math.sin(a)                      把 sin 的值代入 s
5  c = math.cos(a)                      把 cos 的值代入 c
6  t = math.tan(a)                      把 tan 的值代入 t
7  print("sin "+str(s))                 輸出 sin 的值
8  print("cos "+str(c))                 輸出 cos 的值
9  print("tan "+str(t))                 輸出 tan 的值
```

執行這個程式，會在視窗輸出 45 度的 sin、cos、tan 值（**圖 2-3-3**）。

圖 2-3-3　list0203_1.py 的執行結果

```
================ RESTART: C:\Users\cf23\Desktop\list0203_1.py ================
sin 0.7071067811865476
cos 0.7071067811865476
tan 0.9999999999999999
>>> |
```

 程式語言在處理小數時，可能出現誤差，因而與數學的計算結果產生落差。tan(45°) 的正確答案是 1，但是這個程式的執行結果卻是 0.999……，就是這個原因。

若要使用 sin()、cos()、tan()，必須匯入 math 模組。

三角函數的運算有個注意事項，那就是 Python 的三角函數必須用**弧度**的值來設定參數而不是度。如果要將度轉換成弧度，可以使用第 3 行的 radians() 命令。

180 度是 π 弧度，360 度是 2π 弧度，1 弧度是（180 ／ π ）度。

表 2-3-1　度與弧度的關係

度	弧度
0°	0rad
90°	(π/2)rad
180°	πrad
270°	(π*1.5)rad
360°	(π*2)rad

 《Python 遊戲開發講座入門篇｜基礎知識與 RPG 遊戲》把度轉換成弧度時，使用了處理 π 值的 math.pi。想徹底瞭解度與弧度關係的人，請複習第一本著作的 P.234。

》》》 三角函數的運算軟體

延伸前面的程式，在視窗內的文字輸入欄輸入角度，按下「計算」鈕，會在標籤顯示三角函數的值。請輸入以下程式，另存新檔之後，再執行程式。

程式 ▶ list0203_2.py

```
1  import tkinter            匯入 tkinter 模組
2  import math               匯入 math 模組
3
4  def trigo():              定義函數
5      try:                  例外處理
6          d = float(entry.get())    把輸入欄的值以小數代入 d
7          a = math.radians(d)       把 d 的值轉換成弧度代入 a
8          s = math.sin(a)           把 sin 的值代入 s
```

```
9          c = math.cos(a)                           把 cos 的值代入 c
10         t = math.tan(a)                           把 tan 的值代入 t
11         label_s["text"] = "sin "+str(s)           在標籤顯示 s 的值
12         label_c["text"] = "cos "+str(c)           在標籤顯示 c 的值
13         label_t["text"] = "tan "+str(t)           在標籤顯示 t 的值
14     except:                                       發生例外時
15         print("請輸入以度為單位的角度")              在殼層視窗輸出提醒訊息
16
17 root = tkinter.Tk()                               建立視窗元件
18 root.geometry("300x200")                          設定視窗尺寸
19 root.title("三角函數的值 ")                          設定視窗標題
20
21 entry = tkinter.Entry(width=10)                   建立單行文字輸入欄
22 entry.place(x=20, y=20)                           置入文字輸入欄
23 button = tkinter.Button(text="計算", command=trigo)  建立按鈕元件，設定按下按鈕時的函數
24 button.place(x=110, y=20)                         置入按鈕
25 label_s = tkinter.Label(text="sin")              建立標籤元件 (sin 用 )
26 label_s.place(x=20, y=60)                         置入標籤
27 label_c = tkinter.Label(text="cos")              建立標籤元件 (cos 用 )
28 label_c.place(x=20, y=100)                        置入標籤
29 label_t = tkinter.Label(text="tan")              建立標籤元件 (tan 用 )
30 label_t.place(x=20, y=140)                        置入標籤
31
32 root.mainloop()                                   顯示視窗
```

執行這個程式後，會顯示文字輸入欄及按鈕。在輸入欄輸入角度，按下按鈕，就會在標籤顯示 sin、cos、tan 的值。請輸入以度為單位的角度。

圖 2-3-4　list0203_2.py 的執行結果

第 4 ～ 15 行定義了按下按鈕時執行的函數。利用第 23 行建立按鈕的 Button() 命令，以參數 command= 設定這個函數。

圖 2-3-5　按鈕與執行函數

```
                          ┌─────────────┐
                          │ 按下按鈕時執行 │
                          └─────────────┘
def trigo():
    try:
        d = float(entry.get())
        a = math.radians(d)
        s = math.sin(a)
        c = math.cos(a)
        t = math.tan(a)
        label_s["text"] = "sin "+str(s)
        label_c["text"] = "cos "+str(c)
        label_t["text"] = "tan "+str(t)
    except:
        print("請輸入以度為單位的角度")


button = tkinter.Button(text="計算", command=trigo)
```

這個函數的處理是

❶ 用 float() 命令把文字輸入欄的字串轉換成小數並代入 d
❷ 把 d 的值轉換成弧度並代入 a
❸ 計算三角函數的值
❹ 在標籤顯示計算值

在文字輸入欄沒有輸入任何數值的狀態按下按鈕，或輸入英文字母、符號後按下按鈕，無法轉換成小數，就會在❶發生錯誤。此時，將使用例外處理的 try ～ except，當發生錯誤時，在殼層視窗輸出訊息。

try ～ except 的格式如下所示。

格式　try ～ except

try:
可能發生例外的處理
except:
發生例外後執行的處理

執行程式的過程中發生的錯誤稱作例外。若你能使用 try ～ except 妥善避免錯誤，就稱得上是獨當一面的程式設計師了。

⟫⟫ 用三角函數繪圖

以下將用圖形把 sin、cos 的用法顯示在畫面上，以視覺方式進行確認。這是用三角函數計算座標再畫線的程式。請輸入以下程式，另存新檔之後，再執行程式。

程式 ▶ list0203_3.py

1	`import tkinter`	匯入 tkinter 模組
2	`import math`	匯入 math 模組
3		
4	`root = tkinter.Tk()`	建立視窗元件
5	`root.title("用三角函數畫線")`	設定視窗標題
6	`canvas = tkinter.Canvas(width=400, height=400,` `bg="white")`	建立畫布元件
7	`canvas.pack()`	置入畫布
8	`for d in range(0, 90, 10):`	d 的值從 0 開始重複加 10 直到 90
9	`    a = math.radians(d)`	把 d 的值轉換成弧度並代入 a
10	`    x = 300 * math.cos(a)`	用 cos 計算線條終端的 X 座標
11	`    y = 300 * math.sin(a)`	用 sin 計算線條終端的 Y 座標
12	`    canvas.create_line(0, 0, x, y, fill="blue")`	在 (0,0) 到 (x,y) 之間畫線
13	`root.mainloop()`	顯示視窗

這個程式會每隔 10 度就畫出一條長 300 點的線，如下圖所示。

圖 2-3-6　list0203_3.py 的執行結果

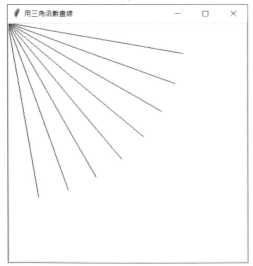

從視窗左上角的原點 (0, 0) 開始，到用 cos 及 sin 計算的座標 (x, y) 為止，利用 create_line() 命令畫線，如圖 **2-3-7** 所示。

圖 2-3-7　每隔 10 度繪圖

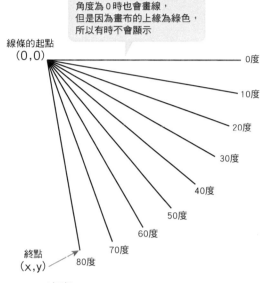

角度為 0 時也會畫線，
但是因為畫布的上緣為綠色，
所以有時不會顯示

線條的起點
(0,0)

0度
10度
20度
30度
40度
50度
60度
70度
80度

終點
(x,y)

x = 300 * math.cos（角度）
y = 300 * math.sin（角度）

繪製彩色線條

在學習三角函數的最後，我們要試著繪製稍微精細的圖形。請輸入以下程式，另存新檔之後，再執行程式。

程式 ▶ list0203_4.py

```
1   import tkinter                                  匯入 tkinter 模組
2   import math                                     匯入 math 模組
3
4   root = tkinter.Tk()                             建立視窗元件
5   root.title("用三角函數畫圖")                      設定視窗標題
6   canvas = tkinter.Canvas(width=600, height=600,  建立畫布元件
    bg="black")
7   canvas.pack()                                   置入畫布
8
9   COL = ["greenyellow", "limegreen", "aquamarine", 用列表定義 8 種顏色
    "cyan", "deepskyblue", "blue", "blueviolet",
    "violet"]
10  for d in range(0, 360):                         d 的值從 0 開始重複加 1 到 360
11      x = 250 * math.cos(math.radians(d))             用 cos 計算線條的終端值
12      y = 250 * math.sin(math.radians(d))             用 sin 計算線條的終端值
13      canvas.create_line(300, 300, 300+x, 300+y,      從畫布的中心 (300,300) 開始，在用
    fill=COL[d%8], width=2)                             三角函數計算出來的座標上畫線
14  root.mainloop()                                  顯示視窗
```

執行這個程式後，會顯示用彩色線條畫出來的圓形，如下圖所示。

圖 2-3-8　list0203_4.py 的執行結果

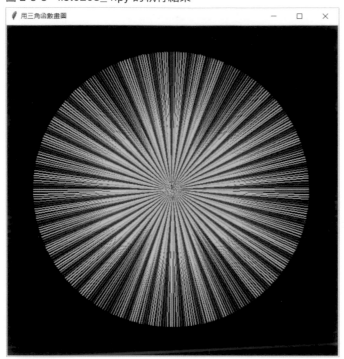

這個程式的重點是第 13 行 create_line() 命令的參數。視窗尺寸為 600x600 點，所以中心是 (300, 300)。從中心點開始，朝著用三角函數計算出來，距離 250 點的圓周繪製線條。用 COL[d%8] 設定線條的顏色，重複第 9 行定義的顏色。

請一併確認在第 11 ～ 12 行 cos()、sin() 命令的參數描述了 radians() 命令。我們可以像這樣在函數的參數描述其他的函數。

覺得三角函數很難的人，現階段只要先掌握概要即可。別因為困難而裹足不前。製作射擊遊戲時，會用到三角函數，到時再複習。

Lesson 2-4 索引與計時器

遊戲軟體一般是依照以下流程進行

使用索引與計時器兩個變數管理這種處理流程，就能製作出容易瞭解的程式。以下要說明使用方法。

管理遊戲進度

以下要說明使用兩個變數（索引與計時器），顯示標題畫面、遊戲中畫面、遊戲結束畫面的程式。請輸入以下程式，另存新檔之後，再執行程式。

程式 ▶ list0204_1.py

```
1   import tkinter
2
3   fnt1 = ("Times New Roman", 20)
4   fnt2 = ("Times New Roman", 40)
5   index = 0
6   timer = 0
7
8   key = ""
9   def key_down(e):
10      global key
11      key = e.keysym
12
13  def main():
14      global index, timer
15      canvas.delete("STATUS")
16      timer = timer + 1
17      canvas.create_text(200, 30, text="index"+str
    (index), fill="white", font=fnt1, tag="STATUS")
18      canvas.create_text(400, 30, text="timer"+str
    (timer), fill="cyan", font=fnt1, tag="STATUS")
19
20      if index == 0:
21          if timer == 1:
22              canvas.create_text(300, 150, text="標題",
    fill="white", font=fnt2, tag="TITLE")
23              canvas.create_text(300, 300, text="Pres
    s[SPACE]Key", fill="lime", font=fnt1, tag="TITLE")
```

匯入 tkinter 模組	
定義字體（小型）	
定義字體（大型）	
索引用的變數	
計時器用的變數	
代入 key 值的變數	
定義函數	
把 key 變成全域變數	
把 keysym 代入 key	
執行主要處理的函數	
這些變成全域函數	
暫時隱藏 index 與 timer 的顯示	
timer 的值持續加 1	
顯示 index 的值	
顯示 timer 的值	
index0 的處理（標題畫面）	
如果 timer 是 1	
就顯示標題文字	
顯示 Press[SPACE]Key	

```
24          if key == "space":
25              canvas.delete("TITLE")
26              canvas.create_rectangle(0, 0, 600, 400,
   fill="blue", tag="GAME")
27              canvas.create_text(300, 150, text=
   "遊戲中", fill="white", font=fnt2, tag="GAME")
28              canvas.create_text(300, 300, text="[E] 結
   束", fill="yellow", font=fnt1, tag="GAME")
29              index = 1
30              timer = 0
31
32      if index == 1:
33          if key == "e":
34              canvas.delete("GAME")
35              canvas.create_rectangle(0, 0, 600, 400,
   fill="maroon", tag="OVER")
36              canvas.create_text(300, 150, text="GAME
   OVER", fill="red", font=fnt2, tag="OVER")
37              index = 2
38              timer = 0
39
40      if index == 2:
41          if timer == 30:
42              canvas.delete("OVER")
43              index = 0
44              timer = 0
45
46      root.after(100, main)
47
48  root = tkinter.Tk()
49  root.title("index與timer")
50  root.bind("<KeyPress>", key_down)
51  canvas = tkinter.Canvas(width=600, height=400,
   bg="black")
52  canvas.pack()
53  main()
54  root.mainloop()
```

	按下空白鍵後
	刪除標題文字
	用藍色填滿畫布
	顯示遊戲中的文字
	顯示 [E] 結束
	index 的值變成 1
	timer 的值變成 0
	index1 的處理（遊戲中的畫面）
	按下 E 鍵之後
	刪除「遊戲中」的文字
	用栗色填滿畫布
	顯示 GAME OVER
	index 的值變成 2
	timer 的值變成 0
	index2 的處理（遊戲結束的畫面）
	timer 的值變成 30 之後
	刪除 GAME OVER 的文字
	index 的值變成 0
	timer 的值變成 0
	100 毫秒後再次執行 main() 函數
	建立視窗元件
	設定視窗標題
	設定按下按鍵後執行的函數
	建立畫布元件
	置入畫布
	執行主要處理
	顯示視窗

執行這個程式後，會顯示標題畫面。在標題畫面按下空白鍵，進入遊戲中的畫面。按下 E 鍵之後，進入遊戲結束畫面。顯示遊戲結束畫面約 3 秒後，就會自動回到標題畫面。

圖 2-4-1　list0204_1.py 的執行結果

這個程式在第 5 ～ 6 行宣告了索引（index）與計時器（timer）兩個變數來管理遊戲的進度。

main() 函數是使用 after() 命令，每 100 毫秒（0.1 秒）持續執行。在這個主要的處理中，會如第 16 行所示，計算 timer 的值。

第 20 ～ 30 行是標題畫面的處理，第 32 ～ 38 行是假定為遊戲中的處理，第 40 ～ 44 行是遊戲結束畫面的處理。

利用第 24 行的 if 語法，在標題畫面中按下空白鍵時，讓 index 變成 1，進入遊戲中的畫面。

利用第 33 行的 if 語法，在遊戲中的畫面按下 E 鍵時，index 變成 2，進入遊戲結束畫面。此時，timer 的值變成 0。

遊戲結束畫面是利用第 41 行的 if 語法，當 timer 的值變成 30 時，index 歸零，回到標題畫面。

表 2-4-1 index 的值與處理內容

index 的值	畫面
0	標題畫面
1	假定為遊戲中的畫面
2	遊戲結束畫面

由於畫面上會顯示 index 與 timer 的值，請確認這些值的變化，以及轉換處理的狀態。

每秒重新繪製畫面的次數稱作幀率，這個程式是每 0.1 秒進行處理，因此幀率為 10。

製作小遊戲！

請運用到目前為止學到的知識來製作小遊戲。這個程式組合了按鍵輸入、即時處理、動畫、列表、碰撞偵測、還有索引與計時器的處理。

製作避開障礙物的遊戲

這個遊戲的標題是《METEOR》，中文意思是流星，利用左右方向鍵移動太空船，避開從畫面上方劃過的流星。只要碰到流星一次，就結束遊戲。

這個程式將使用**圖 2-5-1** 的影像檔案。你可以從本書提供的網站下載這個影像檔案（請參考 P.12）。這裡會先確認程式執行的動作，接著再說明變數的用途及各項處理。請輸入以下程式，另存新檔之後，再執行程式。

圖 2-5-1　這次使用的影像檔案

cosmo.png

meteo.png　　starship0.png　　starship1.png

列表 ▶ meteor.py　※ 這次的檔案名稱是 meteor.py，而不是之前的 list**.py。

```
1   import tkinter                            匯入 tkinter 模組
2   import random                             匯入 random 模組
3
4   fnt1 = ("Times New Roman", 24)            定義字體（小型）
5   fnt2 = ("Times New Roman", 50)            定義字體（大型）
6   index = 0                                 索引的變數
7   timer = 0                                 計時器的變數
8   score = 0                                 分數的變數
9   bg_pos = 0                                顯示背景位置的變數
10  px = 240                                  玩家（太空船）X 座標的變數
11  py = 540                                  玩家（太空船）Y 座標的變數
```

| ```python
12  METEO_MAX = 30
13  mx = [0]*METEO_MAX
14  my = [0]*METEO_MAX
15
16  key = ""
17  koff = False
18  def key_down(e):
19      global key, koff
20      key = e.keysym
21      koff = False
22
23  def key_up(e):
24      global koff
25      koff = True
26
27  def main():
28      global key, koff, index, timer, score, bg_pos, px
29      timer = timer + 1
30      bg_pos = (bg_pos+1)%640
31      canvas.delete("SCREEN")
32      canvas.create_image(240, bg_pos-320, image=img_bg, tag="SCREEN")
33      canvas.create_image(240, bg_pos+320, image=img_bg, tag="SCREEN")
34      if index == 0:
35          canvas.create_text(240, 240, text="METEOR", fill="gold", font=fnt2, tag="SCREEN")
36          canvas.create_text(240, 480, text="Press [SPACE] Key", fill="lime", font=fnt1, tag="SCREEN")
37          if key == "space":
38              score = 0
39              px = 240
40              init_enemy()
41              index = 1
42      if index == 1:
43          score = score + 1
44          move_player()
45          move_enemy()
46      if index == 2:
47          move_enemy()
48          canvas.create_text(240, timer*4, text="GAME OVER", fill="red", font=fnt2, tag="SCREEN")
49          if timer == 60:
50              index = 0
51              timer = 0
52      canvas.create_text(240, 30, text="SCORE "+str(score), fill="white", font=fnt1, tag="SCREEN")
53      if koff == True:
54          key = ""
55          koff = False
56      root.after(50, main)
57
58  def hit_check(x1, y1, x2, y2):
59      if((x1-x2)*(x1-x2) + (y1-y2)*(y1-y2) < 36*36):
60          return True
61      return False
62
63  def init_enemy():
64      for i in range(METEO_MAX):
``` | 流星的數量<br>管理流星 X 座標的列表<br>管理流星 Y 座標的列表<br><br>代入按鍵值的變數<br>放開按鍵時使用的變數（旗標）<br>按下按鍵時執行的函數<br>變成全域變數<br>把 keysym 的值代入 key<br>把 False 代入 koff<br><br>放開按鍵時執行的函數<br>koff 變成全域變數<br>把 True 代入 koff<br><br>執行主要處理的函數<br>變成全域變數<br><br>timer 的值加 1<br>計算背景的繪圖位置<br>暫時刪除畫面上所有的影像及文字<br>繪製當作背景的宇宙影像<br><br>〃<br><br>index0 的處理（標題畫面）<br>顯示標題文字<br><br>顯示 Press [SPACE] Key<br><br>按下空白鍵後<br>score 變成 0<br>太空船的位置變成在畫面中央<br>在流星的座標輸入預設值<br>index 的值變成 1<br>index1 的處理（遊戲中）<br>增加 score<br>移動太空船<br>移動流星<br>index2 的處理（遊戲結束畫面）<br>移動流星<br>顯示 GAME OVER<br><br>timer 的值變成 60 之後<br>index 的值變成 0<br>timer 的值變成 0<br>顯示分數<br><br>koff 若為 True<br>清除 key 的值<br>把 False 代入 koff<br>50 毫秒後再次執行 main() 函數<br><br>執行碰撞偵測的函數<br>用兩點間的距離進行判斷，如果不到<br>36 點就傳回 True<br>傳回 False<br><br>將流星座標變成預設位置的函數<br>重複 |
```

```
65         mx[i] = random.randint(0, 480)
66         my[i] = random.randint(-640, 0)
67
68  def move_enemy():
69      global index, timer
70      for i in range(METEO_MAX):
71          my[i] = my[i] + 6+i/5
72          if my[i] > 660:
73              mx[i] = random.randint(0, 480)
74              my[i] = random.randint(-640, 0)
75          if index == 1 and hit_check(px, py, mx[i],
    my[i]) == True:
76              index = 2
77              timer = 0
78          canvas.create_image(mx[i], my[i], image=img_
    enemy, tag="SCREEN")
79
80  def move_player():
81      global px
82      if key == "Left" and px > 30:
83          px = px - 10
84      if key == "Right" and px < 450:
85          px = px + 10
86      canvas.create_image(px, py, image=img_player
    [timer%2], tag="SCREEN")
87
88  root = tkinter.Tk()
89  root.title("Mini Game")
90  root.bind("<KeyPress>", key_down)
91  root.bind("<KeyRelease>", key_up)
92  canvas = tkinter.Canvas(width=480, height=640)
93  canvas.pack()
94  img_player = [
95      tkinter.PhotoImage(file="starship0.png"),
96      tkinter.PhotoImage(file="starship1.png")
97  ]
98  img_enemy = tkinter.PhotoImage(file="meteo.png")
99  img_bg = tkinter.PhotoImage(file="cosmo.png")
100 main()
101 root.mainloop()
```

用亂數決定 X 座標
用亂數決定 Y 座標

移動流星的函數
　變成全域變數
　重複
　　改變流星的 Y 座標
　　當 Y 座標超過 660 之後
　　　用亂數重新決定 X 座標
　　　用亂數重新決定 Y 座標
　　在遊戲中接觸太空船之後

　　　index 變成 2
　　　timer 變成 0
　　繪製流星

移動太空船的函數
　px 變成全域變數
　按下左鍵且 px>30
　　px 的值（X 座標）減 10
　按下右鍵且 px<450
　　px 的值（X 座標）加 10
　繪製太空船

建立視窗元件
設定視窗標題
設定按下按鍵時執行的函數
設定放開按鍵時執行的函數
建立畫布元件
在視窗內置入畫布
在列表載入太空船影像
準備製作動畫用
的兩張影像

載入流星影像的變數
載入背景影像的變數
執行主要處理
顯示視窗

請執行這個程式，開始試玩避開流星的遊戲。這個遊戲的操作只用到左右方向鍵，請試試看你能得到幾分。

圖 2-5-2 小遊戲「METEOR」

請確認使用的變數、列表、index 值及執行的
處理、定義的函數。
變數及其用途如右表所示。

表 2-5-1　變數、列表及其用途

變數名稱	用途
index, timer	管理遊戲進度
score	分數
bg_pos	捲動背景的座標
px, py	太空船的座標
METEO_MAX	劃過宇宙的流星數量
mx[], my[]	流星的座標

我們用 METEO_MAX 變數定義了流星的數量。定義之後，不會再更動的值稱作常數。
設計程式時，通常會用大寫字母顯示常數。

index 的值與處理如下所示。

表 2-5-2　index 的值與處理概要

index的值	處理
0	標題畫面 ・按下空白鍵之後，把預設值代入各個變數，並將 index 變成 1
1	遊戲中畫面 ・移動太空船並執行流星的處理 ・執行流星的處理時，與太空船接觸後，index 變成 2
2	遊戲結束畫面 ・約等待 3 秒，變成 index0

定義的函數如下所示。

表 2-5-3　函數

函數名稱	處理
key_down(e)※	按下按鍵時執行
key_up(e)※	放開按鍵時執行
main()	執行主要處理
hit_check(x1, y1, x2, y2)	根據兩點間的距離進行碰撞偵測
init_enemy()	在流星的座標輸入預設值
move_enemy()	移動流星
move_player()	移動太空船

※Mac 使用了某項技巧，才能正確執行按鍵輸入，請見 P.73 的說明。

太空船是玩家，流星是敵人，所以分別使用 player、enemy 等單字來命名函數。

move_enemy() 函數內第 71 行利用算式 my[i] = my[i] + 6+i/5 改變流星的座標,並調整各個流星的速度。此外,如第 75 行所示,在這個函數中進行碰撞偵測,流星與太空船接觸後,index 的值變成 2,進入遊戲結束畫面。

以下將單獨說明執行碰撞偵測的函數。

```python
def hit_check(x1, y1, x2, y2):
    if((x1-x2)*(x1-x2) + (y1-y2)*(y1-y2) < 36*36):
        return True
    return False
```

這裡根據 (x1,y1) 與 (x2,y2) 兩點間的距離,使用了圓形進行碰撞偵測,卻沒有使用 $\sqrt{}$ 的 sqrt() 命令。我們可以如**圖 2-5-3** 所示,利用兩邊平方來移除根號,所以能描述成這樣的式子。

圖 2-5-3　不使用根號

$$\sqrt{式} < 值$$
兩邊平方,
移除根號
$$式 < 值^2$$

》》》 不使用 sqrt() 的原因

不使用 sqrt() 是有原因的。早期的遊戲機或電腦沒有計算根號值的命令,即便是能使用該命令的硬體,以前的命令處理(計算)也需要花費一點時間。基於這個理由,長期從事遊戲開發的程式設計師會認為「不使用根號也能完成的話就盡量不用」。這是遊戲程式設計師會盡可能加快處理速度,確保遊戲玩起來順暢的例子之一。

現在的硬體執行速度快,根號的計算時間通常不會造成問題。寫出不用根號的式子儼然成為過去式,不過高速化處理的思維仍舊十分重要。現在的遊戲常常需要處理大量影像,因此重點會放在加速繪圖的處理上。

現階段在學習遊戲開發時,不需要太在意處理速度。倘若未來你在開發正式的遊戲時,遇到處理負擔沉重的情況,希望你能回想起這裡提到的內容。遊戲處理負擔沉重一般都是因為繪圖相關問題造成,因此建議你重新檢視與繪圖有關的處理。

這意味著開發遊戲的程式運用了很多技巧。
附帶一提,不使用 sqrt(),就不用匯入 math 模組,程式可以縮短一行。

>>> Mac 的按鍵輸入

使用了 after() 命令的即時處理程式在 Mac 環境下，有時會出現無法輸入按鍵的情況。這是因為在 Mac 按下按鍵時，<KeyPress> 事件與 <KeyRelease> 事件連續發生，受到處理時機影響而無法取得按鍵值。

因此，這個程式準備了 koff 旗標，在放開按鍵時，把 True 代入 koff，玩家角色（太空船）移動後，koff 若為 True，就清除代入了按鍵值的變數，這樣在 Mac 也能正常執行。

執行這個部分的是第 16 ～ 25 行

```
key = ""
koff = False
def key_down(e):
    global key, koff
    key = e.keysym
    koff = False


def key_up(e):
    global koff
    koff = True
```

以及第 53 ～ 55 行。

```
if koff == True:
    key = ""
    koff = False
```

不過使用這個方法可能導致 Windows 電腦的按鍵反應變差。在 Chapter 3 ～ 4 製作動作遊戲時，將說明如何改善 Windows 電腦的按鍵反應。

>>> 改變難易度並試玩

能不能順利玩遊戲因人而異。有些人可能覺得《METEOR》很難，也有人認為很簡單，可以一直玩下去。

請改變定義流星數量的 METEO_MAX 值，調整遊戲難度當作學習。接著試著更改讓流星移動的 move_enemy() 函數，利用 my[i] = my[i] + 6+i/5 改變流星的速度。請邊調整這些數值，邊玩遊戲，找出適合你的難易度。

遊戲的**難易度調整（平衡調整）**對完成遊戲而言是非常重要的一環。假設要改造遊戲，可以在遊戲剛開始時，顯示少量流星，並讓流星隨著時間逐漸增加。如此一來，不論是否擅長操作動作型遊戲，都可以享受到遊戲的樂趣。

>>> 利用索引與計時器管理遊戲進度

前面在說明如何製作遊戲時，曾經介紹過，製作到可以執行遊戲本體的程度後，準備顯示標題的旗標，顯示標題畫面，以及準備遊戲結束時的旗標，顯示遊戲結束的程式。由於製作的遊戲很簡單，所以能使用這種作法。

可是加入選擇關卡或選單畫面，結構逐漸變複雜之後，用旗標來管理遊戲進度的處理會變得很複雜。若和這裡一樣，使用索引與計時器管理每個畫面的進度，就可以製作出即使結構變複雜，也不會變混亂的程式。

這是款讓人熱血沸騰的小遊戲。在千鈞一髮之際閃過流星的刺激感令人無法抗拒♪好，我要得到2000分以上！

你這次忘了要補充說明，可見已經「迷上」了這款遊戲呢（笑）。

啊！對耶，不好意思。
我想這樣你應該明白，若具備即時處理及碰撞偵測的知識，就可以製作出遊戲。

確實如此。Chapter 1 與 2 學到的知識是開發遊戲基本且重要的技巧。如果有覺得困難的內容，請日後再重新溫習。

遊戲的世界觀

遊戲、漫畫、小說等內容會使用世界觀這個名詞。內容的世界觀是指該作品使用了何種設定之意。世界觀本來的意思是「人們如何掌握、瞭解這個世界」，但是在遊戲中，意思略有不同。

Lesson 2-5 製作的是具有 SF（科幻小說）世界觀的小遊戲。這個遊戲若能準備以下這樣的故事，應該可以激發玩家的想像力，增加遊戲的樂趣。

《METEOR》的故事

20XX年運送物資到火星殖民地的民間企業「Python Cargo」，其太空船在半途突然遇到流星群。太空船上的 AI 偵測到無數個障礙物，在船艙內發出警告。太空船自動駕駛內避開障礙物的演算法無法閃避這麼大量的流星。AI 無情地告知無法避免撞擊，幾分鐘後太空船就會嚴重受損。身為操縱者的你，為了度過這次的緊急狀態，而將太空船切換成手動操作……

遊戲軟體的世界觀很重要，世界觀也會影響遊戲是否好玩。這個專欄將用實際的例子來說明，規則一模一樣的遊戲，改變世界觀之後，就會變得截然不同。以下的《流浪貓》遊戲更改了《METEOR》的影像，並調整部分程式。這個程式與影像資料都可以從本書提供的網站下載。比較《METEOR》及《流浪貓》的玩法，應該可以當作世界觀的參考，或製作原創遊戲時的設定。

《流浪貓》的故事

他的名字是「Doraneko」，生活在城市內的角落，是現在很少見的流浪貓。他的夢想是成為特技表演者，今天他也在大樓之間，一邊避開從天掉落的鴿糞，一邊努力練習走鋼索。

圖 2-5-A　《流浪貓》的遊戲畫面

程式如下所示。

程式 ▶ doraneko.py　※ 與 metero.py 不同的部分會加上標示。

```
1   import tkinter
2   import random
    ⟨
    略：和meteor.py一樣（→P.68）
    ⟨
27  def main():
28      global key, koff, index, timer, score, bg_pos, px
29      timer = timer + 1
30      bg_pos = (bg_pos+1)%480
31      canvas.delete("SCREEN")
32      canvas.create_image(bg_pos-240, 320, image=img_bg, tag="SCREEN")
33      canvas.create_image(bg_pos+240, 320, image=img_bg, tag="SCREEN")
34      if index == 0:
35          canvas.create_text(240, 240, text="流浪貓", fill="gold",
    font=fnt2, tag="SCREEN")
36          canvas.create_text(240, 480, text="Press [SPACE] Key",
    fill="lime", font=fnt1, tag="SCREEN")
    ⟨
    略：和meteor.py一樣（→P.69）
    ⟨
88  root = tkinter.Tk()
89  root.title("Mini Game")
90  root.bind("<KeyPress>", key_down)
91  root.bind("<KeyRelease>", key_up)
92  canvas = tkinter.Canvas(width=480, height=640)
93  canvas.pack()
94  img_player = [
95      tkinter.PhotoImage(file="dora0.png"),
96      tkinter.PhotoImage(file="dora1.png")
97  ]
98  img_enemy = tkinter.PhotoImage(file="fun.png")
99  img_bg = tkinter.PhotoImage(file="building.png")
100 main()
101 root.mainloop()
```

雖然《METEOR》與《流浪貓》的程式一樣，但是仔細一看卻是截然不同的遊戲。玩遊戲的感受似乎也會隨著世界觀而改變。

你喜歡《METEOR》的科幻世界，還是《流浪貓》的溫暖世界？

使用 Chapter 1 與 2 學到的知識，
開始製作真正的遊戲。本章將使用
tkinter 製作動作遊戲，一步一步
學會讓遊戲動起來的技巧。下一章
Chapter 4 會加入多個關卡，增加敵
人的種類，充實遊戲的內容。

製作動作遊戲！
上篇

Chapter

3

吃點數遊戲

動作遊戲有各種類型,在開發之前,將先說明動作遊戲及本章要製作的吃點數遊戲。

》》》 何謂動作遊戲

動作遊戲是指即時操作角色,順利達成遊戲目的的遊戲類型。所謂的目的包括

- 抵達目標
- 打倒大魔王
- 取得全部的道具

等等,這些目的也會隨著遊戲而改變。遊戲內容很廣泛,例如也有邊解謎,邊前進的動作遊戲。

動作遊戲包括了稱作**吃點數**類型的遊戲。
你聽過吃點數遊戲嗎?
南夢宮公司的《小精靈》遊戲就是一款知名的吃點數遊戲。這個遊戲是操作嘴巴會開闔的黃色角色,邊躲避怪獸敵人,邊吃掉(消除)路上的圓點。小精靈在 1980 年推出商用卡帶遊戲,十分暢銷。在美國受歡迎的程度遠勝日本,甚至將其製作成電視動畫。當時許多遊戲公司開發了商用吃點數遊戲,並在遊樂場設置了各種吃點數遊戲。

》》》 適合用來學習製作遊戲

吃點數遊戲適合遊戲開發初學者用來學習如何製作遊戲。原因在於

- 透過用二維列表定義迷宮,學會與列表有關的重要知識
- 可學會判斷地面與牆壁,以及移動角色的基本處理技巧
- 學習建立敵人角色行為類型的演算法基礎
- 用固定畫面檢視整個遊戲,比較容易思考如何改良才能變有趣

這本書要邊製作吃點數類型的動作遊戲，邊學習這些內容。

>>> 接下來要製作的遊戲內容

開發新遊戲時，最好用概略的草圖思考畫面結構，這點在《Python 遊戲開發講座入門篇｜基礎知識與 RPG 遊戲》已經說明過。讓腦中的創意具體成型，就能清楚該如何寫程式。此外，條列出你認為必要的處理，即可明白該從何處著手。

當你在製作原創遊戲時，建議採取這種方法。不過接下來製作的遊戲並不是從創意發想開始，而是確認畫面及規則，並將其完成來展開學習。

遊戲的標題是《提心吊膽企鵝迷宮》。
以下要說明故事、畫面、規則。

■ 故事

主角的名字是「penpen」，而敵人的名字是「red」。遊戲畫面如下所示。

圖 3-1-1　遊戲畫面

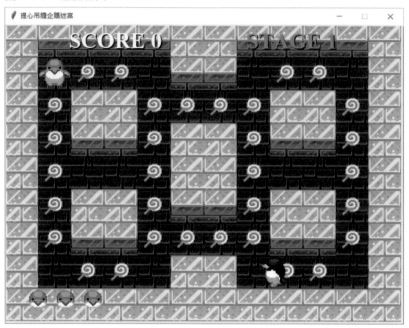

■ 遊戲規則

① 用方向鍵上下左右移動 penpen
② 收集到所有糖果就過關
③ 碰到敵人會被攻擊
④ 被攻擊後，penpen 的剩餘命數減 1，變成 0 之後遊戲結束
⑤ 進入下一個關卡後，會出現新的敵人「kumagon」
⑥ 全部過關後，就完成遊戲

本章要製作①到③，學會如何大致完成「標題畫面→玩遊戲→遊戲結束」的流程。

顯示迷宮

POINT

重要 從本章開始的資料夾結構

接下來要製作的遊戲會使用大量影像檔案。從本章開始，資料夾會放入程式及影像等素材，結構如下所示。

圖 3-A 　資料夾的結構規則

在「Chapter3」資料夾內建立「image_penpen」資料夾，把影像檔案全都放入「image_penpen」資料夾內，程式和前面一樣，放入「Chapter3」資料夾內。這樣資料夾的內容看起來一清二楚，比較方便操作。

接下來要開始製作遊戲。首先從顯示迷宮的程式開始說明。

》》》 顯示迷宮

這次要說明利用二維列表定義迷宮資料，並顯示迷宮的程式。這個程式使用了以下影像，請從本書提供的網頁下載該檔案。

圖 3-2-1 　這次使用的影像檔案

chip00.png 　chip01.png 　chip02.png 　chip03.png

你可以從本書提供的網址下載檔案，不過建議你最好盡量自行輸入。因為親自輸入程式有助於理解內容，可以提升程式設計的能力。

程式 ▶ list0302_1.py

```
1   import tkinter                                              匯入 tkinter 模組
2
3   map_data = [                                                用列表定義迷宮的資料
4       [0,1,1,1,1,0,0,1,1,1,1,0],
5       [0,2,3,3,2,1,1,2,3,3,2,0],
6       [0,3,0,0,3,3,3,3,0,0,3,0],
7       [0,3,1,1,3,0,0,3,1,1,3,0],
8       [0,3,2,2,3,0,0,3,2,2,3,0],
9       [0,3,0,0,3,1,1,3,0,0,3,0],
10      [0,3,1,1,3,3,3,3,1,1,3,0],
11      [0,2,3,3,2,0,0,2,3,3,2,0],
12      [0,0,0,0,0,0,0,0,0,0,0,0]
13  ]
14
15
16  def draw_screen(): # 繪製遊戲畫面                              繪製迷宮的函數
17      for y in range(9):                                         重複
18          for x in range(12):                                      雙重迴圈
19              canvas.create_image(x*60+30, y*60+30,                  用圖塊繪製迷宮
    image=img_bg[map_data[y][x]])
20
21
22  root = tkinter.Tk()                                          建立視窗元件
23  root.title("提心吊膽企鵝迷宮")                                設定視窗標題
24  root.resizable(False, False)                                 讓視窗無法改變尺寸
25  canvas = tkinter.Canvas(width=720, height=540)               建立畫布元件
26  canvas.pack()                                                置入畫布
27  img_bg = [                                                   載入圖塊的列表
28      tkinter.PhotoImage(file="image_penpen/chip00.png"),
29      tkinter.PhotoImage(file="image_penpen/chip01.png"),
30      tkinter.PhotoImage(file="image_penpen/chip02.png"),
31      tkinter.PhotoImage(file="image_penpen/chip03.png")
32  ]
33  draw_screen()                                                執行繪製迷宮的函數
34  root.mainloop()                                              顯示視窗
```

執行這個程式後，會顯示**圖 3-2-2** 的迷宮。

和 Chapter 1 的 Lesson 1-4 繪製地圖的程式一樣。利用第 3 ～ 13 行的二維列表定義迷宮的資料。

列表的值和影像如**圖 3-2-3** 所示。在第 16 ～ 19 行定義 draw_screen() 函數，使用這些影像繪製迷宮。

圖 3-2-2　list0302_1.py 的執行結果

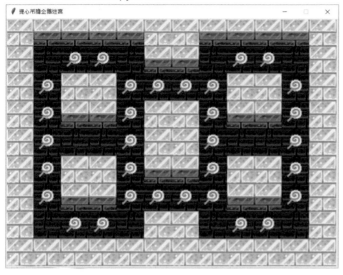

圖 3-2-3　列表的值與影像

列表的值	0	1	2	3
影像檔案				

遊戲畫面的視窗尺寸在執行程式的過程中不需要變動。如果要固定視窗尺寸，可以使用 resizable() 命令，如第 24 行所示，設定成 resizable(False, False)。利用兩個參數分別設定是否允許改變水平方向、垂直方向的尺寸。允許為 True，不允許為 False。

list0302_1.py 是 2D 遊戲繪製地圖的基本程式。請在這個程式加入移動角色、收集糖果等處理，完成遊戲。

移動角色

讓主角 penpen 在迷宮內行走。移動角色的程式需要按鍵輸入與即時處理。

》》》按鍵輸入與即時處理

確認以方向鍵移動 penpen 的程式。為了方便讓你瞭解程式的內容,這裡先以網格單位來移動角色。網格單位是指可以從一個地面移動到另一個地面。

> 學會以網格為單位來移動角色的程式後,Lesson 3-5 將會讓penpen可以在地面上順暢行動。

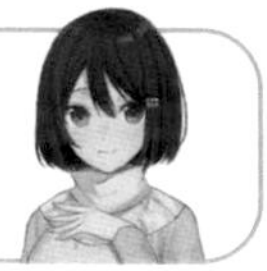

除了前面程式使用的圖塊影像,還會使用主角 penpen 的影像。

圖 3-3-1　這次使用的影像檔案

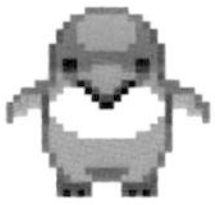

pen03.png

請輸入以下程式,另存新檔之後,再執行程式。

程式 ▶ list0303_1.py　※ 與前面程式不同的部分畫上了標示。

	程式	說明
1	`import tkinter`	匯入 tkinter 模組
2		
3	`# 輸入按鍵`	
4	`key = ""`	代入按鍵值的變數
5	`koff = False`	放開按鍵時使用的變數(旗標)
6	`def key_down(e):`	按下按鍵時執行的函數
7	`    global key, koff`	變成全域變數
8	`    key = e.keysym`	把 keysym 的值代入 key
9	`    koff = False`	把 False 代入 koff
10		
11	`def key_up(e):`	放開按鍵時執行的函數
12	`    global koff`	將 koff 變成全域變數

```
13        koff = True                                          把 True 代入 koff
14
15    DIR_UP = 0                                               定義角色方向的變數（向上）
16    DIR_DOWN = 1                                             定義角色方向的變數（向下）
17    DIR_LEFT = 2                                             定義角色方向的變數（向左）
18    DIR_RIGHT = 3                                            定義角色方向的變數（向右）
19
20    pen_x = 90                                               penpen 的 X 座標
21    pen_y = 90                                               penpen 的 Y 座標
22
23    map_data = [                                             用列表定義迷宮的資料
24        [0,1,1,1,1,0,0,1,1,1,1,0],
25        [0,2,3,3,2,1,1,2,3,3,2,0],
26        [0,3,0,0,3,3,3,3,0,0,3,0],
27        [0,3,1,1,3,0,0,3,1,1,3,0],
28        [0,3,2,2,3,0,0,3,2,2,3,0],
29        [0,3,0,0,3,1,1,3,0,0,3,0],
30        [0,3,1,1,3,3,3,3,1,1,3,0],
31        [0,2,3,3,2,0,0,2,3,3,2,0],
32        [0,0,0,0,0,0,0,0,0,0,0,0]
33    ]
34
35
36    def draw_screen(): # 繪製遊戲畫面                          繪製遊戲畫面的函數
37        canvas.delete("SCREEN")                                  暫時刪除全部的影像
38        for y in range(9):                                       重複
39            for x in range(12):                                      雙重迴圈
40                canvas.create_image(x*60+30, y*60+30,                  以圖塊繪製迷宮
      image=img_bg[map_data[y][x]], tag="SCREEN")
41        canvas.create_image(pen_x, pen_y, image=img_pen,         顯示 penpen
      tag="SCREEN")
42
43
44    def check_wall(cx, cy, di): # 確認每個方向是否有牆壁        調查指定方向是否有牆壁的函數
45        chk = False                                              把 False 代入 chk
46        if di == DIR_UP:                                         向上時
47            mx = int(cx/60)                                          把調查列表向上的值
48            my = int((cy-60)/60)                                     代入 mx 與 my
49            if map_data[my][mx] <= 1:                                如果是牆壁
50                chk = True                                              把 True 代入 chk
51        if di == DIR_DOWN:                                       向下時
52            mx = int(cx/60)                                          把調查列表向下的值
53            my = int((cy+60)/60)                                     代入 mx 與 my
54            if map_data[my][mx] <= 1:                                如果是牆壁
55                chk = True                                              把 True 代入 chk
56        if di == DIR_LEFT:                                       向左時
57            mx = int((cx-60)/60)                                     把調查列表向左的值
58            my = int(cy/60)                                          代入 mx 與 my
59            if map_data[my][mx] <= 1:                                如果是牆壁
60                chk = True                                              把 True 代入 chk
61        if di == DIR_RIGHT:                                      向右時
62            mx = int((cx+60)/60)                                     把調查列表向右的值
63            my = int(cy/60)                                          代入 mx 與 my
64            if map_data[my][mx] <= 1:                                如果是牆壁
65                chk = True                                              把 True 代入 chk
66        return chk                                               把 chk 的值當作傳回值傳回
67
68
69    def move_penpen(): # 移動penpen                           移動 penpen 的函數
70        global pen_x, pen_y                                      變成全域變數
```

```
71      if key == "Up":                                      按下向上按鍵時
72          if check_wall(pen_x, pen_y, DIR_UP) == False:        如果不是牆壁
73              pen_y = pen_y - 60                                  減少 y 座標往上移動
74      if key == "Down":                                    按下向下按鍵時
75          if check_wall(pen_x, pen_y, DIR_DOWN) ==             如果不是牆壁
    False:
76              pen_y = pen_y + 60                                  增加 y 座標往下移動
77      if key == "Left":                                    按下向左按鍵時
78          if check_wall(pen_x, pen_y, DIR_LEFT) ==             如果不是牆壁
    False:
79              pen_x = pen_x - 60                                  減少 x 座標往左移動
80      if key == "Right":                                   按下向右按鍵時
81          if check_wall(pen_x, pen_y, DIR_RIGHT) ==            如果不是牆壁
    False:
82              pen_x = pen_x + 60                                  增加 X 座標往右移動
83
84
85  def main(): # 主要迴圈                                    執行主要處理的函數
86      global key, koff                                     變成全域變數
87      draw_screen()                                        繪製遊戲畫面
88      move_penpen()                                        移動 penpen
89      if koff == True:                                     如果 koff 為 True
90          key = ""                                             就清除 key 的值
91          koff = False                                         把 False 代入 koff
92      root.after(300, main)                                300 毫秒後再次執行 main() 函數
93
94
95  root = tkinter.Tk()                                      建立視窗元件
96
97  img_bg = [                                               載入圖塊影像的列表
98      tkinter.PhotoImage(file="image_penpen/chip00.png"),
99      tkinter.PhotoImage(file="image_penpen/chip01.png"),
100     tkinter.PhotoImage(file="image_penpen/chip02.png"),
101     tkinter.PhotoImage(file="image_penpen/chip03.png")
102 ]
103 img_pen = tkinter.PhotoImage(file="image_penpen/pen03.   載入 penpen 影像的變數
    png")
104
105 root.title("提心吊膽企鵝迷宮")                            設定視窗標題
106 root.resizable(False, False)                             讓視窗無法改變尺寸
107 root.bind("<KeyPress>", key_down)                        設定按下按鍵時執行的函數
108 root.bind("<KeyRelease>", key_up)                        設定放開按鍵時執行的函數
109 canvas = tkinter.Canvas(width=720, height=540)           建立畫布元件
110 canvas.pack()                                            在視窗內置入畫布
111 main()                                                   執行進行主要處理的函數
112 root.mainloop()                                          顯示視窗
```

執行這個程式後，就可以用方向鍵移動 penpen（**圖 3-3-2**）。

第 15 ～ 18 行是用 DIR_UP（值 0）、DIR_DOWN（值 1）、DIR_LEFT（值 2）、DIR_RIGHT（值 3）變數名稱定義上下左右移動的四個方向。**先把程式內使用多次且不更改的值定義成常數**，即使日後開發遊戲使得程式變長，也能輕易瞭解何處執行了什麼處理。

圖 3-3-2　list0303_1.py 的執行結果

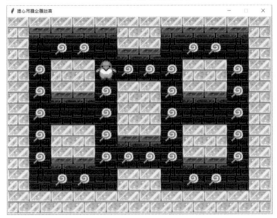

為了與可改值的變數做區別，一般常數會全用大寫字母描述。在《提心吊膽企鵝迷宮》中，改變角色方向或讓角色移動的處理使用了 DIR_UP、DIR_DOWN、DIR_LEFT、DIR_RIGHT 來描述。

第 20 ～ 21 行宣告的 pen_x 與 pen_y 是 penpen 在畫布上的座標。利用第 69 ～ 82 行定義的 move_penpen() 函數，根據輸入的方向鍵來增減這個變數的值，藉此移動 penpen。

move_penpen() 函數使用了第 44 ～ 66 行定義的 check_wall() 函數來判斷行進方向是否為牆壁。以下將單獨說明 check_wall() 函數。

```python
def check_wall(cx, cy, di): # 確認每個方向是否有牆壁
    chk = False
    if di == DIR_UP:
        mx = int(cx/60)
        my = int((cy-60)/60)
        if map_data[my][mx] <= 1:
            chk = True
    if di == DIR_DOWN:
        mx = int(cx/60)
        my = int((cy+60)/60)
        if map_data[my][mx] <= 1:
            chk = True
```

```
    if di == DIR_LEFT:
        mx = int((cx-60)/60)
        my = int(cy/60)
        if map_data[my][mx] <= 1:
            chk = True
    if di == DIR_RIGHT:
        mx = int((cx+60)/60)
        my = int(cy/60)
        if map_data[my][mx] <= 1:
            chk = True
    return chk
```

Lesson 1-5 曾經學過，若 (cx, cy) 是畫布上的座標時，分別用 cx、cy 除以圖塊的寬度與高度（這次是 60），小數點以下無條件捨去的值 mx、my 變成列表中的索引值 map_data[my][mx]。

請檢視偵測向左的描述，如粗體部分所示，這裡要調查往左 60 點的位置。

```
    if di == DIR_LEFT:
        mx = int((cx-60)/60)
        my = int(cy/60)
        if map_data[my][mx] <= 1:
            chk = True
```

在這次的程式中，當 map_data 的值為 0 或 1 時是天空，2 或 3 是地板。假設左側是牆壁，map_data[my][mx] 是 0 或 1。此時，把 True 代入 chk。這個函數的最後用 return chk 傳回 True。

這裡使用函數來偵測是否有牆壁是有原因的。因為移動 penpen 時，會多次重複描述這個函數，而且移動敵人角色也會用到這個函數。**把常用的處理定義成函數可以寫出精簡的程式。**

Lesson 3-4 角色的方向及動畫

下一個單元 Lesson 3-5 會讓 penpen 的移動變順暢，但是先知道 penpen 的方向，比較容易理解程式，因此我們先加入這個部分。同時也一併加入 penpen 踏步的動畫。

》》》 在列表內載入動畫影像

以下要確認的程式是依照輸入的方向鍵，改變 penpen 方向。每個方向將使用三張影像製作步行動畫，使用的影像如下所示。

圖 3-4-1　這次使用的影像檔案

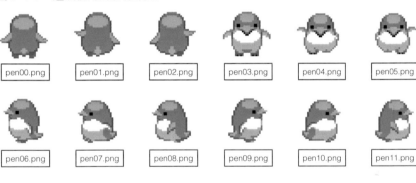

請輸入以下程式，另存新檔之後，再執行程式。

程式 ▶ list0304_1.py　※ 與前面程式不同的部分畫上了**標示**。

行號	程式	說明
1	`import tkinter`	匯入 tkinter 模組
2		
3	`# 輸入按鍵`	
4	`key = ""`	代入按鍵值的變數
5	`koff = False`	放開按鍵時使用的變數（旗標）
6	`def key_down(e):`	按下按鍵時執行的函數
7	`    global key, koff`	變成全域變數
8	`    key = e.keysym`	把 keysym 的值代入 key
9	`    koff = False`	把 False 代入 koff
10		
11	`def key_up(e):`	放開按鍵時執行的函數
12	`    global koff`	koff 變成全域變數
13	`    koff = True`	把 True 代入 koff
14		
15	`DIR_UP = 0`	定義角色方向的變數（向上）
16	`DIR_DOWN = 1`	定義角色方向的變數（向下）
17	`DIR_LEFT = 2`	定義角色方向的變數（向左）

pen00.png　pen01.png　pen02.png　pen03.png　pen04.png　pen05.png

pen06.png　pen07.png　pen08.png　pen09.png　pen10.png　pen11.png

```
18  DIR_RIGHT = 3                                      定義角色方向的變數（向右）
19  ANIMATION = [0, 1, 0, 2]                            定義動畫編號的列表
20
21  tmr = 0                                             計時器
22
23  pen_x = 90                                          penpen 的 X 座標
24  pen_y = 90                                          penpen 的 Y 座標
25  pen_d = 0                                           penpen 的方向
26  pen_a = 0                                           penpen 的影像編號
27
28  map_data = [                                        用列表定義迷宮的資料
29      [0,1,1,1,1,0,0,1,1,1,1,0],
30      [0,2,3,3,2,1,1,2,3,3,2,0],
31      [0,3,0,0,3,3,3,3,0,0,3,0],
32      [0,3,1,1,3,0,0,3,1,1,3,0],
33      [0,3,2,2,3,0,0,3,2,2,3,0],
34      [0,3,0,0,3,1,1,3,0,0,3,0],
35      [0,3,1,1,3,3,3,3,1,1,3,0],
36      [0,2,3,3,2,0,0,2,3,3,2,0],
37      [0,0,0,0,0,0,0,0,0,0,0,0]
38  ]
39
40
41  def draw_screen(): # 繪製遊戲畫面                    繪製遊戲畫面的函數
42      canvas.delete("SCREEN")                             暫時刪除所有影像
43      for y in range(9):                                  重複
44          for x in range(12):                                 雙重迴圈
45              canvas.create_image(x*60+30, y*60+30,               用圖塊繪製迷宮
    image=img_bg[map_data[y][x]], tag="SCREEN")
46      canvas.create_image(pen_x, pen_y, image=img_    顯示 penpen
    pen[pen_a], tag="SCREEN")
47
48
49  def check_wall(cx, cy, di): # 確認每個方向是否有牆壁   調查指定方向是否有牆壁的函數
50      chk = False                                         把 False 代入 chk
51      if di == DIR_UP:                                    向上時
52          mx = int(cx/60)                                     把調查列表向上的值
53          my = int((cy-60)/60)                                代入 mx 與 my
54          if map_data[my][mx] <= 1:                           如果是牆壁
55              chk = True                                          把 True 代入 chk
56      if di == DIR_DOWN:                                  向下時
57          mx = int(cx/60)                                     把調查列表向下的值
58          my = int((cy+60)/60)                                代入 mx 與 my
59          if map_data[my][mx] <= 1:                           如果是牆壁
60              chk = True                                          把 True 代入 chk
61      if di == DIR_LEFT:                                  向左時
62          mx = int((cx-60)/60)                                把調查列表向左的值
63          my = int(cy/60)                                     代入 mx 與 my
64          if map_data[my][mx] <= 1:                           如果是牆壁
65              chk = True                                          把 True 代入 chk
66      if di == DIR_RIGHT:                                 向右時
67          mx = int((cx+60)/60)                                把調查列表向右的值
68          my = int(cy/60)                                     代入 mx 與 my
69          if map_data[my][mx] <= 1:                           如果是牆壁
70              chk = True                                          把 True 代入 chk
71      return chk                                          把 chk 的值當作傳回值回傳
72
73
74  def move_penpen(): # 移動penpen                     移動 penpen 的函數
```

```
75        global pen_x, pen_y, pen_d, pen_a                          變成全域變數
76        if key == "Up":                                            按下向上鍵時
77            pen_d = DIR_UP                                             penpen 朝上
78            if check_wall(pen_x, pen_y, pen_d) == False:               如果不是牆壁
79                pen_y = pen_y - 60                                         減少 y 座標往上移動
80        if key == "Down":                                          按下向下鍵時
81            pen_d = DIR_DOWN                                           penpen 朝下
82            if check_wall(pen_x, pen_y, pen_d) == False:               如果不是牆壁
83                pen_y = pen_y + 60                                         增加 y 座標往下移動
84        if key == "Left":                                          按下左鍵時
85            pen_d = DIR_LEFT                                           penpen 朝左
86            if check_wall(pen_x, pen_y, pen_d) == False:               如果不是牆壁
87                pen_x = pen_x - 60                                         減少 x 座標往左移動
88        if key == "Right":                                         按下右鍵時
89            pen_d = DIR_RIGHT                                          penpen 朝右
90            if check_wall(pen_x, pen_y, pen_d) == False:               如果不是牆壁
91                pen_x = pen_x + 60                                         增加 x 座標往右移動
92        pen_a = pen_d*3 + ANIMATION[tmr%4]                          計算 penpen 的動畫（影像）編號
93
94
95    def main(): # 主要迴圈                                          執行主要處理的函數
96        global key, koff, tmr                                         變成全域變數
97        tmr = tmr + 1                                                 tmr 的值加 1
98        draw_screen()                                                繪製遊戲畫面
99        move_penpen()                                                移動 penpen
100       if koff == True:                                             如果 koff 為 True
101           key = ""                                                     清除 key 的值
102           koff = False                                                 把 False 代入 koff
103       root.after(300, main)                                        300 毫秒後再次執行 main() 函數
104
105
106   root = tkinter.Tk()                                            建立視窗元件
107
108   img_bg = [                                                     載入圖塊影像的列表
109       tkinter.PhotoImage(file="image_penpen/chip00.png"),
110       tkinter.PhotoImage(file="image_penpen/chip01.png"),
111       tkinter.PhotoImage(file="image_penpen/chip02.png"),
112       tkinter.PhotoImage(file="image_penpen/chip03.png")
113   ]
114   img_pen = [                                                    載入 penpen 影像的列表
115       tkinter.PhotoImage(file="image_penpen/pen00.png"),
116       tkinter.PhotoImage(file="image_penpen/pen01.png"),
117       tkinter.PhotoImage(file="image_penpen/pen02.png"),
118       tkinter.PhotoImage(file="image_penpen/pen03.png"),
119       tkinter.PhotoImage(file="image_penpen/pen04.png"),
120       tkinter.PhotoImage(file="image_penpen/pen05.png"),
121       tkinter.PhotoImage(file="image_penpen/pen06.png"),
122       tkinter.PhotoImage(file="image_penpen/pen07.png"),
123       tkinter.PhotoImage(file="image_penpen/pen08.png"),
124       tkinter.PhotoImage(file="image_penpen/pen09.png"),
125       tkinter.PhotoImage(file="image_penpen/pen10.png"),
126       tkinter.PhotoImage(file="image_penpen/pen11.png")
127   ]
128
129   root.title("提心吊膽企鵝迷宮")                                   設定視窗標題
130   root.resizable(False, False)                                   讓視窗無法改變尺寸
131   root.bind("<KeyPress>", key_down)                              設定按下按鍵時執行的函數
132   root.bind("<KeyRelease>", key_up)                              設定放開按鍵時執行的函數
133   canvas = tkinter.Canvas(width=720, height=540)                 建立畫布元件
134   canvas.pack()                                                  在視窗置入畫布
135   main()                                                         執行進行主要處理的函數
136   root.mainloop()                                                顯示視窗
```

執行這個程式後，penpen 就可以步行，並依照輸入的方向鍵改變方向並移動。

圖 3-4-2　list0304_1.py 的執行結果

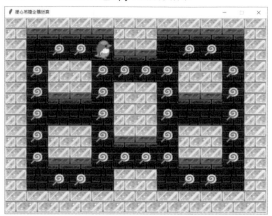

用第 25 行宣告的 pen_d 管理 penpen 的方向，以第 26 行宣告的 pen_a 管理動畫編號（penpen 的影像編號）。

使用計時器的 tmr 變數決定 pen_a 的值。在第 21 行宣告 tmr，在 main() 函數內計算每一幀的 tmr 值。

移動 penpen 的 move_penpen() 函數在判斷輸入的方向鍵時，會將 penpen 的方向代入 pen_d。我們利用以下算式把動畫編號代入 pen_a（第 92 行）。

```
pen_a = pen_d*3 + ANIMATION[tmr%4]
```

由於每個方向都準備了三張影像，因此 pen_d*3，並加上 ANIMATION[tmr%4]。ANIMATION 是描述在第 19 行，放入讓 penpen 步行的編號列表。

```
ANIMATION = [0, 1, 0, 2]
```

每一幀都會增加 tmr 的值，因此 tmr%4 會在「0→1→2→3→0→1→2→3→⋯⋯」之間不斷重複。ANIMATION[tmr%4] 的值是「0→1→0→2→0→1→0→2→⋯⋯」。

> 將 pen_d*3 的值與 ANIMATION[tmr%4] 相加，再代入 pen_a，藉此計算 penpen 每個方向的動畫編號。我們已經在 Chapter 1 學習過動畫的基本技巧，假如有不明白的地方，請複習 Lesson 1-3。

3-5 順暢移動角色

接下來要順暢移動角色。之前的程式是每次按下按鍵，X 座標、Y 座標分別改變 60 點，這次要將程式改良成每次移動 20 點。

調查移動位置

這裡要說明順暢移動角色的程式。請輸入以下程式，另存新檔之後，再執行程式。

程式 ▶ list0305_1.py　※ 與前面程式不同的部分畫上了**標示**。

```
1   import tkinter                              匯入 tkinter 模組
2
3   # 輸入按鍵
4   key = ""                                    代入按鍵值的變數
5   koff = False                                放開按鍵時使用的變數（旗標）
6   def key_down(e):                            按下按鍵時執行的函數
7       global key, koff                        變成全域變數
8       key = e.keysym                          把 keysym 的值代入 key
9       koff = False                            把 False 代入 koff
10
11  def key_up(e):                              放開按鍵時執行的函數
12      global koff # Mac                       koff 變成全域變數
13      koff = True # Mac                       把 True 代入 koff
14  #   global key # Win                        Windows 電腦用的註解
15  #   key = ""   # Win                        Windows 電腦用的註解
16
17
18  DIR_UP = 0                                  定義角色方向的變數（向上）
19  DIR_DOWN = 1                                定義角色方向的變數（向下）
20  DIR_LEFT = 2                                定義角色方向的變數（向左）
21  DIR_RIGHT = 3                               定義角色方向的變數（向右）
22  ANIMATION = [0, 1, 0, 2]                    定義動畫編號的列表
23
24  tmr = 0                                     計時器
25
26  pen_x = 90                                  penpen 的 X 座標
27  pen_y = 90                                  penpen 的 Y 座標
28  pen_d = 0                                   penpen 的方向
29  pen_a = 0                                   penpen 的影像編號
30
31  map_data = [                                放入迷宮資料的列表
32      [0,1,1,1,1,0,0,1,1,1,1,0],
33      [0,2,3,3,2,1,1,2,3,3,2,0],
34      [0,3,0,0,3,3,3,3,0,0,3,0],
35      [0,3,1,1,3,0,0,3,1,1,3,0],
36      [0,3,2,2,3,0,0,3,2,2,3,0],
37      [0,3,0,0,3,1,1,3,0,0,3,0],
38      [0,3,1,1,3,3,3,3,1,1,3,0],
```

```
39        [0,2,3,3,2,0,0,2,3,3,2,0],
40        [0,0,0,0,0,0,0,0,0,0,0,0]
41  ]
42
43
44  def draw_screen(): # 繪製遊戲畫面                        繪製遊戲畫面的函數
45      canvas.delete("SCREEN")                            暫時刪除所有影像
46      for y in range(9):                                 重複
47          for x in range(12):                                雙重迴圈
48              canvas.create_image(x*60+30, y*60+30,              用圖塊繪製迷宮
    image=img_bg[map_data[y][x]], tag="SCREEN")
49      canvas.create_image(pen_x, pen_y, image=img_       顯示 penpen
    pen[pen_a], tag="SCREEN")
50
51
52  def check_wall(cx, cy, di, dot): # 確認每個方向是否有牆壁    調查在指定方向是否有牆壁的函數
53      chk = False                                        把 False 代入 chk
54      if di == DIR_UP:                                   向上時
55          mx = int((cx-30)/60)                               把調查列表左上方的值
56          my = int((cy-30-dot)/60)                           代入 mx 與 my
57          if map_data[my][mx] <= 1: # 左上                    如果是牆壁
58              chk = True                                         把 True 代入 chk
59          mx = int((cx+29)/60)                               代入調查列表右上方的值
60          if map_data[my][mx] <= 1: # 右上                    如果是牆壁
61              chk = True                                         把 True 代入 chk
62      if di == DIR_DOWN:                                 向下時
63          mx = int((cx-30)/60)                               把調查列表左下方的值
64          my = int((cy+29+dot)/60)                           代入 mx 與 my
65          if map_data[my][mx] <= 1: # 左下                    如果是牆壁
66              chk = True                                         把 True 代入 chk
67          mx = int((cx+29)/60)                               代入調查列表右下方的值
68          if map_data[my][mx] <= 1: # 右下                    如果是牆壁
69              chk = True                                         把 True 代入 chk
70      if di == DIR_LEFT:                                 向左時
71          mx = int((cx-30-dot)/60)                           把調查列表左上方的值
72          my = int((cy-30)/60)                               代入 mx 與 my
73          if map_data[my][mx] <= 1: # 左上                    如果是牆壁
74              chk = True                                         把 True 代入 chk
75          my = int((cy+29)/60)                               代入調查列表左下方的值
76          if map_data[my][mx] <= 1: # 左下                    如果是牆壁
77              chk = True                                         把 True 代入 chk
78      if di == DIR_RIGHT:                                向右時
79          mx = int((cx+29+dot)/60)                           把調查列表右上方的值
80          my = int((cy-30)/60)                               代入 mx 與 my
81          if map_data[my][mx] <= 1: # 右上                    如果是牆壁
82              chk = True                                         把 True 代入 chk
83          my = int((cy+29)/60)                               代入調查列表右下方的值
84          if map_data[my][mx] <= 1: # 右下                    如果是牆壁
85              chk = True                                         把 True 代入 chk
86      return chk                                         將 chk 的值當作傳回值回傳
87
88
89  def move_penpen(): # 移動penpen                         移動 penpen 的函數
90      global pen_x, pen_y, pen_d, pen_a                  變成全域變數
91      if key == "Up":                                    按下向上鍵時
92          pen_d = DIR_UP                                     penpen 朝上
93          if check_wall(pen_x, pen_y, pen_d, 20) ==          如果 20 點之後不是牆壁
    False:
94              pen_y = pen_y - 20                                 減少 y 座標往上移動
95      if key == "Down":                                  按下向下鍵時
```

```
96              pen_d = DIR_DOWN
97              if check_wall(pen_x, pen_y, pen_d, 20) ==
    False:
98                  pen_y = pen_y + 20
99          if key == "Left":
100             pen_d = DIR_LEFT
101             if check_wall(pen_x, pen_y, pen_d, 20) ==
    False:
102                 pen_x = pen_x - 20
103         if key == "Right":
104             pen_d = DIR_RIGHT
105             if check_wall(pen_x, pen_y, pen_d, 20) ==
    False:
106                 pen_x = pen_x + 20
107         pen_a = pen_d*3 + ANIMATION[tmr%4]
108
109
110     def main(): # 主要迴圈
111         global key, koff, tmr
112         tmr = tmr + 1
113         draw_screen()
114         move_penpen()
115         if koff == True:
116             key = ""
117             koff = False
118         root.after(100, main)
119
120
121     root = tkinter.Tk()
122
123     img_bg = [
124         tkinter.PhotoImage(file="image_penpen/chip00.png"),
125         tkinter.PhotoImage(file="image_penpen/chip01.png"),
126         tkinter.PhotoImage(file="image_penpen/chip02.png"),
127         tkinter.PhotoImage(file="image_penpen/chip03.png")
128     ]
129     img_pen = [
130         tkinter.PhotoImage(file="image_penpen/pen00.png"),
131         tkinter.PhotoImage(file="image_penpen/pen01.png"),
132         tkinter.PhotoImage(file="image_penpen/pen02.png"),
133         tkinter.PhotoImage(file="image_penpen/pen03.png"),
134         tkinter.PhotoImage(file="image_penpen/pen04.png"),
135         tkinter.PhotoImage(file="image_penpen/pen05.png"),
136         tkinter.PhotoImage(file="image_penpen/pen06.png"),
137         tkinter.PhotoImage(file="image_penpen/pen07.png"),
138         tkinter.PhotoImage(file="image_penpen/pen08.png"),
139         tkinter.PhotoImage(file="image_penpen/pen09.png"),
140         tkinter.PhotoImage(file="image_penpen/pen10.png"),
141         tkinter.PhotoImage(file="image_penpen/pen11.png")
142     ]
143
144     root.title("提心吊膽企鵝迷宮")
145     root.resizable(False, False)
146     root.bind("<KeyPress>", key_down)
147     root.bind("<KeyRelease>", key_up)
148     canvas = tkinter.Canvas(width=720, height=540)
149     canvas.pack()
150     main()
151     root.mainloop()
```

penpen 朝下
如果 20 點之後不是牆壁
增加 y 座標往下移動
按下向左鍵時
penpen 朝左
如果 20 點之後不是牆壁
減少 x 座標往左移動
按下向右鍵時
penpen 朝右
如果 20 點之後不是牆壁
增加 x 座標往右移動
計算 penpen 的動畫（影像）編號
執行主要處理的函數
變成全域變數
tmr 的值加 1
繪製遊戲畫面
移動 penpen
如果 koff 為 True
清除 key 的值
把 False 代入 koff
100 毫秒後再次執行 main() 函數
建立視窗元件
載入圖塊影像的列表
載入 penpen 影像的列表
設定視窗標題
讓視窗無法改變尺寸
設定按下按鍵時執行的函數
設定放開按鍵時執行的函數
建立畫布元件
在視窗內置入畫布
執行進行主要處理的函數
顯示視窗

請執行這個程式,試著移動 penpen。與前面的程式相比,可以看到 penpen 的動作變得比較順暢。

圖 3-5-1　　list0305_1.py 的執行結果

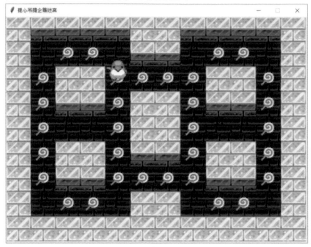

我們改良了 check_wall() 函數,提供方向與點數給參數,調查該處是否為牆壁。以下將單獨説明這個函數。

```python
def check_wall(cx, cy, di, dot): # 確認每個方向是否有牆壁
    chk = False
    if di == DIR_UP:
        mx = int((cx-30)/60)
        my = int((cy-30-dot)/60)
        if map_data[my][mx] <= 1: # 左上
            chk = True
        mx = int((cx+29)/60)
        if map_data[my][mx] <= 1: # 右上
            chk = True
    if di == DIR_DOWN:
        mx = int((cx-30)/60)
        my = int((cy+29+dot)/60)
        if map_data[my][mx] <= 1: # 左下
            chk = True
        mx = int((cx+29)/60)
        if map_data[my][mx] <= 1: # 右下
            chk = True
```

```
    if di == DIR_LEFT:
        mx = int((cx-30-dot)/60)
        my = int((cy-30)/60)
        if map_data[my][mx] <= 1: # 左上
            chk = True
        my = int((cy+29)/60)
        if map_data[my][mx] <= 1: # 左下
            chk = True
    if di == DIR_RIGHT:
        mx = int((cx+29+dot)/60)
        my = int((cy-30)/60)
        if map_data[my][mx] <= 1: # 右上
            chk = True
        my = int((cy+29)/60)
        if map_data[my][mx] <= 1: # 右下
            chk = True
    return chk
```

這裡要說明顯示為粗體，調查向左（DIR_LEFT）的處理。若要往左移動，要調查頭的左側及腳的左側，如**圖 3-5-2** 所示。

圖 3-5-2　可以往左移動時的判斷

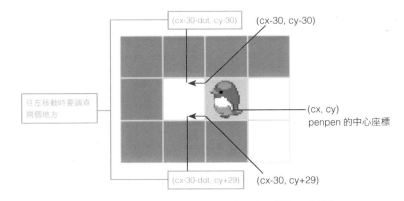

※ 這次是讓 penpen 每次移動 20 點，所以 dot 的值為 20

假設 penpen 的位置如下頁**圖 3-5-3**，check_wall() 函數會傳回 Ture，兩者皆不會往左移動。上、下、右也是利用相同方法判斷該方向是否有牆壁。

圖 3-5-3 判斷無法往左移動的情況

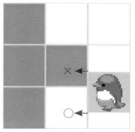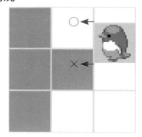

灰色是牆壁網格

這裡要一併確認讓 penpen 移動的 move_penpen() 函數。以下節錄了按下左鍵時的處理。

```
if key == "Left":
    pen_d = DIR_LEFT
    if check_wall(pen_x, pen_y, pen_d, 20) == False:
        pen_x = pen_x - 20
```

按下向左鍵後，penpen 的方向朝左，利用 check_wall() 函數調查左邊 20 點後是否有牆壁，如果沒有，就減少 x 座標，讓 penpen 移動。上、下、右都一樣。
換句話說，這個處理是「使用 check_wall() 函數，避免讓 penpen 的部分身體跑到牆壁裡」。

向左或向右時，要調查角色的頭及腳的前方是否有牆壁，向上或向下時，要調查左手及右手的前方是否有牆壁。

移動敵人時，也是使用 check_wall() 函數。penpen 與 red 的移動速度會改變，因此我們可以使用參數設定要調查的點數。

遊戲的操作性

遊戲的操作性是指使用者操作按鍵或按鈕時，是否能按照想法移動角色。按鍵反應不良，角色的動作生硬，就是「操作性差」的遊戲。

 操作性的好壞也可以用在選單畫面的結構難以理解，不知道如何操作的情況。

在 Chapter 2 的小遊戲曾說明過，使用 after() 命令進行即時處理的程式中，Mac 有時無法輸入按鍵。為了避免這個問題，list0305_1.py 採用了和小遊戲一樣的 Mac 版按鍵輸入對策。可是加入 Mac 版的處理後，Windows 電腦對按鍵的反應可能變遲鈍，使得操作性變差。

尤其《提心吊膽企鵝迷宮》這種動作遊戲，必須盡量提高操作性。Windows 電腦不需要 Mac 版的處理，所以改寫以下部分，就能提升操作性。

■ 提高Windows的操作性

① 更改放開按鍵時執行的函數

```
def key_up(e):
    global koff # Mac
    koff = True # Mac
#    global key # Win
#    key = ""   # Win
```

 把這個部分改寫成以下這樣
（取消下面兩行的註解，改註解上面兩行）

```
def key_up(e):
#    global koff # Mac
#    koff = True # Mac
    global key # Win
    key = ""   # Win
```

已經不需要 **main()** 函數內的以下三行，所以註解掉

```
    if koff == True:
        key = ""
        koff = False
```

用 # 註解掉

```
#   if koff == True:
#       key = ""
#       koff = False
```

此外，執行❶可以不改變❷，維持原狀。若只執行❶，Windows 電腦的按鍵反應會變好。之後的程式也加入了 Mac 版的按鍵輸入對策，但是使用 Windows 的人，可以改寫成操作性較良好的程式。

> 日後如果覺得用Windows 電腦很難操作遊戲的話，可以試著改變key_up()函數的註解，讓按鍵的反應變好。

Lesson 3-6 取得道具，增加分數

這個單元要加上把掉落在迷宮內的糖果收集起來的處理。

》》》 改變列表的值

接著要説明當 penpen 接觸到糖果之後，就會收集糖果，並增加分數的程式。請輸入以下程式，另存新檔之後，再執行程式。

程式 ▶ list0306_1.py　　※ 與前面程式不同的部分畫上了 標示。

```
1   import tkinter                              匯入 tkinter 模組
2
3   # 輸入按鍵
4   key = ""                                    代入按鍵值的變數
5   koff = False                                放開按鍵時使用的變數（旗標）
6   def key_down(e):                            按下按鍵時執行的函數
7       global key, koff                        變成全域變數
8       key = e.keysym                          把 keysym 的值代入 key
9       koff = False                            把 False 代入 koff
10
11  def key_up(e):                              放開按鍵時執行的函數
12      global koff # Mac                       koff 變成全域變數
13      koff = True # Mac                       把 True 代入 koff
14  #   global key # Win                        Windows 電腦用的註解
15  #   key = ""   # Win                        Windows 電腦用的註解
16
17
18  DIR_UP = 0                                  定義角色方向的變數（向上）
19  DIR_DOWN = 1                                定義角色方向的變數（向下）
20  DIR_LEFT = 2                                定義角色方向的變數（向左）
21  DIR_RIGHT = 3                               定義角色方向的變數（向右）
22  ANIMATION = [0, 1, 0, 2]                    定義動畫編號的列表
23
24  tmr = 0                                     計時器
25  score = 0                                   分數
26
27  pen_x = 90                                  penpen 的 X 座標
28  pen_y = 90                                  penpen 的 Y 座標
29  pen_d = 0                                   penpen 的方向
30  pen_a = 0                                   penpen 的影像編號
31
32  map_data = [                                放入迷宮資料的列表
33      [0,1,1,1,1,0,0,1,1,1,1,0],
34      [0,2,3,3,2,1,1,2,3,3,2,0],
35      [0,3,0,0,3,3,3,3,0,0,3,0],
36      [0,3,1,1,3,0,0,3,1,1,3,0],
37      [0,3,2,2,3,0,0,3,2,2,3,0],
38      [0,3,0,0,3,1,1,3,0,0,3,0],
39      [0,3,1,1,3,3,3,3,1,1,3,0],
40      [0,2,3,3,2,0,0,2,3,3,2,0],
41      [0,0,0,0,0,0,0,0,0,0,0,0]]
```

```
42      ]
43
44
45      def draw_txt(txt, x, y, siz, col): # 陰影文字          顯示陰影文字的函數
46          fnt = ("Times New Roman", siz, "bold")               定義字體
47          canvas.create_text(x+2, y+2, text=txt,              文字的陰影（偏移 2 點以黑色顯示）
        fill="black", font=fnt, tag="SCREEN")
48          canvas.create_text(x, y, text=txt, fill=col, font=      用設定的顏色顯示文字
        fnt, tag="SCREEN")
49
50
51      def draw_screen(): # 繪製遊戲畫面                      繪製遊戲畫面的函數
52          canvas.delete("SCREEN")                            暫時刪除所有影像與文字
53          for y in range(9):                                 重複
54              for x in range(12):                               雙重迴圈
55                  canvas.create_image(x*60+30, y*60+30,           用圖塊繪製迷宮
        image=img_bg[map_data[y][x]], tag="SCREEN")
56          canvas.create_image(pen_x, pen_y, image=img_pen      顯示 penpen
        [pen_a], tag="SCREEN")
57          draw_txt("SCORE "+str(score), 200, 30, 30,          顯示分數
        "white")
58
59
60      def check_wall(cx, cy, di, dot): # 確認每個方向是否有牆壁   調查指定方向是否有牆壁的函數
61          chk = False                                        把 False 代入 chk
62          if di == DIR_UP:                                   向上時
63              mx = int((cx-30)/60)                              把調查列表左上方的值
64              my = int((cy-30-dot)/60)                          代入 mx 與 my
65              if map_data[my][mx] <= 1: # 左上                   如果是牆壁
66                  chk = True                                     把 True 代入 chk
67              mx = int((cx+29)/60)                              代入調查列表右上方的值
68              if map_data[my][mx] <= 1: # 右上                   如果是牆壁
69                  chk = True                                     把 True 代入 chk
70          if di == DIR_DOWN:                                 向下時
71              mx = int((cx-30)/60)                              把調查列表左下方的值
72              my = int((cy+29+dot)/60)                          代入 mx 與 my
73              if map_data[my][mx] <= 1: # 左下                   如果是牆壁
74                  chk = True                                     把 True 代入 chk
75              mx = int((cx+29)/60)                              代入調查列表右下方的值
76              if map_data[my][mx] <= 1: # 右下                   如果是牆壁
77                  chk = True                                     把 True 代入 chk
78          if di == DIR_LEFT:                                 向左時
79              mx = int((cx-30-dot)/60)                          把調查列表左上方的值
80              my = int((cy-30)/60)                              代入 mx 與 my
81              if map_data[my][mx] <= 1: # 左上                   如果是牆壁
82                  chk = True                                     把 True 代入 chk
83              my = int((cy+29)/60)                              代入調查列表左下方的值
84              if map_data[my][mx] <= 1: # 左下                   如果是牆壁
85                  chk = True                                     把 True 代入 chk
86          if di == DIR_RIGHT:                                向右時
87              mx = int((cx+29+dot)/60)                          把調查列表右上方的值
88              my = int((cy-30)/60)                              代入 mx 與 my
89              if map_data[my][mx] <= 1: # 右上                   如果是牆壁
90                  chk = True                                     把 True 代入 chk
91              my = int((cy+29)/60)                              代入調查列表右下方的值
92              if map_data[my][mx] <= 1: # 右下                   如果是牆壁
93                  chk = True                                     把 True 代入 chk
94          return chk                                         把 chk 的值當作傳回值傳回
95
```

```
96
97   def move_penpen(): # 移動penpen
98       global score, pen_x, pen_y, pen_d, pen_a
99       if key == "Up":
100          pen_d = DIR_UP
101          if check_wall(pen_x, pen_y, pen_d, 20) ==
     False:
102              pen_y = pen_y - 20
103      if key == "Down":
104          pen_d = DIR_DOWN
105          if check_wall(pen_x, pen_y, pen_d, 20) ==
     False:
106              pen_y = pen_y + 20
107      if key == "Left":
108          pen_d = DIR_LEFT
109          if check_wall(pen_x, pen_y, pen_d, 20) ==
     False:
110              pen_x = pen_x - 20
111      if key == "Right":
112          pen_d = DIR_RIGHT
113          if check_wall(pen_x, pen_y, pen_d, 20) ==
     False:
114              pen_x = pen_x + 20
115      pen_a = pen_d*3 + ANIMATION[tmr%4]
116      mx = int(pen_x/60)
117      my = int(pen_y/60)
118      if map_data[my][mx] == 3: # 取得糖果了嗎？
119          score = score + 100
120          map_data[my][mx] = 2
121
122
123  def main(): # 主要迴圈
124      global key, koff, tmr
125      tmr = tmr + 1
126      draw_screen()
127      move_penpen()
128      if koff == True:
129          key = ""
130          koff = False
131      root.after(100, main)
132
133
134  root = tkinter.Tk()
135
136  img_bg = [
137      tkinter.PhotoImage(file="image_penpen/chip00.png"),
 :   略
 :   〈
140      tkinter.PhotoImage(file="image_penpen/chip03.png")
141  ]
142  img_pen = [
143      tkinter.PhotoImage(file="image_penpen/pen00.png"),
 :   略
 :   〈
154      tkinter.PhotoImage(file="image_penpen/pen11.png")
155  ]
156
157  root.title("提心吊膽企鵝迷宮")
158  root.resizable(False, False)
159  root.bind("<KeyPress>", key_down)
160  root.bind("<KeyRelease>", key_up)
```

移動 penpen 的函數
　　變成全域變數
　　按下向上鍵時
　　　　penpen 朝上
　　　　如果 20 點之後不是牆壁

　　　　　　減少 y 座標往上移動
　　按下向下鍵時
　　　　penpen 朝下
　　　　如果 20 點之後不是牆壁

　　　　　　增加 y 座標往下移動
　　按下向左鍵時
　　　　penpen 朝左
　　　　如果 20 點之後不是牆壁

　　　　　　減少 x 座標往左移動
　　按下向右鍵
　　　　penpen 朝右
　　　　如果 20 點之後不是牆壁

　　　　　　增加 x 座標往右移動
　　計算 penpen 的動畫（影像）編號
　　把用來調查 penpen 所在位置的列表值
　　代入 mx 與 my
　　進入糖果網格後
　　　　增加分數
　　　　刪除糖果

執行主要處理的函數
　　變成全域變數
　　tmr 的值加 1
　　繪製遊戲畫面
　　移動 penpen
　　如果 koff 為 True
　　　　刪除 key 的值
　　　　把 False 代入 koff
　　100 毫秒後再次執行 main() 函數

建立視窗元件

載入圖塊影像的列表

載入 penpen 影像的列表

設定視窗標題
讓視窗無法改變尺寸
設定按下按鍵時執行的函數
設定放開按鍵時執行的函數

```
161  canvas = tkinter.Canvas(width=720, height=540)    建立畫布元件
162  canvas.pack()                                     在視窗置入畫布
163  main()                                            執行進行主要處理的函數
164  root.mainloop()                                   顯示視窗
```

圖 3-6-1　list0306_1.py 的執行結果

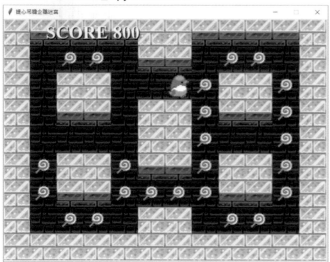

利用 move_penpen() 函數的第 116 ～ 120 行執行收集糖果的處理。列表 map_data[my][mx] 的值為 3 的網格內有糖果。penpen 進入該網格後，增加分數，接著 map_data[my][mx] 變成 2，刪除糖果。

利用 penpen 的座標（畫布上的座標）除以圖塊大小（這次是 60 點），計算出二維列表 map_data 的索引值。這是調查該位置是哪個網格的基本方法。

第 45 ～ 48 行定義了顯示陰影字串的 draw_txt() 函數，利用這個函數來顯示分數。在文字加上陰影的目的有兩個，包括讓顯示在背景上的文字容易辨識，還有改善遊戲畫面的外觀。

Lesson 3-7 敵人登場

這個遊戲把主角的對手「red」設定成敵人，我們將在這個單元加上移動敵人的程式。

加入敵人的處理

這裡要確認移動敵人的程式。這個程式使用了以下影像，請從本書提供的網址下載這些影像。

圖 3-7-1　這次使用的影像檔案

| red00.png | red01.png | red02.png | red03.png | red04.png | red05.png |

| red06.png | red07.png | red08.png | red09.png | red10.png | red11.png |

請輸入以下程式，另存新檔之後，再執行程式。

程式 ▶ list0307_1.py　※ 與前面程式不同的部分畫上了標示。

```
1   import tkinter
2   import random
3
4   # 輸入按鍵
5   key = ""
6   koff = False
7   def key_down(e):
8       global key, koff
9       key = e.keysym
10      koff = False
11
12  def key_up(e):
13      global koff # Mac
14      koff = True # Mac
15  #    global key # Win
16  #    key = ""   # Win
17
```

匯入 tkinter 模組
匯入 random 模組

代入按鍵值的變數
放開按鍵時使用的變數（旗標）
按下按鍵時執行的函數
　變成全域變數
　把 keysym 的值代入 key
　把 False 代入 koff

放開按鍵時執行的函數
　koff 變成全域變數
　把 True 代入 koff
Windows 電腦用的註解
Windows 電腦用的註解

```
18
19  DIR_UP = 0                                          定義角色方向的變數（向上）
20  DIR_DOWN = 1                                        定義角色方向的變數（向下）
21  DIR_LEFT = 2                                        定義角色方向的變數（向左）
22  DIR_RIGHT = 3                                       定義角色方向的變數（向右）
23  ANIMATION = [0, 1, 0, 2]                            定義動畫編號的列表
24
25  tmr = 0                                             計時器
26  score = 0                                           分數
27
28  pen_x = 90                                          penpen 的 X 座標
29  pen_y = 90                                          penpen 的 Y 座標
30  pen_d = 0                                           penpen 的方向
31  pen_a = 0                                           penpen 的影像編號
32
33  red_x = 630                                         red 的 X 座標
34  red_y = 450                                         red 的 Y 座標
35  red_d = 0                                           red 的方向
36  red_a = 0                                           red 的影像編號
37
38  map_data = [                                        放入迷宮資料的列表
39      [0,1,1,1,1,0,0,1,1,1,1,0],
40      [0,2,3,3,2,1,1,2,3,3,2,0],
41      [0,3,0,0,3,3,3,3,0,0,3,0],
42      [0,3,1,1,3,0,0,3,1,1,3,0],
43      [0,3,2,2,3,0,0,3,2,2,3,0],
44      [0,3,0,0,3,1,1,3,0,0,3,0],
45      [0,3,1,1,3,3,3,3,1,1,3,0],
46      [0,2,3,3,2,0,0,2,3,3,2,0],
47      [0,0,0,0,0,0,0,0,0,0,0,0]
48  ]
49
50
51  def draw_txt(txt, x, y, siz, col): # 陰影文字         顯示陰影文字的函數
52      fnt = ("Times New Roman", siz, "bold")              定義字體
53      canvas.create_text(x+2, y+2, text=txt, fill=        文字的陰影（偏移 2 點以黑色顯示）
    "black", font=fnt, tag="SCREEN")
54      canvas.create_text(x, y, text=txt, fill=col,        用設定的顏色顯示文字
    font=fnt, tag="SCREEN")
55
56
57  def draw_screen(): # 繪製遊戲畫面                       繪製遊戲畫面的函數
58      canvas.delete("SCREEN")                             暫時刪除所有的影像與文字
59      for y in range(9):                                  重複
60          for x in range(12):                                 雙重迴圈
61              canvas.create_image(x*60+30, y*60+30, image         用圖塊繪製迷宮
    =img_bg[map_data[y][x]], tag="SCREEN")
62      canvas.create_image(pen_x, pen_y, image=img_pen    顯示 penpen
    [pen_a], tag="SCREEN")
63      canvas.create_image(red_x, red_y, image=img_red    顯示 red
    [red_a], tag="SCREEN")
64      draw_txt("SCORE "+str(score), 200, 30, 30, "white") 顯示分數
65
66
67  def check_wall(cx, cy, di, dot): # 確認每個方向是否有牆壁  調查指定方向是否有牆壁的函數
:   略：和list0306_1.py一樣（→P.102）
:   〉
:
104 def move_penpen(): # 移動penpen                         移動 penpen 的函數
:   略：和list0306_1.py一樣（→P.102～103）
;   〉
```

```
130   def move_enemy(): # 移動red
131       global red_x, red_y, red_d, red_a
132       speed = 10
133       if red_x%60 == 30 and red_y%60 == 30:
134           red_d = random.randint(0, 3)
135       if red_d == DIR_UP:
136           if check_wall(red_x, red_y, red_d, speed) ==
      False:
137               red_y = red_y - speed
138       if red_d == DIR_DOWN:
139           if check_wall(red_x, red_y, red_d, speed) ==
      False:
140               red_y = red_y + speed
141       if red_d == DIR_LEFT:
142           if check_wall(red_x, red_y, red_d, speed) ==
      False:
143               red_x = red_x - speed
144       if red_d == DIR_RIGHT:
145           if check_wall(red_x, red_y, red_d, speed) ==
      False:
146               red_x = red_x + speed
147       red_a = red_d*3 + ANIMATION[tmr%4]
148
149
150   def main(): # 主要迴圈
151       global key, koff, tmr
152       tmr = tmr + 1
153       draw_screen()
154       move_penpen()
155       move_enemy()
156       if koff == True:
157           key = ""
158           koff = False
159       root.after(100, main)
160
161
162   root = tkinter.Tk()
163
164   img_bg = [
165       tkinter.PhotoImage(file="image_penpen/chip00.png"),
  :   略
  :   〈
168       tkinter.PhotoImage(file="image_penpen/chip03.png")
169   ]
170   img_pen = [
171       tkinter.PhotoImage(file="image_penpen/pen00.png"),
  :   略
  :   〈
182       tkinter.PhotoImage(file="image_penpen/pen11.png")
183   ]
184   img_red = [
185       tkinter.PhotoImage(file="image_penpen/red00.png"),
186       tkinter.PhotoImage(file="image_penpen/red01.png"),
187       tkinter.PhotoImage(file="image_penpen/red02.png"),
188       tkinter.PhotoImage(file="image_penpen/red03.png"),
189       tkinter.PhotoImage(file="image_penpen/red04.png"),
190       tkinter.PhotoImage(file="image_penpen/red05.png"),
191       tkinter.PhotoImage(file="image_penpen/red06.png"),
192       tkinter.PhotoImage(file="image_penpen/red07.png"),
193       tkinter.PhotoImage(file="image_penpen/red08.png"),
```

移動敵人 red 的函數
　變成全域變數
　　red 的移動速度（點數）
　剛好在網格上時
　　隨機改變方向
　red 朝上時
　　如果不是牆壁

　　　減少 y 座標往上移動
　red 朝下時
　　如果不是牆壁

　　　增加 y 座標往下移動
　red 朝左時
　　如果不是牆壁

　　　減少 x 座標往左移動
　red 朝右時
　　如果不是牆壁

　　　增加 x 座標往右移動
　計算 red 的動畫（影像）編號

執行主要處理的函數
　變成全域變數
　tmr 的值加 1
　繪製遊戲畫面
　移動 penpen
　移動 red
　如果 koff 為 True
　　清除 key 的值
　　把 False 代入 koff
　100 毫秒後再次執行 main() 函數

建立視窗元件

載入圖塊影像的列表

載入 penpen 影像的列表

載入 red 影像的列表

```
194        tkinter.PhotoImage(file="image_penpen/red09.png"),
195        tkinter.PhotoImage(file="image_penpen/red10.png"),
196        tkinter.PhotoImage(file="image_penpen/red11.png")
197    ]
198
199    root.title("提心吊膽企鵝迷宮")                           設定視窗標題
200    root.resizable(False, False)                          讓視窗無法改變尺寸
201    root.bind("<KeyPress>", key_down)                    設定按下按鍵時執行的函數
202    root.bind("<KeyRelease>", key_up)                    設定放開按鍵時執行的函數
203    canvas = tkinter.Canvas(width=720, height=540)        建立畫布元件
204    canvas.pack()                                         將畫布置入視窗
205    main()                                               執行進行主要處理的函數
206    root.mainloop()                                       顯示視窗
```

執行這個程式後，紅色企鵝就會在迷宮內行走。不會追著主角跑，只會隨處走動。現在就算接觸到敵人，也不會被攻擊（**圖 3-7-2**）。

圖 3-7-2　敵人角色登場

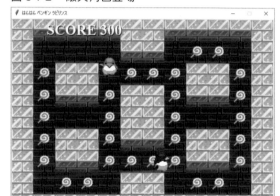

由於要使用亂數移動 red，所以在第 2 行匯入 random 模組。

利用第 33 ～ 36 行宣告的 red_x、red_y、red_d、red_a 變數，管理 red 的座標、方向、動畫編號（影像編號）。

利用第 130 ～ 147 行定義的 move_enemy() 函數移動 red。以下將單獨說明這個函數。

```
def move_enemy(): # 移動red
    global red_x, red_y, red_d, red_a
    speed = 10
    if red_x%60 == 30 and red_y%60 == 30:
        red_d = random.randint(0, 3)
    if red_d == DIR_UP:
        if check_wall(red_x, red_y, red_d, speed) == False:
            red_y = red_y - speed
    if red_d == DIR_DOWN:
```

```
        if check_wall(red_x, red_y, red_d, speed) == False:
            red_y = red_y + speed
    if red_d == DIR_LEFT:
        if check_wall(red_x, red_y, red_d, speed) == False:
            red_x = red_x - speed
    if red_d == DIR_RIGHT:
        if check_wall(red_x, red_y, red_d, speed) == False:
            red_x = red_x + speed
    red_a = red_d*3 + ANIMATION[tmr%4]
```

使用 speed 變數定義 red 每一幀移動的點數（移動速度）。
透過 if red_x%60 == 30 and red_y%60 == 30: 條件式判斷 red 是否剛好在網格位置，
如果剛好在網格上就改變方向。

圖塊的大小是寬度 60 點、高度 60 點。角色剛好在網格位置上的 (x,y) 座標是 x,y 值皆
為 30,90,150,210,270⋯⋯。30,90,150,210,270⋯⋯是除以 60 後餘數為 30 的數值。

剛好在網格位置上時，red_d = random.randint(0, 3)，在 red 的方向隨機代入 0 到 3 的亂數。
0 是 向 上（DIR_UP）、1 是 向 下（DIR_DOWN）、2 是 向 左（DIR_LEFT）、3 是向右（DIR_RIGHT）。
利用 check_wall() 函數判斷 red 面對的方向是否有牆壁，如果沒有就增減座標，讓 red 移動。

圖 3-7-3　red 在網格上的位置

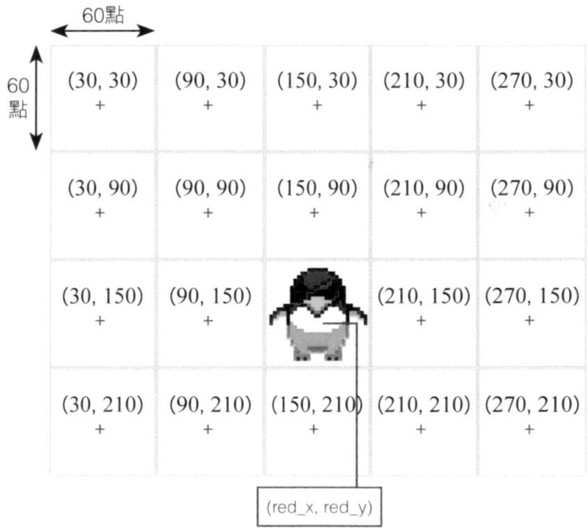

60點				
(30, 30) +	(90, 30) +	(150, 30) +	(210, 30) +	(270, 30) +
(30, 90) +	(90, 90) +	(150, 90) +	(210, 90) +	(270, 90) +
(30, 150) +	(90, 150) +		(210, 150) +	(270, 150) +
(30, 210) +	(90, 210) +	(150, 210) +	(210, 210) +	(270, 210) +

（red_x, red_y）

複習 Python 的亂數命令。

r = random.random()
→ 在 r 代入 0 以上不到 1 的亂數。

r = random.randint(min, max)
→ 在 r 代入 min 到 max 的整數亂數。

標題、過關、遊戲結束

這次要加入「標題畫面→玩遊戲→過關或結束遊戲」一連串流程的程式。

完成遊戲

- 收集到所有糖果就過關
- 碰到敵人一次就結束遊戲

讓以上兩點成立，完成遊戲。
下一章將加入「增加關卡數，往下一關前進」、「加入 penpen 剩餘命數」的部分。

和前面章節學過的技巧一樣，利用索引與計時器兩個變數管理遊戲進度。這次的程式把索引的變數名稱命名為 idx，計時器的變數名稱命名為 tmr。
除了前面程式的影像，還使用了以下影像，請自行從本書提供的網址下載檔案。

圖 3-8-1　這次使用的影像檔案

title.png

請輸入以下程式，另存新檔之後，再執行程式。

程式 ▶ list0308_1.py　※ 與前面程式不同的部分畫上了 標示。

```
1   import tkinter                      匯入 tkinter 模組
2   import random                       匯入 random 模組
3
4   # 輸入按鍵
5   key = ""                            代入按鍵值的變數
6   koff = False                        放開按鍵時使用的變數（旗標）
7   def key_down(e):                    按下按鍵時執行的函數
8       global key, koff                    變成全域變數
9       key = e.keysym                      把 keysym 的值代入 key
```

```
10      koff = False                                    把 False 代入 koff
11
12  def key_up(e):                                      放開按鍵時執行的函數
13      global koff # Mac                                   koff 變成全域變數
14      koff = True # Mac                                   把 True 代入 koff
15  #    global key # Win                               Windows 電腦用的註解
16  #    key = ""   # Win                               Windows 電腦用的註解
17
18
19  DIR_UP = 0                                          定義角色方向的變數（向上）
20  DIR_DOWN = 1                                        定義角色方向的變數（向下）
21  DIR_LEFT = 2                                        定義角色方向的變數（向左）
22  DIR_RIGHT = 3                                       定義角色方向的變數（向右）
23  ANIMATION = [0, 1, 0, 2]                            定義動畫編號的列表
24
25  idx = 0                                             索引
26  tmr = 0                                             計時器
27  score = 0                                           分數
28  candy = 0                                           每個關卡的糖果數量
29
30  pen_x = 0                                           penpen 的 X 座標
31  pen_y = 0                                           penpen 的 Y 座標
32  pen_d = 0                                           penpen 的方向
33  pen_a = 0                                           penpen 的影像編號
34
35  red_x = 0                                           red 的 X 座標
36  red_y = 0                                           red 的 Y 座標
37  red_d = 0                                           red 的方向
38  red_a = 0                                           red 的影像編號
39
40  map_data = []                                       放入迷宮資料的列表
41
42  def set_stage(): # 設定關卡資料                       設定關卡資料的函數
43      global map_data, candy                              變成全域變數
44      map_data = [                                        把迷宮資料放入列表內
45      [0,1,1,1,1,0,0,1,1,1,1,0],                          〃
46      [0,2,3,3,2,1,1,2,3,3,2,0],                          〃
47      [0,3,0,0,3,3,3,3,0,0,3,0],                          〃
48      [0,3,1,1,3,0,0,3,1,1,3,0],                          〃
49      [0,3,2,2,3,0,0,3,2,2,3,0],                          〃
50      [0,3,0,0,3,1,1,3,0,0,3,0],                          〃
51      [0,3,1,1,3,3,3,3,1,1,3,0],                          〃
52      [0,2,3,3,2,0,0,2,3,3,2,0],                          〃
53      [0,0,0,0,0,0,0,0,0,0,0,0]
54      ]
55      candy = 32                                          糖果的數量
56
57
58  def set_chara_pos(): # 角色的起始位置                  設定角色起始位置的函數
59      global pen_x, pen_y, pen_d, pen_a                   變成全域變數
60      global red_x, red_y, red_d, red_a                   〃
61      pen_x = 90                                       ⌉ 代入 penpen 的 (x,y) 座標
62      pen_y = 90                                       ⌋
63      pen_d = DIR_DOWN                                 Penpen 朝下
64      pen_a = 3                                        代入 penpen 的影像編號
65      red_x = 630                                      ⌉ 代入 red 的 (x,y) 座標
66      red_y = 450                                      ⌋
67      red_d = DIR_DOWN                                 red 朝下
68      red_a = 3                                        代入 red 的影像編號
69
```

```
70
71  def draw_txt(txt, x, y, siz, col): # 陰影文字                       顯示陰影文字的函數
72      fnt = ("Times New Roman", siz, "bold")                          定義字體
73      canvas.create_text(x+2, y+2, text=txt, fill="black",            文字的陰影（偏移 2 點以黑色顯示）
     font=fnt, tag="SCREEN")
74      canvas.create_text(x, y, text=txt, fill=col, font=              用設定的顏色顯示文字
    fnt, tag="SCREEN")
75
76
77  def draw_screen(): # 繪製遊戲畫面                                    繪製遊戲畫面的函數
78      canvas.delete("SCREEN")                                         暫時刪除所有的影像與文字
79      for y in range(9):                                              重複
80          for x in range(12):                                        雙重迴圈
81              canvas.create_image(x*60+30, y*60+30, image                 用圖塊繪製迷宮
    =img_bg[map_data[y][x]], tag="SCREEN")
82      canvas.create_image(pen_x, pen_y, image=img_pen                 顯示 penpen
    [pen_a], tag="SCREEN")
83      canvas.create_image(red_x, red_y, image=img_red                 顯示 red
    [red_a], tag="SCREEN")
84      draw_txt("SCORE "+str(score), 200, 30, 30, "white")             顯示分數
85
86
87  def check_wall(cx, cy, di, dot): # 確認每個方向是否有牆壁             調查指定方向是否有牆壁的函數
88      chk = False                                                     把 False 代入 chk
89      if di == DIR_UP:                                                向上時
90          mx = int((cx-30)/60)                                            把調查列表左上方的值
91          my = int((cy-30-dot)/60)                                       代入 mx 與 my
92          if map_data[my][mx] <= 1: # 左上                                如果是牆壁
93              chk = True                                                     把 True 代入 chk
94          mx = int((cx+29)/60)                                            代入調查列表右上方的值
95          if map_data[my][mx] <= 1: # 右上                                如果是牆壁
96              chk = True                                                     把 True 代入 chk
97      if di == DIR_DOWN:                                              向下時
98          mx = int((cx-30)/60)                                            把調查列表左下方的值
99          my = int((cy+29+dot)/60)                                       代入 mx 與 my
100         if map_data[my][mx] <= 1: # 左下                                如果是牆壁
101             chk = True                                                     把 True 代入 chk
102         mx = int((cx+29)/60)                                            代入調查列表右下方的值
103         if map_data[my][mx] <= 1: # 右下                                如果是牆壁
104             chk = True                                                     把 True 代入 chk
105     if di == DIR_LEFT:                                              向左時
106         mx = int((cx-30-dot)/60)                                        把調查列表左上方的值
107         my = int((cy-30)/60)                                           代入 mx 與 my
108         if map_data[my][mx] <= 1: # 左上                                如果是牆壁
109             chk = True                                                     把 True 代入 chk
110         my = int((cy+29)/60)                                            代入調查列表左下方的值
111         if map_data[my][mx] <= 1: # 左下                                如果是牆壁
112             chk = True                                                     把 True 代入 chk
113     if di == DIR_RIGHT:                                             向右時
114         mx = int((cx+29+dot)/60)                                        把調查列表右上方的值
115         my = int((cy-30)/60)                                           代入 mx 與 my
116         if map_data[my][mx] <= 1: # 右上                                如果是牆壁
117             chk = True                                                     把 True 代入 chk
118         my = int((cy+29)/60)                                            代入調查列表右下方的值
119         if map_data[my][mx] <= 1: # 右下                                如果是牆壁
120             chk = True                                                     把 True 代入 chk
121     return chk                                                      將 chk 的值當作傳回值傳回
122
123
124 def move_penpen(): # 移動penpen                                     移動 penpen 的函數
```

```
125      global score, candy, pen_x, pen_y, pen_d, pen_a        變成全域變數
126      if key == "Up":                                        按下向上鍵時
127          pen_d = DIR_UP                                         penpen 朝上
128          if check_wall(pen_x, pen_y, pen_d, 20) ==              如果 20 點之後不是牆壁
False:
129              pen_y = pen_y - 20                                     減少 y 座標往上移動
130      if key == "Down":                                      按下向下鍵時
131          pen_d = DIR_DOWN                                       penpen 朝下
132          if check_wall(pen_x, pen_y, pen_d, 20) ==              如果 20 點之後不是牆壁
False:
133              pen_y = pen_y + 20                                     增加 y 座標往下移動
134      if key == "Left":                                      按下向左鍵時
135          pen_d = DIR_LEFT                                       penpen 朝左
136          if check_wall(pen_x, pen_y, pen_d, 20) ==              如果 20 點之後不是牆壁
False:
137              pen_x = pen_x - 20                                     減少 x 座標往左移動
138      if key == "Right":                                     按下向右鍵
139          pen_d = DIR_RIGHT                                      penpen 朝右
140          if check_wall(pen_x, pen_y, pen_d, 20) ==              如果 20 點之後不是牆壁
False:
141              pen_x = pen_x + 20                                     增加 x 座標往右移動
142      pen_a = pen_d*3 + ANIMATION[tmr%4]                     計算 penpen 的動畫（影像）編號
143      mx = int(pen_x/60)                                     把調查 penpen 所在位置的列表值
144      my = int(pen_y/60)                                     代入 mx 與 my
145      if map_data[my][mx] == 3: # 取得糖果了嗎？              進入糖果網格後
146          score = score + 100                                   增加分數
147          map_data[my][mx] = 2                                  刪除糖果
148          candy = candy - 1                                     減少糖果的數量
149
150
151 def move_enemy(): # 移動red                                 移動敵人 red 的函數
152      global idx, tmr, red_x, red_y, red_d, red_a           變成全域變數
153      speed = 10                                            red 的移動速度（點數）
154      if red_x%60 == 30 and red_y%60 == 30:                 剛好在網格上時
155          red_d = random.randint(0, 6)                          隨機改變方向
156          if red_d >= 4:                                        亂數為 4 以上時
157              if pen_y < red_y:                                     penpen 如果在上方
158                  red_d = DIR_UP                                       red 朝上
159              if pen_y > red_y:                                     penpen 如果在下方
160                  red_d = DIR_DOWN                                     red 朝下
161              if pen_x < red_x:                                     penpen 如果在左方
162                  red_d = DIR_LEFT                                     red 朝左
163              if pen_x > red_x:                                     penpen 如果在右方
164                  red_d = DIR_RIGHT                                    red 朝右
165      if red_d == DIR_UP:                                   red 朝上時
166          if check_wall(red_x, red_y, red_d, speed) ==          如果不是牆壁
False:
167              red_y = red_y - speed                                減少 y 座標往上移動
168      if red_d == DIR_DOWN:                                 red 朝下時
169          if check_wall(red_x, red_y, red_d, speed) ==          如果不是牆壁
False:
170              red_y = red_y + speed                                增加 y 座標往下移動
171      if red_d == DIR_LEFT:                                 red 朝左時
172          if check_wall(red_x, red_y, red_d, speed) ==          如果不是牆壁
False:
173              red_x = red_x - speed                                減少 x 座標往左移動
174      if red_d == DIR_RIGHT:                                red 朝右時
175          if check_wall(red_x, red_y, red_d, speed) ==          如果不是牆壁
False:
176              red_x = red_x + speed                                增加 x 座標往右移動
```

```
177         red_a = red_d*3 + ANIMATION[tmr%4]                計算 red 的動畫（影像）編號
178         if abs(red_x-pen_x) <= 40 and abs(red_y-pen_y)    判斷是否與 penpen 接觸
    <= 40:
179             idx = 2                                            如果接觸到，idx 變成 2
180             tmr = 0                                            tmr 變成 0，進行攻擊處理
181
182
183 def main(): # 主要迴圈                                   執行主要處理的函數
184     global key, koff, idx, tmr, score                       變成全域變數
185     tmr = tmr + 1                                           tmr 的值加 1
186     draw_screen()                                          繪製遊戲畫面
187
188     if idx == 0: # 標題畫面                                 idx 為 0 時（標題畫面）
189         canvas.create_image(360, 200, image=img_title,         顯示標題 LOGO
    tag="SCREEN")
190         if tmr%10 < 5:                                          tmr 除以 10 的餘數不超過 5
191             draw_txt("Press SPACE !", 360, 380, 30,                顯示 Press SPACE ！
    "yellow")
192         if key == "space":                                     按下空白鍵後
193             score = 0                                              分數變成 0
194             set_stage()                                           設定關卡資料
195             set_chara_pos()                                       每個角色回到起始位置
196             idx = 1                                                idx 變成 1，遊戲開始
197
198     if idx == 1: # 玩遊戲                                   idx 為 1 時（遊戲進行中的處理）
199         move_penpen()                                          移動 penpen
200         move_enemy()                                           移動 red
201         if candy == 0:                                          收集到全部的糖果後
202             idx = 4                                                idx 變成 4
203             tmr = 0                                                tmr 變成 0，過關
204
205     if idx == 2: # 被敵人攻擊                               idx 為 2 時（被敵人攻擊後的處理）
206         draw_txt("GAME OVER", 360, 270, 40, "red")             顯示 GAME OVER
207         if tmr == 50:                                           tmr 為 50 時
208             idx = 0                                                idx 變成 0，進入標題畫面
209
210     if idx == 4: # 過關                                     idx 為 4 時（過關）
211         draw_txt("STAGE CLEAR", 360, 270, 40, "pink")          顯示 STAGE CLEAR
212         if tmr == 50:                                           tmr 為 50 時
213             idx = 0                                                idx 變成 0，進入標題畫面
214
215     if koff == True:                                       如果 koff 為 True
216         key = ""                                               清除 key 的值
217         koff = False                                           把 False 代入 koff
218
219     root.after(100, main)                                  100 毫秒後再次執行 main() 函數
220
221
222 root = tkinter.Tk()                                     建立視窗元件
223
224 img_bg = [                                              載入圖塊影像的列表
225     tkinter.PhotoImage(file="image_penpen/chip00.png"),
226     tkinter.PhotoImage(file="image_penpen/chip01.png"),
227     tkinter.PhotoImage(file="image_penpen/chip02.png"),
228     tkinter.PhotoImage(file="image_penpen/chip03.png")
229 ]
230 img_pen = [                                             載入 penpen 影像的列表
231     tkinter.PhotoImage(file="image_penpen/pen00.png"),
232     tkinter.PhotoImage(file="image_penpen/pen01.png"),
233     tkinter.PhotoImage(file="image_penpen/pen02.png"),
```

```
234          tkinter.PhotoImage(file="image_penpen/pen03.png"),
235          tkinter.PhotoImage(file="image_penpen/pen04.png"),
236          tkinter.PhotoImage(file="image_penpen/pen05.png"),
237          tkinter.PhotoImage(file="image_penpen/pen06.png"),
238          tkinter.PhotoImage(file="image_penpen/pen07.png"),
239          tkinter.PhotoImage(file="image_penpen/pen08.png"),
240          tkinter.PhotoImage(file="image_penpen/pen09.png"),
241          tkinter.PhotoImage(file="image_penpen/pen10.png"),
242          tkinter.PhotoImage(file="image_penpen/pen11.png")
243      ]
244      img_red = [                                        載入 red 影像的列表
245          tkinter.PhotoImage(file="image_penpen/red00.png"),
246          tkinter.PhotoImage(file="image_penpen/red01.png"),
247          tkinter.PhotoImage(file="image_penpen/red02.png"),
248          tkinter.PhotoImage(file="image_penpen/red03.png"),
249          tkinter.PhotoImage(file="image_penpen/red04.png"),
250          tkinter.PhotoImage(file="image_penpen/red05.png"),
251          tkinter.PhotoImage(file="image_penpen/red06.png"),
252          tkinter.PhotoImage(file="image_penpen/red07.png"),
253          tkinter.PhotoImage(file="image_penpen/red08.png"),
254          tkinter.PhotoImage(file="image_penpen/red09.png"),
255          tkinter.PhotoImage(file="image_penpen/red10.png"),
256          tkinter.PhotoImage(file="image_penpen/red11.png")
257      ]
258      img_title = tkinter.PhotoImage(file="image_penpen/    載入標題 LOGO 的變數
         title.png")
259
260      root.title("提心吊膽企鵝迷宮")                           設定視窗標題
261      root.resizable(False, False)                        讓視窗無法改變尺寸
262      root.bind("<KeyPress>", key_down)                   設定按下按鍵時執行的函數
263      root.bind("<KeyRelease>", key_up)                   設定放開按鍵時執行的函數
264      canvas = tkinter.Canvas(width=720, height=540)      建立畫布元件
265      canvas.pack()                                       將畫布置入視窗
266      set_stage()                                         設定關卡資料
267      set_chara_pos()                                     讓每個角色位於起始位置
268      main()                                              執行進行主要處理的函數
269      root.mainloop()                                     顯示視窗
```

執行程式

- **收集到全部的糖果就過關**
- **接觸到 red 就結束遊戲**

請確認以上兩點。
執行結果如**圖 3-8-2** 所示。

圖 3-8-2　確認程式的動作

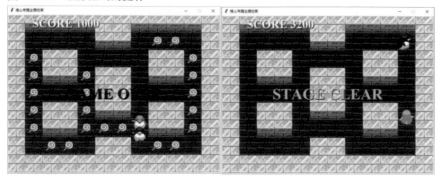

這裡整理了變數的用途、index 的值及執行的處理，同時還會說明新增的函數，請搭配程式一併確認。
變數的用途如**表 3-8-1**。

表 3-8-1　變數的用途

變數名稱	用途
idx, tmr	管理遊戲進度
score	分數
candy	有多少顆糖果
pen_x, pen_y, pen_d, pen_a	penpen 的座標、方向、動畫類型（影像編號）
red_x, red_y, red_d, red_a	red 的座標、方向、動畫類型（影像編號）

索引的值及執行的處理如下所示。

表 3-8-2　索引與處理概要

idx 的值	處理
0	標題畫面 ・按下空白鍵之後，將預設值代入變數，idx 變成 1
1	遊戲進行中的畫面 ・移動 penpen、移動 red ・在 red 的處理中，接觸 penpen 之後，idx 變成 2 ・收集到全部的糖果後，idx 變成 4
2	被敵人攻擊（遊戲結束）畫面 ・約等待 5 秒，跳到 idx0
4	過關畫面 ・約等待 5 秒，跳到 idx0

※空下idx3是為了增加penpen剩餘命數的處理

以下要說明增加的兩個函數。

set_stage()函數（第42～55行）

把迷宮資料代入列表 map_data。如果要逐一改變列表的元素，就不需要宣告全域變數。但是若要改寫整個列表，就必須宣告全域變數，如這個函數執行的內容。

set_chara_pos()函數（第58～68行）

遊戲開始時，代入 penpen 與 red 的座標，變成每個角色朝下（正面）的影像。
在標題畫面按下空白鍵後，會執行這些函數，在遊戲開始前，把必要的值代入列表或變數。

››› 改良 red 的動作及接觸判斷

這裡在 move_enemy() 函數增加了處理，讓 red 追著 penpen。以下將單獨說明這個部分。

```
if red_x%60 == 30 and red_y%60 == 30:
    red_d = random.randint(0, 6)
    if red_d >= 4:
        if pen_y < red_y:
            red_d = DIR_UP
        if pen_y > red_y:
            red_d = DIR_DOWN
        if pen_x < red_x:
            red_d = DIR_LEFT
        if pen_x > red_x:
            red_d = DIR_RIGHT
```

剛好在網格位置時，隨機改變 red 的方向。隨機產生 0、1、2、3、4、5 或 6 其中一個數值，如果是 0、1、2、3，red 就會朝向上、下、左、右其中一個方向；若是 4、5、6，就調查 penpen 的位置，red 會朝向 penpen 所在的方向。
比較每個角色的座標就能知道 penpen 在 red 的上下左右其中一個方向。如果 penpen 在 red 的左邊，pen_x < red_x 條件式成立。

接著在 move_enemy() 函數的第 178 〜 180 行，進行 penpen 與 red 的接觸判斷。
以下將單獨説明這個部分。

```
if abs(red_x-pen_x) <= 40 and abs(red_y-pen_y) <= 40:
    idx = 2
    tmr = 0
```

這是上一章學過的矩形碰撞偵測。把 penpen 與 red 看成是正方形，如**圖 3-8-3** 所示，
比較兩者中心座標之間的距離。

圖 3-8-3　penpen 與 red 的碰撞偵測

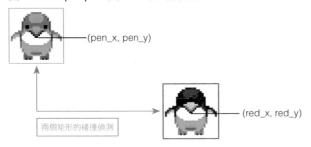

penpen 與 red 的影像長寬皆為 60 點，為什麼以 abs(red_x-pen_x) <= 40、abs(red_
y-pen_y) <= 40，用 40 點做比較？
這是因為若以影像尺寸 60 點來比較，會發生角色在斜角方向接觸後，看起來沒有接
觸，其實卻已經接觸到的問題，如**圖 3-8-4** 所示，因此設定成 40。

圖 3-8-4　以 40 點來判斷的理由

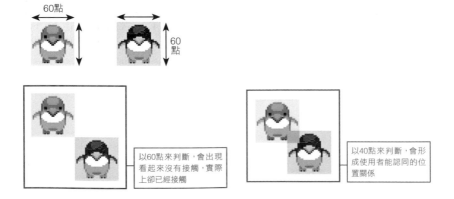

外觀沒有接觸，卻被攻擊，玩遊戲的人會覺得很奇怪吧！
所以碰撞偵測必須調整數值，讓玩遊戲的人能認同。

》》 完成一連串的流程！

製作遊戲軟體時，最好和這次一樣，先完成最必要的遊戲規格。對於開發遊戲的初學者而言，這樣做也是完成遊戲的祕訣。

最必要的遊戲規格就是建立遊戲的架構。完成骨架後，可以根據該程式充實遊戲的內容。下一章要增加其他規格，把遊戲改良得更有趣。

建立架構，實際試玩，就能清楚知道想深入製作的部分，或希望追加的規格。

BASIC 與 Python

筆者初次學習的程式語言是 BASIC。雖然 BASIC 現在很少用到，卻很適合初學者或孩童們用來學習程式設計。因為命令數量有限，描述方法簡單，可以輕鬆組合程式。

1980 年代電腦普及至家庭，是 BASIC 的全盛時期。當時出版的雜誌刊登了用 BASIC 製作的遊戲程式，在數萬元即可購入的家用電腦中，輸入該遊戲程式，就能開始玩遊戲。

筆者在國高中時期「迷上」了用 BASIC 製作遊戲。成為大學生後，興致一來，就會用 BASIC 製作遊戲給朋友玩。當時也曾依樣畫葫蘆地製作了非常熱門的《掉落物拼圖》。還被朋友笑說掉落物拼圖的轉向相反，如今這件事也成為了一個美好的回憶。

之後，筆者進入遊戲產業，開始使用組合語言編寫商用遊戲機的控制程式，或用 C++ 製作遊戲軟體，因而遠離了 BASIC。

成立遊戲製作公司後，筆者整日埋首用 C 類型語言、Java、JavaScript 等程式語言開發軟體。過程中筆者認識了 Python，初次接觸 Python 時，曾覺得「這跟 BASIC 很像」。試寫了幾個程式之後，現 Python 可以輕易按照想法寫出程式。筆者認為在十分複雜的電腦程式設計世界裡，Python 是初學者能輕鬆入門的優秀語言。

筆者在講授程式設計的職業學校，也遇到想學習 Python 的學生，因而開始教導他們用 Python 開發遊戲。使用 Python 製作遊戲，能用很短的時間完成開發，學生們也可以輕易理解。因此筆者愈來愈喜歡 Python，或者可以說打從心底愛上 Python。附帶一提，筆者也很愛 Java 及 JavaScript，對程式設計語言似乎太博愛了（笑）。

用 Python 設計程式時，讓筆者回想起使用 BASIC 的年少時期。對筆者而言，這是一段美好的回憶。直到筆者長大成人後，才意識到 BASIC 為筆者開創了未來。

筆者希望你也可以體會設計程式的樂趣。如果 Python 可以照亮你的未來，就像當初 BASIC 之於筆者那樣，就再好不過了。

這次要在已經可以試玩的《提心吊膽企鵝迷宮》遊戲中，加入新關卡與敵人，豐富遊戲的內容。另外，本章還要解說建立迷宮資料的地圖編輯器用法。

製作動作遊戲！
下篇

Chapter

4

加入多個關卡

在《提心吊膽企鵝迷宮》加入多個關卡，過關之後再進入下一個關卡。

》》》 本章的資料夾結構

因為已經進入另一章，請同樣在「Chapter4」資料夾內建立「image_penpen」資料夾，把影像檔案放入該資料夾內。

圖 4-1-1　Chapter4 的資料夾結構

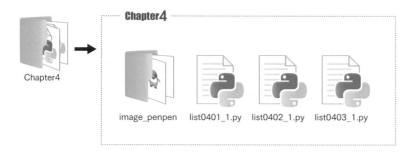

》》》 進入下一個關卡

現階段若加入多個關卡，程式會變長，不容易確認內容，因此這裡將新增兩個關卡，以全部三個關卡來說明。

基本的程式是上一章已經大致完成遊戲流程的 list0308_1.py。在這個程式中，將增加兩個關卡的資料，以及進入下一個關卡的處理。

和 Chapter3 一樣會用到圖塊、penpen、red、標題 LOGO 影像，請將這些檔案放在「Chapter4」資料夾內的「image_penpen」資料夾。

圖 4-1-2　使用的影像檔案

chip00.png　chip01.png　chip02.png　chip03.png

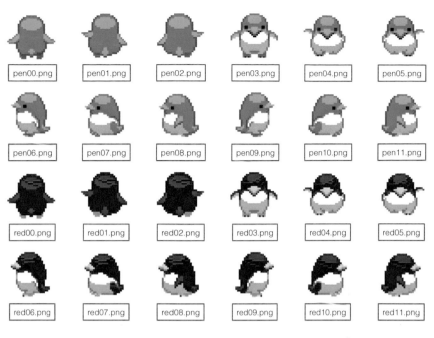

pen00.png	pen01.png	pen02.png	pen03.png	pen04.png	pen05.png
pen06.png	pen07.png	pen08.png	pen09.png	pen10.png	pen11.png
red00.png	red01.png	red02.png	red03.png	red04.png	red05.png
red06.png	red07.png	red08.png	red09.png	red10.png	red11.png

title.png

請輸入以下程式，另存新檔之後，再執行程式。

程式 ▶ list0401_1.py　※ 與 list0308_1.py 不同的部分畫上了 標示。

```
1   import tkinter                          匯入 tkinter
2   import random                           匯入 random
3
4   # 輸入按鍵
5   key = ""                                代入按鍵值的變數
6   koff = False                            放開按鍵時使用的變數（旗標）
7   def key_down(e):                        按下按鍵時執行的函數
8       global key, koff                       變成全域變數
9       key = e.keysym                         把 keysym 的值代入 key
10      koff = False                           把 False 代入 koff
11
12  def key_up(e):                          放開按鍵時執行的函數
13      global koff # Mac                      koff 變成全域變數
14      koff = True # Mac                      把 True 代入 koff
```

123

```
15    #     global key # Win
16    #     key = ""    # Win
17
18
19    DIR_UP = 0
20    DIR_DOWN = 1
21    DIR_LEFT = 2
22    DIR_RIGHT = 3
23    ANIMATION = [0, 1, 0, 2]
24
25    idx = 0
26    tmr = 0
27    stage = 1
28    score = 0
29    candy = 0
30
31    pen_x = 0
32    pen_y = 0
33    pen_d = 0
34    pen_a = 0
35
36    red_x = 0
37    red_y = 0
38    red_d = 0
39    red_a = 0
40    red_sx = 0
41    red_sy = 0
42
43    map_data = [] # 迷宮用的列表
44
45    def set_stage(): # 設定關卡資料
46        global map_data, candy
47        global red_sx, red_sy
48
49        if stage == 1:
50            map_data = [
51            [0,1,1,1,1,0,0,1,1,1,1,0],
52            [0,2,3,3,2,1,1,2,3,3,2,0],
53            [0,3,0,0,3,3,3,3,0,0,3,0],
54            [0,3,1,1,3,0,0,3,1,1,3,0],
55            [0,3,2,2,3,0,0,3,2,2,3,0],
56            [0,3,0,0,3,1,1,3,0,0,3,0],
57            [0,3,1,1,3,3,3,3,1,1,3,0],
58            [0,2,3,3,2,0,0,2,3,3,2,0],
59            [0,0,0,0,0,0,0,0,0,0,0,0]
60            ]
61            candy = 32
62            red_sx = 630
63            red_sy = 450
64
65        if stage == 2:
66            map_data = [
67            [0,1,1,1,1,1,1,1,1,1,1,0],
68            [0,2,2,2,2,3,3,3,3,2,2,2,0],
69            [0,3,3,0,2,1,1,2,0,3,3,0],
70            [0,3,3,1,3,3,3,3,1,3,3,0],
71            [0,2,1,3,3,3,3,3,3,1,2,0],
72            [0,3,3,0,3,3,3,3,0,3,3,0],
73            [0,3,3,1,2,1,1,2,1,3,3,0],
74            [0,2,2,2,3,3,3,3,2,2,2,0],
```

程式碼	註解
15	Windows 電腦用的註解
16	Windows 電腦用的註解
19	定義角色方向的變數（向上）
20	定義角色方向的變數（向下）
21	定義角色方向的變數（向左）
22	定義角色方向的變數（向右）
23	定義動畫編號的列表
25	索引
26	計時器
27	關卡數
28	分數
29	每個關卡的糖果數量
31	penpen 的 X 座標
32	penpen 的 Y 座標
33	penpen 的方向
34	penpen 的影像編號
36	red 起始位置的 X 座標
37	red 起始位置的 Y 座標
38	red 的方向
39	red 的影像編號
40	red 起始位置的 X 座標
41	red 起始位置的 Y 座標
43	放入迷宮資料的列表
45	設定關卡資料的函數
46	變成全域變數
47	〃
49	進入關卡 1 時
50	把迷宮資料代入列表
51	〃
52	〃
53	〃
54	〃
55	〃
56	〃
57	〃
58	〃
59	〃
61	糖果的數量
62	red 起始位置的 X 座標
63	red 起始位置的 Y 座標
65	進入關卡 2 時
66	把迷宮資料代入列表
67	〃
68	〃
69	〃
70	〃
71	〃
72	〃
73	〃
74	〃

```
75              [0,0,0,0,0,0,0,0,0,0,0,0]
76              ]
77          candy = 38
78          red_sx = 630
79          red_sy = 90
80
81      if stage == 3:
82          map_data = [
83              [0,1,0,1,0,1,1,1,1,1,1,0],
84              [0,2,1,3,1,2,2,3,3,3,3,0],
85              [0,2,2,2,2,2,2,3,3,3,3,0],
86              [0,2,1,1,1,2,2,1,1,1,1,0],
87              [0,2,2,2,2,3,3,2,2,2,2,0],
88              [0,1,1,2,0,2,2,0,1,1,2,0],
89              [0,3,3,3,1,1,1,0,3,3,3,0],
90              [0,3,3,3,2,2,2,0,3,3,3,0],
91              [0,0,0,0,0,0,0,0,0,0,0,0]
92              ]
93          candy = 23
94          red_sx = 630
95          red_sy = 450
96
97
98  def set_chara_pos():  # 角色的起始位置
99      global pen_x, pen_y, pen_d, pen_a
100     global red_x, red_y, red_d, red_a
101     pen_x = 90
102     pen_y = 90
103     pen_d = DIR_DOWN
104     pen_a = 3
105     red_x = red_sx
106     red_y = red_sy
107     red_d = DIR_DOWN
108     red_a = 3
109
110
111 def draw_txt(txt, x, y, siz, col): # 陰影文字
112     fnt = ("Times New Roman", siz, "bold")
113     canvas.create_text(x+2, y+2, text=txt, fill="black",
    font=fnt, tag="SCREEN")
114     canvas.create_text(x, y, text=txt, fill=col, font=
    fnt, tag="SCREEN")
115
116
117 def draw_screen(): # 繪製遊戲畫面
118     canvas.delete("SCREEN")
119     for y in range(9):
120         for x in range(12):
121             canvas.create_image(x*60+30, y*60+30,
    image=img_bg[map_data[y][x]], tag="SCREEN")
122     canvas.create_image(pen_x, pen_y, image=img_pen
    [pen_a], tag="SCREEN")
123     canvas.create_image(red_x, red_y, image=img_red
    [red_a], tag="SCREEN")
124     draw_txt("SCORE "+str(score), 200, 30, 30, "white")
125     draw_txt("STAGE "+str(stage), 520, 30, 30, "lime")
126
127
128 def check_wall(cx, cy, di, dot): # 確認每個方向是否有牆壁
129     chk = False
```

右欄註解：

75 〃
77 糖果的數量
78 red 起始位置的 X 座標
79 red 起始位置的 Y 座標

81 進入關卡 3 時
82 把迷宮資料代入列表
83 〃
84 〃
85 〃
86 〃
87 〃
88 〃
89 〃
90 〃
91 〃

93 糖果的數量
94 red 起始位置的 X 座標
95 red 起始位置的 Y 座標

98 設定角色起始位置的函數
99 變成全域變數
100 〃
101 ⌉代入 penpen 的 (x,y) 座標
102 ⌋
103 penpen 向下
104 代入 penpen 的影像編號
105 ⌉代入 red 的 (x,y) 座標
106 ⌋
107 red 向下
108 代入 red 的影像編號

111 顯示陰影文字的函數
112 定義字體
113 文字的陰影（偏移 2 點以黑色顯示）

114 用設定的顏色顯示文字

117 繪製遊戲畫面的函數
118 暫時刪除所有的影像與文字
119 重複
120 雙重迴圈
121 用圖塊繪製迷宮

122 顯示 penpen

123 顯示 red

124 顯示分數
125 顯示關卡數

128 調查指定方向是否有牆壁的函數
129 把 False 代入 chk

```
130     if di == DIR_UP:                                向上時
131         mx = int((cx-30)/60)                            把調查列表左上方的值
132         my = int((cy-30-dot)/60)                        代入 mx 與 my
133         if map_data[my][mx] <= 1: # 左上                如果是牆壁
134             chk = True                                      把 True 代入 chk
135         mx = int((cx+29)/60)                            代入調查列表右上方的值
136         if map_data[my][mx] <= 1: # 右上                如果是牆壁
137             chk = True                                      把 True 代入 chk
138     if di == DIR_DOWN:                              向下時
139         mx = int((cx-30)/60)                            把調查列表左下方的值
140         my = int((cy+29+dot)/60)                        代入 mx 與 my
141         if map_data[my][mx] <= 1: # 左下                如果是牆壁
142             chk = True                                      把 True 代入 chk
143         mx = int((cx+29)/60)                            代入調查列表右下方的值
144         if map_data[my][mx] <= 1: # 右下                如果是牆壁
145             chk = True                                      把 True 代入 chk
146     if di == DIR_LEFT:                              向左時
147         mx = int((cx-30-dot)/60)                        把調查列表左上方的值
148         my = int((cy-30)/60)                            代入 mx 與 my
149         if map_data[my][mx] <= 1: # 左上                如果是牆壁
150             chk = True                                      把 True 代入 chk
151         my = int((cy+29)/60)                            代入調查列表左下方的值
152         if map_data[my][mx] <= 1: # 左下                如果是牆壁
153             chk = True                                      把 True 代入 chk
154     if di == DIR_RIGHT:                             向右時
155         mx = int((cx+29+dot)/60)                        把調查列表右上方的值
156         my = int((cy-30)/60)                            代入 mx 與 my
157         if map_data[my][mx] <= 1: # 右上                如果是牆壁
158             chk = True                                      把 True 代入 chk
159         my = int((cy+29)/60)                            代入調查列表右下方的值
160         if map_data[my][mx] <= 1: # 右下                如果是牆壁
161             chk = True                                      把 True 代入 chk
162     return chk                                      將 chk 的值當作傳回值傳回
163
164
165 def move_penpen(): # 移動penpen                     移動 penpen 的函數
166     global score, candy, pen_x, pen_y, pen_d,       變成全域變數
    pen_a
167     if key == "Up":                                 按下向上鍵時
168         pen_d = DIR_UP                                  penpen 朝上
169         if check_wall(pen_x, pen_y, pen_d, 20)          如果 20 點之後不是牆壁
    == False:
170             pen_y = pen_y - 20                              減少 y 座標往上移動
171     if key == "Down":                               按下向下鍵時
172         pen_d = DIR_DOWN                                penpen 朝下
173         if check_wall(pen_x, pen_y, pen_d, 20)          如果 20 點之後不是牆壁
    == False:
174             pen_y = pen_y + 20                              增加 y 座標往下移動
175     if key == "Left":                               按下向左鍵時
176         pen_d = DIR_LEFT                                penpen 朝左
177         if check_wall(pen_x, pen_y, pen_d, 20)          如果 20 點之後不是牆壁
    == False:
178             pen_x = pen_x - 20                              減少 x 座標往左移動
179     if key == "Right":                              按下向右鍵
180         pen_d = DIR_RIGHT                               penpen 朝右
181         if check_wall(pen_x, pen_y, pen_d, 20)          如果 20 點之後不是牆壁
    == False:
182             pen_x = pen_x + 20                              增加 x 座標往右移動
183     pen_a = pen_d*3 + ANIMATION[tmr%4]              計算 penpen 的動畫（影像）編號
184     mx = int(pen_x/60)                              把調查 penpen 所在位置的列表值
185     my = int(pen_y/60)                              代入 mx 與 my
```

```
186     if map_data[my][mx] == 3: # 取得糖果了嗎？        進入糖果網格後
187         score = score + 100                            增加分數
188         map_data[my][mx] = 2                           刪除糖果
189         candy = candy - 1                              減少糖果的數量
190
191
192 def move_enemy(): # 移動red                            移動敵人 red 的函數
193     global idx, tmr, red_x, red_y, red_d, red_a        變成全域變數
194     speed = 10                                         red 的移動速度（點數）
195     if red_x%60 == 30 and red_y%60 == 30:              剛好在網格上時
196         red_d = random.randint(0, 6)                   隨機改變方向
197         if red_d >= 4:                                 亂數為 4 以上時
198             if pen_y < red_y:                          penpen 如果在上方
199                 red_d = DIR_UP                             red 朝上
200             if pen_y > red_y:                          penpen 如果在下方
201                 red_d = DIR_DOWN                           red 朝下
202             if pen_x < red_x:                          penpen 如果在左方
203                 red_d = DIR_LEFT                           red 朝左
204             if pen_x > red_x:                          penpen 如果在右方
205                 red_d = DIR_RIGHT                          red 朝右
206     if red_d == DIR_UP:                                red 朝上時
207         if check_wall(red_x, red_y, red_d, speed) ==       如果不是牆壁
False:
208             red_y = red_y - speed                              減少 y 座標往上移動
209     if red_d == DIR_DOWN:                              red 朝下時
210         if check_wall(red_x, red_y, red_d, speed) ==       如果不是牆壁
False:
211             red_y = red_y + speed                              增加 y 座標往下移動
212     if red_d == DIR_LEFT:                              red 朝左時
213         if check_wall(red_x, red_y, red_d, speed) ==       如果不是牆壁
False:
214             red_x = red_x - speed                              減少 x 座標往左移動
215     if red_d == DIR_RIGHT:                             red 朝右時
216         if check_wall(red_x, red_y, red_d, speed) ==       如果不是牆壁
False:
217             red_x = red_x + speed                              增加 x 座標往右移動
218     red_a = red_d*3 + ANIMATION[tmr%4]                 計算 red 的動畫（影像）編號
219     if abs(red_x-pen_x) <= 40 and abs(red_y-pen_y)     判斷是否與 penpen 接觸
<= 40:
220         idx = 2                                            如果接觸到，idx 變成 2
221         tmr = 0                                            tmr 變成 0，進行攻擊處理
222
223
224 def main(): # 主要迴圈                                 執行主要處理的函數
225     global key, koff, idx, tmr, stage, score           變成全域變數
226     tmr = tmr + 1                                      tmr 的值加 1
227     draw_screen()                                      繪製遊戲畫面
228
229     if idx == 0: # 標題畫面                            idx 為 0 時（標題畫面）
230         canvas.create_image(360, 200, image=img_title,     顯示標題 LOGO
tag="SCREEN")
231         if tmr%10 < 5:                                     tmr 除以 10 的餘數不超過 5
232             draw_txt("Press SPACE !", 360, 380, 30,            顯示 Press SPACE ！
"yellow")
233         if key == "space":                                 按下空白鍵後
234             stage = 1                                          關卡數變成 1
235             score = 0                                          分數變成 0
236             set_stage()                                        設定關卡資料
237             set_chara_pos()                                    每個角色回到起始位置
238             idx = 1                                            idx 變成 1，遊戲開始
239
```

```
240     if idx == 1: # 玩遊戲
241         move_penpen()
242         move_enemy()
243         if candy == 0:
244             idx = 4
245             tmr = 0
246
247     if idx == 2: # 被敵人攻擊
248         draw_txt("GAME OVER", 360, 270, 40, "red")
249         if tmr == 50:
250             idx = 0
251
252     if idx == 4: # 過關
253         if stage < 3:
254             draw_txt("STAGE CLEAR", 360, 270, 40,
"pink")
255         else:
256             draw_txt("ALL STAGE CLEAR!", 360,
270, 40, "violet")
257         if tmr == 30:
258             if stage < 3:
259                 stage = stage + 1
260                 set_stage()
261                 set_chara_pos()
262                 idx = 1
263             else:
264                 idx = 0
265
266     if koff == True:
267         key = ""
268         koff = False
269
270     root.after(100, main)
271
272
273 root = tkinter.Tk()
274
275 img_bg = [
276     tkinter.PhotoImage(file="image_penpen/chip00.png"),
277     tkinter.PhotoImage(file="image_penpen/chip01.png"),
278     tkinter.PhotoImage(file="image_penpen/chip02.png"),
279     tkinter.PhotoImage(file="image_penpen/chip03.png")
280 ]
281 img_pen = [
282     tkinter.PhotoImage(file="image_penpen/pen00.png"),
283     tkinter.PhotoImage(file="image_penpen/pen01.png"),
284     tkinter.PhotoImage(file="image_penpen/pen02.png"),
285     tkinter.PhotoImage(file="image_penpen/pen03.png"),
286     tkinter.PhotoImage(file="image_penpen/pen04.png"),
287     tkinter.PhotoImage(file="image_penpen/pen05.png"),
288     tkinter.PhotoImage(file="image_penpen/pen06.png"),
289     tkinter.PhotoImage(file="image_penpen/pen07.png"),
290     tkinter.PhotoImage(file="image_penpen/pen08.png"),
291     tkinter.PhotoImage(file="image_penpen/pen09.png"),
292     tkinter.PhotoImage(file="image_penpen/pen10.png"),
293     tkinter.PhotoImage(file="image_penpen/pen11.png")
294 ]
295 img_red = [
296     tkinter.PhotoImage(file="image_penpen/red00.png"),
297     tkinter.PhotoImage(file="image_penpen/red01.png"),
298     tkinter.PhotoImage(file="image_penpen/red02.png"),
```

idx 為 1 時（遊戲進行中的處理）
　移動 penpen
　移動 red
　收集到全部的糖果後
　　idx 變成 4
　　tmr 變成 0，過關

idx 為 2 時（被敵人攻擊後的處理）
　顯示 GAME OVER
　tmr 為 50 時
　　idx 變成 0，進入標題畫面

idx 為 4 時（過關）
　若未達關卡 3
　　顯示 STAGE CLEAR
　否則
　　顯示 ALL STAGE CLEAR！

　tmr 為 30 時
　　若未達關卡 3
　　　增加 stage 的值
　　　設定關卡資料
　　　每個角色回到起始位置
　　　idx 變成 1，遊戲開始
　　否則
　　　idx 變成 0，進入標題畫面

如果 koff 為 True
　清除 key 的值
　把 False 代入 koff

100 毫秒後再次執行 main() 函數

建立視窗元件

載入圖塊影像的列表

載入 penpen 影像的列表

載入 red 影像的列表

```
299     tkinter.PhotoImage(file="image_penpen/red03.png"),
300     tkinter.PhotoImage(file="image_penpen/red04.png"),
301     tkinter.PhotoImage(file="image_penpen/red05.png"),
302     tkinter.PhotoImage(file="image_penpen/red06.png"),
303     tkinter.PhotoImage(file="image_penpen/red07.png"),
304     tkinter.PhotoImage(file="image_penpen/red08.png"),
305     tkinter.PhotoImage(file="image_penpen/red09.png"),
306     tkinter.PhotoImage(file="image_penpen/red10.png"),
307     tkinter.PhotoImage(file="image_penpen/red11.png")
308  ]                                                              –
309  img_title = tkinter.PhotoImage(file="image_penpen/title.png")   載入標題 LOGO 的變數
310
311  root.title("提心吊膽企鵝迷宮")                                  設定視窗標題
312  root.resizable(False, False)                                   讓視窗無法改變尺寸
313  root.bind("<KeyPress>", key_down)                              設定按下按鍵時執行的函數
314  root.bind("<KeyRelease>", key_up)                              設定放開按鍵時執行的函數
315  canvas = tkinter.Canvas(width=720, height=540)                 建立畫布元件
316  canvas.pack()                                                  將畫布置入視窗
317  set_stage()                                                    設定關卡資料
318  set_chara_pos()                                                每個角色回到起始位置
319  main()                                                         執行進行主要處理的函數
320  root.mainloop()                                                顯示視窗
```

這個程式在收集到第一關所有的糖果後，進入第二關，過了第二關之後，進入第三關。目前過了第三關後，會回到標題畫面。

圖 4-1-3　過關畫面

利用第 27 行宣告的 stage 變數管理關卡數。

請確認第 45 ～ 95 行設定關卡資料的 set_stage() 函數。這個函數會根據 stage 的值將迷宮的資料代入 map_data。

set_stage() 函數除了代入迷宮資料之外，也會將遊戲開始時的 red 座標代入 red_sx、red_sy 變數。另外，在讓每個角色回到起始位置的 set_chara_pos() 函數

```
red_x = red_sx
red_y = red_sy
```

另外，在讓每個角色回到起始位置的 set_chara_pos() 函數設定座標，如下所示。
先將值代入 red_sx、red_sy，再代入 red_x、red_y，是為了在下一個單元重新玩遊戲時，讓角色回到開始時的座標。另外，不論在哪一個關卡，penpen 都是從迷宮的左上角開始移動。
利用第 29 行宣告的 candy 變數管理每一關放置的糖果數量。在 set_stage() 函數把值代入 candy，接著使用移動 penpen 的 move_penpen() 函數，收集到糖果之後，就減少數值。在 main() 函數的第 243 行，當 candy 變成 0，idx 變成 4，就移動到過關。過關處理是在 main() 函數的第 252 ～ 264 行進行。stage 的值不到 3 時，stage 加 1，進入下一關，當 stage 為 3 時，顯示「ALL STAGE CLEAR！」之後，回到標題畫面。

關卡增加後，就會產生想繼續過關的想法，這也是玩遊戲的樂趣之一。只不過現在當 penpen 接觸到 red 之後，會立刻結束遊戲，所以要過三關可能有點困難。

下一個單元將加入 penpen 的剩餘命數，如果覺得很困難，請用以下程式確認如何過關。利用 tkinter 執行即時按鍵輸入的反應其實不夠順暢，所以別執著於非過關不可，你可以繼續學習下去。

Lesson 4-2　加入主角的剩餘命數

一般動作遊戲的主角會有剩餘命數的限制，即使被敵人攻擊，只要還有生命，就可以復活，繼續玩下去，這裡要加上這個規則。

≫≫ 殘機制、生命制、時間制

以下將簡單說明幾個遊戲規則。

動作遊戲、射擊遊戲用來判斷遊戲失敗的規則包括殘機制與生命制。殘機是指手邊還剩下多少戰鬥機或機器人，主要用於操作機械裝置的動作遊戲或射擊遊戲。《提心吊膽企鵝迷宮》的主角是企鵝，所以是「剩餘命數」。

生命制的規則是受到敵人的攻擊後，減少生命，歸零之後就結束遊戲。也有整合殘機與生命的規則，當生命歸零後，殘機減少，殘機歸零就結束遊戲。

除此之外，遊戲失敗的條件還有時間制。剩餘時間歸零仍無法過關時，代表挑戰失敗。

≫≫ 加入剩餘命數

以下要說明的程式是，penpen 有三隻，接觸到 red 之後，就減少一隻。penpen 的剩餘命數歸零之後遊戲結束。這個程式要使用右邊的影像。

圖 4-2-1　這次使用的影像檔案

pen_face.png

程式 ▶ list0402_1.py　　※ 與前面程式不同的部分畫上了標示。

```
1   import tkinter              匯入 tkinter
2   import random              匯入 random
3
4   # 輸入按鍵
5   key = ""                   代入按鍵值的變數
6   koff = False               放開按鍵時使用的變數（旗標）
7   def key_down(e):           按下按鍵時執行的函數
8       global key, koff           變成全域變數
9       key = e.keysym             把 keysym 的值代入 key
10      koff = False               把 False 代入 koff
11
12  def key_up(e):             放開按鍵時執行的函數
13      global koff # Mac          koff 變成全域變數
```

```
14      koff = True # Mac                              把 True 代入 koff
15  #     global key # Win                             Windows 電腦用的註解
16  #     key = ""  # Win                              Windows 電腦用的註解
17
18
19  DIR_UP = 0                                          定義角色方向的變數（向上）
20  DIR_DOWN = 1                                        定義角色方向的變數（向下）
21  DIR_LEFT = 2                                        定義角色方向的變數（向左）
22  DIR_RIGHT = 3                                       定義角色方向的變數（向右）
23  ANIMATION = [0, 1, 0, 2]                            定義動畫編號的列表
24
25  idx = 0                                             索引
26  tmr = 0                                             計時器
27  stage = 1                                           關卡數
28  score = 0                                           分數
29  nokori = 3                                          penpen 的剩餘命數
30  candy = 0                                           每個關卡的糖果數量
31
32  pen_x = 0                                           penpen 的 X 座標
33  pen_y = 0                                           penpen 的 Y 座標
34  pen_d = 0                                           penpen 的方向
35  pen_a = 0                                           penpen 的影像編號
36
37  red_x = 0                                           red 的 X 座標
38  red_y = 0                                           red 的 Y 座標
39  red_d = 0                                           red 的方向
40  red_a = 0                                           red 的影像編號
41  red_sx = 0                                          red 起始位置的 X 座標
42  red_sy = 0                                          red 起始位置的 Y 座標
43
44  map_data = [] # 迷宮用的列表                          放入迷宮資料的列表
45
46  def set_stage(): # 設定關卡資料                       設定關卡資料的函數
:   略：和list0401_1.py一樣(→P.124)
:   〉
99  def set_chara_pos(): # 角色的起始位置                 設定角色起始位置的函數
:   略：和list0401_1.py一樣(→P.125)
:   〉
112 def draw_txt(txt, x, y, siz, col): # 陰影文字        顯示陰影文字的函數
:   略：和list0401_1.py一樣(→P.125)
:   〉
118 def draw_screen(): # 繪製遊戲畫面                     繪製遊戲畫面的函數
119     canvas.delete("SCREEN")                             暫時刪除所有的影像與文字
120     for y in range(9):                                  重複
121         for x in range(12):                                 雙重迴圈
122             canvas.create_image(x*60+30, y*60+30,               用圖塊繪製迷宮
    image=img_bg[map_data[y][x]], tag="SCREEN")
123     canvas.create_image(pen_x, pen_y, image=img_         顯示 penpen
    pen[pen_a], tag="SCREEN")
124     canvas.create_image(red_x, red_y, image=img_         顯示 red
    red[red_a], tag="SCREEN")
125     draw_txt("SCORE "+str(score), 200, 30, 30, "white")  顯示分數
126     draw_txt("STAGE "+str(stage), 520, 30, 30, "lime")   顯示關卡數
127     for i in range(nokori):                              重複
128         canvas.create_image(60+i*50, 500,                    繪製 penpen 的剩餘命數（臉）
    image=img_pen[12], tag="SCREEN")
129
130
131 def check_wall(cx, cy, di, dot): # 確認每個方向是否有牆壁  調查指定方向是否有牆壁的函數
:   略：和list0401_1.py一樣(→P.125)
```

```
 :    〉
168  def move_penpen(): # 移動penpen          移動 penpen 的函數
 :    略：和list0401_1.py一樣(→P.126)
 :    〉
195  def move_enemy(): # 移動red              移動敵人 red 的函數
 :    略：和list0401_1.py一樣(→P.127)
 :
227  def main(): # 主要迴圈                    執行主要處理的函數
228      global key, koff, idx, tmr, stage, score, nokori    變成全域變數
229      tmr = tmr + 1                       tmr 的值加 1
230      draw_screen()                       繪製遊戲畫面
231
232      if idx == 0: # 標題畫面              idx 為 0 時（標題畫面）
233          canvas.create_image(360, 200, image=img_title,    顯示標題 LOGO
     tag="SCREEN")
234          if tmr%10 < 5:                  tmr 除以 10 的餘數不超過 5
235              draw_txt("Press SPACE !", 360, 380, 30, "yellow")    顯示 Press SPACE！
236          if key == "space":             按下空白鍵後
237              stage = 1                   關卡數變成 1
238              score = 0                   分數變成 0
239              nokori = 3                  剩餘命數變成 3
240              set_stage()                 設定關卡資料
241              set_chara_pos()             每個角色回到起始位置
242              idx = 1                     idx 變成 1，遊戲開始
243
244      if idx == 1: # 玩遊戲                idx 為 1 時（遊戲進行中的處理）
245          move_penpen()                   移動 penpen
246          move_enemy()                    移動 red
247          if candy == 0:                  收集到全部的糖果後
248              idx = 4                     idx 變成 4
249              tmr = 0                     tmr 變成 0，過關
250
251      if idx == 2: # 被敵人攻擊            idx 為 2 時（被敵人攻擊後的處理）
252          draw_txt("MISS", 360, 270, 40, "orange")    顯示 MISS
253          if tmr == 1:                    tmr 為 1 時
254              nokori = nokori - 1         減少剩餘命數
255          if tmr == 30:                   tmr 為 30 時
256              if nokori == 0:             若剩餘命數為 0
257                  idx = 3                 idx 變成 3
258                  tmr = 0                 tmr 變成 0
259              else:                       否則
260                  set_chara_pos()         主角回到起始位置
261                  idx = 1                 再次開始玩遊戲
262
263      if idx == 3: # 遊戲結束              idx 為 3 時（遊戲結束）
264          draw_txt("GAME OVER", 360, 270, 40, "red")    顯示 GAME OVER
265          if tmr == 50:                   tmr 為 50 時
266              idx = 0                     idx 變成 0，進入標題畫面
267
268      if idx == 4: # 過關                 idx 為 4 時（過關）
269          if stage < 3:                   若未達關卡 3
270              draw_txt("STAGE CLEAR", 360, 270, 40, "pink")    顯示 STAGE CLEAR
271          else:                           否則
272              draw_txt("ALL STAGE CLEAR!", 360, 270,    顯示 ALL STAGE CLEAR！
     40, "violet")
273          if tmr == 30:                   tmr 為 30 時
274              if stage < 3:               若未達關卡 3
275                  stage = stage + 1       增加 stage 的值
276                  set_stage()             設定關卡資料
277                  set_chara_pos()         每個角色回到起始位置
```

```
278                idx = 1                                  idx 變成 1，遊戲開始
279            else:                                        否則
280                idx = 0                                  idx 變成 0，進入標題畫面
281
282     if koff == True:                                 如果 koff 為 True
283         key = ""                                         清除 key 的值
284         koff = False                                     把 False 代入 koff
285
286     root.after(100, main)                            100 毫秒後再次執行 main() 函數
287
288
289 root = tkinter.Tk()                                  建立視窗元件
290
291 img_bg = [                                           載入圖塊影像的列表
292     tkinter.PhotoImage(file="image_penpen/chip00.png"),
293     tkinter.PhotoImage(file="image_penpen/chip01.png"),
294     tkinter.PhotoImage(file="image_penpen/chip02.png"),
295     tkinter.PhotoImage(file="image_penpen/chip03.png")
296 ]
297 img_pen = [                                          載入 penpen 影像的列表
298     tkinter.PhotoImage(file="image_penpen/pen00.png"),
299     tkinter.PhotoImage(file="image_penpen/pen01.png"),
300     tkinter.PhotoImage(file="image_penpen/pen02.png"),
301     tkinter.PhotoImage(file="image_penpen/pen03.png"),
302     tkinter.PhotoImage(file="image_penpen/pen04.png"),
303     tkinter.PhotoImage(file="image_penpen/pen05.png"),
304     tkinter.PhotoImage(file="image_penpen/pen06.png"),
305     tkinter.PhotoImage(file="image_penpen/pen07.png"),
306     tkinter.PhotoImage(file="image_penpen/pen08.png"),
307     tkinter.PhotoImage(file="image_penpen/pen09.png"),
308     tkinter.PhotoImage(file="image_penpen/pen10.png"),
309     tkinter.PhotoImage(file="image_penpen/pen11.png"),
310     tkinter.PhotoImage(file="image_penpen/pen_face.png")
311 ]
312 img_red = [                                          載入 red 影像的列表
313     tkinter.PhotoImage(file="image_penpen/red00.png"),
  :  略
  :  ﹜
324     tkinter.PhotoImage(file="image_penpen/red11.png")
325 ]
326 img_title = tkinter.PhotoImage(file="image_penpen/title.png")   載入標題 LOGO 的變數
327
328 root.title("提心吊膽企鵝迷宮")                        設定視窗標題
329 root.resizable(False, False)                         讓視窗無法改變尺寸
330 root.bind("<KeyPress>", key_down)                    設定按下按鍵時執行的函數
331 root.bind("<KeyRelease>", key_up)                    設定放開按鍵時執行的函數
332 canvas = tkinter.Canvas(width=720, height=540)       建立畫布元件
333 canvas.pack()                                        將畫布置入視窗
334 set_stage()                                          設定關卡資料
335 set_chara_pos()                                      每個角色回到起始位置
336 main()                                               執行進行主要處理的函數
337 root.mainloop()                                      顯示視窗
```

執行這個程式後，畫面左下方會以臉部圖示代表 penpen 的剩餘命數。

圖 4-2-2　顯示剩餘命數

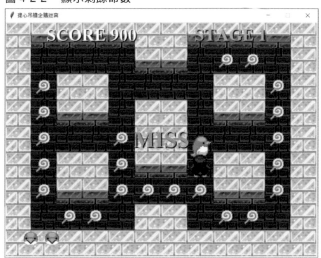

利用第 29 行宣告的 nokori 變數管理 penpen 的剩餘命數。
在移動 red 的 move_enemy() 函數中，若判斷 red 與 penpen 接觸，idx 會變成 2。
此時，在 main() 函數的 if idx==2 區塊會減少 nokori 的值，如第 254 行所示，當數值
歸零後，就結束遊戲。如果還有剩餘命數，就利用 set_chara_pos() 函數，讓角色的
座標恢復成起始位置，繼續執行遊戲。

假如你還沒用前面的程式通過三個關卡，
請先在這裡確認清楚。

新敵人登場

penpen 有了三條命之後,可能有人重複玩了幾次,就會開始覺得遊戲很無聊。此時,你可以改良遊戲,創造新的敵人,讓遊戲維持適當的難度與緊張感,讓玩家不會玩膩。

⟫⟫ 攻略遊戲

新敵人的移動方式與 red 不同。準備不同行為類型的敵人,玩家就得稍微動點腦筋才能攻略遊戲。<u>攻略</u>這個名詞原本的意思是攻入敵營,掠奪對方的要塞或陣地。在電腦遊戲中,用來代表「攻略○○關」、「攻略大魔王」等「利用何種順序玩遊戲,可以有效率地贏得勝利」。

<u>具有攻略元素(攻略性)的遊戲通常比較有趣,而沒有攻略元素的遊戲容易變成簡單操作</u>,喪失趣味性。以下將增加新的敵人,具體解釋其代表的意義,因此這裡先確認程式的執行狀態再說明內容。

⟫⟫ kumagon 登場

新敵人是名叫 kumagon 的白熊。kumagon 會在相同場所反覆左右或上下移動。這次的程式將使用右邊的影像。

圖 4-3-1　　這次使用的影像檔案

kuma00.png　　kuma01.png　　kuma02.png

請輸入以下程式,另存新檔之後,再執行程式。

程式 ▶ list0403_1.py　※ 與前面程式不同的部分畫上了<u>標示</u>。

```
1    import tkinter              匯入 tkinter
2    import random               匯入 random
3
4    # 輸入按鍵                  代入按鍵值的變數
5    key = ""                    放開按鍵時使用的變數(旗標)
6    koff = False                按下按鍵時執行的函數
7    def key_down(e):                變成全域變數
8        global key, koff            把 keysym 的值代入 key
9        key = e.keysym              把 False 代入 koff
10       koff = False
11
12   def key_up(e):              放開按鍵時執行的函數
```

```python
13      global koff # Mac
14      koff = True # Mac
15  #     global key # Win
16  #     key = ""   # Win
17
18
19  DIR_UP = 0
20  DIR_DOWN = 1
21  DIR_LEFT = 2
22  DIR_RIGHT = 3
23  ANIMATION = [0, 1, 0, 2]
24
25  idx = 0
26  tmr = 0
27  stage = 1
28  score = 0
29  nokori = 3
30  candy = 0
31
32  pen_x = 0
33  pen_y = 0
34  pen_d = 0
35  pen_a = 0
36
37  red_x = 0
38  red_y = 0
39  red_d = 0
40  red_a = 0
41  red_sx = 0
42  red_sy = 0
43
44  kuma_x = 0
45  kuma_y = 0
46  kuma_d = 0
47  kuma_a = 0
48  kuma_sx = 0
49  kuma_sy = 0
50  kuma_sd = 0
51
52  map_data = [] # 迷宮用的列表
53
54  def set_stage(): # 設定關卡資料
55      global map_data, candy
56      global red_sx, red_sy
57      global kuma_sx, kuma_sy, kuma_sd
58
59      if stage == 1:
60          map_data = [
61          [0,1,1,1,1,0,0,1,1,1,1,0],
62          [0,2,3,3,2,1,1,2,3,3,2,0],
63          [0,3,0,0,3,3,3,3,0,0,3,0],
64          [0,3,1,1,3,0,0,3,1,1,3,0],
65          [0,3,2,2,3,0,0,3,2,2,3,0],
66          [0,3,0,0,3,1,1,3,0,0,3,0],
67          [0,3,1,1,3,3,3,3,1,1,3,0],
68          [0,2,3,3,2,0,0,2,3,3,2,0],
69          [0,0,0,0,0,0,0,0,0,0,0,0]
70          ]
71          candy = 32
72          red_sx = 630
```

koff 變成全域變數
把 True 代入 koff
Windows 電腦用的註解
Windows 電腦用的註解
定義角色方向的變數（向上）
定義角色方向的變數（向下）
定義角色方向的變數（向左）
定義角色方向的變數（向右）
定義動畫編號的列表
索引
計時器
關卡數
分數
penpen 的剩餘命數
每個關卡的糖果數量
penpen 的 X 座標
penpen 的 Y 座標
penpen 的方向
penpen 的影像編號
red 的 X 座標
red 的 Y 座標
red 的方向
red 的影像編號
red 起始位置的 X 座標
red 起始位置的 Y 座標
kumagon 的 X 座標
kumagon 的 Y 座標
kumagon 的方向
kumagon 的影像編號
kumagon 起始位置的 X 座標
kumagon 起始位置的 Y 座標
kumagon 開始時的方向
放入迷宮資料的列表
設定關卡資料的函數
變成全域變數
〃
〃
關卡 1 時
將迷宮資料代入列表
〃
〃
〃
〃
〃
〃
〃
〃
〃
糖果的數量
red 起始位置的 X 座標

```
 73          red_sy = 450                              red 起始位置的 Y 座標
 74          kuma_sd = -1                              代入不會出現 kumagon 的值
 75
 76      if stage == 2:                                關卡 2 時
 77          map_data = [                              將迷宮資料代入列表
 78          [0,1,1,1,1,1,1,1,1,1,1,0],                ″
 79          [0,2,2,2,3,3,3,3,2,2,2,0],                ″
 80          [0,3,3,0,2,1,1,2,0,3,3,0],                ″
 81          [0,3,3,1,3,3,3,3,1,3,3,0],                ″
 82          [0,2,1,3,3,3,3,3,3,1,2,0],                ″
 83          [0,3,3,0,3,3,3,3,0,3,3,0],                ″
 84          [0,3,3,1,2,1,1,2,1,3,3,0],                ″
 85          [0,2,2,2,3,3,3,3,2,2,2,0],                ″
 86          [0,0,0,0,0,0,0,0,0,0,0,0]                 ″
 87          ]
 88          candy = 38                                糖果的數量
 89          red_sx = 630                              red 起始位置的 X 座標
 90          red_sy = 90                               red 起始位置的 Y 座標
 91          kuma_sx = 330                             kumagon 起始位置的 X 座標
 92          kuma_sy = 270                             kumagon 起始位置的 Y 座標
 93          kuma_sd = DIR_LEFT                        kumagon 開始時的方向
 94
 95      if stage == 3:                                關卡 3 時
 96          map_data = [                              將迷宮資料代入列表
 97          [0,1,0,1,0,1,1,1,1,1,1,0],                ″
 98          [0,2,1,3,1,2,2,3,3,3,3,0],                ″
 99          [0,2,2,2,2,2,2,2,3,3,3,0],                ″
100          [0,2,1,1,1,2,2,1,1,1,1,0],                ″
101          [0,2,2,2,2,3,3,2,2,2,2,0],                ″
102          [0,1,1,2,0,2,2,0,1,1,2,0],                ″
103          [0,3,3,3,1,1,1,0,3,3,3,0],                ″
104          [0,3,3,3,2,2,2,0,3,3,3,0],                ″
105          [0,0,0,0,0,0,0,0,0,0,0,0]                 ″
106          ]
107          candy = 23                                糖果的數量
108          red_sx = 630                              red 起始位置的 X 座標
109          red_sy = 450                              red 起始位置的 Y 座標
110          kuma_sx = 330                             kumagon 起始位置的 X 座標
111          kuma_sy = 270                             kumagon 起始位置的 Y 座標
112          kuma_sd = DIR_RIGHT                       kumagon 開始時的方向
113
114
115  def set_chara_pos(): # 角色的起始位置           設定角色起始位置的函數
116      global pen_x, pen_y, pen_d, pen_a            變成全域變數
117      global red_x, red_y, red_d, red_a            ″
118      global kuma_x, kuma_y, kuma_d, kuma_a        ″
119      pen_x = 90                                   ⌐代入 penpen 的 (x,y) 座標
120      pen_y = 90                                   ⌊
121      pen_d = DIR_DOWN                             penpen 朝下時
122      pen_a = 3                                    代入 penpen 的影像編號
123      red_x = red_sx                               ⌐代入 red 的 (x,y) 座標
124      red_y = red_sy                               ⌊
125      red_d = DIR_DOWN                             Red 朝下時
126      red_a = 3                                    代入 red 的影像編號
127      kuma_x = kuma_sx                             ⌐代入 kumagon 的 (x,y) 座標
128      kuma_y = kuma_sy                             ⌊
129      kuma_d = kuma_sd                             代入 kumagon 的方向
130      kuma_a = 0                                   代入 kumagon 的影像編號
131
132
```

```
133  def draw_txt(txt, x, y, siz, col): # 陰影文字                          顯示陰影文字的函數
134      fnt = ("Times New Roman", siz, "bold")                              定義字體
135      canvas.create_text(x+2, y+2, text=txt, fill="black",                文字的陰影（偏移 2 點以黑色顯示）
     font=fnt, tag="SCREEN")
136      canvas.create_text(x, y, text=txt, fill=col, font=                  用設定的顏色顯示文字
     fnt, tag="SCREEN")
137
138
139  def draw_screen(): # 繪製遊戲畫面                                       繪製遊戲畫面的函數
140      canvas.delete("SCREEN")                                            暫時刪除所有的影像與文字
141      for y in range(9):                                                 重複
142          for x in range(12):                                                雙重迴圈
143              canvas.create_image(x*60+30, y*60+30, image                        用圖塊繪製迷宮
     =img_bg[map_data[y][x]], tag="SCREEN")
144      canvas.create_image(pen_x, pen_y, image=img_pen                    顯示 penpen
     [pen_a], tag="SCREEN")
145      canvas.create_image(red_x, red_y, image=img_red                    顯示 red
     [red_a], tag="SCREEN")
146      if kuma_sd != -1:                                                  如果 kuma_sd 不是 -1
147          canvas.create_image(kuma_x, kuma_y, image=img_                     就顯示 kumagon
     kuma[kuma_a], tag="SCREEN")
148      draw_txt("SCORE "+str(score), 200, 30, 30, "white")                顯示分數
149      draw_txt("STAGE "+str(stage), 520, 30, 30, "lime")                 顯示關卡數
150      for i in range(nokori):                                            重複
151          canvas.create_image(60+i*50, 500, image=img_                       繪製 penpen 的剩餘命數（臉）
     pen[12], tag="SCREEN")
152
153
154  def check_wall(cx, cy, di, dot): # 確認每個方向是否有牆壁                調查指定方向是否有牆壁的函數
  :  略：和list0401_1.py一樣（→P.125）
  :    〱
191  def move_penpen(): # 移動penpen                                        移動 penpen 的函數
  :  略：和list0401_1.py一樣（→P.126）
  :    〱
218  def move_enemy(): # 移動red                                            移動敵人 red 的函數
  :  略：和list0401_1.py一樣（→P.127）
  :    〱
250  def move_enemy2(): # 移動kumagon                                       移動敵人 kumagon 的函數
251      global idx, tmr, kuma_x, kuma_y, kuma_d, kuma_a                    變成全域變數
252      speed = 5                                                          kumagon 的移動速度（點數）
253      if kuma_sd == -1:                                                  Kuma_sd 為 -1 時
254          return                                                             不處理（離開函數）
255      if kuma_d == DIR_UP:                                               kumagon 朝上時
256          if check_wall(kuma_x, kuma_y, kuma_d, speed)                       如果不是牆壁
     == False:
257              kuma_y = kuma_y - speed                                            減少 y 座標往上移動
258          else:                                                              否則
259              kuma_d = DIR_DOWN                                                   Kumagon 朝下
260      elif kuma_d == DIR_DOWN:                                           Kumagon 朝下時
261          if check_wall(kuma_x, kuma_y, kuma_d, speed)                       如果不是牆壁
     == False:
262              kuma_y = kuma_y + speed                                            增加 y 座標往下移動
263          else:                                                              否則
264              kuma_d = DIR_UP                                                     Kumagon 朝上
265      elif kuma_d == DIR_LEFT:                                           Kumagon 朝左時
266          if check_wall(kuma_x, kuma_y, kuma_d, speed)                       如果不是牆壁
     == False:
267              kuma_x = kuma_x - speed                                            減少 x 座標往左移動
268          else:                                                              否則
269              kuma_d = DIR_RIGHT                                                  Kumagon 朝右
```

```
270         elif kuma_d == DIR_RIGHT:
271             if check_wall(kuma_x, kuma_y, kuma_d,
    speed) == False:
272                 kuma_x = kuma_x + speed
273             else:
274                 kuma_d = DIR_LEFT
275         kuma_a = ANIMATION[tmr%4]
276         if abs(kuma_x-pen_x) <= 40 and abs(kuma_y-pen_
    y) <= 40:
277             idx = 2
278             tmr = 0
279
280
281 def main(): # 主要迴圈
282     global key, koff, idx, tmr, stage, score, nokori
283     tmr = tmr + 1
284     draw_screen()
285
286     if idx == 0: # 標題畫面
287         canvas.create_image(360, 200, image=img_
    title, tag="SCREEN")
288         if tmr%10 < 5:
289             draw_txt("Press SPACE !", 360, 380,
    30, "yellow")
290         if key == "space":
291             stage = 1
292             score = 0
293             nokori = 3
294             set_stage()
295             set_chara_pos()
296             idx = 1
297
298     if idx == 1: # 玩遊戲
299         move_penpen()
300         move_enemy()
301         move_enemy2()
302         if candy == 0:
303             idx = 4
304             tmr = 0
305
306     if idx == 2: # 被敵人攻擊
307         draw_txt("MISS", 360, 270, 40, "orange")
308         if tmr == 1:
309             nokori = nokori - 1
310         if tmr == 30:
311             if nokori == 0:
312                 idx = 3
313                 tmr = 0
314             else:
315                 set_chara_pos()
316                 idx = 1
317
318     if idx == 3: # 遊戲結束
319         draw_txt("GAME OVER", 360, 270, 40, "red")
320         if tmr == 50:
321             idx = 0
322
323     if idx == 4:  # 過關
324         if stage < 3:
325             draw_txt("STAGE CLEAR", 360, 270, 40, "pink")
```

kumagon 朝右時
　　如果不是牆壁

　　　　增加 X 座標往右移動
　　否則
　　　　Kumagon 朝左
計算 kumagon 的動畫（影像）編號
判斷與 penpen 是否接觸

　　如果接觸到，idx 變成 2
　　tmr 變成 0，進行攻擊處理

執行主要處理的函數
變成全域變數
tmr 的值加 1
繪製遊戲畫面

idx 為 0 時（標題畫面）
顯示標題 LOGO

tmr 除以 10 的餘數不超過 5
　　顯示 Press SPACE ！

按下空白鍵後
　　關卡數變成 1
　　分數變成 0
　　剩餘命數變成 3
　　設定關卡資料
　　每個角色回到起始位置
　　idx 變成 1，遊戲開始

idx 為 1 時（遊戲進行中的處理）
移動 penpen
移動 red
移動 kumagon
收集到全部的糖果後
　　idx 變成 4
　　tmr 變成 0，過關

idx 為 2 時（被敵人攻擊後的處理）
顯示 MISS
tmr 為 1 時
　　減少剩餘命數
tmr 為 30 時
　　若剩餘命數為 0
　　　　idx 變成 3
　　　　tmr 變成 0
　　否則
　　　　主角回到起始位置
　　　　再次開始玩遊戲

idx 為 3 時（遊戲結束）
顯示 GAME OVER
tmr 為 50 時
　　idx 變成 0，進入標題畫面

idx 為 4 時（過關）
若未達關卡 3
　　顯示 STAGE CLEAR

Chapter 4

製
作
動
作
遊
戲
！
下
篇

```
326             else:
327                 draw_txt("ALL STAGE CLEAR!", 360, 270, 40,
    "violet")
328         if tmr == 30:
329             if stage < 3:
330                 stage = stage + 1
331                 set_stage()
332                 set_chara_pos()
333                 idx = 1
334             else:
335                 idx = 0
336
337     if koff == True:
338         key = ""
339         koff = False
340
341     root.after(100, main)
342
343
344 root = tkinter.Tk()
345
346 img_bg = [
347     tkinter.PhotoImage(file="image_penpen/chip00.png"),
348     tkinter.PhotoImage(file="image_penpen/chip01.png"),
349     tkinter.PhotoImage(file="image_penpen/chip02.png"),
350     tkinter.PhotoImage(file="image_penpen/chip03.png"),
351 ]
352 img_pen = [
353     tkinter.PhotoImage(file="image_penpen/pen00.png"),
  略
  〈
365     tkinter.PhotoImage(file="image_penpen/pen_face.png")
366 ]
367 img_red = [
368     tkinter.PhotoImage(file="image_penpen/red00.png"),
  略
  〈
379     tkinter.PhotoImage(file="image_penpen/red11.png")
380 ]
381 img_kuma = [
382     tkinter.PhotoImage(file="image_penpen/kuma00.png"),
383     tkinter.PhotoImage(file="image_penpen/kuma01.png"),
384     tkinter.PhotoImage(file="image_penpen/kuma02.png"),
385 ]
386 img_title = tkinter.PhotoImage(file="image_penpen/title.png")
387
388 root.title("提心吊膽企鵝迷宮")
389 root.resizable(False, False)
390 root.bind("<KeyPress>", key_down)
391 root.bind("<KeyRelease>", key_up)
392 canvas = tkinter.Canvas(width=720, height=540)
393 canvas.pack()
394 set_stage()
395 set_chara_pos()
396 main()
397 root.mainloop()
```

否則
　顯示 ALL STAGE CLEAR！

tmr 為 30 時
　若未達關卡 3
　　增加 stage 的值
　　設定關卡資料
　　每個角色回到起始位置
　　idx 變成 1，遊戲開始
　否則
　　idx 變成 0，進入標題畫面

如果 koff 為 True
　清除 key 的值
　把 False 代入 koff

100 毫秒後再次執行 main() 函數

建立視窗元件

載入圖塊影像的列表

載入 penpen 影像的列表

載入 red 影像的列表

載入 kumagon 影像的列表

載入標題 LOGO 的變數

設定視窗標題
讓視窗無法改變尺寸
設定按下按鍵時執行的函數
設定放開按鍵時執行的函數
建立畫布元件
將畫布置入視窗
設定關卡資料
每個角色回到起始位置
執行進行主要處理的函數
顯示視窗

這個程式在進入第二個關卡時，kumagon 就會出現在迷宮中央。kumagon 會持續左右移動，請仔細觀察 kumagon 與 red 的移動狀態來收集糖果。

圖 4-3-2　執行程式後，kumagon 就會出現

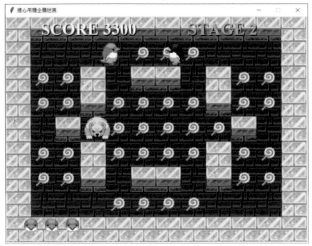

第 44 ～ 50 行準備了變數來管理 kumagon 的座標、方向、動畫編號（影像編號）、遊戲開始時的座標。

第 250 ～ 278 行定義的 move_enemy2() 函數負責執行 kumagon 的處理。讓 kumagon 往 kuma_d 方向移動，碰到牆壁時，把反方向的值代入 kuma_d，藉此在相同場所反覆來回移動。

這個函數利用第 253 ～ 254 行的

```
if kuma_sd == -1:
    return
```

條件式，可以讓 kumagon 不出現。先在 set_stage() 函數把 kuma_sd 的值變成 -1，當這個條件式成立時，不會執行 kumagon 的處理。如果 draw_screen() 函數的 kuma_sd 不是 -1，就會顯示 kumagon，請一併確認這一點。

如果要增加敵人的種類，我喜歡用列表管理座標等資料，不過現階段為了學習基本技巧，才使用變數來管理 kumagon。之後在 Chapter 6 ～ 8 製作射擊遊戲時，會學習用列表管理多個敵人的方法。

》》》 攻略遊戲的樂趣

kumagon 在第二個關卡出現，當 red 進入中央區域時，要收集該處的糖果就變得困難。由於 red 有追逐 penpen 的「習性」，進入中央區域時，必須巧妙將 red 誘導至外側再收集糖果。

另外，在 kumagon 移動範圍內左右兩端的糖果要趁著 kumagon 離開時，快速收集再逃離。這樣你應該可以瞭解，單單只增加一種敵人，就得動腦思考才能攻略遊戲。

想讓遊戲變有趣，也必須讓使用者動腦思考。「用這種方法或步驟來玩遊戲，就能順利過關了！」這種想法可以讓使用者感到開心。但是若過關方法太難，使用者就會開始討厭玩遊戲，覺得很無聊。加入「稍微動腦就能過關！」的元素，是讓遊戲變有趣的祕訣。

原來如此。
我也瞭解到開發遊戲的奧妙之處了。

製作結尾

最後通過所有關卡時，會顯示結尾畫面。

>>> 關於結尾

結尾是給成功玩到最後的使用者的獎勵。看到結尾的使用者會充滿「全部破關！」的成就感。個人作者製作的遊戲若要發布在網路上，讓不特定的多數人玩的話，也一定要加上結尾。

與到目前為止學過的內容相比，其實結尾的程式設計並不困難。而且就筆者的經驗來說，製作結尾是創作者最喜歡的工作，請放輕鬆繼續看下去。

終於要加上結尾，完成遊戲了。

>>> 加上結尾

請確認加上結尾畫面的程式。這次要增加兩個新關卡，變成五個關卡。這個程式會使用右邊的影像，請從本書提供的網址下載檔案。

這是《提心吊膽企鵝迷宮》的完整版程式，所以檔案名稱命名為「penpen.py」。
請輸入以下程式，另存新檔之後，再執行程式。

圖 4-4-1　這次使用的影像檔案

ending.png

程式 ▶ penpen.py　※ 與前面程式不同的部分畫上了標示。

```
1  import tkinter                   匯入 tkinter
2  import random                    匯入 random
3
4  # 輸入按鍵
5  key = ""                         代入按鍵值的變數
6  koff = False                     放開按鍵時使用的變數（旗標）
7  def key_down(e):                 按下按鍵時執行的函數
```

```
8        global key, koff                                     變成全域變數
9        key = e.keysym                                       把 keysym 的值代入 key
10       koff = False                                         把 False 代入 koff
11
12   def key_up(e):                                           放開按鍵時執行的函數
13       global koff # Mac                                    koff 變成全域變數
14       koff = True # Mac                                    把 True 代入 koff
15   #    global key # Win                                    Windows 電腦用的註解
16   #    key = ""   # Win                                    Windows 電腦用的註解
17
18
19   DIR_UP = 0                                               定義角色方向的變數（向上）
20   DIR_DOWN = 1                                             定義角色方向的變數（向下）
21   DIR_LEFT = 2                                             定義角色方向的變數（向左）
22   DIR_RIGHT = 3                                            定義角色方向的變數（向右）
23   ANIMATION = [0, 1, 0, 2]                                 定義動畫編號的列表
24   BLINK = ["#fff", "#ffc", "#ff8", "#fe4", "#ff8", "#ffc"] 定義了閃爍顏色的列表
25
26   idx = 0                                                  索引
27   tmr = 0                                                  計時器
28   stage = 1                                                關卡數
29   score = 0                                                分數
30   nokori = 3                                               penpen 的剩餘命數
31   candy = 0                                                每個關卡的糖果數量
32
33   pen_x = 0                                                penpen 的 X 座標
34   pen_y = 0                                                penpen 的 Y 座標
35   pen_d = 0                                                penpen 的方向
36   pen_a = 0                                                penpen 的影像編號
37
38   red_x = 0                                                red 的 X 座標
39   red_y = 0                                                red 的 Y 座標
40   red_d = 0                                                red 的方向
41   red_a = 0                                                red 的影像編號
42   red_sx = 0                                               red 起始位置的 X 座標
43   red_sy = 0                                               red 起始位置的 Y 座標
44
45   kuma_x = 0                                               kumagon 的 X 座標
46   kuma_y = 0                                               kumagon 的 Y 座標
47   kuma_d = 0                                               kumagon 的方向
48   kuma_a = 0                                               kumagon 的影像編號
49   kuma_sx = 0                                              kumagon 起始位置的 X 座標
50   kuma_sy = 0                                              kumagon 起始位置的 Y 座標
51   kuma_sd = 0                                              kumagon 開始時的方向
52
53   map_data = [] # 迷宮用的列表                              放入迷宮資料的列表
54
55   def set_stage(): # 設定關卡資料                           設定關卡資料的函數
56       global map_data, candy                               變成全域變數
57       global red_sx, red_sy                                〃
58       global kuma_sx, kuma_sy, kuma_sd                     〃
59
60       if stage == 1:                                       關卡 1 時
61           map_data = [                                     將迷宮資料代入列表
62           [0,1,1,1,1,0,0,1,1,1,1,0],                       〃
63           [0,2,3,3,2,1,1,2,3,3,2,0],                       〃
64           [0,3,0,0,3,3,3,3,0,0,3,0],                       〃
65           [0,3,1,1,3,0,0,3,1,1,3,0],                       〃
66           [0,3,2,2,3,0,0,3,2,2,3,0],                       〃
67           [0,3,0,0,3,1,1,3,0,0,3,0],                       〃
```

```
68          [0,3,1,1,3,3,3,3,1,1,3,0],                              〃
69          [0,2,3,3,2,0,0,2,3,3,2,0],                              〃
70          [0,0,0,0,0,0,0,0,0,0,0,0]                               〃
71        ]
72        candy = 32                                     糖果的數量
73        red_sx = 630                                   red 起始位置的 X 座標
74        red_sy = 450                                   red 起始位置的 Y 座標
75        kuma_sd = -1                                   代入不會出現 kumagon 的值
76
77    if stage == 2:                                     關卡 2 時
78        map_data = [                                   將迷宮資料代入列表
79          [0,1,1,1,1,1,1,1,1,1,1,0],                              〃
80          [0,2,2,2,3,3,3,3,2,2,2,0],                              〃
81          [0,3,3,0,2,1,1,2,0,3,3,0],                              〃
82          [0,3,3,1,3,3,3,3,1,3,3,0],                              〃
83          [0,2,1,3,3,3,3,3,3,1,2,0],                              〃
84          [0,3,3,0,3,3,3,3,0,3,3,0],                              〃
85          [0,3,3,1,2,1,1,2,1,3,3,0],                              〃
86          [0,2,2,2,3,3,3,3,2,2,2,0],                              〃
87          [0,0,0,0,0,0,0,0,0,0,0,0]                               〃
88        ]
89        candy = 38                                     糖果的數量
90        red_sx = 630                                   red 起始位置的 X 座標
91        red_sy = 90                                    red 起始位置的 Y 座標
92        kuma_sx = 330                                  kumagon 起始位置的 X 座標
93        kuma_sy = 270                                  kumagon 起始位置的 Y 座標
94        kuma_sd = DIR_LEFT                             kumagon 開始時的方向
95
96    if stage == 3:                                     關卡 3 時
97        map_data = [                                   將迷宮資料代入列表
98          [0,1,0,1,0,1,1,1,1,1,1,0],                              〃
99          [0,2,1,3,1,2,2,3,3,3,3,0],                              〃
100         [0,2,2,2,2,2,2,2,3,3,3,0],                              〃
101         [0,2,1,1,1,2,2,1,1,1,1,0],                              〃
102         [0,2,2,2,2,3,3,2,2,2,2,0],                              〃
103         [0,1,1,2,0,2,2,0,1,1,2,0],                              〃
104         [0,3,3,3,1,1,1,0,3,3,3,0],                              〃
105         [0,3,3,3,2,2,2,0,3,3,3,0],                              〃
106         [0,0,0,0,0,0,0,0,0,0,0,0]                               〃
107       ]
108       candy = 23                                     糖果的數量
109       red_sx = 630                                   red 起始位置的 X 座標
110       red_sy = 450                                   red 起始位置的 Y 座標
111       kuma_sx = 330                                  kumagon 起始位置的 X 座標
112       kuma_sy = 270                                  kumagon 起始位置的 Y 座標
113       kuma_sd = DIR_RIGHT                            kumagon 開始時的方向
114
115   if stage == 4:                                     關卡 4 時
116       map_data = [                                   將迷宮資料代入列表
117         [0,1,1,1,1,1,1,1,1,1,1,0],                              〃
118         [0,3,3,3,3,3,3,3,3,3,3,0],                              〃
119         [0,3,0,3,3,1,3,0,3,0,3,0],                              〃
120         [0,3,1,0,3,3,3,0,3,1,3,0],                              〃
121         [0,3,3,0,1,1,1,0,3,3,3,0],                              〃
122         [0,3,0,1,3,3,3,1,3,1,1,0],                              〃
123         [0,3,1,3,3,1,3,3,3,3,3,0],                              〃
124         [0,3,3,3,3,3,3,3,3,3,3,0],                              〃
125         [0,0,0,0,0,0,0,0,0,0,0,0]                               〃
126       ]
127       candy = 50                                     糖果的數量
```

行號	程式碼	說明
128	`    red_sx = 150`	red 起始位置的 X 座標
129	`    red_sy = 270`	red 起始位置的 Y 座標
130	`    kuma_sx = 510`	kumagon 起始位置的 X 座標
131	`    kuma_sy = 270`	kumagon 起始位置的 Y 座標
132	`    kuma_sd = DIR_UP`	kumagon 開始時的方向
133		
134	`  if stage == 5:`	關卡 5 時
135	`    map_data = [`	將迷宮資料代入列表
136	`    [0,1,0,1,1,1,1,1,1,1,1,0],`	〃
137	`    [0,2,0,3,3,3,3,3,3,3,3,0],`	〃
138	`    [0,2,0,3,0,1,3,3,1,0,3,0],`	〃
139	`    [0,2,0,3,0,3,3,3,3,0,3,0],`	〃
140	`    [0,2,1,3,1,1,3,3,1,1,3,0],`	〃
141	`    [0,2,2,3,3,3,3,3,3,3,3,0],`	〃
142	`    [0,2,1,1,1,1,2,1,1,1,1,0],`	〃
143	`    [0,3,3,3,3,3,3,3,3,3,3,0],`	〃
144	`    [0,0,0,0,0,0,0,0,0,0,0,0],`	〃
145	`    ]`	
146	`    candy = 40`	糖果的數量
147	`    red_sx = 630`	red 起始位置的 X 座標
148	`    red_sy = 450`	red 起始位置的 Y 座標
149	`    kuma_sx = 390`	kumagon 起始位置的 X 座標
150	`    kuma_sy = 210`	kumagon 起始位置的 Y 座標
151	`    kuma_sd = DIR_RIGHT`	kumagon 開始時的方向
152		
153		
154	`def set_chara_pos(): # 角色的起始位置`	設定角色起始位置的函數
155	`  global pen_x, pen_y, pen_d, pen_a`	變成全域變數
156	`  global red_x, red_y, red_d, red_a`	〃
157	`  global kuma_x, kuma_y, kuma_d, kuma_a`	〃
158	`  pen_x = 90`	代入 penpen 的 (x,y) 座標
159	`  pen_y = 90`	
160	`  pen_d = DIR_DOWN`	Penpen 朝下
161	`  pen_a = 3`	代入 penpen 的影像編號
162	`  red_x = red_sx`	代入 red 的 (x,y) 座標
163	`  red_y = red_sy`	
164	`  red_d = DIR_DOWN`	Red 朝下
165	`  red_a = 3`	代入 red 的影像編號
166	`  kuma_x = kuma_sx`	代入 kumagon 的 (x,y) 座標
167	`  kuma_y = kuma_sy`	
168	`  kuma_d = kuma_sd`	代入 kumagon 的方向
169	`  kuma_a = 0`	代入 kumagon 的影像編號
170		
171		
172	`def draw_txt(txt, x, y, siz, col): # 陰影文字`	顯示陰影文字的函數
173	`  fnt = ("Times New Roman", siz, "bold")`	定義字體
174	`  canvas.create_text(x+2, y+2, text=txt,` `fill="black", font=fnt, tag="SCREEN")`	文字的陰影（偏移 2 點以黑色顯示）
175	`  canvas.create_text(x, y, text=txt, fill=col, font=` `fnt, tag="SCREEN")`	用設定的顏色顯示文字
176		
177		
178	`def draw_screen(): # 繪製遊戲畫面`	繪製遊戲畫面的函數
179	`  canvas.delete("SCREEN")`	暫時刪除所有的影像與文字
180	`  for y in range(9):`	重複
181	`    for x in range(12):`	雙重迴圈
182	`      canvas.create_image(x*60+30, y*60+30, image` `=img_bg[map_data[y][x]], tag="SCREEN")`	用圖塊繪製迷宮
183	`  canvas.create_image(pen_x, pen_y, image=img_pen` `[pen_a], tag="SCREEN")`	顯示 penpen

```
184      canvas.create_image(red_x, red_y, image=img_red        顯示 red
    [red_a], tag="SCREEN")
185      if kuma_sd != -1:                                      如果 kuma_sd 不是 -1
186          canvas.create_image(kuma_x, kuma_y,                    就顯示 kumagon
    image=img_kuma[kuma_a], tag="SCREEN")
187      draw_txt("SCORE "+str(score), 200, 30, 30, "white")    顯示分數
188      draw_txt("STAGE "+str(stage), 520, 30, 30, "lime")     顯示關卡數
189      for i in range(nokori):                                重複
190          canvas.create_image(60+i*50, 500, image=img_pen         繪製 penpen 的剩餘命數（臉）
    [12], tag="SCREEN")
191
192
193  def check_wall(cx, cy, di, dot): # 確認每個方向是否有牆壁     調查指定方向是否有牆壁的函數
194      chk = False                                            把 False 代入 chk
195      if di == DIR_UP:                                       向上時
196          mx = int((cx-30)/60)                               把用來調查列表上方的值
197          my = int((cy-30-dot)/60)                               代入 mx 與 my
198          if map_data[my][mx] <= 1: # 左上                     如果是牆壁
199              chk = True                                         把 True 代入 chk
200          mx = int((cx+29)/60)                               代入調查列表右上方的值
201          if map_data[my][mx] <= 1: # 右上                     如果是牆壁
202              chk = True                                         把 True 代入 chk
203      if di == DIR_DOWN:                                     向下時
204          mx = int((cx-30)/60)                               把用來調查列表左下方的值
205          my = int((cy+29+dot)/60)                               代入 mx 與 my
206          if map_data[my][mx] <= 1: # 左下                     如果是牆壁
207              chk = True                                         把 True 代入 chk
208          mx = int((cx+29)/60)                               代入調查列表右下方的值
209          if map_data[my][mx] <= 1: # 右下                     如果是牆壁
210              chk = True                                         把 True 代入 chk
211      if di == DIR_LEFT:                                     向左時
212          mx = int((cx-30-dot)/60)                           把用來調查列表左上方的值
213          my = int((cy-30)/60)                                   代入 mx 與 my
214          if map_data[my][mx] <= 1: # 左上                     如果是牆壁
215              chk = True                                         把 True 代入 chk
216          my = int((cy+29)/60)                               代入調查列表左下方的值
217          if map_data[my][mx] <= 1: # 左下                     如果是牆壁
218              chk = True                                         把 True 代入 chk
219      if di == DIR_RIGHT:                                    向右時
220          mx = int((cx+29+dot)/60)                           把用來調查列表右上方的值
221          my = int((cy-30)/60)                                   代入 mx 與 my
222          if map_data[my][mx] <= 1: # 右上                     如果是牆壁
223              chk = True                                         把 True 代入 chk
224          my = int((cy+29)/60)                               代入調查列表右下方的值
225          if map_data[my][mx] <= 1: # 右下                     如果是牆壁
226              chk = True                                         把 True 代入 chk
227      return chk                                             將 chk 的值當作傳回值傳回
228
229
230  def move_penpen(): # 移動penpen                            移動 penpen 的函數
231      global score, candy, pen_x, pen_y, pen_d, pen_a       變成全域變數
232      if key == "Up":                                       按下向上鍵時
233          pen_d = DIR_UP                                        penpen 朝上
234          if check_wall(pen_x, pen_y, pen_d, 20)               如果 20 點之後不是牆壁
    == False:
235              pen_y = pen_y - 20                                  減少 y 座標往上移動
236      if key == "Down":                                     按下向下鍵時
237          pen_d = DIR_DOWN                                      penpen 朝下
238          if check_wall(pen_x, pen_y, pen_d, 20)               如果 20 點之後不是牆壁
    == False:
```

```
239                pen_y = pen_y + 20                     增加 y 座標往下移動
240        if key == "Left":                             按下向左鍵時
241            pen_d = DIR_LEFT                           penpen 朝左
242            if check_wall(pen_x, pen_y, pen_d, 20) ==  如果 20 點之後不是牆壁
       False:
243                pen_x = pen_x - 20                     減少 x 座標往左移動
244        if key == "Right":                            按下向右鍵時
245            pen_d = DIR_RIGHT                          penpen 朝右
246            if check_wall(pen_x, pen_y, pen_d, 20) ==  如果 20 點之後不是牆壁
       False:
247                pen_x = pen_x + 20                     增加 x 座標往右移動
248        pen_a = pen_d*3 + ANIMATION[tmr%4]             計算 penpen 的動畫（影像）編號
249        mx = int(pen_x/60)                             把用來調查 penpen 所在位置的列表值
250        my = int(pen_y/60)                             代入 mx 與 my
251        if map_data[my][mx] == 3: # 取得糖果了嗎？        進入糖果網格後
252            score = score + 100                        增加分數
253            map_data[my][mx] = 2                       刪除糖果
254            candy = candy - 1                          減少糖果的數量
255
256
257    def move_enemy(): # 移動red                         移動敵人 red 的函數
258        global idx, tmr, red_x, red_y, red_d, red_a    變成全域變數
259        speed = 10                                     red 的移動速度（點數）
260        if red_x%60 == 30 and red_y%60 == 30:          剛好在網格上時
261            red_d = random.randint(0, 6)               隨機改變方向
262            if red_d >= 4:                             亂數為 4 以上時
263                if pen_y < red_y:                      penpen 如果在上方
264                    red_d = DIR_UP                     red 朝上
265                if pen_y > red_y:                      penpen 如果在下方
266                    red_d = DIR_DOWN                   red 朝下
267                if pen_x < red_x:                      penpen 如果在左方
268                    red_d = DIR_LEFT                   red 朝左
269                if pen_x > red_x:                      penpen 如果在右方
270                    red_d = DIR_RIGHT                  red 朝右
271        if red_d == DIR_UP:                            red 朝上時
272            if check_wall(red_x, red_y, red_d, speed) ==  如果不是牆壁
       False:
273                red_y = red_y - speed                  減少 y 座標往上移動
274        if red_d == DIR_DOWN:                          red 朝下時
275            if check_wall(red_x, red_y, red_d, speed) ==  如果不是牆壁
       False:
276                red_y = red_y + speed                  增加 y 座標往下移動
277        if red_d == DIR_LEFT:                          red 朝左時
278            if check_wall(red_x, red_y, red_d, speed) ==  如果不是牆壁
       False:
279                red_x = red_x - speed                  減少 x 座標往左移動
280        if red_d == DIR_RIGHT:                         red 朝右時
281            if check_wall(red_x, red_y, red_d, speed) ==  如果不是牆壁
       False:
282                red_x = red_x + speed                  增加 x 座標往右移動
283        red_a = red_d*3 + ANIMATION[tmr%4]             計算 red 的動畫（影像）編號
284        if abs(red_x-pen_x) <= 40 and abs(red_y-pen_y)  判斷是否與 penpen 接觸
       <= 40:
285            idx = 2                                    如果接觸到，idx 變成 2
286            tmr = 0                                    tmr 變成 0，進行攻擊處理
287
288
289    def move_enemy2(): # 移動kumagon                    移動敵人 kumagon 的函數
290        global idx, tmr, kuma_x, kuma_y, kuma_d, kuma_a 變成全域變數
291        speed = 5                                      kumagon 的移動速度（點數）
```

```
292    if kuma_sd == -1:
293        return
294    if kuma_d == DIR_UP:
295        if check_wall(kuma_x, kuma_y, kuma_d,
speed) == False:
296            kuma_y = kuma_y - speed
297        else:
298            kuma_d = DIR_DOWN
299    elif kuma_d == DIR_DOWN:
300        if check_wall(kuma_x, kuma_y, kuma_d,
speed) == False:
301            kuma_y = kuma_y + speed
302        else:
303            kuma_d = DIR_UP
304    elif kuma_d == DIR_LEFT:
305        if check_wall(kuma_x, kuma_y, kuma_d,
speed) == False:
306            kuma_x = kuma_x - speed
307        else:
308            kuma_d = DIR_RIGHT
309    elif kuma_d == DIR_RIGHT:
310        if check_wall(kuma_x, kuma_y, kuma_d,
speed) == False:
311            kuma_x = kuma_x + speed
312        else:
313            kuma_d = DIR_LEFT
314    kuma_a = ANIMATION[tmr%4]
315    if abs(kuma_x-pen_x) <= 40 and abs(kuma_
y-pen_y) <= 40:
316        idx = 2
317        tmr = 0
318
319
320 def main(): # 主要迴圈
321    global key, koff, idx, tmr, stage, score, nokori
322    tmr = tmr + 1
323    draw_screen()
324
325    if idx == 0: # 標題畫面
326        canvas.create_image(360, 200, image=img_
title, tag="SCREEN")
327        if tmr%10 < 5:
328            draw_txt("Press SPACE !", 360, 380,
30, "yellow")
329        if key == "space":
330            stage = 1
331            score = 0
332            nokori = 3
333            set_stage()
334            set_chara_pos()
335            idx = 1
336
337    if idx == 1: # 玩遊戲
338        move_penpen()
339        move_enemy()
340        move_enemy2()
341        if candy == 0:
342            idx = 4
343            tmr = 0
344
```

kuma_sd 為 -1 時
　　不處理（離開函數）
kumagon 朝上時
　　如果不是牆壁

　　　　減少 y 座標往上移動
　　否則
　　　　Kumagon 朝下
Kumagon 朝下時
　　如果不是牆壁

　　　　增加 y 座標往下移動
　　否則
　　　　kumagon 朝上
kumagon 朝左時
　　如果不是牆壁

　　　　減少 x 座標往左移動
　　否則
　　　　kumagon 朝右
kumagon 朝右時
　　如果不是牆壁

　　　　增加 x 座標往右移動
　　否則
　　　　kumagon 朝左
計算 kumagon 的動畫（影像）編號
判斷與 penpen 是否接觸

　　如果接觸到，idx 變成 2
　　tmr 變成 0，進行攻擊處理

執行主要處理的函數
　　變成全域變數
　　tmr 的值加 1
　　繪製遊戲畫面

　　idx 為 0 時（標題畫面）
　　　　顯示標題 LOGO

　　　　tmr 除以 10 的餘數不超過 5
　　　　　　顯示 Press SPACE ！

　　　　按下空白鍵後
　　　　　　關卡數變成 1
　　　　　　分數變成 0
　　　　　　剩餘命數變成 3
　　　　　　設定關卡資料
　　　　　　每個角色回到起始位置
　　　　　　idx 變成 1，遊戲開始

　　idx 為 1 時（遊戲進行中的處理）
　　　　移動 penpen
　　　　移動 red
　　　　移動 kumagon
　　　　收集到全部的糖果後
　　　　　　idx 變成 4
　　　　　　tmr 變成 0，過關

```
345         if idx == 2: # 被敵人攻擊
346             draw_txt("MISS", 360, 270, 40, "orange")
347             if tmr == 1:
348                 nokori = nokori - 1
349             if tmr == 30:
350                 if nokori == 0:
351                     idx = 3
352                     tmr = 0
353                 else:
354                     set_chara_pos()
355                     idx = 1
356
357         if idx == 3: # 遊戲結束
358             draw_txt("GAME OVER", 360, 270, 40, "red")
359             if tmr == 50:
360                 idx = 0
361
362         if idx == 4: # 過關
363             if stage < 5:
364                 draw_txt("STAGE CLEAR", 360, 270, 40, "pink")
365             else:
366                 draw_txt("ALL STAGE CLEAR!", 360, 270, 40,
        "violet")
367             if tmr == 30:
368                 if stage < 5:
369                     stage = stage + 1
370                     set_stage()
371                     set_chara_pos()
372                     idx = 1
373                 else:
374                     idx = 5
375                     tmr = 0
376
377         if idx == 5: # 結尾
378             if tmr < 60:
379                 xr = 8*tmr
380                 yr = 6*tmr
381                 canvas.create_oval(360-xr, 270-yr, 360+xr,
        270+yr, fill="black", tag="SCREEN")
382             else:
383                 canvas.create_rectangle(0, 0, 720, 540,
        fill="black", tag="SCREEN")
384                 canvas.create_image(360, 300, image=img_
        ending, tag="SCREEN")
385                 draw_txt("Congratulations!", 360, 160,
        40, BLINK[tmr%6])
386             if tmr == 300:
387                 idx = 0
388
389         if koff == True:
390             key = ""
391             koff = False
392
393     root.after(100, main)
394
395
396 root = tkinter.Tk()
397
398 img_bg = [
399     tkinter.PhotoImage(file="image_penpen/chip00.png"),
```

idx 為 2 時（被敵人攻擊後的處理）
　　顯示 MISS
　　tmr 為 1 時
　　　　減少剩餘命數
　　tmr 為 30 時
　　　　若剩餘命數為 0
　　　　　idx 變成 3
　　　　　tmr 變成 0
　　　　否則
　　　　　主角回到起始位置
　　　　　再次開始玩遊戲

idx 為 3 時（遊戲結束）
　　顯示 GAME OVER
　　tmr 為 50 時
　　　　idx 變成 0，進入標題畫面

idx 為 4 時（過關）
　　在關卡 5 之前
　　　　顯示 STAGE CLEAR
　　否則
　　　　顯示 ALL STAGE CLEAR！

　　tmr 為 30 時
　　　　在關卡 5 之前
　　　　　增加 stage 的值
　　　　　設定關卡資料
　　　　　每個角色回到起始位置
　　　　　idx 變成 1，遊戲開始
　　　　否則
　　　　　idx 變成 5
　　　　　tmr 變成 0，進入結尾

idx 為 5 時（結尾）
　　tmr 小於 60 時
　　　　計算橢圓形的直徑

　　　用黑色描繪橢圓形

　　否則
　　　　用黑色填滿畫面

　　　顯示結尾畫面

　　　顯示 Congratulations!

　　tmr 為 300 時
　　　　idx 變成 0，進入標題畫面

如果 koff 為 True
　清除 key 的值
　把 False 代入 koff

100 毫秒後再次執行 main() 函數

建立視窗元件

載入圖塊影像的列表

```
400        tkinter.PhotoImage(file="image_penpen/chip01.png"),
401        tkinter.PhotoImage(file="image_penpen/chip02.png"),
402        tkinter.PhotoImage(file="image_penpen/chip03.png")
403    ]
404    img_pen = [                                                    載入 penpen 影像的列表
405        tkinter.PhotoImage(file="image_penpen/pen00.png"),
406        tkinter.PhotoImage(file="image_penpen/pen01.png"),
407        tkinter.PhotoImage(file="image_penpen/pen02.png"),
408        tkinter.PhotoImage(file="image_penpen/pen03.png"),
409        tkinter.PhotoImage(file="image_penpen/pen04.png"),
410        tkinter.PhotoImage(file="image_penpen/pen05.png"),
411        tkinter.PhotoImage(file="image_penpen/pen06.png"),
412        tkinter.PhotoImage(file="image_penpen/pen07.png"),
413        tkinter.PhotoImage(file="image_penpen/pen08.png"),
414        tkinter.PhotoImage(file="image_penpen/pen09.png"),
415        tkinter.PhotoImage(file="image_penpen/pen10.png"),
416        tkinter.PhotoImage(file="image_penpen/pen11.png"),
417        tkinter.PhotoImage(file="image_penpen/pen_face.png")
418    ]
419    img_red = [                                                    載入 red 影像的列表
420        tkinter.PhotoImage(file="image_penpen/red00.png"),
421        tkinter.PhotoImage(file="image_penpen/red01.png"),
422        tkinter.PhotoImage(file="image_penpen/red02.png"),
423        tkinter.PhotoImage(file="image_penpen/red03.png"),
424        tkinter.PhotoImage(file="image_penpen/red04.png"),
425        tkinter.PhotoImage(file="image_penpen/red05.png"),
426        tkinter.PhotoImage(file="image_penpen/red06.png"),
427        tkinter.PhotoImage(file="image_penpen/red07.png"),
428        tkinter.PhotoImage(file="image_penpen/red08.png"),
429        tkinter.PhotoImage(file="image_penpen/red09.png"),
430        tkinter.PhotoImage(file="image_penpen/red10.png"),
431        tkinter.PhotoImage(file="image_penpen/red11.png")
432    ]
433    img_kuma = [                                                   載入 kumagon 影像的列表
434        tkinter.PhotoImage(file="image_penpen/kuma00.png"),
435        tkinter.PhotoImage(file="image_penpen/kuma01.png"),
436        tkinter.PhotoImage(file="image_penpen/kuma02.png")
437    ]
438    img_title = tkinter.PhotoImage(file="image_penpen/title.png")  載入標題 LOGO 的變數
439    img_ending = tkinter.PhotoImage(file="image_penpen/            載入結尾影像的變數
       ending.png")
440
441    root.title("提心吊膽企鵝迷宮")                                    設定視窗標題
442    root.resizable(False, False)                                   讓視窗無法改變尺寸
443    root.bind("<KeyPress>", key_down)                              設定按下按鍵時執行的函數
444    root.bind("<KeyRelease>", key_up)                              設定放開按鍵時執行的函數
445    canvas = tkinter.Canvas(width=720, height=540)                 建立畫布元件
446    canvas.pack()                                                  將畫布置入視窗
447    set_stage()                                                    設定關卡資料
448    set_chara_pos()                                                每個角色回到起始位置
449    main()                                                         執行進行主要處理的函數
450    root.mainloop()                                                顯示視窗
```

執行這個程式，通過所有關卡後，會顯示**圖 4-4-2** 的結尾畫面。結尾畫面約顯示 30 秒後，就回到標題畫面。

圖 4-4-2 過關後的結尾畫面

main() 函數內第 377 ～ 387 行執行結尾處理。計時器的變數 tmr 小於 60 時，放大並顯示黑色橢圓形，之後在黑色畫面顯示 penpen 與 penko 的影像，還有文字「Congratulations!」（恭喜！）。

為了讓「Congratulations!」顯示閃爍效果，在第 24 行描述

```
BLINK = [16進位制的顏色資料]
```

定義顏色。接著要說明用 16 進位制設定顏色。

用16進位制設定顏色

如果要用 16 進位制設定顏色，必須先瞭解光的三原色。紅、綠、藍這三種顏色稱作三原色，紅綠混合會變成黃色，紅藍混合會變成紫色（洋紅色），綠藍混合會變成水藍色（青色）。紅、綠、藍三種顏色混色之後會變成白色。光的強度較弱（＝暗色）時，混合的顏色也會分別變成暗色。

圖 4-4-3 光的三原色

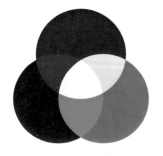

電腦將紅（**R**ed）光的強度、綠（**G**reen）光的強度、藍（**B**lue）光的強度分別用 0 ～ 255 共 256 階的數值表示。例如亮紅色是 R=255，暗紅色是 R=128。如果要表示暗藍色是 R=0,G=128,B=128。

10 進位制的 0 ～ 255 轉換成 16 進位制後，會變成**表 4-4-1** 中的數值。

如果要用 16 進位制設定顏色，要描述成 #RRGGBB 或 #RGB。

#RRGGBB 的紅、綠、藍為 256 階，例如黑色是 #000000，亮紅色是 #ff0000，亮綠色是 #00ff00，灰色是 #808080。

#RGB 的紅、綠、藍是 16 階，例如黑色是 #000，亮紅色是 #f00，灰色是 #888，白色是 #fff。

表 4-4-1　10 進位制與 16 進位制

10 進位制	16 進位制
0	00
1	01
2	02
3	03
4	04
5	05
6	06
7	07
8	08
9	09
10	0a
11	0b
12	0c
13	0d
14	0e
15	0f
16	10
17	11
:	:
127	7f
128	80
:	:
254	fe
255	ff

※a～f也可以使用大寫

專業的程式設計師有時必須分別運用 10 進位制與 16 進位制。看過上一本著作的人，應該已經學過 16 進位制，不過請在這裡重新溫習。

>>> 改良遊戲

剛才已經完成了吃點數的動作遊戲。如果想進一步改良遊戲，請思考應該改善或追加哪個部分比較適合。

❶ 試著改變敵人的移動速度

red 的移動速度是使用 enemy() 函數內的 speed 變數定義，而 kumagon 的移動速度是用 enemy2() 函數內的 speed 變數定義。speed 是代表每幀移動多少點，這個值愈大，敵人的移動速度愈快，當然遊戲也變得愈難。請確認調整這個數值之後，遊戲的難度產生的變化。

改變 red 的移動速度時，必須注意到這個遊戲的一格是 60×60 點，因此改變方向的
判斷是

```
if red_x%60 == 30 and red_y%60 == 30:
```

如果要讓這個條件式成立，移動速度必須為 1、2、3、4、5、6、10、12、15、20、
30、60 其中一種。如果 speed 的值是 7 或 11，條件式就不成立，red 的移動會變得
很奇怪。

❷ 試著增加新敵人

請參考增加 kumagon 的方式，試著加入新敵人。在本書提供的 zip 檔案內，放入了海
象的影像，想增加新敵人的讀者可以使用。

圖 4-4-4　增加敵人

seiuchi00.png　　seiuchi01.png　　seiuchi02.png

zip 檔案解壓縮之後，影像位於
「Chapter4」→「image_penpen」資料夾內

❸ 試著增加關卡

下個單元要製作編輯器，用工具產生迷宮。請使用這個工具製作、增加新的迷宮。red
及 kumagon 在遊戲開始時的位置會影響遊戲的難度，你也可以試著改變敵人的位
置，試玩看看。

改良軟體也是學習程式設計的一部分。

準備各種關卡

《提心吊膽企鵝迷宮》是一關一關的遊戲，這種遊戲的使用者會期待新的關卡，最好盡量準備更多變化豐富的關卡。

如果要增加關卡，使用名為地圖編輯器的資料製作工具就很方便。這個單元要說明地圖編輯器，並在 Lessn 4-6 與 4-7 製作可以產生迷宮的地圖編輯器。

》》》 地圖編輯器

製作地圖（《提心吊膽企鵝迷宮》中的迷宮）資料的工具稱作地圖編輯器。例如在 2D 的角色扮演遊戲中，利用地圖編輯器製作城鎮、地牢的結構，準備各種場景。

手動輸入程式的方式一旦遇到要準備大型地圖或眾多關卡的情況，工作量就會變得龐大，也容易發生輸入錯誤的問題。有了地圖編輯器，可以提高工作效率，也能防範資料輸入錯誤。

地圖編輯器可說是開發 2D 遊戲時的必備品。

》》》 關於地圖編輯器的規格

請思考一下地圖編輯器的規格。

- 可以選擇要置入的圖塊
- 在地圖上（迷宮的畫面）點擊，可以放置圖塊

如果能這樣做，就可以製作出迷宮。

示意圖如下一頁所示。

圖 4-5-1　地圖編輯器的草圖

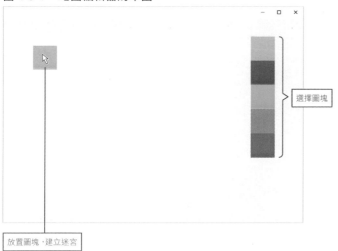

選擇圖塊

放置圖塊，建立迷宮

地圖編輯器可以在和遊戲畫面相同的狀態下製作迷宮。如此一來，就能一邊思考玩遊戲的狀態，如「這裡會出現敵人」或「將道具放在這裡」，一邊製作迷宮。

地圖編輯器的規格與繪圖軟體很類似吧！繪圖軟體可以選取顏色，移動滑鼠游標，用該顏色填滿圖形。地圖編輯器選取的是圖塊而不是顏色，然後使用該圖塊來繪圖（製作畫面結構）。

製作地圖編輯器

現在要設計地圖編輯器的程式。這個單元將完成利用選取的圖塊製作迷宮的程式，而下個單元是把做好的迷宮輸出成程式可以使用的資料。

》》 製作迷宮

這裡要說明在迷宮放置選取圖塊的程式。請輸入以下程式，另存新檔之後，再執行程式。

程式 ▶ list0406_1.py

```
1   import tkinter                                          匯入 tkinter
2
3   chip = 0                                                置入選取圖塊編號的變數
4   map_data = []                                           置入迷宮資料的列表
5   for i in range(9):                                      重複
6       map_data.append([2,2,2,2,2,2,2,2,2,2,2,2])              將列表初始化
7
8   def draw_map():                                         繪製迷宮的函數
9       cvs_bg.delete("BG")                                     暫時刪除所有影像
10      for y in range(9):                                      重複
11          for x in range(12):                                     雙重迴圈
12              cvs_bg.create_image(60*x+30,                          用圖塊繪製迷宮
    60*y+30, image=img[map_data[y][x]], tag="BG")
13
14  def set_map(e):                                         在迷宮放置圖塊的函數
15      x = int(e.x/60)                                         計算列表的索引值
16      y = int(e.y/60)                                         〃
17      if 0 <= x and x <= 11 and 0 <= y and y <= 8:           點擊的位置如果是迷宮的範圍
18          map_data[y][x] = chip                                  把 chip 的值代入列表
19          draw_map()                                             繪製迷宮
20
21  def draw_chip():                                        繪製選取圖塊的函數
22      cvs_chip.delete("CHIP")                                 暫時刪除所有影像
23      for i in range(len(img)):                               重複
24          cvs_chip.create_image(30, 30+i*60, image=               繪製圖塊
    img[i], tag="CHIP")
25      cvs_chip.create_rectangle(4, 4+60*chip, 57,             在選取的圖塊顯示紅框
    57+60*chip, outline="red", width=3, tag="CHIP")
26
27  def select_chip(e):                                     選取圖塊的函數
28      global chip                                             chip 變成全域變數
29      y = int(e.y/60)                                         從點擊的 Y 座標計算圖塊的編號
30      if 0 <= y and y < len(img):                             點擊的位置如果是圖塊
31          chip = y                                                把選取的圖塊編號代入 chip
32          draw_chip()                                             繪製選取的圖塊
33
34  root = tkinter.Tk()                                     建立視窗元件
35  root.geometry("820x560")                                設定視窗尺寸
```

```
36  root.title("地圖編輯器")                                設定視窗標題
37  cvs_bg = tkinter.Canvas(width=720, height=540,       建立畫布元件（迷宮用）
    bg="white")
38  cvs_bg.place(x=10, y=10)                              置入畫布
39  cvs_bg.bind("<Button-1>", set_map)                   設定點擊時的函數
40  cvs_bg.bind("<B1-Motion>", set_map)                  設定點擊＋移動游標時的函數
41  cvs_chip = tkinter.Canvas(width=60, height=540,      建立畫布元件（選取圖塊用）
    bg="black")
42  cvs_chip.place(x=740, y=10)                           置入畫布
43  cvs_chip.bind("<Button-1>", select_chip)             設定點擊時的函數
44  img = [                                              在列表內載入圖塊影像
45  tkinter.PhotoImage(file="image_penpen/chip00.png"),
46  tkinter.PhotoImage(file="image_penpen/chip01.png"),
47  tkinter.PhotoImage(file="image_penpen/chip02.png"),
48  tkinter.PhotoImage(file="image_penpen/chip03.png")
49  ]
50  draw_map()                                           繪製迷宮
51  draw_chip()                                          繪製選取的圖塊
52  root.mainloop()                                      顯示視窗
```

執行這個程式，會顯示如**圖 4-6-1** 的畫面。點擊選取排列在右側的圖塊（含紅框），再點擊左側區域，即可放置該圖塊。此外，按下滑鼠左鍵並移動游標，可以連續放置圖塊。

圖 4-6-1　list0406_1.py 的執行結果

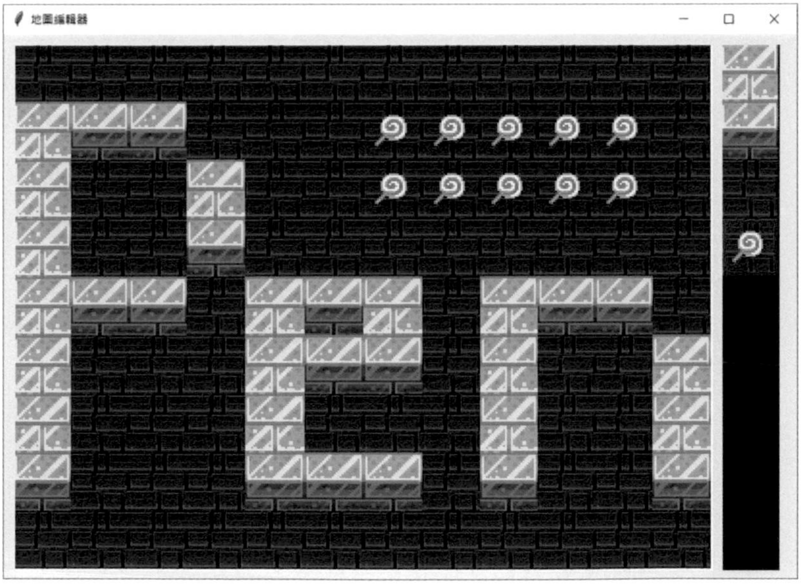

這個程式使用了兩個畫布，第 37 ～ 40 行準備了繪製迷宮的畫布，第 41 ～ 43 行繪製選取圖塊用的畫布。

在繪製迷宮的畫布中，描述了以下兩個 bind() 命令。

```
cvs_bg.bind("<Button-1>", set_map)
cvs_bg.bind("<B1-Motion>", set_map)
```

<Button-1> 是按下滑鼠左鍵時的設定，<B1-Motion> 是按下左鍵並移動滑鼠時的設定，這兩個 bind() 命令也設定了 set_map() 函數。利用多個 bind() 命令可以設定相同函數。

第 14 ～ 19 行是在迷宮內放置圖塊的 set_map() 函數。這個函數是用滑鼠游標的座標除以圖塊大小 60，計算列表的索引值，將圖塊的值代入列表。

第 27 ～ 32 行是選取圖塊的 select_chip() 函數。這個函數會從點擊時的滑鼠游標座標計算選取了哪個圖塊，並將該值代入 chip 變數。

利用第 21 ～ 25 行的 draw_chip() 函數繪製選取的圖塊，並用紅框顯示該圖塊，藉此分辨選取的圖塊。

第 23 行與第 30 行使用的 len() 是取得列表元素數 (箱數) 的命令。這個程式在 img 載入了四張影像，因此 len(img) 的值是 4。

地圖編輯器是用滑鼠進行操作的應用程式軟體，因此 Python 的 tkinter 知識也可以運用在製作具有 GUI 的工具軟體上。

輸出地圖編輯器的資料

本節要為前面的程式加上可以輸出迷宮資料的功能。

>>> 專業的工具

在說明程式之前,這裡先簡單介紹專業人員在職場上使用的地圖編輯器。開發商用遊戲時,通常需要大量場景(遊戲內的場面)。地圖編輯器製作的資料會輸出成獨立的檔案。在遊戲程式內,從大量檔案中載入與場景對應的影像。

圖 4-7-1　正式的地圖編輯器示意圖

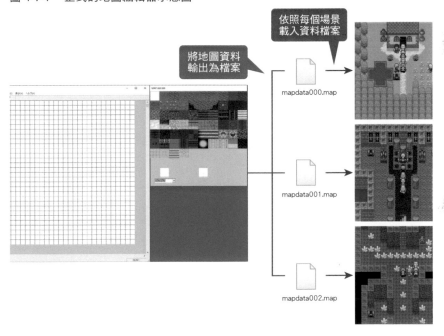

正在學習遊戲開發的你,不需要立刻準備這種正式的工具。現階段只要能瞭解製作工具軟體的基本方法就足夠了。因此這次在 GUI 的文字輸入欄輸出迷宮資料,簡單處理資料。文字輸入欄的字串可以使用拷貝&貼上命令,所以拷貝後能貼至遊戲的程式中。

》》》 使用文字輸入欄及按鈕

我們在上個單元的程式中，置入了「輸出資料」按鈕及文字輸入欄，按下按鈕後，就會輸出迷宮的資料。由於這是完成地圖編輯器的程式，所以把這個程式的檔案名稱命名為「map_editor.py」。

請輸入以下程式，另存新檔之後，再執行程式。

程式 ▶ map_editor.py　※ 與前面程式不同的部分畫上了標示。

#	程式	說明
1	`import tkinter`	匯入 tkinter
2		
3	`chip = 0`	置入選取圖塊編號的變數
4	`map_data = []`	置入迷宮資料的列表
5	`for i in range(9):`	重複
6	`    map_data.append([2,2,2,2,2,2,2,2,2,2,2,2])`	將列表初始化
7		
8	`def draw_map():`	繪製迷宮的函數
9	`    cvs_bg.delete("BG")`	暫時刪除所有影像
10	`    for y in range(9):`	重複
11	`        for x in range(12):`	雙重迴圈
12	`            cvs_bg.create_image(60*x+30, 60*y+30, image=img[map_data[y][x]], tag="BG")`	用圖塊繪製迷宮
13		
14	`def set_map(e):`	在迷宮放置圖塊的函數
15	`    x = int(e.x/60)`	計算列表的索引值
16	`    y = int(e.y/60)`	〃
17	`    if 0 <= x and x <= 11 and 0 <= y and y <= 8:`	點擊的位置如果是迷宮的範圍
18	`        map_data[y][x] = chip`	把 chip 的值代入列表
19	`        draw_map()`	繪製迷宮
20		
21	`def draw_chip():`	繪製選取圖塊的函數
22	`    cvs_chip.delete("CHIP")`	暫時刪除所有影像
23	`    for i in range(len(img)):`	重複
24	`        cvs_chip.create_image(30, 30+i*60, image=img[i], tag="CHIP")`	繪製圖塊
25	`    cvs_chip.create_rectangle(4, 4+60*chip, 57, 57+60*chip, outline="red", width=3, tag="CHIP")`	在選取的圖塊顯示紅框
26		
27	`def select_chip(e):`	選取圖塊的函數
28	`    global chip`	chip 變成全域變數
29	`    y = int(e.y/60)`	從點擊的 Y 座標計算圖塊的編號
30	`    if 0 <= y and y < len(img):`	點擊的位置如果是圖塊
31	`        chip = y`	把選取的圖塊編號代入 chip
32	`        draw_chip()`	繪製選取的圖塊
33		
34	`def put_data():`	輸出資料的函數
35	`    c = 0`	計算糖果數量的變數
36	`    text.delete("1.0", "end")`	刪除所有文字輸入欄的文字
37	`    for y in range(9):`	重複
38	`        for x in range(12):`	雙重迴圈
39	`            text.insert("end", str(map_data[y][x])+",")`	在輸入欄插入資料
40	`            if map_data[y][x] == 3:`	如果有糖果
41	`                c = c + 1`	就計算糖果數量
42	`        text.insert("end", "¥n")`	插入換行碼
43	`    text.insert("end", "candy = "+str(c))`	插入糖果的數量
44		

| ```
45  root = tkinter.Tk()
46  root.geometry("820x760")
47  root.title("地圖編輯器")
48  cvs_bg = tkinter.Canvas(width=720, height=540,
    bg="white")
49  cvs_bg.place(x=10, y=10)
50  cvs_bg.bind("<Button-1>", set_map)
51  cvs_bg.bind("<B1-Motion>", set_map)
52  cvs_chip = tkinter.Canvas(width=60, height=540,
    bg="black")
53  cvs_chip.place(x=740, y=10)
54  cvs_chip.bind("<Button-1>", select_chip)
55  text = tkinter.Text(width=40, height=14)
56  text.place(x=10, y=560)
57  btn = tkinter.Button(text="輸出資料", font=("Times New
    Roman", 16), fg="blue", command=put_data)
58  btn.place(x=400, y=560)
59  img = [
60  tkinter.PhotoImage(file="image_penpen/chip00.png"),
61  tkinter.PhotoImage(file="image_penpen/chip01.png"),
62  tkinter.PhotoImage(file="image_penpen/chip02.png"),
63  tkinter.PhotoImage(file="image_penpen/chip03.png")
64  ]
65  draw_map()
66  draw_chip()
67  root.mainloop()
``` | 建立視窗元件<br>設定視窗尺寸<br>設定視窗標題<br>建立畫布元件（迷宮用）<br><br>置入畫布<br>設定點擊時的函數<br>設定點擊＋移動游標時的函數<br>建立畫布元件（選取圖塊用）<br><br>置入畫布<br>設定點擊時的函數<br>建立文字輸入欄元件<br>置入文字輸入欄<br>建立按鈕元件<br><br>置入按鈕<br>在列表內載入圖塊影像<br><br><br><br><br><br>繪製迷宮<br>繪製選取的圖塊<br>顯示視窗 |

執行這個程式後，會顯示「輸出資料」按鈕及文字輸入欄。請試著製作迷宮，並按下
按鈕，將資料輸出至文字輸入欄。

圖 4-7-2　可以輸出編輯後的地圖

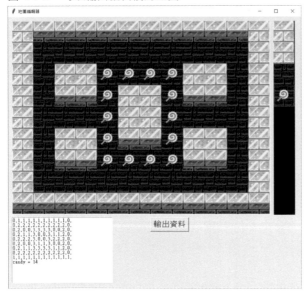
```

在第 57 行建立按鈕元件的 Button() 命令中，於參數內描述 command=put_data，設定按下按鈕時執行的函數。以下將單獨說明 put_data() 函數。

```python
def put_data():
    c = 0
    text.delete("1.0", "end")
    for y in range(9):
        for x in range(12):
            text.insert("end", str(map_data[y][x])+",")
            if map_data[y][x] == 3:
                c = c + 1
        text.insert("end", "¥n")
    text.insert("end", "candy = "+str(c))
```

利用 delete() 命令刪除文字輸入欄的字串，參數 "1.0" 與 "end" 代表整個輸入欄。

圖 4-7-3　設定 Text 字串的位置

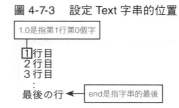

使用了變數 y,x 的雙重迴圈反覆將 map_data[y][x] 的值輸出至文字輸入欄。insert() 是插入字串的命令。這個命令的參數 "end" 是指在字串尾端插入字串。

在重複的過程中

```python
        if map_data[y][x] == 3:
            c = c + 1
```

計算糖果的部分也是重點。與其用肉眼計算置入的糖果數量，倒不如讓電腦來計算比較輕鬆，而且也不會算錯。你可以在工具軟體先加入這種方便的功能。

⟫⟫⟫ 利用拷貝＆貼上處理資料

輸出的資料請如下圖所示，選取全部的範圍並拷貝後，再移動到遊戲的程式中。拷貝的快速鍵在 Windows 環境是 Ctrl ＋ C 鍵，Mac 是 command ＋ C 鍵。

圖 4-7-4　拷貝資料

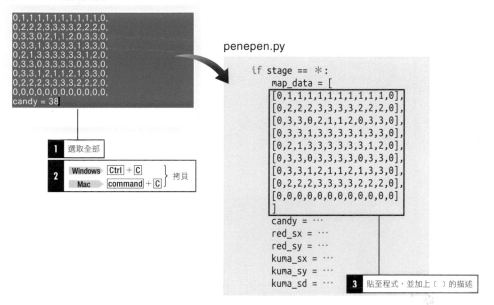

如果你想立即確認增加的關卡，可以在 penepen.py 的 main() 函數中，設定要確認的關卡編號，如 stage = 1。

新增關卡後，請別忘了更改全部破關後，移動到結尾的判斷值。以下將特別說明這個部分。

```
if idx == 4: # 過關
    if stage < 5:
        draw_txt("STAGE CLEAR", 360, 270, 40, "pink")
    else:
        draw_txt("ALL STAGE CLEAR!", 360, 270, 40, "violet")
    if tmr == 30:
        if stage < 5:
```

如果是不讓 kumagon 出現的關卡，要在 set_stage() 函數描述 kuma_sd = -1。

請利用地圖編輯器製作新迷宮，增加關卡數量！

知名動畫遊戲的開發秘辛　之一

筆者曾經負責過將《哆啦 A 夢》與《科學小飛俠》等動畫變成遊戲的專案。以程式設計師的身分參與開發哆啦 A 夢的遊戲軟體，以製作人的身分參與科學小飛俠的遊戲應用程式開發。筆者在這兩個專案中，都體會到身為遊戲創作者的美好經驗。對於想成為遊戲創作者的人而言，這些經驗應該可以當作參考，因此筆者將分享這個部分。

筆者還是任天堂子公司的員工時，有間玩具製造商委託我們開發哆啦 A 夢的遊戲軟體。決定要將哆啦 A 夢變成遊戲後，成立了製作團隊，但是重要的遊戲內容是之後才決定的。

連遊戲類別都尚未定案，就開始著手製作。這是任天堂（當時）最新掌上型遊戲機用的軟體，而這台遊戲機還未上市。筆者是主要的程式設計師，幸運的是，在還未決定企劃內容之前，筆者已經研究過硬體，但是團隊領導者兼系統程式設計師的 M 每天都為了「無法確定遊戲內容～」而傷透腦筋，設計師們也因為沒有東西可畫而閒著沒事做。附帶一提，先決定製作團隊而不是開發遊戲的內容，從成本角度來看，會覺得不可思議吧！

反覆討論之後，決定要製作動作遊戲，才開始正式進入開發階段。既然是哆啦 A 夢的世界，遊戲內容基本上都很正面。把祕密道具當作武器打倒敵人，同時解開藏在四處的謎題或任務。對筆者而言，哆啦 A 夢是兒時很喜歡看的動畫，小學時期也曾看過原作漫畫。有幸能負責開發這種作品，每天設計程式時，都覺得很開心。

當時任天堂掌上型遊戲機的賣點之一，就是可以透過線路與其他人對戰或合作。在開發過程中，這個遊戲也改成透過通訊能四個人同時一起玩。儘管製作動作遊戲的過程很順利，不過筆者也是頭一次處理每秒 30 幀、要即時通訊的遊戲，覺得「這是非常吃重的工作」。

團隊內也沒有製作過通訊遊戲的人，當然無人可以協助。透過電線傳輸的資料量有限，沒辦法完全收送每台遊戲機的狀態（如果做得到，會非常有趣），必須使用較少的資料量來設計規格。M 與我討論「該怎麼做才好？」，經過各方面的斟酌，筆者提出了以下提案。

- 只收送每台遊戲機的按鍵輸入值
- 先用亂數的種子決定敵人的攻擊類型 [※1]，四台遊戲機全部同時發生
- 盡量高速化，避免處理落後（因為處理落後的遊戲機會改變動作時機）

雖然我認為這樣的結構應該可以順利進行吧！可是四個人同時玩遊戲是否能成功，其實沒試過不會曉得。根據這些想法，大致編寫程式，開始測試之後，發生了各種問題，例如有的遊戲機收送資料失敗，或有些遊戲機看起來正常執行，在玩了幾次之後，卻開始出現不同動作。此時，就得檢查哪裡出問題，進行修改。

反覆修改之後，減少了錯誤動作，但是長時間玩遊戲仍有不確定性。舉例來說，小孩在連線玩遊戲時，到了吃點心的時間，就把遊戲機暫放在一旁，之後又繼續玩的情況。於

是 M 除了採用我的想法之外，還加入了切換地圖時，重新同步的處理，終於獲得了完全正常執行的結果。

這樣就順利完成了沒有用線路連接四台遊戲機，每個人可以選擇哆啦 A 夢、大雄、靜香、胖虎、小夫其中一個角色，一起合作的遊戲。當然這個遊戲也可以一個人玩。

完成了動畫、漫畫中耳熟能詳的角色們團結合作展開故事的遊戲後，帶來的成就感真是難以言喻。這個專案對筆者而言，是一個非常愉快的回憶。

為了避免誤會，筆者想補充一點，這些處理並非筆者一人獨立完成。程式設計師共有四位，包括一位負責系統程式、一位負責主程式、兩位負責子程式，大家分工合作才完成了這個遊戲。

團隊一起工作最重要的莫過於分工合作。筆者認為，雖然通訊處理很困難，只要肯做，也能做到。沒錯，有志者事竟成。

科學小飛俠的開發秘辛將在 Chapter 6 的專欄向大家透露。

※1：亂數的種子是指產生亂數的值。先決定亂數的種子，例如擲骰子時，第一次一定會出 5，第二次會出 1，能以一定的類型產生亂數。

penpen很可愛呢！我用拼豆來製作成吉祥物吧。

我已經用珠子製作了red吉祥物，就是這個。

啊，好可愛♪
董你喜歡red嗎？

沒錯。
漫畫中，扮演情敵的反派角色總是會輸給主角，一定會被打倒，這就是迷人之處。

啊，也是啦…。

看來你無法理解吧！
因為每個人的興趣都不一樣。

Pygame 是可以在 Python 開發遊戲的擴充模組。使用這個模組，可以開發出更高階的遊戲。本章要匯入 Pygame，接著再學習基本的用法。

Pygame 的用法

關於 Pygame

本書要使用 Pygame 製作 Chapter 6 ～ 8 的射擊遊戲，還有 Chapter 9 ～ 11 的 3D 賽車遊戲。這裡先說明 Pygame。

POINT

給學過 Pygame 的人

看過《Python 遊戲開發講座入門篇｜基礎知識與 RPG 遊戲》，已經安裝了 Pygame 的人，或平常就在使用 Pygame 的人，可以跳過安裝方法的說明，進入 P.174「更新 Pygame 的版本」。

》》》 何謂 Pygame

Pygame 是在 Python 執行正式遊戲開發時使用的模組。Pygame 具備了支援遊戲開發的各種功能。例如，縮放影像命令、旋轉影像命令、輸出聲音命令、執行同時輸入按鍵的命令等。還有取得遊戲控制器（手把）資料的命令，利用遊戲控制器也可以操控遊戲。

在完成射擊遊戲後的專欄內，將會說明讓使用者可以用遊戲控制器操作遊戲的改良方法。

檢視本書製作的射擊遊戲與 3D 賽車遊戲畫面，比較容易瞭解用 Pygame 能開發出何種遊戲。請仔細觀察這些遊戲畫面（**圖 5-1-1**）。

Pygame 的優點是處理速度快，市售的遊戲軟體通常是一秒重繪畫面 30 次或 60 次。本書的射擊遊戲是一秒進行 30 次處理，3D 賽車是一秒進行 60 次處理。

《提心吊膽企鵝迷宮》的幀率是 10，接下來將以市售軟體的幀率來製作遊戲。

圖 5-1-1　用 Pygame 開發射擊遊戲與賽車遊戲

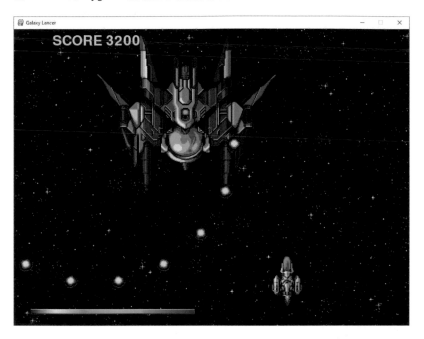

171

安裝 Pygame

以下將分別説明在 Windows 及 Mac 安裝 Pygame 的方法。Mac 的使用者請參考下一頁的説明。

POINT

關於 Python 更新版本時產生的擴充模組問題

更新了 Python 的版本後，各種擴充模組都可能出現安裝失敗的情況，包括 Pygame 在內。

此時，請試著移除最新版的 Python，並安裝前一兩個版本、比較穩定的 Python。有時過了一段時間之後，擴充模組就可以支援 Python，並能夠安裝了。

》》》 在 Windows 電腦上的安裝程序

❶ 啟動命令提示字元，輸入「pip3 install pygame」，如下圖所示，再按下 Enter 鍵。

MEMO

啟動命令提示字元的方法

命令提示字元可以透過以下方法啟動。

・方法 1 ▶ 從開始選單執行「Windows 系統」→「命令提示字元」命令。
・方法 2 ▶ 點擊畫面左下方的「在這裡輸入文字來搜尋」圖示，輸入「cmd」。
・方法 3 ▶ 在 C 槽→「Windows」→「System32」資料夾內，點擊「cmd.exe」檔案兩次。

圖 5-2-1　執行 Pygame 的安裝命令

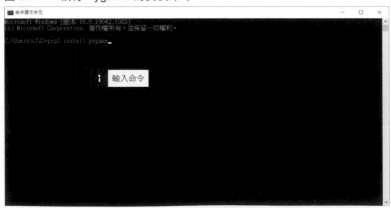

❷ 接著進入以下畫面，開始安裝。pip 的版本如果比較舊，會用黃色文字顯示訊息，
不過這不會影響 Pygame 的安裝程序。這樣就安裝完畢了。

圖 5-2-2　安裝完畢

在 Mac 電腦的安裝程序

❶ 啟動終端機

圖 5-2-3　啟動終端機

❷ 輸入「pip3 install pygame」，按下 return 鍵。

圖 5-2-4　輸入 Pygame 的安裝命令

❸ 出現如下圖的畫面，開始安裝。如果 pip 的版本比較舊，會出現黃色文字訊息，但是不會影響 Pygame 的安裝程序。

圖 5-2-5　安裝完畢

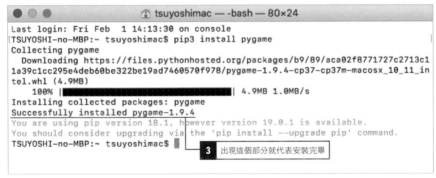

這樣就完成安裝了。

>>> 更新 **Pygame** 的版本

Python 會定期更新版本，擴充模組也同樣會更新。已經安裝了 Pygame 的人，不需要立即更新版本。不過為了以下兩種情況：

- **過去安裝過 Pygame，必須更新版本**
- **未來想更新 Pygame 的版本**

這裡要說明更新版本的方法。

如果要更新 Pygame 的版本，在命令提示字元（Mac 是終端機）輸入「pip3 install –U pygame」並按下 Enter 鍵，就會將舊版的 Pygame 解除安裝，並安裝新版的 Pygame。

圖 5-2-6　利用 Mac 的終端機更新 Pygame 的版本

```
Last login: Fri Sep  6 20:35:27 on console
[TSUYOSHI-no-MBP:~ tsuyoshimac$ pip3 install -U pygame
Collecting pygame
  Downloading https://files.pythonhosted.org/packages/32/37/453bbb62f90feff2a2b7
5fc739b674319f5f6a8789d5d21c6d2d7d42face/pygame-1.9.6-cp37-cp37m-macosx_10_11_in
tel.whl (4.9MB)
    100% |████████████████████████████████| 4.9MB 423kB/s
Installing collected packages: pygame
  Found existing installation: pygame 1.9.4
    Uninstalling pygame-1.9.4:
      Successfully uninstalled pygame-1.9.4
Successfully installed pygame-1.9.6
You are using pip version 19.0.3, however version 19.2.3 is available.
You should consider upgrading via the 'pip install --upgrade pip' command.
TSUYOSHI-no-MBP:~ tsuyoshimac$
```

執行命令

Pygame 的基本用法

以下要確認執行 Pygame 基本動作的程式。接下來要說明的程式是用 Pygame 製作遊戲的基礎。已經看過第一本著作的人,也可以概略瀏覽,先複習一下。

⟫⟫ Pygame 的系統

首先要確認 Pygame 的基本程式,之後再說明每個命令。請輸入以下程式,另存新檔之後,再執行程式。

程式 ▶ list0503_1.py

1	`import pygame`	匯入 pygame 模組
2	`import sys`	匯入 sys 模組
3		
4	`WHITE = (255, 255, 255)`	定義顏色(白)
5	`BLACK = (  0,   0,   0)`	定義顏色(黑)
6		
7	`def main():`	執行主要處理的函數
8	`    pygame.init()`	pygame 模組的初始化
9	`    pygame.display.set_caption("Pygame的用法")`	設定顯示在視窗上的標題
10	`    screen = pygame.display.set_mode((800, 600))`	繪圖面初始化
11	`    clock = pygame.time.Clock()`	建立 clock 物件
12	`    font = pygame.font.Font(None, 80)`	建立字體物件
13	`    tmr = 0`	宣告管理時間的變數 tmr
14		
15	`    while True:`	無限迴圈
16	`        for event in pygame.event.get():`	重複處理 pygame 的事件
17	`            if event.type == pygame.QUIT:`	點擊視窗的 × 按鈕時
18	`                pygame.quit()`	解除 pygame 模組的初始化
19	`                sys.exit()`	結束程式
20		
21	`        screen.fill(BLACK)`	用設定的顏色填滿整個畫面
22		
23	`        tmr = tmr + 1`	tmr 的值加 1
24	`        col = (0, tmr%256, 0)`	把指定色的值代入 col
25	`        pygame.draw.rect(screen, col, [100, 100, 600, 400])`	從 (100,100) 開始繪製寬度 600、高度 400 的矩形
26	`        sur = font.render(str(tmr), True, WHITE)`	在 Surface 繪製字串
27	`        screen.blit(sur, [300, 200])`	把繪製了字串的 Surface 傳送到畫面
28		
29	`        pygame.display.update()`	更新畫面
30	`        clock.tick(30)`	設定幀率
31		
32	`if __name__ == '__main__':`	直接執行這個程式時
33	`    main()`	呼叫 main() 函數

執行這個程式後，會開始計數，並浮現出綠色矩形，如下圖所示。

圖 5-3-1　list0503_1.py 的執行結果

以下將說明程式的內容。

❶ Pygame的初始化

要使用 Pygame，就得如第 1 行所示，匯入 pygame 模組，並在第 8 行利用 pygame.
init() 將 pygame 模組初始化。

❷ Pygame的顏色設定

Pygame 是用 10 進位制的 RGB 值設定顏色。常用的顏色先用英文定義就很方便，如
第 4 ～ 5 行所示。

❸ 顯示視窗的準備工作

Pygame 的繪圖面稱作 Surface（表面）。利用第 10 行的 screen = pygame.display.
set_mode((寬度 , 高度)) 將視窗初始化，這個描述準備的 screen 會成為繪製文字或
影像的 Surface。以第 9 行 pygame.display.set_caption() 設定視窗標題。

❹ 關於幀率

一秒轉換畫面的次數稱作幀率。Pygame 在第 11 行建立 clock 物件，於第 30 行的主
要迴圈內，利用 clock.tick() 的參數設定幀率。這個程式是設定成 30，一秒約處理 30
次。執行處理的速度會隨著製作的遊戲內容及電腦規格而產生變化。

❺ 關於主要迴圈

在第 7 行宣告 main() 函數。Pygame 在這個函數內，準備了 while True 的無限迴圈，並在此輸入執行即時處理的程式。while True 區塊的最後輸入了更新畫面的 pygame.display.update()，以及❹説明過的 clock.tick()。

❻ 繪製字串

Pygame 是依照「設定字體與文字大小→在 Surface 繪製字串→將 Surface 貼在視窗上」的順序來顯示文字。以下將單獨説明這些處理內容。

表 5-3-1　與顯示文字有關的處理

行號	程式內容	作用
第 12 行	font = pygame.font.Font(None, 80)	設定字體，建立字體物件。
第 26 行	sur = font.render(str(tmr), True, WHITE)	使用 render() 命令設定字串與顏色，產生繪製字串的 Surface。第二個參數為 True 時，文字邊緣變平滑。
第 27 行	screen.blit(sur, [300, 200])	使用 blit() 命令將 Surface 傳送到畫面。

❼ 結束Pygame程式的方法

Pygame 會使用 for 語法處理發生的事件，如第 16 ～ 19 行所示。按下視窗的 × 按鈕也屬於一種事件，可以用 if event.type == pygame.QUIT 進行判斷。執行 pygame.quit() 與 sys.exit() 就會結束程式，如第 18 ～ 19 行所示。在第 2 行匯入 sys 模組是為了使用 sys.exit()。

❽ 關於if __name__ == '__main__':

第 32 行的 if __name__ == '__main__': 是只在直接執行這個程式時才會啟動。執行 Python 的程式會建立 __name__ 變數，並代入執行程式的模組名稱。直接執行這個程式時，會在 __name__ 代入 __main__。使用 IDLE 執行，或雙擊程式檔案執行時，if 語法成立，就會呼叫 main() 函數。

用 Python 建立的程式可以匯入（import）其他 Python 的程式。使用這種方法，先加入 if 語法，就不會啟動匯入的程式。如上所示，這裡的 if 語法是用來防止匯入程式時，自動執行處理的問題。

如果你覺得這裡的 if 語法很難懂，先別太擔心，本書在最後的 Appendix 會再次說明 if 語法。

》》》 關於 Pygame 的圖形繪圖

Pygame 主要的圖形繪圖命令如下所示。

表 5-3-2　描繪圖形的命令

圖形	命令
線	pygame.draw.line(surface, color, start_pos, end_pos, width=1)
矩形（四角形）	pygame.draw.rect(surface, color, rect, width=0)
多角形	pygame.draw.polygon(surface, color, pointlist, width=0)
圓	pygame.draw.circle(surface, color, pos, radius, width=0)
橢圓	pygame.draw.ellipse(surface, color, rect, width=0)
圓弧	pygame.draw.arc(surface, color, rect, start_angle, stop_angle, width=1)

重點整理如下所示。

- **surface** 是繪圖面。
- **color** 是用 **RGB** 值（**R, G, B**）顯示。
- **rect** 是矩形左上角的座標與大小，顯示為 **[x, y, w, h]**。
- **pointlist** 是用來設定多個頂點，如 **[[x0,y0], [x1,y1], [x2,y2], ‥]**。
- **width** 代表框線粗細。**width=0** 是如果沒有設定，就變成填滿圖形。
- 圓弧是用弧度設定 **start_angle**（開始角度）與 **stop_angle**（結束角度）。

我們以前面說明過的 list0503_1.py 為基礎，利用 Pygame 來製作遊戲。接下來會在這個程式加上各種處理，開發遊戲。

用 **Pygame** 繪製影像

以下要說明在 Pygame 繪製影像的方法。

本章的資料夾結構

在「Chapter5」資料夾內建立「image」資料夾,請將影像檔案放在這裡。

圖 5-4-1　Chapter5 的資料夾結構

載入影像與繪圖

這裡要說明在 Pygame 載入影像並顯示的方法。這個程式會使用右邊的影像,請從本書提供的網址下載這個檔案。

圖 5-4-2　這次使用的影像檔案

galaxy.png

請輸入以下程式,另存新檔之後,再執行程式。

程式 ▶ list0504_1.py

```
1    import pygame                                         匯入 pygame 模組
2    import sys                                            匯入 sys 模組
3
4    img_galaxy = pygame.image.load("image/galaxy.png")    在 img_galaxy 載入星星影像
5
6    def main():                                           執行主要處理的函數
```

```
7        pygame.init()                                        pygame 模組的初始化
8        pygame.display.set_caption("Pygame的用法")            設定顯示在視窗的標題
9        screen = pygame.display.set_mode((960, 720))         繪圖面初始化
10       clock = pygame.time.Clock()                          建立 clock 物件
11
12       while True:                                           無限迴圈
13           for event in pygame.event.get():                 重複處理 pygame 的事件
14               if event.type == pygame.QUIT:                點擊視窗的 × 按鈕時
15                   pygame.quit()                            解除 pygame 模組的初始化
16                   sys.exit()                               結束程式
17               if event.type == pygame.KEYDOWN:             發生按下按鍵的事件時
18                   if event.key == pygame.K_F1:             如果是 F1 鍵
19                       screen = pygame.display.set_         變成全螢幕
mode((960, 720), pygame.FULLSCREEN)
20                   if event.key == pygame.K_F2 or           如果是 F2 鍵或 Esc 鍵
event.key == pygame.K_ESCAPE:
21                       screen = pygame.display.set_         恢復成正常顯示
mode((960, 720))
22
23           screen.blit(img_galaxy, [0, 0])                  繪製影像
24           pygame.display.update()                          更新畫面
25           clock.tick(30)                                   設定幀率
26
27   if __name__ == '__main__':                               直接執行這個程式時
28       main()                                               呼叫 main() 函數
```

執行這個程式後，會顯示星星影像。利用 F1 鍵切換成全螢幕，使用 F2 鍵或 Esc 鍵恢復成一般畫面大小。

圖 5-4-3　請試著切換影像大小

利用第 4 行的 pygame.image.load() 設定檔案名稱，在變數載入影像。載入的影像如第 23 行所示，利用 screen.blit(載入影像的變數，[x 座標，y 座標]) 繪圖。此時，要注意的重點是 (x, y) 座標位於影像的左上角。在 tkinter 設定的座標是位於影像的中心，而 Pygame 是在左上角，注意別搞錯了。

Pygame 的按鍵輸入

Pygame 判斷輸入按鍵的方法有兩種。這裡使用了把輸入按鍵當作事件來取得的方法。具體而言，在處理事件的 for 語法區塊中，於第 17 ～ 19 行描述了

```
if event.type == pygame.KEYDOWN:
    if event.key == pygame.按鍵常數:
        處理
```

發生了按下按鍵的事件（KEYDOWN）時，調查究竟按下了哪個按鍵。
這次的程式是利用這個方法調查是否按下了 F1 鍵或 F2 鍵來切換畫面模式。

另一種按鍵輸入方法將在 Lesson 5-6 說明。

全螢幕顯示

第 19 行與第 21 行是切換全螢幕與一般畫面大小的處理。如果要切換成全螢幕模式，會在 pygame.display.set_mode() 的參數描述 pygame.FULLSCREEN，如下所示。

表 5-4-1　切換畫面大小

畫面大小	描述方法
全螢幕	screen = pygame.display.set_mode((寬度 , 高度), pygame.FULLSCREEN)
一般畫面大小	screen = pygame.display.set_mode((寬度 , 高度))

Pygame 可以輕易使用全螢幕模式，所以製作原創遊戲時，請一定要試著加入切換螢幕模式的功能。

5-5 旋轉與縮放影像

在 Pygame 可以旋轉、縮放影像，以下將說明執行方法。

旋轉、縮放影像

這裡要說明旋轉太空船影像的程式。這個程式除了星星背景影像之外，還要使用右圖影像，請從本書提供的網址下載檔案。

圖 5-5-1　這次使用的影像檔案

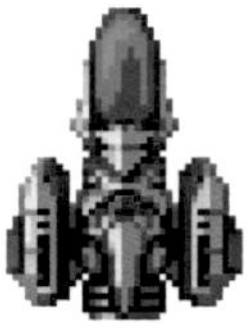

starship.png

請輸入以下程式，另存新檔之後，再執行程式。

程式 ▶ list0505_1.py

```
1   import pygame                                         匯入 pygame 模組
2   import sys                                            匯入 sys 模組
3
4   img_galaxy = pygame.image.load("image/galaxy.png")   在 img_galaxy 載入星星影像
5   img_sship = pygame.image.load("image/starship.png")  在 img_sship 載入太空船影像
6
7   def main():                                           執行主要處理的函數
8       pygame.init()                                       Pygame 模組的初始化
9       pygame.display.set_caption("Pygame的用法")           設定顯示在視窗上的標題
10      screen = pygame.display.set_mode((960, 720))        繪圖面初始化
11      clock = pygame.time.Clock()                         建立 clock 物件
12      ang = 0                                             宣告管理旋轉角度的變數 ang
13
14      while True:                                         無限迴圈
15          for event in pygame.event.get():                 重複處理 pygame 的事件
16              if event.type == pygame.QUIT:                  點擊視窗的 × 按鈕時
17                  pygame.quit()                                解除 pygame 模組的初始化
18                  sys.exit()                                   結束程式
19              if event.type == pygame.KEYDOWN:               發生按下按鍵的事件時
20                  if event.key == pygame.K_F1:                 如果是 F1 鍵
21                      screen = pygame.display.set_               變成全螢幕
    mode((960, 720), pygame.FULLSCREEN)
22                  if event.key == pygame.K_F2 or              如果是 F2 鍵或 Esc 鍵
    event.key == pygame.K_ESCAPE:
23                      screen = pygame.display.set_             恢復成正常顯示
    mode((960, 720))
24
25          screen.blit(img_galaxy, [0, 0])                 繪製星星影像
```

183

26		
27	`        ang = (ang+1)%360`	旋轉角度相加
28	`        img_rz = pygame.transform.rotozoom(img_`	建立旋轉後的太空船影像
	`sship, ang, 1.0)`	
29	`        x = 480 - img_rz.get_width()/2`	計算顯示的 X 座標
30	`        y = 360 - img_rz.get_height()/2`	計算顯示的 Y 座標
31	`        screen.blit(img_rz, [x, y])`	繪製旋轉後的太空船影像
32		
33	`        pygame.display.update()`	更新畫面
34	`        clock.tick(30)`	設定幀率
35		
36	`if __name__ == '__main__':`	直接執行這個程式時
37	`    main()`	呼叫 main() 函數

執行這個程式後，在星星背景上會顯示旋轉的太空船。

圖 5-5-2 list0505_1.py 的執行結果

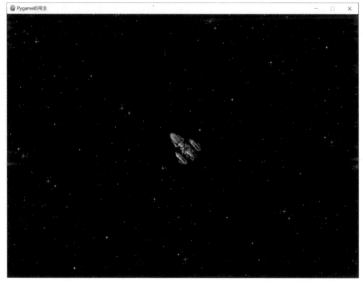

這個程式利用了 pygame.transform.rotozoom() 命令旋轉影像。在 Pygame 旋轉影像或縮放影像的命令如下所示。

表 5-5-1 旋轉、縮放畫面

畫面的動作	描述方法
旋轉	img_r = pygame.transform.rotate(img, 旋轉角度)
縮放	img_s = pygame.transform.scale(img, [寬度 , 高度])
旋轉＋縮放	img_rz = pygame.transform.rotozoom(img, 旋轉角度 , 大小比例)

img 是載入原始影像的變數，img_r 是旋轉後的影像，img_s 是縮放後的影像，img_rz 是旋轉＋縮放後的影像。變數名稱可以隨意命名，利用這些命令能產生旋轉或縮放後的影像，並用 blit() 命令在畫面上繪圖。

旋轉角度是以度（degree）來設定。

大小比例 1.0 為等倍，假設將寬度、高度變成 2 倍之後，就設定 2.0。**圖 5-5-3** 是將這個值設定成 5.0 的範例。

scale() 與 rotate() 是以繪圖速度為優先的命令，因此有時旋轉或縮放後的影像會變粗糙。list0505_1.py 使用了 rotozoom() 繪製出平滑的影像。

圖 5-5-3　放大影像的案例

⟫⟫⟫ 影像的顯示位置

在這個程式中，太空船會一直顯示在畫面中央。第 27 ～ 31 行是計算影像的旋轉角度與座標以及影像繪圖。以下將單獨說明這個部分。

```
ang = (ang+1)%360
img_rz = pygame.transform.rotozoom(img_sship, ang, 1.0)
x = 480 - img_rz.get_width()/2
y = 360 - img_rz.get_height()/2
screen.blit(img_rz, [x, y])
```

每一幀增加變數 ang，ang 增加到 359 為止就歸零，然後再次增加到 359。

img_rz 是依照 ang 的角度旋轉後的影像，利用 img_rz.get_width() 取得該影像的寬度，由 rz.get_height() 取得高度。寬度與高度的值皆為點數。

這個程式的視窗大小是寬度 960 點，高度 720 點。中心座標為 (960/2, 720/2)，也就是 (480, 360)。顯示影像的 X 座標為 480 減去旋轉後影像寬度的一半，而 Y 座標是 360 減去旋轉後影像高度的一半，所以太空船的位置會一直保持在畫面中央。

圖 5-5-4　計算顯示位置

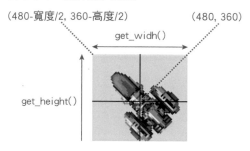

製作射擊遊戲時，會使用這裡說明的方法顯示敵機或我機的飛彈。

同時輸入多個按鍵

射擊遊戲的操作一般是利用方向鍵，在移動我機的同時，按空白鍵發射飛彈。動作遊戲的操作是邊用方向鍵移動主角，邊按空白鍵攻擊或跳躍。這種遊戲必須同時判斷按下方向鍵與空白鍵。因此以下要說明在 Pygame，同時判斷多個輸入按鍵的方法。

使用pygame.key.get_pressed()

Pygame 可以使用 key = pygame.key.get_pressed() 的描述，取得所有按鍵的狀態。這裡要說明使用這個命令，同時判斷方向鍵與空白鍵的程式。
請輸入以下程式，另存新檔之後，再執行程式。

程式 ▶ list0506_1.py

```python
1   import pygame                                      匯入 pygame 模組
2   import sys                                         匯入 sys 模組
3
4   WHITE = (255, 255, 255)                            定義顏色（白）
5   BLACK = (  0,   0,   0)                            定義顏色（黑）
6   BROWN = (192,   0,   0)                            定義顏色（褐）
7   GREEN = (  0, 128,   0)                            定義顏色（綠）
8   BLUE  = (  0,   0, 255)                            定義顏色（藍）
9
10  def main():                                        執行主要處理的函數
11      pygame.init()                                    Pygame 模組的初始化
12      pygame.display.set_caption("Pygame的用法")       設定顯示在視窗上的標題
13      screen = pygame.display.set_mode((960, 720))     繪圖面初始化
14      clock = pygame.time.Clock()                      建立 clock 物件
15      font = pygame.font.Font(None, 80)                建立字體物件
16
17      while True:                                       無限迴圈
18          for event in pygame.event.get():                重複處理 pygame 的事件
19              if event.type == pygame.QUIT:                  點擊視窗的 ✕ 按鈕時
20                  pygame.quit()                                解除 pygame 模組的初始化
21                  sys.exit()                                   結束程式
22
23          screen.fill(BLACK)                              用設定的顏色填滿整個畫面
24
25          key = pygame.key.get_pressed()                  將所有按鍵的狀態代入 key
26          txt1 = font.render("UP{}  DOWN{}".format        產生繪製上下按鍵值的 Surface
    (key[pygame.K_UP], key[pygame.K_DOWN]), True, WHITE,
    GREEN)

27          txt2 = font.render("LEFT{}  RIGHT{}".           產生繪製左右按鍵值的 Surface
    format(key[pygame.K_LEFT], key[pygame.K_RIGHT]),
    True, WHITE, BLUE)
```

```
28          txt3 = font.render("SPACE{}  Z{}".format          生成繪製空白鍵與 Z 鍵值的
    (key[pygame.K_SPACE], key[pygame.K_z]), True, WHITE,      Surface
    BROWN)
29          screen.blit(txt1, [200, 100])                     將繪製字串的 Surface 傳送到畫面
30          screen.blit(txt2, [200, 300])                     將繪製字串的 Surface 傳送到畫面
31          screen.blit(txt3, [200, 500])                     將繪製字串的 Surface 傳送到畫面
32
33          pygame.display.update()                           更新畫面
34          clock.tick(10)                                    設定幀率
35
36  if __name__ == '__main__':                                直接執行這個程式時
37      main()                                                呼叫 main() 函數
```

執行這個程式後，按下方向鍵、空白鍵、Z 鍵時，英文單字旁的數值會變成 1，如下圖
所示。根據按鍵組合可以判斷同時輸入的兩個或多個按鍵。

圖 5-6-1　list0506_1.py 的執行結果

利用 key = pygame.key.get_pressed()，將按鍵狀態代入 key。按下按鍵時，
key[pygame. 按鍵常數] 的值變成 1。主要的按鍵常數如下頁所示。

表 5-6-1　Pygame 的按鍵常數

按鍵種類	按鍵常數
方向鍵 ↑ ↓ ← →	K_UP、K_DOWN、K_LEFT、K_RIGHT
空白鍵	K_SPACE
Enter ／ return 鍵	K_RETURN
Esc 鍵	K_ESCAPE
英文字母鍵 A ～ Z	K_a ～ K_z
數字鍵 0 ～ 9	K_0 ～ K_9
Shift 鍵	K_RSHIFT、K_LSHIFT
功能鍵	K_F* ＊ 是數字

描述為 key = pygame.key.get_pressed() 時，宣告的
key 會變成元組（tuple）。元組是無法改變值的列表。

POINT

關於其他 Pygame 的命令

開發正式的遊戲時，應該會想加入 BGM 或音效。Pygame 也準備了可以輸出聲音
的命令。聲音相關的命令只要簡單描述就可以使用，之後將在製作射擊遊戲的章節
說明。

本書製作的射擊遊戲與 3D 賽車遊戲是利用按鍵進行操作。若想製作用滑鼠操作的遊
戲，在《Python 遊戲開發講座入門篇｜基礎知識與 RPG 遊戲》一書中有說明 Pygame
的滑鼠輸入方法，請參考該部分的說明。

另外，Pygame 很難顯示中文，因此本書製作的射擊遊戲與 3D 賽車遊戲不會使用中
文，若想製作以中文顯示的遊戲，第一本著作也說明過作法，請自行參考。

關於復古遊戲

筆者很喜歡復古遊戲。復古遊戲是指 1970 年代後半開始，到 1990 年代製作的電腦遊戲。尤其多半是指 1980 年代的 8 位元遊戲機或 8 位元電腦遊戲軟體。1990 年代大受歡迎的 Mega Drive 及超級任天堂 16 位元遊戲機的遊戲軟體也包括在內。

筆者從孩提時期開始就非常喜歡遊戲，國中時每天都會去玩放在雜貨店內的商用遊戲（當時雜貨店放置了遊戲機台），或玩家裡的電腦及遊戲機。升上高中之後，也常去隔壁鎮高中附近的遊樂場。筆者少年時期玩過的遊戲隨著時間流逝，現在已經變成復古遊戲了。你現在玩的最新遊戲，經過 20 年、30 年後也可能被稱作復古遊戲。

現在透過重新銷售復古遊戲，或月費制玩到飽的服務，也能用新的遊戲機或電腦玩當時的遊戲。此外，安裝了多種復古遊戲的復刻版遊戲機上市，也可以玩復古遊戲。

復古遊戲往往都比現在的遊戲還難，只要碰到敵人，哪怕是一點，也會被攻擊。筆者現在仍持有可以正常使用的任天堂，而且遊戲卡帶也有數十個。連 Wii 都很小心地使用，安裝了多種透過下載購買的復古遊戲。興致來的時候，就會玩一下這種老遊戲。有時也會佩服自己「這麼難的遊戲，小時候的我竟然可以破關」（笑）。

＊　　　＊　　　＊

雖然筆者曾是熱愛遊戲的少年，但是國高中時期，月考之前一定會「封印遊戲」，幾乎沒有影響到學校的成績。一想到沒有自制力的孩子可能會遇到的狀況，就感到十分憂心。因此筆者很瞭解父母擔心孩子沉迷於遊戲的心情。

筆者玩過很多遊戲，因為瞭解了製作遊戲的樂趣，而沒有「過度沉迷」在遊戲裡。舉例來說，當筆者發現了一款很喜歡的市售遊戲軟體，筆者不會一直玩不停，而是會想製作出類似的遊戲，在方格紙上繪製點陣圖，計算輸入電腦的數值，試著設計程式。當時的電腦大部分不具備把繪圖工具繪製的圖畫直接使用在遊戲程式的功能，因此要以 16 進位制的資料輸入圖畫，顯示在畫面上。

當時筆者的技術功力無法製作出與市售軟體一模一樣的遊戲，不過光是可以在電腦畫面上顯示類似主角圖畫的影像，就非常開心。當能使用按鍵移動這個角色時，更是感動到欣喜若狂。

沒錯，製作遊戲也很有趣。未來的義務教育將會納入程式設計的課程，希望教育工作者及政府一定要讓孩子們覺得這門課很有趣。筆者也由衷期盼能讓孩子們知道除了可以玩現成的遊戲之外，他們自己也能創作出遊戲。

從本章開始，將使用擴充模組
Pygame 開發射擊遊戲。接下來製作
的是正式的遊戲，也包括較為困難的
處理，因此分成上篇、中篇、下篇等
三個部分來學習。我們在上篇將會製
作移動我機與發射飛彈的處理。

製作射擊遊戲！
上篇

Chapter
6

關於射擊遊戲

進入開發階段之前，要先説明射擊遊戲類型及接下來要製作的遊戲內容。

何謂射擊遊戲

發射飛彈，打倒敵人的遊戲稱作射擊遊戲。1980 年代電腦遊戲急速成長，射擊遊戲是最受歡迎的類型之一。當時的射擊遊戲大多都是由 2D 畫面構成，可以分成垂直捲動畫面及水平捲動畫面的類型。其中也有斜角捲動，或上下左右捲動的射擊遊戲。

1990 年代具有 3DCG 繪圖功能的硬體普及，也出現了 3D 射擊遊戲。以 3D 的第一人稱視角，用槍打倒敵人的遊戲稱作 FPS（First Person Shooting 或 First Person Shooter），有別於操作戰鬥機，擊落敵人的遊戲。

關於彈幕射擊

本書會製作以 2D 畫面結構操作戰鬥機，擊落敵機的射擊遊戲。這種遊戲包括了彈幕射擊的類型。顧名思義，彈幕射擊就是大量飛彈交錯飛舞的遊戲。

1980 到 1990 年代初期是射擊遊戲的全盛時期，筆者玩過許多種射擊遊戲。印象中，開始出現大量飛彈交錯飛過的場景是從 1980 年代後期興起。筆者認為應該是隨著硬體效能的提升，電腦可以處理大量飛彈與敵機，當使用者感受到射擊大量飛彈、打倒敵人的快感之後，促使製作射擊遊戲的遊戲製造商採取讓更多飛彈交錯飛舞的設計。

2000 年之後，已經能製作出敵機大量投放飛彈，讓彈幕宛如彩色藝術般占滿整個畫面的射擊遊戲。

遊戲的內容

本書將製作出我方可以發射一口氣打倒敵機的彈幕，讓人感到爽快的彈幕射擊遊戲。遊戲的標題是《Galaxy Lancer》，以下將先介紹完成後的遊戲畫面、故事（世界觀）及規則。

6-1-1　彈幕 STG《Galaxy Lancer》※可支援用遊戲控制器進行操作（→P.309）

我要將那些外星人打得落花流水！

■ 故事

21XX 年，地球遭受到外星人入侵的威脅。從太陽系以外的外太空飛來大量機器人，攻擊人類居住的火星及木星上的設施。

美國、俄羅斯、中國等軍事大國打造出可以在宇宙空間中戰鬥的戰鬥機，並加入與外星人戰鬥的行列。犧牲了許多人，也阻止了多場侵略行為。可是地球上的武器也所剩無幾，逐漸無法防禦外星人的攻擊。

其中，從事宇宙事業的民間企業 Python Cargo 公司受到世界各地的關注。民眾對於該公司與日本政府緊密合作，共同開發的太空戰鬥機「Galaxy Lancer」有著高度的期待。這台肩負著地球存亡命運的戰鬥機，現在承載著最後希望，飛往宇宙⋯⋯

Galaxy Lancer飛行員
劍埼Leo

在與外星人戰鬥的模擬測試中，獲得了優異的成績。他的性格粗暴，是個獨行俠，所以有人反對任用他，不過有人認為這種個性反而適合與外星人殊死鬥，而選擇他擔任飛行員。

■ 遊戲規則

① 使用方向鍵移動戰鬥機

② 按下空白鍵發射飛彈

③ 使用Ⓩ鍵發射飛彈彈幕，但是會消耗一定的防禦力

④ 接觸到敵機或敵方飛彈時，防禦力減弱，當防禦力歸零時，遊戲結束

⑤ 擊落敵機時，會恢復部分防禦力

⑥ 打到大魔王後過關

本章要製作①～③，中篇、下篇將製作④～⑥。

防禦力等同生命，下一章將再次說明如何加上防禦力的處理。此外，本書將使用者操作的機體稱作「我機」，敵人的機體稱作「敵機」。敵機包括擊中 1～3 發飛彈就可以破壞的「兵機」，以及擊中多發飛彈才能打倒的「魔王機」。

這是比賽誰最高分，是否可以刷新紀錄的遊戲。刷新最高分時，在遊戲的最後會顯示訊息。

>>> 本章的資料夾結構

請在「Chapter6」資料夾內建立「image_gl」資料夾，並把《Galaxy Lancer》會使用的影像檔案放入資料夾內。

圖 6-1-2 「Chapter6」的資料夾結構

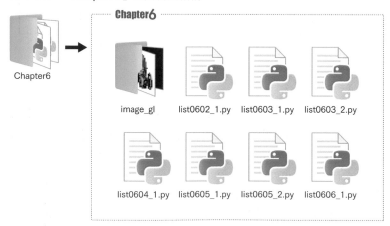

先試玩看看！

《Galaxy Lancer》是正式的射擊遊戲。由於程式內包含了比較困難的內容，解說也較長，所以請先從本書提供的網址下載完成版，實際試玩看看。

ZIP 檔案解壓縮後，在「Chapter8」資料夾內的 galaxy_lancer.py 是完成版的程式。galaxy_lancer_gp.py 同樣也是完成版，執行之後，可以使用遊戲控制器操控遊戲。用遊戲控制器操控遊戲時，請將設備連接到電腦後，再執行 galaxy_lancer_gp.py。

當你實際玩過之後，應該會產生「發射彈幕的處理是怎麼做出來的？」等各種疑問吧？

的確。這款遊戲可以放射狀發射飛彈，有部分敵機還會邊旋轉邊改變方向。「使用 Python 如何描述物體的移動處理？」、「如何控制大型的魔王機？」……有很多令人想瞭解的問題。

……請邊閱讀以下說明，邊找出這些問題的答案。

6-2 在 Pygame 快速捲動

使用 Pygame，可以製作出動作快速的遊戲。以下要説明讓射擊遊戲的星星背景快速捲動的程式，藉此學習 Pygame 的基本知識。

》》》 載入影像並繪圖

以下要説明在 Pygame 載入並顯示影像的方法。這個程式將使用以下影像，請從本書提供的網址下載檔案。

圖 6-2-1 這次使用的影像檔案

galaxy.png

請輸入以下程式，另存新檔之後，再執行程式。

程式 ▶ list0602_1.py

```
1   import pygame
2   import sys
3
4   # 載入影像
5   img_galaxy = pygame.image.load("image_gl/galaxy.png")
6
7   bg_y = 0
8
9   def main(): # 主要迴圈
10      global bg_y
11
12      pygame.init()
13      pygame.display.set_caption("Galaxy Lancer")
14      screen = pygame.display.set_mode((960, 720))
15      clock = pygame.time.Clock()
```

匯入 pygame 模組	
匯入 sys 模組	
載入星星背景的變數	
捲動背景的變數	
執行主要處理的函數	
變成全域變數	
pygame 模組初始化	
設定顯示在視窗上的標題	
繪圖面初始化	
建立 clock 物件	

```
16
17      while True:                                           無限迴圈
18          for event in pygame.event.get():                  重複處理 pygame 的事件
19              if event.type == pygame.QUIT:                 點擊視窗的 × 按鈕時
20                  pygame.quit()                             解除 pygame 模組的初始化
21                  sys.exit()                                結束程式
22              if event.type == pygame.KEYDOWN:              發生按下按鍵的事件時
23                  if event.key == pygame.K_F1:              如果是 F1 鍵
24                      screen = pygame.display.set_          變成全螢幕
mode((960, 720), pygame.FULLSCREEN)
25                  if event.key == pygame.K_F2 or            如果是 F2 鍵或 Esc 鍵
event.key == pygame.K_ESCAPE:
26                      screen = pygame.display.set_          恢復成正常顯示
mode((960, 720))
27
28          # 捲動背景
29          bg_y = (bg_y+16)%720                              計算背景捲動的位置
30          screen.blit(img_galaxy, [0, bg_y-720])            繪製背景（上側）
31          screen.blit(img_galaxy, [0, bg_y])                繪製背景（下側）
32
33          pygame.display.update()                           更新畫面
34          clock.tick(30)                                    設定幀率
35
36  if __name__ == '__main__':                                直接執行這個程式時
37      main()                                                呼叫 main() 函數
```

執行這個程式後，就會捲動星星背景。按下 F1 鍵，會切換成全螢幕顯示。若要恢復成原始畫面，可以按下 F2 鍵或 Esc 鍵。

圖 6-2-2 讓背景快速捲動

利用第 5 行的 pygame.image.load() 設定檔案名稱，載入影像。載入的影像如第 30 行所示

```
screen.blit(載入影像的變數，[x座標，y座標])
```

此時，要注意 (x,y) 座標在影像的左上角。tkinter 設定的座標會在影像的中心（→ P.32），而 Pygame 是在左上角，請別搞錯了。

用第 7 行宣告的 bg_y 變數管理捲動背景的座標，並利用第 29 行「bg_y = (bg_y+16)%720」的算式，讓這個變數每次增加 16，直到變成 720 之後歸零。接著如第 30 ～ 31 行所示，以上下排列的方式繪製兩個背景，並使其捲動。

這個結構和Chapter1捲動公園影像是一樣的。
無法理解的人請複習Lesson 1-3。

接著要在這個程式加上移動我機及發射飛彈等處理，以完成這個遊戲。

Lesson 6-3 移動我機

接著要正式設計射擊遊戲的程式。在上個單元的程式加入用方向鍵移動我機的處理。

移動我機

以下要說明用方向鍵往上下左右移動我機的程式。這次要使用右邊的影像，請從本書提供的網址下載檔案。

圖 6-3-1　這次的影像檔案

starship.png

請輸入以下程式，另存新檔之後，再執行程式。

程式 ▶ list0603_1.py　※ 與前面程式不同的部分畫上了標示。

```
1   import pygame                                              匯入 pygame 模組
2   import sys                                                 匯入 sys 模組
3
4   # 載入影像
5   img_galaxy = pygame.image.load("image_gl/galaxy.png")     載入星星背景的變數
6   img_sship = pygame.image.load("image_gl/starship.png")    載入我機影像的變數
7
8   bg_y = 0                                                   捲動背景的變數
9
10  ss_x = 480                                                 我機 X 座標的變數
11  ss_y = 360                                                 我機 Y 座標的變數
12
13
14  def move_starship(scrn, key): # 移動我機                    移動我機的變數
15      global ss_x, ss_y                                         變成全域變數
16      if key[pygame.K_UP] == 1:                                 按下向上鍵後
17          ss_y = ss_y - 20                                         減少 Y 座標
18          if ss_y < 80:                                            若 Y 座標小於 80
19              ss_y = 80                                               Y 座標變成 80
20      if key[pygame.K_DOWN] == 1:                               按下向下鍵後
21          ss_y = ss_y + 20                                         增加 Y 座標
22          if ss_y > 640:                                          若 Y 座標大於 640
23              ss_y = 640                                              Y 座標變成 640
24      if key[pygame.K_LEFT] == 1:                               按下向左鍵後
25          ss_x = ss_x - 20                                         減少 X 座標
26          if ss_x < 40:                                            若 X 座標小於 40
27              ss_x = 40                                               X 座標變成 40
28      if key[pygame.K_RIGHT] == 1:                              按下向右鍵後
29          ss_x = ss_x + 20                                         增加 X 座標
```

```python
30          if ss_x > 920:                              若 X 座標大於 920
31              ss_x = 920                              X 座標變成 920
32      scrn.blit(img_sship, [ss_x-37, ss_y-48])        繪製我機
33
34
35  def main(): # 主要迴圈                               執行主要處理的函數
36      global bg_y                                     變成全域變數
37
38      pygame.init()                                   pygame 模組初始化
39      pygame.display.set_caption("Galaxy Lancer")     設定顯示在視窗上的標題
40      screen = pygame.display.set_mode((960, 720))    繪圖面初始化
41      clock = pygame.time.Clock()                     建立 clock 物件
42
43      while True:                                      無限迴圈
44          for event in pygame.event.get():            重複處理 pygame 的事件
45              if event.type == pygame.QUIT:           點擊視窗的 × 按鈕時
46                  pygame.quit()                       解除 pygame 模組的初始化
47                  sys.exit()                          結束程式
48              if event.type == pygame.KEYDOWN:        發生按下按鍵的事件時
49                  if event.key == pygame.K_F1:        如果是 F1 鍵
50                      screen = pygame.display.set_    變成全螢幕
    mode((960, 720), pygame.FULLSCREEN)
51                  if event.key == pygame.K_F2 or      如果是 F2 鍵或 Esc 鍵
    event.key == pygame.K_ESCAPE:
52                      screen = pygame.display.set_    恢復成正常顯示
    mode((960, 720))
53
54          # 捲動背景
55          bg_y = (bg_y+16)%720                        計算背景捲動的位置
56          screen.blit(img_galaxy, [0, bg_y-720])      繪製背景（上側）
57          screen.blit(img_galaxy, [0, bg_y])          繪製背景（下側）
58
59          key = pygame.key.get_pressed()              把所有按鍵的狀態代入 key
60          move_starship(screen, key)                  移動我機
61
62          pygame.display.update()                     更新畫面
63          clock.tick(30)                              設定幀率
64
65
66  if __name__ == '__main__':                          直接執行這個程式時
67      main()                                          呼叫 main() 函數
```

執行這個程式後，可以用方向鍵移動我機。Pygame 能同時輸入多個按鍵，例如同時按下向右鍵及向上鍵時，我機會往右上方移動。

圖 6-3-2　利用按鍵移動我機

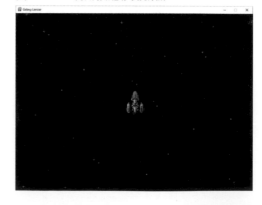

上一章說明過，在 Pygame 利用第 59 行的 key = pygame.key.get_pressed()，可以把所有按鍵的狀態代入 key，按下按鍵時

```
key[pygame.按鍵常數]
```

的值為 1。

此外，利用 key = pygame.key.get_pressed() 宣告的 key 會變成元組。

元組是指無法改值的列表。
例如有以下差別。

列表範例
宣告 val = [100, 200, 300]，可以分別更改 val[0]、val[1]、val[2] 的值。

元組範例
使用 () 宣告 val = (100, 200, 300)。雖然用 () 宣告可以參照 val[0]、val[1]、val[2] 的值，卻無法改值。

利用第 10 ～ 11 行宣告的 ss_x 與 ss_y 變數管理我機的座標。

使用第 14 ～ 32 行定義的 move_starship() 函數移動我機。

move_starship() 函數含有 scrm 與 key 兩個參數。在 scrn 代入繪圖面 Surface（表面）的變數，在 key 代入描述為 key = pygame.key.get_pressed() 的 key，呼叫出這個函數。顯示成圖示，結果如下所示。

圖 6-3-3　move_starship() 函數的參數

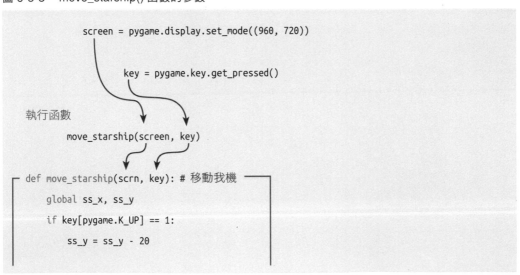

接下頁

```
            if ss_y < 80:
                ss_y = 80
        if key[pygame.K_DOWN] == 1:
            ss_y = ss_y + 20
            if ss_y > 640:
                ss_y = 640
        if key[pygame.K_LEFT] == 1:
            ss_x = ss_x - 20
            if ss_x < 40:
                ss_x = 40
        if key[pygame.K_RIGHT] == 1:
            ss_x = ss_x + 20
            if ss_x > 920:
                ss_x = 920
        scrn.blit(img_sship, [ss_x-37, ss_y-48])
```

> scrn 變成繪圖面（遊戲畫面），利用 blit()
> 命令在畫面上顯示我機

按下方向鍵後，讓 ss_x 與 ss_y 的值產生變化。遊戲的畫面大小為寬度 960 點、高度 720 點，要利用 if 語法避免我機的座標超出畫面。

使用 move_starship() 函數最後的 scrn.blit(img_sship[ss_d], [ss_x-37, ss_y-48]) 繪製我機。我機的影像大小為寬度 74 點、高度 96 點，所以在 X 座標減去 37，Y 座標減去 48 的位置繪圖，（ss_x, ss_y）就變成機體的中心座標。

圖 6-3-4　繪製我機的座標

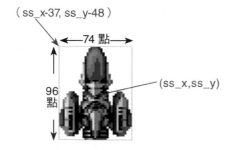

（ss_x-37, ss_y-48）

←— 74 點 —→

96 點

(ss_x,ss_y)

把 (ss_x, ss_y) 當作機體的中心是為了在接下來的程式中，可以比較容易計算出與敵機的碰撞偵測座標。

加入動畫

改良前面的程式，增加我機引擎噴出火焰的動畫，還要加入按下向左、向右鍵時，讓機體往按下按鍵的方向傾斜的效果。這個程式會使用以下影像。

圖 6-3-5　　這次使用的影像檔案

　　starship_l.png　　starship_r.png

請輸入以下程式，另存新檔之後，再執行該檔案。

這次同樣在新增的程式部分加上了畫線標示。加入第 3 行的描述，可以省略加在按鍵常數或事件常數上的 pygame.，所以這裡省略了出現在之前程式中的相關描述，請特別注意這一點。

程式▶ list0603_2.py　※與前面程式不同的部分畫上了標示。

```
1   import pygame                                          匯入 pygame 模組
2   import sys                                             匯入 sys 模組
3   from pygame.locals import *                            省略 pygame. 常數的描述
4
5   # 載入影像
6   img_galaxy = pygame.image.load("image_gl/galaxy.png")  載入星星背景的變數
7   img_sship = [                                          載入我機影像的列表
8       pygame.image.load("image_gl/starship.png"),
9       pygame.image.load("image_gl/starship_l.png"),
10      pygame.image.load("image_gl/starship_r.png"),
11      pygame.image.load("image_gl/starship_burner.png")
12  ]
13
14  tmr = 0                                                計時器的變數
15  bg_y = 0                                               捲動背景的變數
16
17  ss_x = 480                                             我機 X 座標的變數
18  ss_y = 360                                             我機 Y 座標的變數
19  ss_d = 0                                               傾斜我機的變數
20
21
22  def move_starship(scrn, key): # 移動我機               移動我機的函數
23      global ss_x, ss_y, ss_d                            變成全域變數
24      ss_d = 0                                           傾斜機體的變數變成 0（不傾斜）
25      if key[K_UP] == 1:                                 按下向上鍵後
26          ss_y = ss_y - 20                               減少 Y 座標
27          if ss_y < 80:                                  若 Y 座標小於 80
```

203

```python
28          ss_y = 80                              # Y 座標變成 80
29      if key[K_DOWN] == 1:                       # 按下向下鍵後
30          ss_y = ss_y + 20                       # 增加 Y 座標
31          if ss_y > 640:                         # 若 Y 座標大於 640
32              ss_y = 640                         # Y 座標變成 640
33      if key[K_LEFT] == 1:                       # 按下向左鍵後
34          ss_d = 1                               # 機體傾斜變成 1（左）
35          ss_x = ss_x - 20                       # 減少 X 座標
36          if ss_x < 40:                          # 若 X 座標小於 40
37              ss_x = 40                          # X 座標變成 40
38      if key[K_RIGHT] == 1:                      # 按下向右鍵後
39          ss_d = 2                               # 機體傾斜變成 2（右）
40          ss_x = ss_x + 20                       # 增加 X 座標
41          if ss_x > 920:                         # 若 X 座標大於 920
42              ss_x = 920                         # X 座標變成 920
43      scrn.blit(img_sship[3], [ss_x-8, ss_y+40+  # 繪製引擎的火焰
(tmr%3)*2])
44      scrn.blit(img_sship[ss_d], [ss_x-37, ss_y-48])   # 繪製我機
45
46
47  def main(): # 主要迴圈                          # 執行主要處理的函數
48      global tmr, bg_y                           # 變成全域變數
49
50      pygame.init()                              # pygame 模組初始化
51      pygame.display.set_caption("Galaxy Lancer")  # 設定顯示在視窗上的標題
52      screen = pygame.display.set_mode((960, 720))  # 繪圖面初始化
53      clock = pygame.time.Clock()                # 建立 clock 物件
54
55      while True:                                # 無限迴圈
56          tmr = tmr + 1                          # tmr 的值加 1
57          for event in pygame.event.get():       # 重複處理 pygame 的事件
58              if event.type == QUIT:             # 點擊視窗的 × 按鈕時
59                  pygame.quit()                  # 解除 pygame 模組的初始化
60                  sys.exit()                     # 結束程式
61              if event.type == KEYDOWN:          # 發生按下按鍵的事件時
62                  if event.key == K_F1:          # 如果是 F1 鍵
63                      screen = pygame.display.set_   # 變成全螢幕
mode((960, 720), FULLSCREEN)
64                  if event.key == K_F2 or event.key ==   # 如果是 F2 鍵或 Esc 鍵
K_ESCAPE:
65                      screen = pygame.display.set_   # 恢復成正常顯示
mode((960, 720))
66
67          # 捲動背景
68          bg_y = (bg_y+16)%720                   # 計算背景捲動的位置
69          screen.blit(img_galaxy, [0, bg_y-720]) # 繪製背景（上側）
70          screen.blit(img_galaxy, [0, bg_y])     # 繪製背景（下側）
71
72          key = pygame.key.get_pressed()         # 把所有按鍵的狀態代入 key
73          move_starship(screen, key)             # 移動我機
74
75          pygame.display.update()                # 更新畫面
76          clock.tick(30)                         # 設定幀率
77
78
79  if __name__ == '__main__':                     # 直接執行這個程式時
80      main()                                     # 呼叫 main() 函數
```

執行這個程式，我機後方會噴射火焰，按下向左或向右鍵時，機體會傾斜（**圖 6-3-6**）。

圖 6-3-6　噴射火焰及機體傾斜

前面的程式在按鍵常數或事件常數描述了 pygame.，如 pygame.K_UP、pygame. QUIT。但是描述了第 3 行 from pygame.locals import *，就可以省略加在這些常數的 pygame.。

後面的程式也描述為 from pygame.locals import *，省略加在按鍵常數或事件常數的 pygame.。此外，加在 pygame.init() 等命令的 pygame. 無法省略。

這個程式將我機影像載入列表，如第 7～12 行所示。利用第 19 行宣告的 ss_d 變數管理機體的傾斜狀態。按下向左鍵時，把 1 代入 ss_d，按下向右鍵時，把 2 代入 ss_d，scrn.blit(img_sship[ss_d], [ss_x-37, ss_y-48]) 根據傾斜狀態繪製機體。

這個程式還加入了計時器的變數 tmr。我機後方的火焰如第 43 行的描述，顯示的 Y 座標為 ss_y+40+(tmr%3)*2，表現出噴射火焰的狀態。

tmr%3 的值是 0→1→2→0→1→2……循環重複，所以將其兩倍的值加入 Y 座標，偏移每一幀的顯示位置。火焰影像雖然只有一張，但是只要改變座標，就能呈現出引擎噴射出火焰的樣子。

發射飛彈

接著要設計按下空白鍵，從我機發射飛彈的程式。

>>> 發射飛彈

這次要增加發射飛彈的處理。首先要說明一次發射一發飛彈的程式。下一個單元要設計可以發射多發飛彈的程式。這個程式將使用右邊的影像。

圖 6-4-1　這次使用的影像檔案

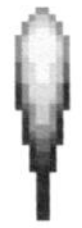

bullet.png

請輸入以下程式，另存新檔之後，再執行程式。

程式 ▶ list0604_1.py　　※ 與前面程式不同的部分畫上了 標示 。

1	`import pygame`	匯入 pygame 模組
2	`import sys`	匯入 sys 模組
3	`from pygame.locals import *`	省略 pygame. 常數的描述
4		
5	`# 載入影像`	
6	`img_galaxy = pygame.image.load("image_gl/galaxy.png")`	載入星星背景的變數
7	`img_sship = [`	載入我機影像的列表
8	`    pygame.image.load("image_gl/starship.png"),`	
9	`    pygame.image.load("image_gl/starship_l.png"),`	
10	`    pygame.image.load("image_gl/starship_r.png"),`	
11	`    pygame.image.load("image_gl/starship_burner.png")`	
12	`]`	
13	`img_weapon = pygame.image.load("image_gl/bullet.png")`	載入我機飛彈影像的變數
14		
15	`tmr = 0`	計時器的變數
16	`bg_y = 0`	捲動背景的變數
17		
18	`ss_x = 480`	我機 X 座標的變數
19	`ss_y = 360`	我機 Y 座標的變數
20	`ss_d = 0`	傾斜我機的變數
21		
22	`msl_f = False`	管理飛彈是否發射的旗標所用變數
23	`msl_x = 0`	飛彈 X 座標的變數
24	`msl_y = 0`	飛彈 Y 座標的變數
25		
26		
27	`def move_starship(scrn, key): # 移動我機`	移動我機的函數
28	`    global ss_x, ss_y, ss_d`	變成全域變數

```
29          ss_d = 0
30          if key[K_UP] == 1:
31              ss_y = ss_y - 20
32              if ss_y < 80:
33                  ss_y = 80
34          if key[K_DOWN] == 1:
35              ss_y = ss_y + 20
36              if ss_y > 640:
37                  ss_y = 640
38          if key[K_LEFT] == 1:
39              ss_d = 1
40              ss_x = ss_x - 20
41              if ss_x < 40:
42                  ss_x = 40
43          if key[K_RIGHT] == 1:
44              ss_d = 2
45              ss_x = ss_x + 20
46              if ss_x > 920:
47                  ss_x = 920
48          if key[K_SPACE] == 1:
49              set_missile()
50          scrn.blit(img_sship[3], [ss_x-8, ss_y+40+
            (tmr%3)*2])
51          scrn.blit(img_sship[ss_d], [ss_x-37, ss_y-48])
52
53
54      def set_missile(): # 設定我機發射的飛彈
55          global msl_f, msl_x, msl_y
56          if msl_f == False:
57              msl_f = True
58              msl_x = ss_x
59              msl_y = ss_y-50
60
61
62      def move_missile(scrn): # 移動飛彈
63          global msl_f, msl_y
64          if msl_f == True:
65              msl_y = msl_y - 36
66              scrn.blit(img_weapon, [msl_x-10, msl_y-32])
67              if msl_y < 0:
68                  msl_f = False
69
70
71      def main(): # 主要迴圈
72          global tmr, bg_y
73
74          pygame.init()
75          pygame.display.set_caption("Galaxy Lancer")
76          screen = pygame.display.set_mode((960, 720))
77          clock = pygame.time.Clock()
78
79          while True:
80              tmr = tmr + 1
81              for event in pygame.event.get():
82                  if event.type == QUIT:
83                      pygame.quit()
84                      sys.exit()
85                  if event.type == KEYDOWN:
```

行號	說明
29	傾斜機體的變數變成 0（不傾斜）
30	按下向上鍵後
31	減少 Y 座標
32	若 Y 座標小於 80
33	Y 座標變成 80
34	按下向下鍵後
35	增加 Y 座標
36	若 Y 座標大於 640
37	Y 座標變成 640
38	按下向左鍵後
39	機體傾斜變成 1（左）
40	減少 X 座標
41	若 X 座標小於 40
42	X 座標變成 40
43	按下向右鍵後
44	機體傾斜變成 2（右）
45	增加 X 座標
46	若 X 座標大於 920
47	X 座標變成 920
48	按下空白鍵後
49	發射飛彈
50	繪製引擎的火焰
51	繪製我機
54	設定我機發射飛彈的函數
55	變成全域變數
56	如果沒有發射飛彈
57	發射的旗標為 True
58	代入飛彈的 X 座標 ┐ 我機的機鼻位置
59	代入飛彈的 Y 座標 ┘
62	移動飛彈的變數
63	變成全域變數
64	如果發射了飛彈
65	計算 Y 座標
66	繪製飛彈影像
67	超出畫面之後
68	刪除飛彈
71	執行主要處理的函數
72	變成全域變數
74	pygame 模組初始化
75	設定顯示在視窗上的標題
76	繪圖面初始化
77	建立 clock 物件
79	無限迴圈
80	tmr 的值加 1
81	重複處理 pygame 的事件
82	點擊視窗的 × 按鈕時
83	解除 pygame 模組的初始化
84	結束程式
85	發生按下按鍵的事件時

```
86            if event.key == K_F1:                       如果是 F1 鍵
87                screen = pygame.display.set_            變成全螢幕
   mode((960, 720), FULLSCREEN)
88            if event.key == K_F2 or event.key ==        如果是 F2 鍵或 Esc 鍵
   K_ESCAPE:
89                screen = pygame.display.set_            恢復成正常顯示
   mode((960, 720))
90
91        # 捲動背景
92        bg_y = (bg_y+16)%720                            計算背景捲動的位置
93        screen.blit(img_galaxy, [0, bg_y-720])          繪製背景（上側）
94        screen.blit(img_galaxy, [0, bg_y])              繪製背景（下側）
95
96        key = pygame.key.get_pressed()                  把所有按鍵的狀態代入 key
97        move_starship(screen, key)                      移動我機
98        move_missile(screen)                            移動我機的飛彈
99
100       pygame.display.update()                         更新畫面
101       clock.tick(30)                                  設定幀率
102
103
104 if __name__ == '__main__':                            直接執行這個程式時
105     main()                                            呼叫 main() 函數
```

執行這個程式，按下空白鍵就可以發射飛彈。

圖 6-4-2　list0604_1.py 的執行結果

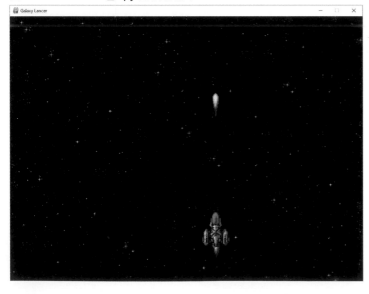

利用第 22 ～ 24 行宣告的 msl_f、msl_x、msl_y 變數管理飛彈的狀態與座標。這裡的
「狀態」是指發射飛彈時為 True，沒有發射飛彈時為 False。

- 若 **msl_f** 為 **True**，飛彈在畫面上
- 若 **msl_f** 為 **False**，飛彈不存在
依照這個原則設計處理飛彈的程式。

利用第 54 ～ 59 行定義的 set_missile() 函數，設定飛彈的變數值。這個函數在移動我機的 move_starship() 函數內，按下空白鍵時，就會呼叫出該函數，並發射飛彈。

利用第 62 ～ 68 行定義的 move_missile() 函數移動飛彈。這個函數當飛彈為發射狀態（ msl_f 為 True ），就減少 Y 座標，移動飛彈。超出畫面範圍後，msl_f 為 False，刪除飛彈。當飛彈超出畫面後，按下空白鍵可以再次發射飛彈。

現在要改良程式，變成可以發射多發飛彈。以下將使用列表來處理多發飛彈。

利用列表管理物體

這次要說明把上個單元管理飛彈的變數改成列表，變成可以發射多發飛彈的程式。
請輸入以下程式，另存新檔之後，再執行程式。

程式▶ list0605_1.py ※與前面程式不同的部分畫上了標示。

```python
1   import pygame                                           匯入 pygame 模組
2   import sys                                              匯入 sys 模組
3   from pygame.locals import *                             省略 pygame. 常數的描述
4
5   # 載入影像                                              載入星星背景的變數
6   img_galaxy = pygame.image.load("image_gl/galaxy.png")  載入我機影像的列表
7   img_sship = [
8       pygame.image.load("image_gl/starship.png"),
9       pygame.image.load("image_gl/starship_l.png"),
10      pygame.image.load("image_gl/starship_r.png"),
11      pygame.image.load("image_gl/starship_burner.png")
12  ]
13  img_weapon = pygame.image.load("image_gl/bullet.png")  載入我機飛彈影像的變數
14
15  tmr = 0                                                 計時器的變數
16  bg_y = 0                                                捲動背景的變數
17
18  ss_x = 480                                              我機 X 座標的變數
19  ss_y = 360                                              我機 Y 座標的變數
20  ss_d = 0                                                傾斜我機的變數
21
22  MISSILE_MAX = 200                                       我機發射飛彈的最大常數
23  msl_no = 0                                              發射飛彈時使用列表索引值的變數
24  msl_f = [False]*MISSILE_MAX                             管理是否發射飛彈的旗標列表
25  msl_x = [0]*MISSILE_MAX                                 飛彈 X 座標的列表
26  msl_y = [0]*MISSILE_MAX                                 飛彈 Y 座標的列表
27
28
29  def move_starship(scrn, key):# 移動我機              移動我機的函數
30      global ss_x, ss_y, ss_d                               變成全域變數
31      ss_d = 0                                              傾斜機體的變數變成 0（不傾斜）
32      if key[K_UP] == 1:                                   按下向上鍵後
33          ss_y = ss_y - 20                                    減少 Y 座標
34          if ss_y < 80:                                       若 Y 座標小於 80
35              ss_y = 80                                           Y 座標變成 80
36      if key[K_DOWN] == 1:                                 按下向下鍵後
37          ss_y = ss_y + 20                                    增加 Y 座標
38          if ss_y > 640:                                      若 Y 座標大於 640
39              ss_y = 640                                          Y 座標變成 640
```

```
40      if key[K_LEFT] == 1:
41          ss_d = 1
42          ss_x = ss_x - 20
43          if ss_x < 40:
44              ss_x = 40
45      if key[K_RIGHT] == 1:
46          ss_d = 2
47          ss_x = ss_x + 20
48          if ss_x > 920:
49              ss_x = 920
50      if key[K_SPACE] == 1:
51          set_missile()
52      scrn.blit(img_sship[3], [ss_x-8, ss_y+40+(tmr%3)*2])
53      scrn.blit(img_sship[ss_d], [ss_x-37, ss_y-48])
54
55
56  def set_missile(): # 設定我機發射的飛彈
57      global msl_no
58      msl_f[msl_no] = True
59      msl_x[msl_no] = ss_x
60      msl_y[msl_no] = ss_y-50
61      msl_no = (msl_no+1)%MISSILE_MAX
62
63
64  def move_missile(scrn): # 移動飛彈
65      for i in range(MISSILE_MAX):
66          if msl_f[i] == True:
67              msl_y[i] = msl_y[i] - 36
68              scrn.blit(img_weapon, [msl_x[i]-10, msl_
y[i]-32])
69              if msl_y[i] < 0:
70                  msl_f[i] = False
71
72
73  def main(): # 主要迴圈
 :      略：和list0604_1.py一樣（→P.207）
 :      〉
106 if __name__ == '__main__':
107     main()
```

按下向左鍵後	
機體傾斜變成 1（左）	
減少 X 座標	
若 X 座標小於 40	
X 座標變成 40	
按下向右鍵後	
機體傾斜變成 2（右）	
增加 X 座標	
若 X 座標大於 920	
X 座標變成 920	
按下空白鍵後	
發射飛彈	
繪製引擎的火焰	
繪製我機	

設定我機發射飛彈的函數
　變成全域變數
　發射的旗標為 True
　代入飛彈的 X 座標 ⌐ 我機的機鼻位置
　代入飛彈的 Y 座標 ⌐
　計算下個設定用的編號

移動飛彈的變數
　重複
　　如果發射了飛彈
　　　計算 Y 座標
　　　繪製飛彈影像

　　　超出畫面之後
　　　　刪除飛彈

執行主要處理的函數

直接執行這個程式時
　呼叫 main() 函數

執行這個程式之後，可以發射多發飛彈，如**圖 6-5-1** 所示。這個程式若連續按下空白鍵，就會連續發射飛彈。

圖 6-5-1　list0605_1.py 的執行結果

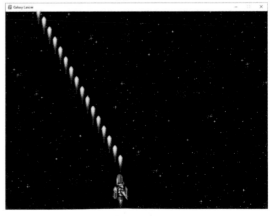

前面的程式使用變數 msl_f、msl_x、msl_y 管理飛彈，但是這次的程式是使用列表 msl_f[]、msl_x[]、msl_y[] 管理飛彈。msl_f[] 為 True，第 n 發飛彈存在，msl_f[] 為 False，第 n 發飛彈不存在，利用這樣的原則來管理多發飛彈。

第 22 行描述的 MISSILE_MAX = 200 是全部處理幾發飛彈的常數。彈幕射擊的特色是最大可以發射 200 發飛彈。

以下要說明設定飛彈的 set_missile() 函數。

```
def set_missile(): # 設定我機發射的飛彈
    global msl_no
    msl_f[msl_no] = True
    msl_x[msl_no] = ss_x
    msl_y[msl_no] = ss_y-50
    msl_no = (msl_no+1)%MISSILE_MAX
```

在第 23 行宣告 msl_no 變數，把 msl_no 當作管理飛彈的列表索引值。每次呼叫 set_missile() 函數，就會利用 msl_no = (msl_no+1)%MISSILE_MAX 計算下個列表的索引值（箱子的編號）。

 在 msl_no = (msl_no+1)%MISSILE_MAX，msl_no 的值由 1 → 2 → 3 → 4 →……→ 198 → 199 逐漸加 1，然後再從 0 開始重複。

接著要說明移動飛彈的 move_missile() 函數。

```
def move_missile(scrn): # 移動飛彈
    for i in range(MISSILE_MAX):
        if msl_f[i] == True:
            msl_y[i] = msl_y[i] - 36
            scrn.blit(img_weapon, [msl_x[i]-10, msl_y[i]-32])
            if msl_y[i] < 0:
                msl_f[i] = False
```

之前的程式是用 msl_f、msl_x、msl_y 變數管理一發飛彈，但是這次的程式是以重複的方式，對所有飛彈的列表進行處理。

在移動我機的 move_starship() 函數內，

- 當按下空白鍵時，執行 **set_missile()**，在列表設定要發射飛彈，並先計算下個
  列表的編號
- 持續按下空白鍵，在新的列表設定飛彈，再計算下個列表的編號

依照這個流程不斷發射飛彈。

但是現在若持續按下空白鍵，會像光束般發射飛彈。接下來要改良這個程式，以一定的間隔發射飛彈。

⟫⟫⟫ 以一定間隔發射飛彈

以下要説明以一定間隔發射飛彈的程式。請輸入以下程式，另存新檔之後，再執行程式。

程式 ▶ list0605_2.py　　※ 與前面程式不同的部分畫上了標示。

```
1    import pygame                                                    匯入 pygame 模組
2    import sys                                                        匯入 sys 模組
3    from pygame.locals import *                                       省略 pygame. 常數的描述
4
5    # 載入影像
6    img_galaxy = pygame.image.load("image_gl/galaxy.png")            載入星星背景的變數
7    img_sship = [                                                     載入我機影像的列表
8        pygame.image.load("image_gl/starship.png"),
9        pygame.image.load("image_gl/starship_l.png"),
10       pygame.image.load("image_gl/starship_r.png"),
11       pygame.image.load("image_gl/starship_burner.png")
12   ]
13   img_weapon = pygame.image.load("image_gl/bullet.png")            載入我機飛彈影像的變數
14
15   tmr = 0                                                           計時器的變數
16   bg_y = 0                                                          捲動背景的變數
17
18   ss_x = 480                                                        我機 X 座標的變數
19   ss_y = 360                                                        我機 Y 座標的變數
20   ss_d = 0                                                          傾斜我機的變數
21   key_spc = 0                                                       按下空白鍵時使用的變數
22
23   MISSILE_MAX = 200                                                 我機發射飛彈的最大常數
24   msl_no = 0                                                        發射飛彈時使用列表索引值的變數
25   msl_f = [False]*MISSILE_MAX                                       管理是否發射飛彈的旗標列表
26   msl_x = [0]*MISSILE_MAX                                           飛彈 X 座標的列表
27   msl_y = [0]*MISSILE_MAX                                           飛彈 Y 座標的列表
28
29
30   def move_starship(scrn, key): # 移動我機                           移動我機的函數
31       global ss_x, ss_y, ss_d, key_spc                             變成全域變數
32       ss_d = 0                                                     傾斜機體的變數變成 0（不傾斜）
```

```
33      if key[K_UP] == 1:                              按下向上鍵後
34          ss_y = ss_y - 20                                減少 Y 座標
35          if ss_y < 80:                                   若 Y 座標小於 80
36              ss_y = 80                                       Y 座標變成 80
37      if key[K_DOWN] == 1:                            按下向下鍵後
38          ss_y = ss_y + 20                                增加 Y 座標
39          if ss_y > 640:                                  若 Y 座標大於 640
40              ss_y = 640                                      Y 座標變成 640
41      if key[K_LEFT] == 1:                            按下向左鍵後
42          ss_d = 1                                        機體傾斜變成 1（左）
43          ss_x = ss_x - 20                                減少 X 座標
44          if ss_x < 40:                                   若 X 座標小於 40
45              ss_x = 40                                       X 座標變成 40
46      if key[K_RIGHT] == 1:                           按下向右鍵後
47          ss_d = 2                                        機體傾斜變成 2（右）
48          ss_x = ss_x + 20                                增加 X 座標
49          if ss_x > 920:                                  若 X 座標大於 920
50              ss_x = 920                                      X 座標變成 920
51      key_spc = (key_spc+1)*key[K_SPACE]              在按下空白鍵的過程中，變數增加
52      if key_spc%5 == 1:                              按下第一次後，每 5 幀
53          set_missile()                                   發射飛彈
54      scrn.blit(img_sship[3], [ss_x-8, ss_y+40+      繪製引擎的火焰
    (tmr%3)*2])
55      scrn.blit(img_sship[ss_d], [ss_x-37, ss_y-48]) 繪製我機
56
57
58  def set_missile(): # 設定我機發射的飛彈            設定我機發射飛彈的函數
59      global msl_no                                       變成全域變數
60      msl_f[msl_no] = True                                發射的旗標為 True
61      msl_x[msl_no] = ss_x                                代入飛彈的 X 座標 ┐我機的機鼻位置
62      msl_y[msl_no] = ss_y-50                             代入飛彈的 Y 座標 ┘
63      msl_no = (msl_no+1)%MISSILE_MAX                     計算下個設定用的編號
64
65
66  def move_missile(scrn): # 移動飛彈                 移動飛彈的變數
67      for i in range(MISSILE_MAX):                        重複
68          if msl_f[i] == True:                                如果發射了飛彈
69              msl_y[i] = msl_y[i] - 36                            計算 Y 座標
70              scrn.blit(img_weapon, [msl_x[i]-10, msl_            繪製飛彈影像
    y[i]-32])
71              if msl_y[i] < 0:                                    超出畫面之後
72                  msl_f[i] = False                                    刪除飛彈
73
74
75  def main(): # 主要迴圈                             執行主要處理的函數
 :  略：和list0604_1.py一樣（→P.207）
 :  〈
108 if __name__ == '__main__':                         直接執行這個程式時
109     main()                                              呼叫 main() 函數
```

這個程式在持續按下空白鍵時，會以一定的間隔發射飛彈。

圖 6-5-2　list0605_2.py 的執行結果

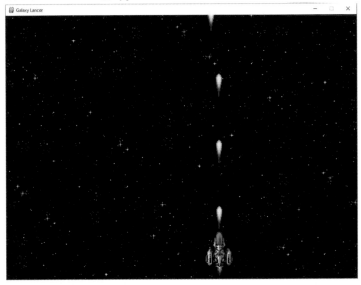

利用第 21 行宣告的 key_spc 變數調整發射飛彈的時機。請確認在 move_starship() 函數內的以下描述。

```
key_spc = (key_spc+1)*key[K_SPACE]
if key_spc%5 == 1:
    set_missile()
```

key[K_SPACE] 的 值 是 按 下 空 白 鍵 時 為 1，放 開 時 為 0。 在 key_spc = (key_spc+1)*key[K_SPACE] 的算式內，key_spc 的值在按下空白鍵的過程中，會由 1→2→3→4→5→6→7→8→9→10→11→12……持續增加。放開空白鍵之後，key[K_SPACE] 變成 0，所以 key_spc 也會變成 0。

當 if key_spc%5 == 1: 條件式成立時，會執行發射飛彈的處理，所以 key_spc 的值為 1、6、11、16……時，就會發射飛彈。換句話說，按一次空白鍵，key_spc 為 1，所以立刻發射，持續按下空白鍵，會變成每 5 幀發射一次飛彈。

如果想以較短的間隔發射飛彈，可以縮小 %n 的數值；若希望拉長發射間隔，則放大這個數值。

> 使用 if 語法描述 key_spc = (key_spc+1)*key[K_SPACE] 會變成
>
> ```
> if key[K_SPACE] == 1:
>     key_spc = key_spc + 1
> else:
>     key_spc = 0
> ```
>
> 善用算式可以把四行程式變成一行。

⟫⟫ 可以連續發射

這個調整飛彈發射時機的方法在連續按下空白鍵時，可以發射的飛彈比按住空白鍵不放時還多。使用 if key_spc%10 == 1 的數值測試，就能瞭解連續按與按住不放時的飛彈數量差異。

Lesson 6-6 發射彈幕

終於要發射彈幕了。《Galaxy Lancer》應該從我機發射出放射狀的彈幕。如果要讓飛彈呈放射狀發射，必須使用三角函數。

》》》 使用三角函數決定方向及移動量

以下要說明利用三角函數，放射狀發射多發飛彈的程式。請輸入以下程式，另存新檔之後，再執行程式。

程式 ▶ list0606_1.py　　※ 與前面程式不同的部分畫上了 標示 。

```
1    import pygame                                                匯入 pygame 模組
2    import sys                                                   匯入 sys 模組
3    import math                                                  匯入 math 模組
4    from pygame.locals import *                                  省略 pygame. 常數的描述
5
6    # 載入影像
7    img_galaxy = pygame.image.load("image_gl/galaxy.png")        載入星星背景的變數
8    img_sship = [                                                載入我機影像的列表
9        pygame.image.load("image_gl/starship.png"),
10       pygame.image.load("image_gl/starship_l.png"),
11       pygame.image.load("image_gl/starship_r.png"),
12       pygame.image.load("image_gl/starship_burner.png")
13   ]
14   img_weapon = pygame.image.load("image_gl/bullet.png")        載入我機飛彈影像的變數
15
16   tmr = 0                                                      計時器的變數
17   bg_y = 0                                                     捲動背景的變數
18
19   ss_x = 480                                                   我機 X 座標的變數
20   ss_y = 360                                                   我機 Y 座標的變數
21   ss_d = 0                                                     傾斜我機的變數
22   key_spc = 0                                                  按下空白鍵時使用的變數
23   key_z = 0                                                    按下 Z 鍵時使用的變數
24
25   MISSILE_MAX = 200                                            我機發射飛彈的最大常數
26   msl_no = 0                                                   發射飛彈時使用列表索引值的變數
27   msl_f = [False]*MISSILE_MAX                                  管理是否發射飛彈的旗標列表
28   msl_x = [0]*MISSILE_MAX                                      飛彈 X 座標的列表
29   msl_y = [0]*MISSILE_MAX                                      飛彈 Y 座標的列表
30   msl_a = [0]*MISSILE_MAX                                      飛彈角度的列表
31
32
33   def move_starship(scrn, key): # 移動我機                       移動我機的函數
34       global ss_x, ss_y, ss_d, key_spc, key_z                      變成全域變數
35       ss_d = 0                                                     傾斜機體的變數變成 0（不傾斜）
36       if key[K_UP] == 1:                                           按下向上鍵後
37           ss_y = ss_y - 20                                             減少 Y 座標
```

38	`        if ss_y < 80:`
	若 Y 座標小於 80
39	`            ss_y = 80`
	Y 座標變成 80
40	`        if key[K_DOWN] == 1:`
	按下向下鍵後
41	`            ss_y = ss_y + 20`
	增加 Y 座標
42	`            if ss_y > 640:`
	若 Y 座標大於 640
43	`                ss_y = 640`
	Y 座標變成 640
44	`        if key[K_LEFT] == 1:`
	按下向左鍵後
45	`            ss_d = 1`
	機體傾斜變成 1（左）
46	`            ss_x = ss_x - 20`
	減少 X 座標
47	`            if ss_x < 40:`
	若 X 座標小於 40
48	`                ss_x = 40`
	X 座標變成 40
49	`        if key[K_RIGHT] == 1:`
	按下向右鍵後
50	`            ss_d = 2`
	機體傾斜變成 2（右）
51	`            ss_x = ss_x + 20`
	增加 X 座標
52	`            if ss_x > 920:`
	若 X 座標大於 920
53	`                ss_x = 920`
	X 座標變成 920
54	`        key_spc = (key_spc+1)*key[K_SPACE]`
	在按下空白鍵的過程中，變數增加
55	`        if key_spc%5 == 1:`
	按下第一次後，每 5 幀
56	`            set_missile(0)`
	發射飛彈
57	`        key_z = (key_z+1)*key[K_z]`
	在按下 Z 鍵的過程中，變數增加
58	`        if key_z == 1:`
	按一次時
59	`            set_missile(10)`
	發射彈幕
60	`        scrn.blit(img_sship[3], [ss_x-8, ss_y+40 +(tmr%3)*2])`
	繪製引擎的火焰
61	`        scrn.blit(img_sship[ss_d], [ss_x-37, ss_y-48])`
	繪製我機
62	
63	
64	`def set_missile(typ): # 設定我機發射的飛彈`
	設定我機發射飛彈的函數
65	`    global msl_no`
	變成全域變數
66	`    if typ == 0: # 單發`
	單發時
67	`        msl_f[msl_no] = True`
	發射的旗標為 True
68	`        msl_x[msl_no] = ss_x`
	代入飛彈的 X 座標 ⌉ 我機的機鼻位置
69	`        msl_y[msl_no] = ss_y-50`
	代入飛彈的 Y 座標 ⌋
70	`        msl_a[msl_no] = 270`
	飛彈的角度
71	`        msl_no = (msl_no+1)%MISSILE_MAX`
	計算下個設定用的編號
72	`    if typ == 10: # 彈幕`
	彈幕時
73	`        for a in range(160, 390, 10):`
	反覆發射扇形飛彈
74	`            msl_f[msl_no] = True`
	發射的旗標為 True
75	`            msl_x[msl_no] = ss_x`
	代入飛彈的 X 座標 ⌉ 我機的機鼻位置
76	`            msl_y[msl_no] = ss_y-50`
	代入飛彈的 Y 座標 ⌋
77	`            msl_a[msl_no] = a`
	飛彈的角度
78	`            msl_no = (msl_no+1)%MISSILE_MAX`
	計算下個設定用的編號
79	
80	
81	`def move_missile(scrn): # 移動飛彈`
	移動飛彈的變數
82	`    for i in range(MISSILE_MAX):`
	重複
83	`        if msl_f[i] == True:`
	如果發射了飛彈
84	`            msl_x[i] = msl_x[i] + 36*math.cos (math.radians(msl_a[i]))`
	計算 X 座標
85	`            msl_y[i] = msl_y[i] + 36*math.sin (math.radians(msl_a[i]))`
	計算 Y 座標
86	`            img_rz = pygame.transform.rotozoom (img_weapon, -90-msl_a[i], 1.0)`
	建立讓飛行角度轉向的影像
87	`            scrn.blit(img_rz, [msl_x[i]-img_rz. get_width()/2, msl_y[i]-img_rz.get_height()/2])`
	繪製影像
88	`            if msl_y[i] < 0 or msl_x[i] < 0 or msl_ x[i] > 960:`
	超出畫面之後
89	`                msl_f[i] = False`
	刪除飛彈
90	
91	

```
92   def main(): # 主要迴圈                            執行主要處理的函數
93       global tmr, bg_y                             變成全域變數
94
95       pygame.init()                                pygame 模組初始化
96       pygame.display.set_caption("Galaxy Lancer")  設定顯示在視窗上的標題
97       screen = pygame.display.set_mode((960, 720))  繪圖面初始化
98       clock = pygame.time.Clock()                  建立 clock 物件
99
100      while True:                                  無限迴圈
101          tmr = tmr + 1                            tmr 的值加 1
102          for event in pygame.event.get():          重複處理 pygame 的事件
103              if event.type == QUIT:                  點擊視窗的 × 按鈕時
104                  pygame.quit()                       解除 pygame 模組的初始化
105                  sys.exit()                          結束程式
106              if event.type == KEYDOWN:             發生按下按鍵的事件時
107                  if event.key == K_F1:                 如果是 F1 鍵
108                      screen = pygame.display.set_          變成全螢幕
     mode((960, 720), FULLSCREEN)
109                  if event.key == K_F2 or event.key        如果是 F2 鍵或 Esc 鍵
     == K_ESCAPE:
110                      screen = pygame.display.set_       恢復成正常顯示
     mode((960, 720))
111
112          # 捲動背景
113          bg_y = (bg_y+16)%720                     計算背景捲動的位置
114          screen.blit(img_galaxy, [0, bg_y-720])   繪製背景（上側）
115          screen.blit(img_galaxy, [0, bg_y])       繪製背景（下側）
116
117          key = pygame.key.get_pressed()           把所有按鍵的狀態代入 key
118          move_starship(screen, key)               移動我機
119          move_missile(screen)                     移動我機的飛彈
120
121          pygame.display.update()                  更新畫面
122          clock.tick(30)                           設定幀率
123
124
125  if __name__ == '__main__':                      直接執行這個程式時
126      main()                                       呼叫 main() 函數
```

執行這個程式之後，按下 z 鍵，就可以發射彈幕。

圖 6-6-1　list0606_1.py 的執行結果

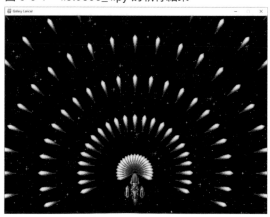

利用第 30 行宣告的 msl_a 列表管理飛彈的方向（角度）。

這裡改造了前面程式中的 set_missile() 函數與 move_missile() 函數。在 set_missile() 函數設置參數，當參數為 0 時，設定單發飛彈，參數為 10 時，設定彈幕。以下將單獨說明在第 72 ～ 78 行設定 set_missile() 函數內的彈幕處理。

```
if typ == 10: # 彈幕
    for a in range(160, 390, 10):
        msl_f[msl_no] = True
        msl_x[msl_no] = ss_x
        msl_y[msl_no] = ss_y-50
        msl_a[msl_no] = a
        msl_no = (msl_no+1)%MISSILE_MAX
```

在 set_missile() 函數給予參數 10，呼叫出函數後，在 160 度到 380 度之間，以每 10 度發射飛彈，利用重複的 for 語法在列表內設定常數值。代入 msl_a 的角度值為「度」。

 for a in range(160, 390, 10): 的 range() 命令範圍是從 160 開始到 380 為止。注意別把 390 代入 a。

MEMO

set_missile() 函數的參數設定為 0 與 10 是因為筆者決定單發飛彈的參數為個位數，而多發飛彈的參數是雙位數。由於有許多射擊遊戲會逐漸提高武器的威力，考量到改良成這種遊戲的情況，而事先決定了比較容易瞭解的規則。

接著要說明移動飛彈的 move_missile() 函數。move_missile() 函數利用三角函數計算飛彈的 X 軸及 Y 軸方向的移動量，讓飛彈的座標產生變化。以下將特別說明 move_missile() 函數。

```
def move_missile(scrn): # 移動飛彈
    for i in range(MISSILE_MAX):
        if msl_f[i] == True:
            msl_x[i] = msl_x[i] + 36*math.cos(math.radians(msl_a[i]))
            msl_y[i] = msl_y[i] + 36*math.sin(math.radians(msl_a[i]))
            img_rz = pygame.transform.rotozoom(img_weapon, -90-msl_a[i], 1.0)
```

接下頁

```
scrn.blit(img_rz, [msl_x[i]-img_rz.get_width()/2, msl_y[i]-img_rz.get_height()/2])
if msl_y[i] < 0 or msl_x[i] < 0 or msl_x[i] > 960:
    msl_f[i] = False
```

其中，以下這兩行是改變飛彈座標的算式。

- **msl_x[i] = msl_x[i] + 36*math.cos(math.radians(msl_a[i]))**
- **msl_y[i] = msl_y[i] + 36*math.sin(math.radians(msl_a[i]))**

粗體的部分代表

- **點數 *math.cos(角度) 為 X 軸方向的座標變化量**
- **點數 *math.sin(角度) 為 Y 軸方向的座標變化量**

顯示成圖示後，結果如下所示。

圖 6-6-2　計算飛彈的座標

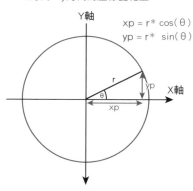

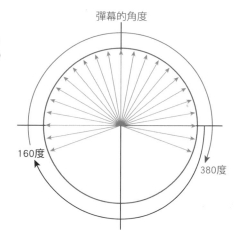

在 Python 的三角函數中，命令的參數是以弧度為單位，所以利用 math. radians(msl_a[i])，把度轉換成弧度，計算移動量。

飛彈的影像會朝著行進方向轉動。旋轉、縮放影像的命令如下頁所示。

```
pygame.transform.rotozoom(原始影像, 旋轉角度, 放大率)
```

221

這個命令的參數是以度（degree）為角度值。放大率 1.0 為原始大小，如果要變成一半，就設定成 0.5，若要放大成兩倍，就設定成 2.0。

旋轉前的飛彈影像朝向正上方。rotozoom() 命令的角度與三角函數相反，所以設定成 -90-msl_a[i]，這樣就會產生和三角函數的角度一樣方向的飛彈影像。

使用 blit() 命令繪製旋轉後的影像時，座標如下所示。

```
[msl_x[i]-img_rz.get_width()/2, msl_y[i]-img_rz.get_height()/2]
```

由於 (msl_x, msl_y) 是影像的中心，所以 X 座標、Y 座標分別減去旋轉後影像 img_rz 一半的寬度及一半的高度。

如果不瞭解旋轉飛彈影像，以及在畫面上繪圖時，設定座標中心的方法，請複習 Lesson 5-5 旋轉顯示太空船的程式。

按下 Z 鍵時，只會發射一次彈幕，如果要連續發射彈幕，必須連續按下 Z 鍵。這樣該如何設計程式？以下將單獨說明在 move_starship() 函數中，判斷 Z 鍵與發射彈幕的部分。

```
key_z = (key_z+1)*key[K_z]
if key_z == 1:
    set_missile(10)
```

這個方法其實前面學過，和按下空白鍵時，以一定間隔發射飛彈的結構一樣。利用 key_z = (key_z+1)*key[K_z] 算式，當 Z 鍵被按下，變數 key_z 的值變成 1，之後連續按下 Z 鍵，key_z 為 2 → 3 → 4 → 5 → …… 持續增加。放開 Z 鍵，key[K_z] 變成 0，key_z 也變成 0。

要讓 key_z 變成 1，必須放開 Z 鍵。利用 if key_z == 1 條件式，在按下一次 Z 鍵時，與連續按下 Z 鍵時發射彈幕。

知名動畫遊戲的開發秘辛 之二

有間與筆者有交情的遊戲製造商向筆者經營的遊戲製作公司提案，希望將龍之子製作公司的知名動畫做成遊戲，也就是將《科學小飛俠》製作成遊戲 App。筆者在孩提時期很喜歡電視動畫，幾乎所有當時龍之子製作公司的動畫都看過，當然也包括科學小飛俠。聽到要將這部動畫作品變成遊戲，我立刻就答應了。

根據遊戲製造商的想法，最後決定要製作角色扮演遊戲。知道科學小飛俠的人可能會覺得「為什麼不是動作遊戲？」而感到不可思議。這是行動電話（功能型手機）上的遊戲，要用功能型手機的按鈕玩動作遊戲很困難。再加上筆者的公司長年製作 RPG，擁有開發 RPG 的 Know How。基於這些原因，而開始開發《RPG 科學小飛俠》。

遊戲原創來自紅白機《Final Fantasy》三部曲，並由知名動畫編劇寺田憲史撰寫腳本。筆者在孩提時期看過許多動畫，在工作人員的名單中，曾出現過寺田的名字，對於超喜愛 FF 系列的筆者而言，寺田宛如高不可攀的存在。可以和這樣的寺田一起工作，筆者當時十分期待。

附帶一提，筆者尤其喜歡《Final Fantasy》中的紅白機及超級任天堂系列，每次推出新硬體的重製版時，我都會玩。

《RPG 科學小飛俠》的遊戲系統委託筆者的公司設計。筆者以製作人的身份參與了挑選開發人員的工作，由於我們是間小製作公司，所以筆者也身兼企劃。思考遊戲系統時，筆者看過所有龍之子製作公司借給我們的科學小飛俠原作 DVD，並注意到孩提時期無法瞭解的主題深度及戲劇性。

為了發揮動畫的動作場景，戰鬥場景設定成五位科學小飛俠的成員在畫面中即時移動，打倒敵人。成員使用了和動畫一樣的武器，也加入了使用必殺技「科學龍捲風」的場景。

筆者很高興能將喜愛的動畫變成遊戲，同時也因為這是知名作品，還有知名編劇參與專案，背負著「不能失禮，工作上不允許失敗」的壓力而感到非常緊張。

可是寺田毫不在意，並對筆者說「遊戲有需要修改的地方，請別客氣，儘管明說」。因此降低了筆者的緊張情緒。RPG 遊戲需要讓 NPC 提供遊戲的線索，需要各種台詞，對方也表示「協助角色的台詞交給你們負責」。使得開發遊戲的工作進行得很順利。

要將原作改編成遊戲，有時著作權者會提出修改的要求。例如稍微調整角色的形狀，或某些部分的色調等。著作權者當然不會破壞他們重要作品的角色形象或世界觀，自然會對細節部分提出要求。

我們在開發《RPG 科學小飛俠》時，瞭解到這一點，而委請值得信任的專業設計師負責主要影像，盡量避免出差錯。例如，在事件場景中，主角們互相對話。臉部是角色的生命，是很重要的元素，所以當初是一邊向原作確認，一邊謹慎地展開設計。準備好概略的影像，傳送給龍之子製作公司確認時，「希望不要有太多需要修改的部分…」，心中忐忑不安地等待回音。

當龍之子製作公司傳來回覆，明快地表示「一切都沒問題」時，瞬間放下心中的大石頭，同時也很感謝提供了符合原作想法的影像，一次就設計成功的設計師。

經過數個月的製作期，終於完成了《PRG 科學小飛俠》遊戲。在戰鬥場景中，鐵雄、大明、珍珍、阿丁、阿龍變身成科學小飛俠，在狹窄的行動電話液晶畫面來回奔跑，打倒敵人。筆者也是科學小飛俠迷，認為已經達成改編成遊戲的目標，「製作出原作粉絲認同的遊戲」。將自己喜愛的動畫變成遊戲的喜悅，非筆墨能形容。

寺田邀請了筆者到他的事務所拜訪。筆者當然開心地造訪，我們聊了許多動漫界、出版界的事情。

身為編劇、作家的寺田，擁有眾多著作。看到事務所的書櫃上陳列著這些著作時，筆者說道：希望有朝一日也能寫書，寺田鼓勵我，一定有機會的。之後過了 10 年，筆者以技術書籍的作者，教導大家相關技術的形式，實現了夢想。

開發《RPG 科學小飛俠》實在是一個很棒的經驗，這款遊戲對筆者而言，是印象深刻的作品之一。

在《Galaxy Lancer》加入敵機的處理及防禦（生命）規則。另外，再增加標題畫面，製作出完整的遊戲。

製作射擊遊戲！
中篇

Chapter

7

7-1 敵機的處理

上一章加入了我機的操作處理,接下來要設計移動敵機的程式。

遊戲規則

因為進入了另一章,所以同樣在「Chapter7」資料夾內建立「image_gl」資料夾,將影像檔案放在這裡。

圖 7-1-1 「Chapter7」的資料夾結構

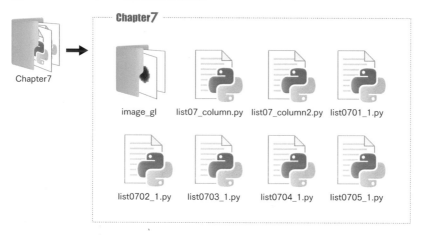

這裡也會用到上一章使用過的星星背景、我機影像、飛彈影像,請把這些影像放入這個資料夾內。

使用三角函數

移動敵機和我機的飛彈一樣,都是使用三角函數來設計程式。使用角度管理敵機的行進方向,只要改變該值,就能讓敵機往 360 度任意方向移動。用角度管理行進方向能快速增加敵機移動的變化。

統一管理敵機的飛彈與機體

敵機的飛彈與機體可以用一個處理來管理,所以這裡準備了這樣的程式。確認動作之後,再說明統一管理飛彈與機體的方法。這個程式將使用右邊的影像,enemy0.png

是敵人發射的飛彈，enemy1.png 是機體。請透過
本書提供的網址下載這些檔案。

圖 7-1-2　這次使用的影像檔案

enemy0.png

enemy1.png

請輸入以下程式，另存新檔之後，再執行程式。

程式 ▶ list0701_1.py　※ 與前面程式不同的部分畫上了 標示。

```
1   import pygame                                              匯入 pygame 模組
2   import sys                                                 匯入 sys 模組
3   import math                                                匯入 math 模組
4   import random                                              匯入 random 模組
5   from pygame.locals import *                                省略 pygame. 常數的描述
6
7   # 載入影像
8   img_galaxy = pygame.image.load("image_gl/galaxy.png")      載入星星背景的變數
9   img_sship = [                                              載入我機影像的列表
10      pygame.image.load("image_gl/starship.png"),
11      pygame.image.load("image_gl/starship_l.png"),
12      pygame.image.load("image_gl/starship_r.png"),
13      pygame.image.load("image_gl/starship_burner.png")
14  ]
15  img_weapon = pygame.image.load("image_gl/bullet.png")      載入我機飛彈影像的變數
16  img_enemy = [                                              載入敵機影像的列表
17      pygame.image.load("image_gl/enemy0.png"),
18      pygame.image.load("image_gl/enemy1.png")
19  ]
20
21  tmr = 0                                                    計時器的變數
22  bg_y = 0                                                   捲動背景的變數
23
24  ss_x = 480                                                 我機 X 座標的變數
25  ss_y = 360                                                 我機 Y 座標的變數
26  ss_d = 0                                                   傾斜我機的變數
27  key_spc = 0                                                按下空白鍵時使用的變數
28  key_z = 0                                                  按下 Z 鍵時使用的變數
29
30  MISSILE_MAX = 200                                          我機發射飛彈的最大常數
31  msl_no = 0                                                 發射飛彈時使用列表索引值的變數
32  msl_f = [False]*MISSILE_MAX                                管理是否發射飛彈的旗標列表
33  msl_x = [0]*MISSILE_MAX                                    飛彈 X 座標的列表
34  msl_y = [0]*MISSILE_MAX                                    飛彈 Y 座標的列表
35  msl_a = [0]*MISSILE_MAX                                    飛彈角度的列表
36
37  ENEMY_MAX = 100                                            敵機的最大常數
38  emy_no = 0                                                 敵機出現時使用列表參數的變數
39  emy_f = [False]*ENEMY_MAX                                  管理敵機是否出現的旗標列表
40  emy_x = [0]*ENEMY_MAX                                      敵機 X 座標的列表
41  emy_y = [0]*ENEMY_MAX                                      敵機 Y 座標的列表
42  emy_a = [0]*ENEMY_MAX                                      敵機飛行角度的列表
```

```
43    emy_type = [0]*ENEMY_MAX                              敵機種類的列表
44    emy_speed = [0]*ENEMY_MAX                             敵機速度的列表
45
46    LINE_T = -80                                          敵機出現（消失）的上端座標
47    LINE_B = 800                                          敵機出現（消失）的下端座標
48    LINE_L = -80                                          敵機出現（消失）的左端座標
49    LINE_R = 1040                                         敵機出現（消失）的右端座標
50
51
52    def move_starship(scrn, key): # 移動我機              移動我機的函數
53        global ss_x, ss_y, ss_d, key_spc, key_z          變成全域變數
54        ss_d = 0                                          傾斜機體的變數變成 0（不傾斜）
55        if key[K_UP] == 1:                                按下向上鍵後
56            ss_y = ss_y - 20                              減少 Y 座標
57            if ss_y < 80:                                 若 Y 座標小於 80
58                ss_y = 80                                 Y 座標變成 80
59        if key[K_DOWN] == 1:                              按下向下鍵後
60            ss_y = ss_y + 20                              增加 Y 座標
61            if ss_y > 640:                                若 Y 座標大於 640
62                ss_y = 640                                Y 座標變成 640
63        if key[K_LEFT] == 1:                              按下向左鍵後
64            ss_d = 1                                      機體傾斜變成 1（左）
65            ss_x = ss_x - 20                              減少 X 座標
66            if ss_x < 40:                                 若 X 座標小於 40
67                ss_x = 40                                 X 座標變成 40
68        if key[K_RIGHT] == 1:                             按下向右鍵後
69            ss_d = 2                                      機體傾斜變成 2（右）
70            ss_x = ss_x + 20                              增加 X 座標
71            if ss_x > 920:                                若 X 座標大於 920
72                ss_x = 920                                X 座標變成 920
73        key_spc = (key_spc+1)*key[K_SPACE]                在按下空白鍵的過程中，變數增加
74        if key_spc%5 == 1:                                按下第一次後，每 5 幀
75            set_missile(0)                                發射飛彈
76        key_z = (key_z+1)*key[K_z]                        在按下 Z 鍵的過程中，變數增加
77        if key_z == 1:                                    按一次時
78            set_missile(10)                               發射彈幕
79        scrn.blit(img_sship[3], [ss_x-8, ss_y+40          繪製引擎的火焰
    +(tmr%3)*2])
80        scrn.blit(img_sship[ss_d], [ss_x-37, ss_y-48])    繪製我機
81
82
83    def set_missile(typ): # 設定我機發射的飛彈           設定我機發射飛彈的函數
84        global msl_no                                     變成全域變數
85        if typ == 0: # 單發                              單發時
86            msl_f[msl_no] = True                          發射的旗標為 True
87            msl_x[msl_no] = ss_x                          代入飛彈的 X 座標 ┐我機的機鼻位置
88            msl_y[msl_no] = ss_y-50                       代入飛彈的 Y 座標 ┘
89            msl_a[msl_no] = 270                           飛彈的角度
90            msl_no = (msl_no+1)%MISSILE_MAX               計算下個設定用的編號
91        if typ == 10: # 彈幕                             彈幕時
92            for a in range(160, 390, 10):                反覆發射扇形飛彈
93                msl_f[msl_no] = True                      發射的旗標為 True
94                msl_x[msl_no] = ss_x                      代入飛彈的 X 座標 ┐我機的機鼻位置
95                msl_y[msl_no] = ss_y-50                   代入飛彈的 Y 座標 ┘
96                msl_a[msl_no] = a                         飛彈的角度
97                msl_no = (msl_no+1)%MISSILE_MAX           計算下個設定用的編號
98
99
100   def move_missile(scrn): # 移動飛彈                    移動飛彈的變數
```

228

```
101     for i in range(MISSILE_MAX):                              重複
102         if msl_f[i] == True:                                      如果發射了飛彈
103             msl_x[i] = msl_x[i] + 36*math.cos                         計算 X 座標
        (math.radians(msl_a[i]))
104             msl_y[i] = msl_y[i] + 36*math.sin                         計算 Y 座標
        (math.radians(msl_a[i]))
105             img_rz = pygame.transform.rotozoom                         建立讓飛行角度轉向的影像
        (img_weapon, -90-msl_a[i], 1.0)
106             scrn.blit(img_rz, [msl_x[i]-img_rz.                         繪製影像
        get_width()/2, msl_y[i]-img_rz.get_height()/2])
107             if msl_y[i] < 0 or msl_x[i] < 0 or msl_                     超出畫面之後
        x[i] > 960:
108                 msl_f[i] = False                                       刪除飛彈
109
110
111 def bring_enemy(): # 敵機出現                                      讓敵機出現的函數
112     if tmr%30 == 0:                                               在此時
113         set_enemy(random.randint(20, 940), LINE_T, 90,               出現兵機 1
        1, 6)
114
115
116 def set_enemy(x, y, a, ty, sp): # 設定敵機                         在敵機的列表中設定座標及角度的函數
117     global emy_no                                                  變成全域變數
118     while True:                                                    無限迴圈
119         if emy_f[emy_no] == False:                                    如果是空的列表
120             emy_f[emy_no] = True                                      建立旗標
121             emy_x[emy_no] = x                                         代入 X 座標
122             emy_y[emy_no] = y                                         代入 Y 座標
123             emy_a[emy_no] = a                                         代入角度
124             emy_type[emy_no] = ty                                     代入敵機的種類
125             emy_speed[emy_no] = sp                                    代入敵機的速度
126             break                                                    跳出迴圈
127         emy_no = (emy_no+1)%ENEMY_MAX                              計算下次設定的編號
128
129
130 def move_enemy(scrn): # 移動敵機                                   移動敵機的函數
131     for i in range(ENEMY_MAX):                                     重複
132         if emy_f[i] == True:                                          如果敵機存在
133             ang = -90-emy_a[i]                                          把影像的旋轉角度代入 ang
134             png = emy_type[i]                                           把影像編號代入 png
135             emy_x[i] = emy_x[i] + emy_speed[i]                         改變 X 座標
        *math.cos(math.radians(emy_a[i]))
136             emy_y[i] = emy_y[i] + emy_speed[i]                         改變 Y 座標
        *math.sin(math.radians(emy_a[i]))
137             if emy_type[i] == 1 and emy_y[i] > 360:                    敵機的 Y 座標超過 360 時
138                 set_enemy(emy_x[i], emy_y[i], 90, 0,                       發射飛彈
        8)
139                 emy_a[i] = -45                                         改變方向
140                 emy_speed[i] = 16                                      改變速度
141             if emy_x[i] < LINE_L or LINE_R < emy_x[i] or               超出畫面上下左右時
        emy_y[i] < LINE_T or LINE_B < emy_y[i]:
142                 emy_f[i] = False                                       消除敵機
143             img_rz = pygame.transform.rotozoom                         建立讓敵機旋轉的影像
        (img_enemy[png], ang, 1.0)
144             scrn.blit(img_rz, [emy_x[i]-img_rz.                         繪製影像
        get_width()/2, emy_y[i]-img_rz.get_height()/2])
145
146
147 def main(): # 主要迴圈                                             執行主要處理的函數
```

```
148        global tmr, bg_y                                      變成全域變數
149
150        pygame.init()                                         pygame 模組初始化
151        pygame.display.set_caption("Galaxy Lancer")           設定顯示在視窗上的標題
152        screen = pygame.display.set_mode((960, 720))          繪圖面初始化
153        clock = pygame.time.Clock()                           建立 clock 物件
154
155        while True:                                           無限迴圈
156            tmr = tmr + 1                                       tmr 的值加 1
157            for event in pygame.event.get():                   重複處理 pygame 的事件
158                if event.type == QUIT:                            點擊視窗的 × 按鈕時
159                    pygame.quit()                                   解除 pygame 模組的初始化
160                    sys.exit()                                      結束程式
161                if event.type == KEYDOWN:                         發生按下按鍵的事件時
162                    if event.key == K_F1:                            如果是 F1 鍵
163                        screen = pygame.display.set_                   變成全螢幕
mode((960, 720), FULLSCREEN)
164                    if event.key == K_F2 or event.key ==             如果是 F2 鍵或 Esc 鍵
K_ESCAPE:
165                        screen = pygame.display.set_                 恢復成正常顯示
mode((960, 720))
166
167            # 捲動背景                                           計算背景捲動的位置
168            bg_y = (bg_y+16)%720                               繪製背景（上側）
169            screen.blit(img_galaxy, [0, bg_y-720])             繪製背景（下側）
170            screen.blit(img_galaxy, [0, bg_y])
171
172            key = pygame.key.get_pressed()                     把所有按鍵的狀態代入 key
173            move_starship(screen, key)                         移動我機
174            move_missile(screen)                               移動我機的飛彈
175            bring_enemy()                                      讓敵機出現
176            move_enemy(screen)                                 移動敵機
177
178            pygame.display.update()                            更新畫面
179            clock.tick(30)                                     設定幀率
180
181
182    if __name__ == '__main__':                                直接執行這個程式時
183        main()                                                呼叫 main() 函數
```

執行這個程式後，畫面上就會出現敵機，並在畫面中發射飛彈，改變飛行方向。現在還未加入用我機的飛彈擊落敵機，或我機與敵機接觸時的處理。

圖 7-1-3　繪製敵機與飛彈

使用第 39 ～ 44 行宣告的 emy_f、emy_x、emy_y、emy_a、emy_type、emy_speed
列表管理敵機。這些列表的功能如下所示。

表 7-1-1　管理敵機的列表

emy_f	敵機是否存在 存在（移動中）為 True，不存在為 False
emy_x	敵機的 X 座標
emy_y	敵機的 Y 座標
emy_a	敵機的行進方向（角度）
emy_type	敵機的種類以及影像編號
emy_speed	敵機的速度（一幀移動的點數）

第 37 行宣告的 ENEMY_MAX = 100 常數是這些列表的元素數（箱子數量），代表要
處理幾架敵機。這次最多同時出現 100 架飛機。
第 38 行的 emy_no 是用來設定敵機列表中的數值。

第 46 ～ 49 行定義的 LINE_T、LINE_B、LINE_L、LINE_R 常數是畫面上方、下
方、左側、右側各個敵機出現的位置，以及超出範圍後，消除敵機的座標。《Galaxy
Lancer》的視窗大小為寬度 960 點、高度 720 點，LINE_T、LINE_B、LINE_L、
LINE_R 如下圖所示，位於畫面外側 80 點的位置。

圖 7-1-4　敵機出現的路線

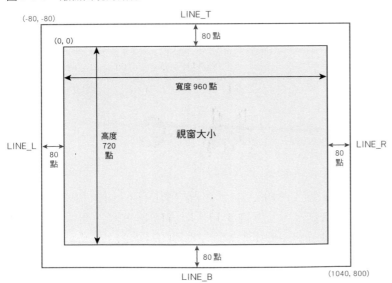

第 111 ～ 113 行描述的 bring_enemy() 函數是讓敵機出現的函數。這個函數是每 30 幀呼叫一次第 116 ～ 127 行定義的 set_enemy() 函數，設定敵機出現的位置及角度等。以下將單獨説明 set_enemy() 函數。

```python
def set_enemy(x, y, a, ty, sp): # 設定敵機
    global emy_no
    while True:
        if emy_f[emy_no] == False:
            emy_f[emy_no] = True
            emy_x[emy_no] = x
            emy_y[emy_no] = y
            emy_a[emy_no] = a
            emy_type[emy_no] = ty
            emy_speed[emy_no] = sp
            break
        emy_no = (emy_no+1)%ENEMY_MAX
```

重複 while True，搜尋空的列表（emy_f 的值為 False 的列表）。設定敵機的座標等資料後，利用 break 退出處理。用算式 emy_no = (emy_no+1)%ENEMY_MAX 讓 emy_no 的值持續加 1，當變成 ENEMY_MAX 就歸零，所以找到某個空的列表後，將敵機的資料設定在該列表中。

利用第 130 ～ 144 定義的 move_enemy() 函數移動敵機。以下將單獨説明這個部分。

```python
def move_enemy(scrn): # 移動敵機
    for i in range(ENEMY_MAX):
        if emy_f[i] == True:
            ang = -90-emy_a[i]
            png = emy_type[i]
            emy_x[i] = emy_x[i] + emy_speed[i]*math.cos(math.radians(emy_a[i]))
            emy_y[i] = emy_y[i] + emy_speed[i]*math.sin(math.radians(emy_a[i]))
            if emy_type[i] == 1 and emy_y[i] > 360:
                set_enemy(emy_x[i], emy_y[i], 90, 0, 8)
                emy_a[i] = -45
                emy_speed[i] = 16
            if emy_x[i] < LINE_L or LINE_R < emy_x[i] or emy_y[i] < LINE_T or LINE_B < emy_y[i]:
                emy_f[i] = False
            img_rz = pygame.transform.rotozoom(img_enemy[png], ang, 1.0)
            scrn.blit(img_rz, [emy_x[i]-img_rz.get_width()/2, emy_y[i]-img_rz.get_height()/2])
```

和我機的飛彈一樣，假設 emy_f 為 True 時，敵機存在。使用 for 語法對所有列表進行搜尋，emy_f 為 True 時，移動並繪製敵機。

讓敵機影像沿著行進方向旋轉的角度為 ang = -90-emy_a[i]，將其代入變數 ang。敵人影像的編號以 png = emy_type[i] 代入變數 png。上個單元的 ang 是為了一邊旋轉，一邊移動兵機，而 png 是為了攻擊魔王機時，使其閃爍，所以現在不需要在意這些變數。

這裡使用了三角函數的 sin() 命令及 cos() 命令，分別計算 X 方向及 Y 方向的移動量，讓座標產生變化，藉此移動敵機。改變座標後，

```
if emy_x[i] < LINE_L or LINE_R < emy_x[i] or emy_y[i] < LINE_T or LINE_B < emy_y[i]:
```

利用上述條件，當超過上下左右的線條後，emy_f[i] = False，消除敵機。

這次程式中出現的敵機是朝 90 度角的方向移動，並在畫面中間轉向 -45 度角。顯示成圖示的結果如下所示。

圖 7-1-5　敵機的方向與計算移動量

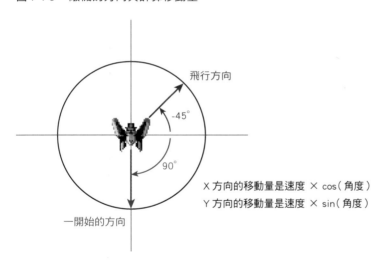

以下將單獨說明改變敵機方向的條件式。

```
if emy_type[i] == 1 and emy_y[i] > 360:
    set_enemy(emy_x[i], emy_y[i], 90, 0, 8)
    emy_a[i] = -45
    emy_speed[i] = 16
```

emy_type 的值為 0 代表敵機的飛彈，值為 1 代表機體。機體的 Y 座標超過 360，就執行 set_enemy(emy_x[i], emy_y[i], 90, 0, 8)，發射一發飛彈。

本書將敵人的飛彈與機體合併處理，建立以下程式

- **利用 set_enemy() 函數設定機體，發射飛彈**
- **利用 move_enemy() 函數移動飛彈及機體**

使用相同函數執行機體與飛彈的處理，可以縮短程式，有各種優點。

萬一發生錯誤（出問題），簡短的程式比較容易找出原因，這也是其中一個優點。

透過旋轉 Pygame 影像的命令，建立沿著移動方向轉動的敵機影像，然後將影像傳送（繪製）到畫面。以下將特別說明這個部分。

```
img_rz = pygame.transform.rotozoom(img_enemy[png], ang, 1.0)
scrn.blit(img_rz, [emy_x[i]-img_rz.get_width()/2, emy_y[i]-img_rz.get_height()/2])
```

利用 pygame.transform.rotozoom() 建立旋轉後的影像，並使用 blit() 在畫面上繪圖。

以下整理了敵機的處理重點

- **以角度管理敵機的行進方向，用三角函數計算移動量**
- **利用旋轉影像的命令建立敵機行進方向的影像**

這些處理可以讓敵機往 360 度任何一個方向移動。

這裡的重點是利用三角函數計算移動量，再旋轉影像的命令。如果你覺得很困難，也不需要為了無法立刻理解而煩惱，只要先記住有這種方法即可。整個看完之後，再重新複習，先前不懂的地方就會豁然開朗。

Lesson 7-2 用飛彈擊落敵機

利用我機發射的飛彈擊落敵機。

》》》 遊戲規則

飛彈與敵機的碰撞偵測是用兩個圓形的中心距離來判斷。以下將先確認程式的動作，接著再進一步說明。請輸入以下程式，另存新檔之後，再執行程式。

程式 ▶ list0702_1.py　※ 與前面程式不同的部分畫上了 標示。

```
1   import pygame                                              匯入 pygame 模組
2   import sys                                                 匯入 sys 模組
3   import math                                                匯入 math 模組
4   import random                                              匯入 random 模組
5   from pygame.locals import *                                省略 pygame. 常數的描述
6
7   # 載入影像
8   img_galaxy = pygame.image.load("image_gl/galaxy.png")     載入星星背景的變數
9   img_sship = [                                              載入我機影像的列表
10      pygame.image.load("image_gl/starship.png"),
11      pygame.image.load("image_gl/starship_l.png"),
12      pygame.image.load("image_gl/starship_r.png"),
13      pygame.image.load("image_gl/starship_burner.png")
14  ]
15  img_weapon = pygame.image.load("image_gl/bullet.png")     載入我機飛彈影像的變數
16  img_enemy = [                                              載入敵機影像的列表
17      pygame.image.load("image_gl/enemy0.png"),
18      pygame.image.load("image_gl/enemy1.png")
19  ]
20
21  tmr = 0                                                    計數器的變數
22  bg_y = 0                                                   捲動背景的變數
23
24  ss_x = 480                                                 我機 X 座標的變數
25  ss_y = 360                                                 我機 Y 座標的變數
26  ss_d = 0                                                   傾斜我機的變數
27  key_spc = 0                                                按下空白鍵時使用的變數
28  key_z = 0                                                  按下 Z 鍵時使用的變數
29
30  MISSILE_MAX = 200                                          我機發射飛彈的最大常數
31  msl_no = 0                                                 發射飛彈時使用列表索引值的變數
32  msl_f = [False]*MISSILE_MAX                                管理是否發射飛彈的旗標列表
33  msl_x = [0]*MISSILE_MAX                                    飛彈 X 座標的列表
34  msl_y = [0]*MISSILE_MAX                                    飛彈 Y 座標的列表
35  msl_a = [0]*MISSILE_MAX                                    飛彈角度的列表
36
```

```
37   ENEMY_MAX = 100                                        敵機的最大常數
38   emy_no = 0                                             敵機出現時使用列表參數的變數
39   emy_f = [False]*ENEMY_MAX                              管理敵機是否出現的旗標列表
40   emy_x = [0]*ENEMY_MAX                                  敵機 X 座標的列表
41   emy_y = [0]*ENEMY_MAX                                  敵機 Y 座標的列表
42   emy_a = [0]*ENEMY_MAX                                  敵機飛行角度的列表
43   emy_type = [0]*ENEMY_MAX                               敵機種類的列表
44   emy_speed = [0]*ENEMY_MAX                              敵機速度的列表
45
46   EMY_BULLET = 0                                         管理敵機飛彈編號的常數
47   LINE_T = -80                                           敵機出現（消失）的上端座標
48   LINE_B = 800                                           敵機出現（消失）的下端座標
49   LINE_L = -80                                           敵機出現（消失）的左端座標
50   LINE_R = 1040                                          敵機出現（消失）的右端座標
51
52
53   def get_dis(x1, y1, x2, y2): # 計算兩點間的距離          計算兩點間距離的函數
54       return( (x1-x2)*(x1-x2) + (y1-y2)*(y1-y2) )            傳回平方值（不使用根號）
55
56
57   def move_starship(scrn, key): # 移動我機                移動我機的函數
58       global ss_x, ss_y, ss_d, key_spc, key_z               變成全域變數
59       ss_d = 0                                              傾斜機體的變數變成 0（不傾斜）
60       if key[K_UP] == 1:                                    按下向上鍵後
61           ss_y = ss_y - 20                                      減少 Y 座標
62           if ss_y < 80:                                        若 Y 座標小於 80
63               ss_y = 80                                            Y 座標變成 80
64       if key[K_DOWN] == 1:                                  按下向下鍵後
65           ss_y = ss_y + 20                                      增加 Y 座標
66           if ss_y > 640:                                       若 Y 座標大於 640
67               ss_y = 640                                           Y 座標變成 640
68       if key[K_LEFT] == 1:                                  按下向左鍵後
69           ss_d = 1                                             機體傾斜變成 1（左）
70           ss_x = ss_x - 20                                      減少 X 座標
71           if ss_x < 40:                                        若 X 座標小於 40
72               ss_x = 40                                            X 座標變成 40
73       if key[K_RIGHT] == 1:                                 按下向右鍵後
74           ss_d = 2                                             機體傾斜變成 2（右）
75           ss_x = ss_x + 20                                      增加 X 座標
76           if ss_x > 920:                                       若 X 座標大於 920
77               ss_x = 920                                           X 座標變成 920
78       key_spc = (key_spc+1)*key[K_SPACE]                    在按下空白鍵的過程中，變數增加
79       if key_spc%5 == 1:                                    按下第一次後，每 5 幀
80           set_missile(0)                                        發射飛彈
81       key_z = (key_z+1)*key[K_z]                            在按下 Z 鍵的過程中，變數增加
82       if key_z == 1:                                        按一次時
83           set_missile(10)                                       發射彈幕
84       scrn.blit(img_sship[3], [ss_x-8, ss_y+40             繪製引擎的火焰
     +(tmr%3)*2])
85       scrn.blit(img_sship[ss_d], [ss_x-37, ss_y-48])      繪製我機
86
87
88   def set_missile(typ): # 設定我機發射的飛彈              設定我機發射飛彈的函數
 :     略：和list0701_1.py一樣（→P.228）
 :     ⟨
105  def move_missile(scrn): # 移動飛彈                     移動飛彈的變數
 :     略：和list0701_1.py一樣（→P.228～229）
 :     ⟨
116  def bring_enemy(): # 敵機出現                          讓敵機出現的函數
```

236

```
  :    略：和list0701_1.py一樣（→P.229）
  :    〕
121  def set_enemy(x, y, a, ty, sp): # 設定敵機
  :    略：和list0701_1.py一樣（→P.229）
  :    〕
135  def move_enemy(scrn): # 移動敵機
136      for i in range(ENEMY_MAX):
137          if emy_f[i] == True:
138              ang = -90-emy_a[i]
139              png = emy_type[i]
140              emy_x[i] = emy_x[i] + emy_speed[i]
     *math.cos(math.radians(emy_a[i]))
141              emy_y[i] = emy_y[i] + emy_speed[i]
     *math.sin(math.radians(emy_a[i]))
142              if emy_type[i] == 1 and emy_y[i] > 360:
143                  set_enemy(emy_x[i], emy_y[i], 90, 0,
     8)
144                  emy_a[i] = -45
145                  emy_speed[i] = 16
146              if emy_x[i] < LINE_L or LINE_R < emy_x[i]
     or emy_y[i] < LINE_T or LINE_B < emy_y[i]:
147                  emy_f[i] = False
148
149              if emy_type[i] != EMY_BULLET: # 對玩家
     發射的飛彈進行碰撞偵
150                  w = img_enemy[emy_type[i]].get_
     width()
151                  h = img_enemy[emy_type[i]].get_
     height()
152                  r = int((w+h)/4)+12
153                  for n in range(MISSILE_MAX):
154                      if msl_f[n] == True and get_
     dis(emy_x[i], emy_y[i], msl_x[n], msl_y[n]) < r*r:
155                          msl_f[n] = False
156                          emy_f[i] = False
157
158              img_rz = pygame.transform.rotozoom
     (img_enemy[png], ang, 1.0)
159              scrn.blit(img_rz, [emy_x[i]-img_rz.
     get_width()/2, emy_y[i]-img_rz.get_height()/2])
160
161
162  def main(): # 主要迴圈
163      global tmr, bg_y
164
165      pygame.init()
166      pygame.display.set_caption("Galaxy Lancer")
167      screen = pygame.display.set_mode((960, 720))
168      clock = pygame.time.Clock()
169
170      while True:
171          tmr = tmr + 1
172          for event in pygame.event.get():
173              if event.type == QUIT:
174                  pygame.quit()
175                  sys.exit()
176              if event.type == KEYDOWN:
177                  if event.key == K_F1:
178                      screen = pygame.display.set_
```

在敵機的列表中設定座標及角度的函數

移動敵機的函數
　重複
　　如果敵機存在
　　　把影像的旋轉角度代入 ang
　　　把影像編號代入 png
　　　改變 X 座標

　　　改變 Y 座標

　　　敵機的 Y 座標超過 360 時
　　　　發射飛彈

　　　　改變方向
　　　　改變速度
　　　超出畫面上下左右時

　　　　消除敵機

　　　除敵機的飛彈之外，對玩家
的飛彈進行碰撞偵測
　　　　敵機影像的寬度（點數）

　　　　敵機影像的高度

　　　　計算碰撞偵測的距離
　　　　重複
　　　　　調查是否與我機的飛彈接觸

　　　　　刪除飛彈
　　　　　刪除敵機

　　　建立讓敵機旋轉的影像

　　　繪製影像

執行主要處理的函數
　變成全域變數

　pygame 模組初始化
　設定顯示在視窗上的標題
　繪圖面初始化
　建立 clock 物件

　無限迴圈
　　tmr 的值加 1
　　重複處理 pygame 的事件
　　　點擊視窗的 × 按鈕時
　　　　解除 pygame 模組的初始化
　　　　結束程式
　　　發生按下按鍵的事件時
　　　　如果是 F1 鍵
　　　　　變成全螢幕

```
          mode((960, 720), FULLSCREEN)
179                 if event.key == K_F2 or event.key ==                    如果是 F2 鍵或 Esc 鍵
          K_ESCAPE:
180                     screen = pygame.display.set_                        恢復成正常顯示
          mode((960, 720))
181
182         # 捲動影像
183         bg_y = (bg_y+16)%720                                          計算背景捲動的位置
184         screen.blit(img_galaxy, [0, bg_y-720])                       繪製背景（上側）
185         screen.blit(img_galaxy, [0, bg_y])                           繪製背景（下側）
186
187         key = pygame.key.get_pressed()                               把所有按鍵的狀態代入 key
188         move_starship(screen, key)                                   移動我機
189         move_missile(screen)                                         移動我機的飛彈
190         bring_enemy()                                                讓敵機出現
191         move_enemy(screen)                                           移動敵機
192
193         pygame.display.update()                                      更新畫面
194         clock.tick(30)                                               設定幀率
195
196
197 if __name__ == '__main__':                                          直接執行這個程式時
198     main()                                                          呼叫 main() 函數
```

執行這個程式，按下空白鍵或 [z] 鍵，就可以發射飛彈擊落敵機。這裡省略了執行畫面，請確認被飛彈擊中的敵機會消失，同時一併確認敵機的飛彈與我機的飛彈彼此接觸也不會消失。

這裡使用了 Chapter 2 學過、以兩個圓形的中心距離進行碰撞偵測的方法。如右所示，把敵機與飛彈比喻成圓形，中心座標之間的距離如果小於某個數值，就代表接觸。某個數值是用第 152 行 r = int((w+h)/4)+12 計算出來的結果，接下來將詳細說明。

圖 7-2-1　敵機與飛彈的碰撞偵測

兩者的距離如果小於某個數值就會碰撞

第 53 ～ 54 行定義的 get_dis() 函數是計算兩點距離的函數。這個函數如 P.72 的說明，不使用 sqrt() 命令，而是傳回平方值。

```
def get_dis(x1, y1, x2, y2): # 計算兩點間的距離
    return( (x1-x2)*(x1-x2) + (y1-y2)*(y1-y2) )
```

在移動敵機的 move_enemy() 函數內，使用 get_dis() 函數，進行與我機飛彈的碰撞偵測。以下將單獨說明這個部分。

```
if emy_type[i] != EMY_BULLET: # 對玩家發射的飛彈進行碰撞偵測
    w =_img_enemy[emy_type[i]].get_width()
    h = img_enemy[emy_type[i]].get_height()
    r = int((w+h)/4)+12
    for n in range(MISSILE_MAX):
        if msl_f[n] == True and get_dis(emy_x[i], emy_y[i], msl_x[n], msl_y[n]) <
r*r:
            msl_f[n] = False
            emy_f[i] = False
```

emy_type 的值為 0 代表敵機的飛彈，1 代表敵機的機體。

表 7-2-1　emy_type 的值與敵人的種類

emy_type 的值	0	1
影像檔案		

為了方便瞭解敵機飛彈的管理狀態，在第 46 行定義了常數 EMY_BULLET = 0。接著利用 if emy_type[i] != EMY_BULLET: 條件式，單獨進行敵機機體的碰撞偵測。
碰撞偵測的距離是由敵機的影像大小計算出來的。使用 get_width() 命令取得影像的寬度，用 get_height() 命令取得影像的高度，算式 r = int((w+h)/4)+12 計算的結果，就是碰撞偵測的距離。這次假設我機的飛彈半徑為 12 點，算出碰撞偵測的距離。

》》 各種碰撞偵測的方法

本書使用了判斷矩形之間是否接觸，以及圓形之間是否接觸的碰撞偵測。這些碰撞偵測的運用範圍廣，不會讓程式變複雜，非常方便。只不過有時會因為角色形狀的關係，使得用矩形判斷，或用圓形判斷，都會出現明明沒有接觸，看起來卻接觸到的情況。
即使兩個物體只接觸到 1 點，部分遊戲軟體的開發環境也可以判斷出兩者接觸。倘若將來你成為了遊戲程式設計師，最好先確認開發環境是否具備碰撞偵測的功能，如果有，請善用該功能。有些遊戲製造商擁有累積遊戲開發技術的系統程式，只用一個命令就能進行碰撞偵測。假如沒有方便進行碰撞偵測的程式，就得自行設計。請思考使用者能認同的角色接觸判斷，寫出執行碰撞偵測的程式。

另外，因個人興趣而設計程式的人，別把事情想得太困難。大部分的遊戲都支援用矩形或圓形進行碰撞偵測。請盡量描述簡單的程式，輕鬆愉快地製作遊戲。

這裡使用相同函數設定、移動敵機的飛彈與機體。接著利用if emy_type[i] != EMY_BULLET:條件式，不對我機的飛彈與敵機的飛彈進行碰撞偵測。這樣就無須個別處理敵機的飛彈與機體。

的確。set_enemy()函數與move_enemy()函數是簡潔、效率良好的程式，請一併參考這個部分。

Lesson 7-3　加入爆炸效果

這次要加入被飛彈擊中，敵機爆炸的效果。

》》》 特效

電腦遊戲需要各種特效（畫面效果、畫面演出）。例如，在角色扮演遊戲中，使用魔法或技能時，或在動作遊戲中，使用必殺技等情況，角色除了做出特別的動作，或特定的姿勢，也會顯示光渦、爆炸等特效，讓遊戲變得精彩。

開發專業的遊戲時，會使用遊戲開發環境附屬的工具，或製作特效專用的工具來產生特效。有時，遊戲製造商會自行開發特效工具。

另一方面，因個人興趣而設計程式時，程式設計師大多會自行製作特效。這次我們要學習在《Galaxy Lancer》加入敵機及我機的爆炸效果，學習特效繪圖基礎。

》》》 射擊遊戲的爆炸效果

只要準備可以將特效顯示在畫面某處的函數，再呼叫出該函數，就能自動顯示特效，非常方便。由於這次《Galaxy Lancer》只在爆炸時使用特效，所以要建立設定座標之後，就會自動顯示爆炸影像的程式。

這個程式將使用以下影像。

這是一本遊戲開發的入門書，重視的是程式設計的容易性，所以使用了依序顯示五種爆炸影像的簡單特效。

圖 7-3-1　這次使用的影像檔案

| explosion1.png | explosion2.png | explosion3.png | explosion4.png | explosion5.png |

以下要說明呈現敵機爆炸效果的程式。請輸入以下程式，另存新檔之後，再執行程式。

程式 ▶ list0703_1.py ※ 與前面程式不同的部分畫上了 **標示**。

```python
1   import pygame                                              匯入 pygame 模組
2   import sys                                                 匯入 sys 模組
3   import math                                                匯入 math 模組
4   import random                                              匯入 random 模組
5   from pygame.locals import *                                省略 pygame. 常數的描述
6
7   # 載入影像
8   img_galaxy = pygame.image.load("image_gl/galaxy.png")      載入星星背景的變數
9   img_sship = [                                              載入我機影像的列表
10      pygame.image.load("image_gl/starship.png"),
11      pygame.image.load("image_gl/starship_l.png"),
12      pygame.image.load("image_gl/starship_r.png"),
13      pygame.image.load("image_gl/starship_burner.png")
14  ]
15  img_weapon = pygame.image.load("image_gl/bullet.png")      載入我機飛彈影像的變數
16  img_enemy = [                                              載入敵機影像的列表
17      pygame.image.load("image_gl/enemy0.png"),
18      pygame.image.load("image_gl/enemy1.png")
19  ]
20  img_explode = [                                            載入爆炸影像的列表
21      None,
22      pygame.image.load("image_gl/explosion1.png"),
23      pygame.image.load("image_gl/explosion2.png"),
24      pygame.image.load("image_gl/explosion3.png"),
25      pygame.image.load("image_gl/explosion4.png"),
26      pygame.image.load("image_gl/explosion5.png")
27  ]
28
29  tmr = 0                                                    計時器的變數
30  bg_y = 0                                                   捲動背景的變數
31
32  ss_x = 480                                                 我機 X 座標的變數
33  ss_y = 360                                                 我機 Y 座標的變數
34  ss_d = 0                                                   傾斜我機的變數
35  key_spc = 0                                                按下空白鍵時使用的變數
36  key_z = 0                                                  按下 Z 鍵時使用的變數
37
38  MISSILE_MAX = 200                                          我機發射飛彈的最大常數
39  msl_no = 0                                                 發射飛彈時使用列表索引值的變數
40  msl_f = [False]*MISSILE_MAX                                管理是否發射飛彈的旗標列表
41  msl_x = [0]*MISSILE_MAX                                    飛彈 X 座標的列表
42  msl_y = [0]*MISSILE_MAX                                    飛彈 Y 座標的列表
43  msl_a = [0]*MISSILE_MAX                                    飛彈角度的列表
44
45  ENEMY_MAX = 100                                            敵機的最大常數
46  emy_no = 0                                                 敵機出現時使用列表參數的變數
47  emy_f = [False]*ENEMY_MAX                                  管理敵機是否出現的旗標列表
48  emy_x = [0]*ENEMY_MAX                                      敵機 X 座標的列表
49  emy_y = [0]*ENEMY_MAX                                      敵機 Y 座標的列表
50  emy_a = [0]*ENEMY_MAX                                      敵機飛行角度的列表
51  emy_type = [0]*ENEMY_MAX                                   敵機種類的列表
52  emy_speed = [0]*ENEMY_MAX                                  敵機速度的列表
53
54  EMY_BULLET = 0                                             管理敵機飛彈編號的常數
55  LINE_T = -80                                               敵機出現（消失）的上端座標
56  LINE_B = 800                                               敵機出現（消失）的下端座標
```

```
57   LINE_L = -80                                        敵機出現（消失）的左端座標
58   LINE_R = 1040                                       敵機出現（消失）的右端座標
59
60   EFFECT_MAX = 100                                    爆炸特效的最大常數
61   eff_no = 0                                          產生爆炸特效時使用列表索引值的變數
62   eff_p = [0]*EFFECT_MAX                              爆炸特效影像編號的列表
63   eff_x = [0]*EFFECT_MAX                              爆炸特效 X 座標的列表
64   eff_y = [0]*EFFECT_MAX                              爆炸特效 Y 座標的列表
65
66
67   def get_dis(x1, y1, x2, y2): # 計算兩點間的距離      計算兩點間距離的函數
68       return( (x1-x2)*(x1-x2) + (y1-y2)*(y1-y2) )         傳回平方值（不使用根號）
69
70
71   def move_starship(scrn, key): # 移動我機            移動我機的函數
72       global ss_x, ss_y, ss_d, key_spc, key_z            變成全域變數
73       ss_d = 0                                           傾斜機體的變數變成 0（不傾斜）
74       if key[K_UP] == 1:                                 按下向上鍵後
75           ss_y = ss_y - 20                                   減少 Y 座標
76           if ss_y < 80:                                      若 Y 座標小於 80
77               ss_y = 80                                          Y 座標變成 80
78       if key[K_DOWN] == 1:                               按下向下鍵後
79           ss_y = ss_y + 20                                   增加 Y 座標
80           if ss_y > 640:                                     若 Y 座標大於 640
81               ss_y = 640                                         Y 座標變成 640
82       if key[K_LEFT] == 1:                               按下向左鍵後
83           ss_d = 1                                           機體傾斜變成 1（左）
84           ss_x = ss_x - 20                                   減少 X 座標
85           if ss_x < 40:                                      若 X 座標小於 40
86               ss_x = 40                                          X 座標變成 40
87       if key[K_RIGHT] == 1:                              按下向右鍵後
88           ss_d = 2                                           機體傾斜變成 2（右）
89           ss_x = ss_x + 20                                   增加 X 座標
90           if ss_x > 920:                                     若 X 座標大於 920
91               ss_x = 920                                         X 座標變成 920
92       key_spc = (key_spc+1)*key[K_SPACE]                 在按下空白鍵的過程中，變數增加
93       if key_spc%5 == 1:                                 按下第一次後，每 5 幀
94           set_missile(0)                                     發射飛彈
95       key_z = (key_z+1)*key[K_z]                         在按下 Z 鍵的過程中，變數增加
96       if key_z == 1:                                     按一次時
97           set_missile(10)                                    發射彈幕
98       scrn.blit(img_sship[3], [ss_x-8, ss_y+40          繪製引擎的火焰
     +(tmr%3)*2])
99       scrn.blit(img_sship[ss_d], [ss_x-37, ss_y-48])    繪製我機
100
101
102  def set_missile(typ): # 設定我機發射的飛彈           設定我機發射飛彈的函數
:    略：和 list0701_1.py 一樣（→P.228）
:    〉
119  def move_missile(scrn): # 移動飛彈                  移動飛彈的變數
:    略：和 list0701_1.py 一樣（→P.228～229）
:    〉
130  def bring_enemy(): # 敵機出現                       讓敵機出現的函數
:    略：和 list0701_1.py 一樣（→P.229）
:    〉
135  def set_enemy(x, y, a, ty, sp): # 設定敵機          在敵機的列表中設定座標及角度的函數
:    略：和 list0701_1.py 一樣（→P.229）
:    〉
149  def move_enemy(scrn): # 移動敵機                    移動敵機的函數
```

```
150     for i in range(ENEMY_MAX):                      重複
151         if emy_f[i] == True:                        如果敵機存在
152             ang = -90-emy_a[i]                       把影像的旋轉角度代入 ang
153             png = emy_type[i]                        把影像編號代入 png
154             emy_x[i] = emy_x[i] + emy_speed[i]       改變 X 座標
*math.cos(math.radians(emy_a[i]))
155             emy_y[i] = emy_y[i] + emy_speed[i]       改變 Y 座標
*math.sin(math.radians(emy_a[i]))
156             if emy_type[i] == 1 and emy_y[i] > 360:  敵機的 Y 座標超過 360 時
157                 set_enemy(emy_x[i], emy_y[i], 90, 0, 發射飛彈
8)
158                 emy_a[i] = -45                       改變方向
159                 emy_speed[i] = 16                    改變速度
160             if emy_x[i] < LINE_L or LINE_R < emy_x[i] 超出畫面上下左右時
or emy_y[i] < LINE_T or LINE_B < emy_y[i]:
161                 emy_f[i] = False                     消除敵機
162
163             if emy_type[i] != EMY_BULLET: # 對玩家     除敵機的飛彈之外，對玩家的飛
發射的飛彈進行碰撞偵測                                    彈進行碰撞偵測
164                 w = img_enemy[emy_type[i]].get_       敵機影像的寬度（點數）
width()
165                 h = img_enemy[emy_type[i]].get_       敵機影像的高度
height()
166                 r = int((w+h)/4)+12                   計算碰撞偵測的距離
167                 for n in range(MISSILE_MAX):          重複
168                     if msl_f[n] == True and get_       調查是否與我機的飛彈接觸
dis(emy_x[i], emy_y[i], msl_x[n], msl_y[n]) < r*r:
169                         msl_f[n] = False             刪除飛彈
170                         set_effect(emy_x[i], emy_    爆炸特效
y[i])
171                         emy_f[i] = False             刪除敵機
172
173             img_rz = pygame.transform.rotozoom        建立讓敵機旋轉的影像
(img_enemy[png], ang, 1.0)
174             scrn.blit(img_rz, [emy_x[i]-img_rz.       繪製影像
get_width()/2, emy_y[i]-img_rz.get_height()/2])
175
176
177 def set_effect(x, y): # 設定爆炸                      設定爆炸特效的函數
178     global eff_no                                    變成全域變數
179     eff_p[eff_no] = 1                                代入爆炸特效的影像編號
180     eff_x[eff_no] = x                                代入爆炸特效的 X 座標
181     eff_y[eff_no] = y                                代入爆炸特效的 Y 座標
182     eff_no = (eff_no+1)%EFFECT_MAX                   計算下一個設定的編號
183
184
185 def draw_effect(scrn): # 爆炸特效                      顯示爆炸特效的函數
186     for i in range(EFFECT_MAX):                      重複
187         if eff_p[i] > 0:                             顯示時
188             scrn.blit(img_explode[eff_p[i]], [eff_    繪製爆炸特效
x[i]-48, eff_y[i]-48])
189             eff_p[i] = eff_p[i] + 1                   eff_p 加 1
190             if eff_p[i] == 6:                         eff_p 變成 6 之後
191                 eff_p[i] = 0                          eff_p 歸零結束爆炸特效
192
193
194 def main(): # 主要迴圈                                執行主要處理的函數
195     global tmr, bg_y                                 變成全域變數
196
```

```
197    pygame.init()                                          pygame 模組初始化
198    pygame.display.set_caption("Galaxy Lancer")            設定顯示在視窗上的標題
199    screen = pygame.display.set_mode((960, 720))           繪圖面初始化
200    clock = pygame.time.Clock()                            建立 clock 物件
201
202    while True:                                            無限迴圈
203        tmr = tmr + 1                                      tmr 的值加 1
204        for event in pygame.event.get():                  重複處理 pygame 的事件
205            if event.type == QUIT:                         點擊視窗的 X 按鈕時
206                pygame.quit()                              解除 pygame 模組的初始化
207                sys.exit()                                 結束程式
208            if event.type == KEYDOWN:                      發生按下按鍵的事件時
209                if event.key == K_F1:                      如果是 F1 鍵
210                    screen = pygame.display.set_           變成全螢幕
mode((960, 720), FULLSCREEN)
211                if event.key == K_F2 or event.key ==       如果是 F2 鍵或 Esc 鍵
K_ESCAPE:
212                    screen = pygame.display.set_           恢復成正常顯示
mode((960, 720))
213
214        # 捲動背景
215        bg_y = (bg_y+16)%720                               計算背景捲動的位置
216        screen.blit(img_galaxy, [0, bg_y-720])             繪製背景（上側）
217        screen.blit(img_galaxy, [0, bg_y])                 繪製背景（下側）
218
219        key = pygame.key.get_pressed()                     把所有按鍵的狀態代入 key
220        move_starship(screen, key)                         移動我機
221        move_missile(screen)                               移動我機的飛彈
222        bring_enemy()                                      讓敵機出現
223        move_enemy(screen)                                 移動敵機
224        draw_effect(screen)                                繪製爆炸效果
225
226        pygame.display.update()                            更新畫面
227        clock.tick(30)                                     設定幀率
228
229
230 if __name__ == '__main__':                                直接執行這個程式時
231    main()                                                 呼叫 main() 函數
```

執行這個程式，擊中敵機時，就會
顯示爆炸特效。

圖 7-3-2　敵機的爆炸效果

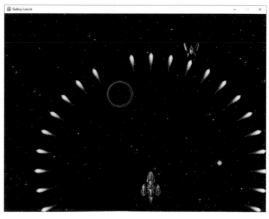

利用第 62 ～ 64 行宣告的 eff_p、eff_x、eff_y 列表管理特效（爆炸效果）的編號及座標。

利用第 60 行的 EFFECT_MAX = 100 常數，決定特效用的列表元素數量。這次可以顯示最多 100 個爆炸特效。

第 61 行的 eff_no 是設定在特效列表中的常數。

利用第 177 ～ 182 行定義的 set_effect() 函數設定爆炸特效的座標。以下將單獨說明這個函數。

```python
def set_effect(x, y): # 設定爆炸
    global eff_no
    eff_p[eff_no] = 1
    eff_x[eff_no] = x
    eff_y[eff_no] = y
    eff_no = (eff_no+1)%EFFECT_MAX
```

用這個函數將 eff_p[eff_no] 變成 1，如果 eff_p 的值超過 1，就顯示爆炸影像。換句話說，eff_p 的作用是顯示特效與否的旗標。

利用第 185 ～ 191 行定義的 draw_effect() 函數繪製特效。以下將特別說明這個函數。

```python
def draw_effect(scrn): # 爆炸特效
    for i in range(EFFECT_MAX):
        if eff_p[i] > 0:
            scrn.blit(img_explode[eff_p[i]], [eff_x[i]-48, eff_y[i]-48])
            eff_p[i] = eff_p[i] + 1
            if eff_p[i] == 6:
                eff_p[i] = 0
```

eff_p 為 1 到 5 時，會依序顯示以下影像。

表 7-3-1　eff_p 的值與爆炸影像的種類

eff_p 的值	1	2	3	4	5
影像檔案					

若 eff_p 的值大於 0，就顯示該編號的影像，eff_p 加 1，變成 6 之後，eff_p 歸零，結束顯示。5 張爆炸特效的影像皆為寬度 96 點、高度 96 點，因此顯示的座標為 [eff_x[i]-48, eff_y[i]-48]，(eff_x, eff_y) 是影像的中心。

在主要迴圈內描述 draw_effect() 函數。利用移動敵機的 move_enemy() 函數，在敵機被我機的飛彈擊中時，呼叫出 set_effect() 函數，在敵機的位置顯示爆炸特效。

>>> 爆炸特效的影像列表

以下要說明在第 20 ～ 27 行定義的爆炸特效影像列表。

```
img_explode = [
    None,
    pygame.image.load("image_gl/explosion1.png"),
    pygame.image.load("image_gl/explosion2.png"),
    pygame.image.load("image_gl/explosion3.png"),
    pygame.image.load("image_gl/explosion4.png"),
    pygame.image.load("image_gl/explosion5.png")
]
```

img_explode[0] 變成 None。Python 會將不存在的狀態用 None 表示。這次的程式用 eff_p 管理爆炸影像的編號，當 eff_p 為 0 時，不顯示特效，所以假設影像列表最初的元素為 None。

> 利用 set_effect() 函數可以在任何時候、任意位置顯示特效……這點很方便呢！

Lesson 7-4 加入防禦力

《Galaxy Lancer》不是殘機制，而是生命制的遊戲。戰鬥機、機器人等操作機械的遊戲，用體力、威力、防禦力代表生命，比較符合遊戲的形象，所以《Galaxy Lancer》把生命稱作防禦力。這次將加入接觸到敵機時，防禦力減少的規則。

防禦力的規則

- **防禦力最大值為 100**
- **接觸敵機後減 10**
- **發射彈幕後減 10**
- **擊落敵機後加 1**

下一個單元將執行沒有防禦力之後，遊戲結束的處理。

無敵狀態

加入「接觸敵機之後，有一段時間為無敵」的處理。電腦遊戲中，在受到傷害時，如果沒有設置一段時間為無敵狀態，可能會連續接觸多個敵人，一下子就結束遊戲。

確認程式

以下要說明加上防禦力及無敵狀態的程式。這個程式將使用以下影像。

圖 7-4-1　這次使用的影像檔案

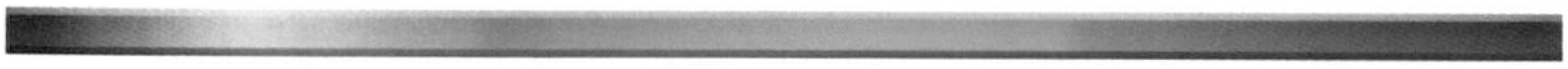

shield.png

請輸入以下程式，另存新檔之後，再執行程式。

程式 ▶ list0704_1.py　　※ 與前面程式不同的部分畫上了**標示**。

```
1    import pygame                                                    匯入 pygame 模組
2    import sys                                                       匯入 sys 模組
3    import math                                                      匯入 math 模組
4    import random                                                    匯入 random 模組
5    from pygame.locals import *                                      省略 pygame. 常數的描述
6
7    # 載入影像
8    img_galaxy = pygame.image.load("image_gl/galaxy.png")           載入星星背景的變數
9    img_sship = [                                                    載入我機影像的列表
10       pygame.image.load("image_gl/starship.png"),
11       pygame.image.load("image_gl/starship_l.png"),
12       pygame.image.load("image_gl/starship_r.png"),
13       pygame.image.load("image_gl/starship_burner.png")
14   ]
15   img_weapon = pygame.image.load("image_gl/bullet.png")           載入我機飛彈影像的變數
16   img_shield = pygame.image.load("image_gl/shield.png")           載入防禦力影像的變數
17   img_enemy = [                                                    載入敵機影像的列表
18       pygame.image.load("image_gl/enemy0.png"),
19       pygame.image.load("image_gl/enemy1.png")
20   ]
21   img_explode = [                                                  載入爆炸影像的列表
22       None,
23       pygame.image.load("image_gl/explosion1.png"),
24       pygame.image.load("image_gl/explosion2.png"),
25       pygame.image.load("image_gl/explosion3.png"),
26       pygame.image.load("image_gl/explosion4.png"),
27       pygame.image.load("image_gl/explosion5.png")
28   ]
29
30   tmr = 0                                                          計時器的變數
31   bg_y = 0                                                         捲動背景的變數
32
33   ss_x = 480                                                       我機 X 座標的變數
34   ss_y = 360                                                       我機 Y 座標的變數
35   ss_d = 0                                                         傾斜我機的變數
36   ss_shield = 100                                                  我機無敵狀態的變數
37   ss_muteki = 0                                                    按下空白鍵時使用的變數
38   key_spc = 0                                                      按下 Z 鍵時使用的變數
39   key_z = 0
40
41   MISSILE_MAX = 200                                                我機發射飛彈的最大常數
42   msl_no = 0                                                       發射飛彈時使用列表索引值的變數
43   msl_f = [False]*MISSILE_MAX                                      管理是否發射飛彈的旗標列表
44   msl_x = [0]*MISSILE_MAX                                          飛彈 X 座標的列表
45   msl_y = [0]*MISSILE_MAX                                          飛彈 Y 座標的列表
46   msl_a = [0]*MISSILE_MAX                                          飛彈角度的列表
47
48   ENEMY_MAX = 100                                                  敵機的最大常數
49   emy_no = 0                                                       敵機出現時使用列表參數的變數
50   emy_f = [False]*ENEMY_MAX                                        管理敵機是否出現的旗標列表
51   emy_x = [0]*ENEMY_MAX                                            敵機 X 座標的列表
52   emy_y = [0]*ENEMY_MAX                                            敵機 Y 座標的列表
53   emy_a = [0]*ENEMY_MAX                                            敵機飛行角度的列表
54   emy_type = [0]*ENEMY_MAX                                         敵機種類的列表
55   emy_speed = [0]*ENEMY_MAX                                        敵機速度的列表
```

56		
57	`EMY_BULLET = 0`	管理敵機飛彈編號的常數
58	`LINE_T = -80`	敵機出現（消失）的上端座標
59	`LINE_B = 800`	敵機出現（消失）的下端座標
60	`LINE_L = -80`	敵機出現（消失）的左端座標
61	`LINE_R = 1040`	敵機出現（消失）的右端座標
62		
63	`EFFECT_MAX = 100`	爆炸特效的最大常數
64	`eff_no = 0`	產生爆炸特效時使用列表索引值的變數
65	`eff_p = [0]*EFFECT_MAX`	爆炸特效影像編號的列表
66	`eff_x = [0]*EFFECT_MAX`	爆炸特效 X 座標的列表
67	`eff_y = [0]*EFFECT_MAX`	爆炸特效 Y 座標的列表
68		
69		
70	`def get_dis(x1, y1, x2, y2): # 計算兩點間的距離`	計算兩點間距離的函數
71	`    return( (x1-x2)*(x1-x2) + (y1-y2)*(y1-y2) )`	傳回平方值（不使用根號）
72		
73		
74	`def move_starship(scrn, key): # 移動我機`	移動我機的函數
75	`    global ss_x, ss_y, ss_d, ss_shield, ss_muteki, key_spc, key_z`	變成全域變數
76	`    ss_d = 0`	傾斜機體的變數變成 0（不傾斜）
77	`    if key[K_UP] == 1:`	按下向上鍵後
78	`        ss_y = ss_y - 20`	減少 Y 座標
79	`        if ss_y < 80:`	若 Y 座標小於 80
80	`            ss_y = 80`	Y 座標變成 80
81	`    if key[K_DOWN] == 1:`	按下向下鍵後
82	`        ss_y = ss_y + 20`	增加 Y 座標
83	`        if ss_y > 640:`	若 Y 座標大於 640
84	`            ss_y = 640`	Y 座標變成 640
85	`    if key[K_LEFT] == 1:`	按下向左鍵後
86	`        ss_d = 1`	機體傾斜變成 1（左）
87	`        ss_x = ss_x - 20`	減少 X 座標
88	`        if ss_x < 40:`	若 X 座標小於 40
89	`            ss_x = 40`	X 座標變成 40
90	`    if key[K_RIGHT] == 1:`	按下向右鍵後
91	`        ss_d = 2`	機體傾斜變成 2（右）
92	`        ss_x = ss_x + 20`	增加 X 座標
93	`        if ss_x > 920:`	若 X 座標大於 920
94	`            ss_x = 920`	X 座標變成 920
95	`    key_spc = (key_spc+1)*key[K_SPACE]`	在按下空白鍵的過程中，變數增加
96	`    if key_spc%5 == 1:`	按下第一次後，每 5 幀
97	`        set_missile(0)`	發射飛彈
98	`    key_z = (key_z+1)*key[K_z]`	在按下 Z 鍵的過程中，變數增加
99	`    if key_z == 1 and ss_shield > 10:`	按一次時，若防禦力大於 10
100	`        set_missile(10)`	發射彈幕
101	`        ss_shield = ss_shield - 10`	防禦力減 10
102		
103	`    if ss_muteki%2 == 0:`	在無敵狀態，讓我機閃爍的 if 語法
104	`        scrn.blit(img_sship[3], [ss_x-8, ss_y+40+(tmr%3)*2])`	繪製引擎的火焰
105	`    scrn.blit(img_sship[ss_d], [ss_x-37, ss_y-48])`	繪製我機
106		
107	`    if ss_muteki > 0:`	如果為無敵狀態
108	`        ss_muteki = ss_muteki - 1`	減少 ss_muteki 的值
109	`        return`	退出函數（沒有與敵機碰撞）
110	`    for i in range(ENEMY_MAX): # 與敵機的碰撞偵測`	重複進行與敵機的碰撞偵測
111	`        if emy_f[i] == True:`	如果敵機存在

```
112              w = img_enemy[emy_type[i]].get_width()              敵機影像的寬度
113              h = img_enemy[emy_type[i]].get_height()             敵機影像的高度
114              r = int((w+h)/4 + (74+96)/4)                        計算碰撞偵測的距離
115              if get_dis(emy_x[i], emy_y[i], ss_x, ss_          敵機與我機未達該距離時
     y) < r*r:
116                  set_effect(ss_x, ss_y)                          設定爆炸特效
117                  ss_shield = ss_shield - 10                      減少防禦力
118                  if ss_shield <= 0:                              如果 ss_shield 為 0 以下
119                      ss_shield = 0                                   ss_shield 變成 0
120                  if ss_muteki == 0:                              若非無敵狀態
121                      ss_muteki = 60                                  就變成無敵狀態
122                  emy_f[i] = False                                消除敵機
123
124
125  def set_missile(typ): # 設定我機發射的飛彈                      設定我機發射飛彈的函數
:    略：和list0701_1.py一樣(→P.228)
:    〈
142  def move_missile(scrn): # 移動飛彈                            移動飛彈的變數
:    略：和list0701_1.py一樣(→P.228～229)
:    〈
153  def bring_enemy(): # 敵機出現                                讓敵機出現的函數
:    略：和list0701_1.py一樣(→P.229)
:    〈
158  def set_enemy(x, y, a, ty, sp): # 設定敵機                   在敵機的列表中設定座標及角度的函數
:    略：和list0701_1.py一樣(→P.229)
:    〈
172  def move_enemy(scrn): # 移動敵機                             移動敵機的函數
173      global ss_shield                                        變成全域變數
174      for i in range(ENEMY_MAX):                              重複
175          if emy_f[i] == True:                                如果敵機存在
176              ang = -90-emy_a[i]                              把影像的旋轉角度代入 ang
177              png = emy_type[i]                               把影像編號代入 png
178              emy_x[i] = emy_x[i] + emy_speed[i]              改變 X 座標
     *math.cos(math.radians(emy_a[i]))
179              emy_y[i] = emy_y[i] + emy_speed[i]              改變 Y 座標
     *math.sin(math.radians(emy_a[i]))
180              if emy_type[i] == 1 and emy_y[i] > 360:         敵機的 Y 座標超過 360 時
181                  set_enemy(emy_x[i], emy_y[i], 90, 0,        發射飛彈
     8)
182                  emy_a[i] = -45                              改變方向
183                  emy_speed[i] = 16                           改變速度
184              if emy_x[i] < LINE_L or LINE_R < emy_x[i]       超出畫面上下左右時
     or emy_y[i] < LINE_T or LINE_B < emy_y[i]:
185                  emy_f[i] = False                            消除敵機
186
187              if emy_type[i] != EMY_BULLET: # 對玩家            除敵機的飛彈之外，對玩家
     發射的飛彈進行碰撞偵測                                        的飛彈進行碰撞偵測
188                  w = img_enemy[emy_type[i]].get_
     width()                                                     敵機影像的寬度(點數)
189                  h = img_enemy[emy_type[i]].get_
     height()                                                    敵機影像的高度
190                  r = int((w+h)/4)+12                         計算碰撞偵測的距離重複
191                  for n in range(MISSILE_MAX):                調查是否與我機的飛彈接觸
192                      if msl_f[n] == True and get_
     dis(emy_x[i], emy_y[i], msl_x[n], msl_y[n]) < r*r:
193                          msl_f[n] = False                    刪除飛彈
```

```python
194                     set_effect(emy_x[i], emy_
    y[i])
195                     emy_f[i] = False
196                 if ss_shield < 100:
197                     ss_shield = ss_shield + 1

198             img_rz = pygame.transform.rotozoom(img_
199 enemy[png], ang, 1.0)
                scrn.blit(img_rz, [emy_x[i]-img_rz.
200 get_width()/2, emy_y[i]-img_rz.get_height()/2])


201
202 def set_effect(x, y): # 設定爆炸
203     global eff_no
204     eff_p[eff_no] = 1
205     eff_x[eff_no] = x
206     eff_y[eff_no] = y
207     eff_no = (eff_no+1)%EFFECT_MAX
208
209
210 def draw_effect(scrn): # 爆炸特效
211     for i in range(EFFECT_MAX):
212         if eff_p[i] > 0:
213             scrn.blit(img_explode[eff_p[i]], [eff_
214 x[i]-48, eff_y[i]-48])
215             eff_p[i] = eff_p[i] + 1
216             if eff_p[i] == 6:
217                 eff_p[i] = 0
218
219
220 def main(): # 主要迴圈
221     global tmr, bg_y
222
223     pygame.init()
224     pygame.display.set_caption("Galaxy Lancer")
225     screen = pygame.display.set_mode((960, 720))
226     clock = pygame.time.Clock()
227
228     while True:
229         tmr = tmr + 1
230         for event in pygame.event.get():
231             if event.type == QUIT:
232                 pygame.quit()
233                 sys.exit()
234             if event.type == KEYDOWN:
235                 if event.key == K_F1:
236                     screen = pygame.display.set_
    mode((960, 720), FULLSCREEN)

237                 if event.key == K_F2 or event.key ==
    K_ESCAPE:
238                     screen = pygame.display.set_
    mode((960, 720))
239
240         # 捲動背景
241         bg_y = (bg_y+16)%720
242         screen.blit(img_galaxy, [0, bg_y-720])
243         screen.blit(img_galaxy, [0, bg_y])
244
245         key = pygame.key.get_pressed()
```

	爆炸特效
	刪除敵機
	我機的防禦力不到 100 時
	就增加數值
	建立讓敵機旋轉的影像
	繪製影像
	設定爆炸特效的函數
	變成全域變數
	代入爆炸特效的影像編號
	代入爆炸特效的 X 座標
	代入爆炸特效的 Y 座標
	計算下一個設定的編號
	顯示爆炸特效的函數
	重複
	顯示時
	繪製爆炸特效
	eff_p 加 1
	eff_p 變成 6 之後
	eff_p 歸零結束爆炸特效
	執行主要處理的函數
	變成全域變數
	pygame 模組初始化
	設定顯示在視窗上的標題
	繪圖面初始化
	建立 clock 物件
	無限迴圈
	tmr 的值加 1
	重複處理 pygame 的事件
	點擊視窗的 × 按鈕時
	解除 pygame 模組的初始化
	結束程式
	發生按下按鍵的事件時
	如果是 F1 鍵
	變成全螢幕
	如果是 F2 鍵或 Esc 鍵
	恢復成正常顯示
	計算背景捲動的位置
	繪製背景（上側）
	繪製背景（下側）
	把所有按鍵的狀態代入 key

```
246            move_starship(screen, key)        移動我機
247            move_missile(screen)              移動我機的飛彈
248            bring_enemy()                     讓敵機出現
249            move_enemy(screen)                移動敵機
250            draw_effect(screen)               繪製爆炸效果
251            screen.blit(img_shield, [40, 680])  繪製防禦力影像
252            pygame.draw.rect(screen, (64,32,32), [40+ss_  用矩形填滿減少的部分
       shield*4, 680, (100-ss_shield)*4, 12])
253
254            pygame.display.update()           更新畫面
255            clock.tick(30)                    設定幀率
256
257
258   if __name__ == '__main__':               直接執行這個程式時
259       main()                                呼叫 main() 函數
```

執行這個程式後，在畫面左下方會顯示防禦力。接觸到敵機的飛彈或機體時，防禦力就會減少。請確認接觸之後，我機閃爍，在這段期間不會受到傷害。目前當防禦力歸零時，也不會結束遊戲。

圖 7-4-2　顯示防禦力並確認功能

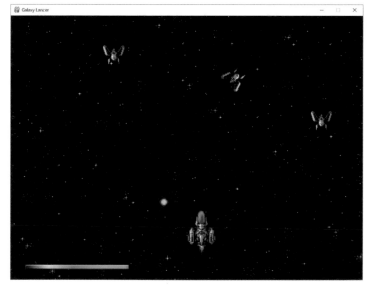

利用第 36 行宣告的 ss_shield 變數管理防禦力，用第 37 行宣告的 ss_muteki 變數管理無敵時間。

移動我機的 move_starship() 函數在第 110 ～ 122 行進行與敵機的碰撞偵測。以下將節錄第 107 行的這個部分來加以說明。

```
if ss_muteki > 0:
    ss_muteki = ss_muteki - 1
    return
for i in range(ENEMY_MAX): # 與敵機的碰撞偵測
    if emy_f[i] == True:
        w = img_enemy[emy_type[i]].get_width()
        h = img_enemy[emy_type[i]].get_height()
        r = int((w+h)/4 + (74+96)/4)
        if get_dis(emy_x[i], emy_y[i], ss_x, ss_y) < r*r:
            set_effect(ss_x, ss_y)
            ss_shield = ss_shield - 10
            if ss_shield <= 0:
                ss_shield = 0
            if ss_muteki == 0:
                ss_muteki = 60
            emy_f[i] = False
```

利用 if ss_muteki > 0 條件式，在無敵狀態時減少 ss_muteki 的值，並利用 return 命令，讓函數傳回該值，不進行碰撞偵測。

對所有敵機反覆進行碰撞偵測，《Galaxy Langer》把機體當成圓形，利用兩點間的距離進行碰撞偵測。

圖 7-4-3　把我機與敵機當作圓形

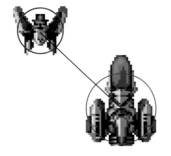

敵機的半徑是「敵機影像的寬度與高度加總的 1/4」，而我機的半徑是「寬度 74 點，高度 96 點加總的 1/4」。具體而言，就是使用 r = int((w+h)/4 + (74+96)/4) 算式進行計算。當敵機中心座標與我機中心座標的距離未達這個值時，就代表兩者接觸，會減少防禦力。若 ss_muteki 為 0，將 60 代入 ss_muteki，約 2 秒（60 幀之間）為無敵。在無敵狀態的我機是使用第 103 行的 if 語法使其閃爍。

```
if ss_muteki%2 == 0:
    scrn.blit(img_sship[3], [ss_x-8, ss_y+40+(tmr%3)*2])
    scrn.blit(img_sship[ss_d], [ss_x-37, ss_y-48])
```

ss_muteki%2 的值是 0 → 1 → 0 → 1→……，在 0 與 1 之間反覆交錯，所以使用 if 語法能讓我機閃爍。

> 若非無敵狀態（ss_muteki 為 0），這個條件式成立，我機就不會閃爍。

利用 move_enemy() 函數內的第 196 ～ 197 行，當擊落敵機時，防禦力會持續加 1。

```
if ss_shield < 100:
    ss_shield = ss_shield + 1
```

在第 251 ～ 252 行繪製防禦力。

```
screen.blit(img_shield, [40, 680])
pygame.draw.rect(screen, (64,32,32), [40+ss_shield*4, 680, (100-ss_shield)*4, 12])
```

由 ss_shield 的值計算深褐色 (64,32,32) 的矩形座標與寬度，在防禦力影像疊上矩形，表現出防禦力的增減狀態。

> pygame.draw.rect() 的參數
>
> • 40+ss_shield*4 是矩形的 X 座標
> • (100-ss_shield)*4 是矩形的寬度
>
> ss_shield 的值愈小，會在左邊畫出較長的矩形。當 ss_shield 的值歸零時，矩形會完全覆蓋住防禦力影像。

標題、玩遊戲、遊戲結束

當防禦力消失，遊戲就會結束。下一章將增加敵機的種類，並加上讓大魔王出現的處理，豐富遊戲的內容。

完成遊戲

這次要加上啟動遊戲，顯示標題畫面，開始玩遊戲，最後遊戲結束或過關的處理，完成遊戲的流程。這個程式將使用以下影像。

圖 7-5-1　這次使用的影像檔案

logo.png

nebula.png

請輸入以下程式，另存新檔之後，再執行程式。

程式 ▶ list0705_1.py　※ 與前面程式不同的部分畫上了**標示**。

```
1   import pygame                        匯入 pygame 模組
2   import sys                           匯入 sys 模組
3   import math                          匯入 math 模組
4   import random                        匯入 random 模組
5   from pygame.locals import *          省略 pygame. 常數的描述
6
7   BLACK = (  0,  0,  0)                定義顏色（黑）
8   SILVER= (192, 208, 224)             定義顏色（銀）
9   RED  = (255,  0,  0)                定義顏色（紅）
10  CYAN = (  0, 224, 255)             定義顏色（藍）
11
12  # 載入影像
```

```
13  img_galaxy = pygame.image.load("image_gl/galaxy.          載入星星背景的變數
    png")
14  img_sship = [                                             載入我機影像的列表
15      pygame.image.load("image_gl/starship.png"),
16      pygame.image.load("image_gl/starship_l.png"),
17      pygame.image.load("image_gl/starship_r.png"),
18      pygame.image.load("image_gl/starship_burner.png")
19  ]
20  img_weapon = pygame.image.load("image_gl/bullet.png")     載入我機飛彈影像的變數
21  img_shield = pygame.image.load("image_gl/shield.png")     載入防禦力影像的變數
22  img_enemy = [                                             載入敵機影像的列表
23      pygame.image.load("image_gl/enemy0.png"),
24      pygame.image.load("image_gl/enemy1.png")
25  ]
26  img_explode = [                                           載入爆炸影像的列表
27      None,
28      pygame.image.load("image_gl/explosion1.png"),
29      pygame.image.load("image_gl/explosion2.png"),
30      pygame.image.load("image_gl/explosion3.png"),
31      pygame.image.load("image_gl/explosion4.png"),
32      pygame.image.load("image_gl/explosion5.png")
33  ]
34  img_title = [                                             載入標題畫面影像的列表
35      pygame.image.load("image_gl/nebula.png"),
36      pygame.image.load("image_gl/logo.png")
37  ]
38
39  idx = 0                                                   索引的變數
40  tmr = 0                                                   計時器的變數
41  score = 0                                                 分數的變數
42  bg_y = 0                                                  捲動背景的變數
43
44  ss_x = 0                                                  我機 X 座標的變數
45  ss_y = 0                                                  我機 Y 座標的變數
46  ss_d = 0                                                  傾斜我機的變數
47  ss_shield = 0                                             我機防禦力的變數
48  ss_muteki = 0                                             我機無敵狀態的變數
49  key_spc = 0                                               按下空白鍵時使用的變數
50  key_z = 0                                                 按下 Z 鍵時使用的變數
51
52  MISSILE_MAX = 200                                         我機發射飛彈的最大常數
53  msl_no = 0                                                發射飛彈時使用列表索引值的變數
54  msl_f = [False]*MISSILE_MAX                               管理是否發射飛彈的旗標列表
55  msl_x = [0]*MISSILE_MAX                                   飛彈 X 座標的列表
56  msl_y = [0]*MISSILE_MAX                                   飛彈 Y 座標的列表
57  msl_a = [0]*MISSILE_MAX                                   飛彈角度的列表
58
59  ENEMY_MAX = 100                                           敵機的最大常數
60  emy_no = 0                                                敵機出現時使用列表參數的變數
61  emy_f = [False]*ENEMY_MAX                                 管理敵機是否出現的旗標列表
62  emy_x = [0]*ENEMY_MAX                                     敵機 X 座標的列表
63  emy_y = [0]*ENEMY_MAX                                     敵機 Y 座標的列表
64  emy_a = [0]*ENEMY_MAX                                     敵機飛行角度的列表
65  emy_type = [0]*ENEMY_MAX                                  敵機種類的列表
66  emy_speed = [0]*ENEMY_MAX                                 敵機速度的列表
67
68  EMY_BULLET = 0                                            管理敵機飛彈編號的常數
```

```
69    LINE_T = -80                                           敵機出現（消失）的上端座標
70    LINE_B = 800                                           敵機出現（消失）的下端座標
71    LINE_L = -80                                           敵機出現（消失）的左端座標
72    LINE_R = 1040                                          敵機出現（消失）的右端座標
73
74    EFFECT_MAX = 100                                       爆炸特效的最大常數
75    eff_no = 0                                             產生爆炸特效時使用列表索引值的變數
76    eff_p = [0]*EFFECT_MAX                                 爆炸特效的影像編號用列表
77    eff_x = [0]*EFFECT_MAX                                 爆炸特效 X 座標的列表
78    eff_y = [0]*EFFECT_MAX                                 爆炸特效 Y 座標的列表
79
80
81    def get_dis(x1, y1, x2, y2): # 計算兩點間的距離          計算兩點間距離的函數
82        return( (x1-x2)*(x1-x2) + (y1-y2)*(y1-y2) )             傳回平方值（不使用根號）
83
84
85    def draw_text(scrn, txt, x, y, siz, col): # 顯示文      顯示文字的函數
字
86        fnt = pygame.font.Font(None, siz)                      建立字體物件
87        sur = fnt.render(txt, True, col)                       產生繪製字串的 Surface
88        x = x - sur.get_width()/2                              計算居中顯示的 X 座標
89        y = y - sur.get_height()/2                             計算居中顯示的 Y 座標
90        scrn.blit(sur, [x, y])                                 將繪製字串的 Surface 傳送到畫面
91
92
93    def move_starship(scrn, key): # 移動我機                移動我機的函數
94        global idx, tmr, ss_x, ss_y, ss_d, ss_shield,         變成全域變數
ss_muteki, key_spc, key_z
95        ss_d = 0                                               傾斜機體的變數變成 0（不傾斜）
96        if key[K_UP] == 1:                                     按下向上鍵後
97            ss_y = ss_y - 20                                       減少 Y 座標
98            if ss_y < 80:                                          若 Y 座標小於 80
99                ss_y = 80                                              Y 座標變成 80
100       if key[K_DOWN] == 1:                                   按下向下鍵後
101           ss_y = ss_y + 20                                       增加 Y 座標
102           if ss_y > 640:                                         若 Y 座標大於 640
103               ss_y = 640                                             Y 座標變成 640
104       if key[K_LEFT] == 1:                                   按下向左鍵後
105           ss_d = 1                                               機體傾斜變成 1（左）
106           ss_x = ss_x - 20                                       減少 X 座標
107           if ss_x < 40:                                          若 X 座標小於 40
108               ss_x = 40                                              X 座標變成 40
109       if key[K_RIGHT] == 1:                                  按下向右鍵後
110           ss_d = 2                                               機體傾斜變成 2（右）
111           ss_x = ss_x + 20                                       增加 X 座標
112           if ss_x > 920:                                         若 X 座標大於 920
113               ss_x = 920                                             X 座標變成 920
114       key_spc = (key_spc+1)*key[K_SPACE]                     在按下空白鍵的過程中，變數增加
115       if key_spc%5 == 1:                                     按下第一次後，每 5 幀
116           set_missile(0)                                         發射飛彈
117       key_z = (key_z+1)*key[K_z]                             在按下 Z 鍵的過程中，變數增加
118       if key_z == 1 and ss_shield > 10:                     按一次時，若防禦力大於 10
119           set_missile(10)                                        發射彈幕
120           ss_shield = ss_shield - 10                             防禦力減 10
121
122       if ss_muteki%2 == 0:                                   在無敵狀態，讓我機閃爍的 if 語法
123           scrn.blit(img_sship[3], [ss_x-8, ss_                   繪製引擎的火焰
y+40+(tmr%3)*2])
124           scrn.blit(img_sship[ss_d], [ss_x-37, ss_               繪製我機
y-48])
```

```
125
126          if ss_muteki > 0:                               如果為無敵狀態
127              ss_muteki = ss_muteki - 1                       減少 ss_muteki 的值
128              return                                          退出函數（沒有與敵機碰撞）
129          elif idx == 1:                                  若非無敵，idx 為 1
130              for i in range(ENEMY_MAX): # 與敵機的碰撞          重複進行與敵機的碰撞偵測
         偵測
131                  if emy_f[i] == True:                          如果敵機存在
132                      w = img_enemy[emy_type[i]].get_               敵機影像的寬度
         width()
133                      h = img_enemy[emy_type[i]].get_               敵機影像的高度
         height()
134                      r = int((w+h)/4 + (74+96)/4)                  計算碰撞偵測的距離
135                      if get_dis(emy_x[i], emy_y[i], ss_x,         敵機與我機未達該距離時
         ss_y) < r*r:
136                          set_effect(ss_x, ss_y)                       設定爆炸特效
137                          ss_shield = ss_shield - 10                   減少防禦力
138                          if ss_shield <= 0:                           如果 ss_shield 是 0 以下
139                              ss_shield = 0                                ss_shield 變成 0
140                              idx = 2                                      遊戲結束
141                              tmr = 0
142                          if ss_muteki == 0:                           若非無敵狀態
143                              ss_muteki = 60                               就變成無敵狀態
144                          emy_f[i] = False                             消除敵機
145
146
147  def set_missile(typ): # 設定我機發射的飛彈                設定我機發射飛彈的函數
148      global msl_no                                       變成全域變數
149      if typ == 0: # 單發                                 單發時
150          msl_f[msl_no] = True                                發射的旗標為 True
151          msl_x[msl_no] = ss_x                                代入飛彈的 X 座標 ┐ 我機的機鼻位置
152          msl_y[msl_no] = ss_y-50                             代入飛彈的 Y 座標 ┘
153          msl_a[msl_no] = 270                                 飛彈的角度
154          msl_no = (msl_no+1)%MISSILE_MAX                     計算下個設定用的編號
155      if typ == 10: # 彈幕                                彈幕時
156          for a in range(160, 390, 10):                       反覆發射扇形飛彈
157              msl_f[msl_no] = True                                發射的旗標為 True
158              msl_x[msl_no] = ss_x                                代入飛彈的 X 座標 ┐ 我機的機鼻位置
159              msl_y[msl_no] = ss_y-50                             代入飛彈的 Y 座標 ┘
160              msl_a[msl_no] = a                                   飛彈的角度
161              msl_no = (msl_no+1)%MISSILE_MAX                     計算下個設定用的編號
162
163
164  def move_missile(scrn): # 移動飛彈                       移動飛彈的函數
165      for i in range(MISSILE_MAX):                        重複
166          if msl_f[i] == True:                                如果發射了飛彈
167              msl_x[i] = msl_x[i] + 36*math.cos                   計算 X 座標
         (math.radians(msl_a[i]))
168              msl_y[i] = msl_y[i] + 36*math.sin                   計算 Y 座標
         (math.radians(msl_a[i]))
169              img_rz = pygame.transform.rotozoom                  建立讓飛行角度轉向的影像
         (img_weapon, -90-msl_a[i], 1.0)
170              scrn.blit(img_rz, [msl_x[i]-img_rz.                  繪製影像
         get_width()/2, msl_y[i]-img_rz.get_height()/2])
171              if msl_y[i] < 0 or msl_x[i] < 0 or msl_             超出畫面之後
         x[i] > 960:
172                  msl_f[i] = False                                刪除飛彈
173
174
175  def bring_enemy(): # 敵機出現                            讓敵機出現的函數
```

```
176        if tmr%30 == 0:
177            set_enemy(random.randint(20, 940), LINE_T,
       90, 1, 6)
178
179
180    def set_enemy(x, y, a, ty, sp): # 設定敵機
181        global emy_no
182        while True:
183            if emy_f[emy_no] == False:
184                emy_f[emy_no] = True
185                emy_x[emy_no] = x
186                emy_y[emy_no] = y
187                emy_a[emy_no] = a
188                emy_type[emy_no] = ty
189                emy_speed[emy_no] = sp
190                break
191            emy_no = (emy_no+1)%ENEMY_MAX
192
193
194    def move_enemy(scrn): # 移動敵機
195        global idx, tmr, score, ss_shield
196        for i in range(ENEMY_MAX):
197            if emy_f[i] == True:
198                ang = -90-emy_a[i]
199                png = emy_type[i]
200                emy_x[i] = emy_x[i] + emy_speed[i]
       *math.cos(math.radians(emy_a[i]))
201                emy_y[i] = emy_y[i] + emy_speed[i]
       *math.sin(math.radians(emy_a[i]))
202                if emy_type[i] == 1 and emy_y[i] > 360:
203                    set_enemy(emy_x[i], emy_y[i], 90, 0,
       8)
204                    emy_a[i] = -45
205                    emy_speed[i] = 16
206                if emy_x[i] < LINE_L or LINE_R < emy_x[i]
       or emy_y[i] < LINE_T or LINE_B < emy_y[i]:
207                    emy_f[i] = False
208
209                if emy_type[i] != EMY_BULLET: # 對玩家
       發射的飛彈進行碰撞偵測
210                    w = img_enemy[emy_type[i]].get_
       width()
211                    h = img_enemy[emy_type[i]].get_
       height()
212                    r = int((w+h)/4)+12
213                    for n in range(MISSILE_MAX):
214                        if msl_f[n] == True and get_
       dis(emy_x[i], emy_y[i], msl_x[n], msl_y[n]) < r*r:
215                            msl_f[n] = False
216                            set_effect(emy_x[i], emy_
       y[i])
217                            score = score + 100
218                            emy_f[i] = False
219                            if ss_shield < 100:
220                                ss_shield = ss_shield +
       1
221
222                img_rz = pygame.transform.rotozoom
       (img_enemy[png], ang, 1.0)
```

	在此時
	出現兵機 1
	在敵機的列表中設定座標及角度的函數
	變成全域變數
	無限迴圈
	如果是空的列表
	建立旗標
	代入 X 座標
	代入 Y 座標
	代入角度
	代入敵機的種類
	代入敵機的速度
	跳出迴圈
	計算下次設定的編號
	移動敵機的函數
	變成全域變數
	重複
	如果敵機存在
	把影像的旋轉角度代入 ang
	把影像編號代入 png
	改變 X 座標
	改變 Y 座標
	敵機的 Y 座標超過 360 時
	發射飛彈
	改變方向
	改變速度
	超出畫面上下左右時
	消除敵機
	除敵機的飛彈之外，對玩家
	的飛彈進行碰撞偵測
	敵機影像的寬度 (點數)
	敵機影像的高度
	計算碰撞偵測的距離
	重複
	調查是否與我機的飛彈接觸
	刪除飛彈
	爆炸特效
	增加分數
	刪除敵機
	我機的防禦力不
	到 100 時就增加
	建立讓敵機旋轉的影像

223	`        scrn.blit(img_rz, [emy_x[i]-img_rz.` `get_width()/2, emy_y[i]-img_rz.get_height()/2])`	繪製影像
224		
225		
226	`def set_effect(x, y): # 設定爆炸`	設定爆炸特效的函數
227	`    global eff_no`	變成全域變數
228	`    eff_p[eff_no] = 1`	代入爆炸特效的影像編號
229	`    eff_x[eff_no] = x`	代入爆炸特效的 X 座標
230	`    eff_y[eff_no] = y`	代入爆炸特效的 Y 座標
231	`    eff_no = (eff_no+1)%EFFECT_MAX`	計算下一個設定的編號
232		
233		
234	`def draw_effect(scrn): # 爆炸特效`	顯示爆炸特效的函數
235	`    for i in range(EFFECT_MAX):`	重複
236	`        if eff_p[i] > 0:`	顯示時
237	`            scrn.blit(img_explode[eff_p[i]], [eff_` `x[i]-48, eff_y[i]-48])`	繪製爆炸特效
238	`            eff_p[i] = eff_p[i] + 1`	eff_p 加 1
239	`            if eff_p[i] == 6:`	eff_p 變成 6 之後
240	`                eff_p[i] = 0`	eff_p 歸零結束爆炸特效
241		
242		
243	`def main(): # 主要迴圈`	執行主要處理的函數
244	`    global idx, tmr, score, bg_y, ss_x, ss_y, ss_d,` `ss_shield, ss_muteki`	變成全域變數
245		
246	`    pygame.init()`	pygame 模組初始化
247	`    pygame.display.set_caption("Galaxy Lancer")`	設定顯示在視窗上的標題
248	`    screen = pygame.display.set_mode((960, 720))`	繪圖面初始化
249	`    clock = pygame.time.Clock()`	建立 clock 物件
250		
251	`    while True:`	無限迴圈
252	`        tmr = tmr + 1`	tmr 的值加 1
253	`        for event in pygame.event.get():`	重複處理 pygame 的事件
254	`            if event.type == QUIT:`	點擊視窗的 X 按鈕時
255	`                pygame.quit()`	解除 pygame 模組的初始化
256	`                sys.exit()`	結束程式
257	`            if event.type == KEYDOWN:`	發生按下按鍵的事件時
258	`                if event.key == K_F1:`	如果是 F1 鍵
259	`                    screen = pygame.display.set_` `mode((960, 720), FULLSCREEN)`	變成全螢幕
260	`                if event.key == K_F2 or event.key ==` `K_ESCAPE:`	如果是 F2 鍵或 Esc 鍵
261	`                    screen = pygame.display.set_` `mode((960, 720))`	恢復成正常顯示
262		
263	`        # 捲動背景`	
264	`        bg_y = (bg_y+16)%720`	計算背景捲動的位置
265	`        screen.blit(img_galaxy, [0, bg_y-720])`	繪製背景（上側）
266	`        screen.blit(img_galaxy, [0, bg_y])`	繪製背景（下側）
267		
268	`        key = pygame.key.get_pressed()`	把所有按鍵的狀態代入 key
269		
270	`        if idx == 0: # 標題`	idx 為 0 時（標題畫面）
271	`            img_rz = pygame.transform.rotozoom` `(img_title[0], -tmr%360, 1.0)`	LOGO 後方轉動的漩渦影像
272	`            screen.blit(img_rz, [480-img_rz.get` `_width()/2, 280-img_rz.get_height()/2])`	繪製在畫面上
273	`            screen.blit(img_title[1], [70, 160])`	繪製 Galaxy Lancer 的 LOGO
274	`            draw_text(screen, "Press [SPACE] to`	繪製 Press [SPACE] to start！

```
                 start!", 480, 600, 50, SILVER)
275                  if key[K_SPACE] == 1:
276                      idx = 1
277                      tmr = 0
278                      score = 0
279                      ss_x = 480
280                      ss_y = 600
281                      ss_d = 0
282                      ss_shield = 100
283                      ss_muteki = 0
284                      for i in range(ENEMY_MAX):
285                          emy_f[i] = False
286                      for i in range(MISSILE_MAX):
287                          msl_f[i] = False
288
289          if idx == 1: # 玩遊戲中
290              move_starship(screen, key)
291              move_missile(screen)
292              bring_enemy()
293              move_enemy(screen)
294              if tmr == 30*60:
295                  idx = 3
296                  tmr = 0
297
298          if idx == 2: # 遊戲結束
299              move_missile(screen)
300              move_enemy(screen)
301              draw_text(screen, "GAME OVER", 480, 300,
        80, RED)
302              if tmr == 150:
303                  idx = 0
304                  tmr = 0
305
306          if idx == 3: # 過關
307              move_starship(screen, key)
308              move_missile(screen)
309              draw_text(screen, "GAME CLEAR", 480,
        300, 80, SILVER)
310              if tmr == 150:
311                  idx = 0
312                  tmr = 0
313
314          draw_effect(screen) # 爆炸特效
315          draw_text(screen, "SCORE "+str(score), 200,
        30, 50, SILVER)
316          if idx != 0: # 顯示防禦力
317              screen.blit(img_shield, [40, 680])
318              pygame.draw.rect(screen, (64,32,32), [40+ss_
        shield*4, 680, (100-ss_shield)*4, 12])
319
320          pygame.display.update()
321          clock.tick(30)
322
323
324  if __name__ == '__main__':
325      main()
```

行	中文註解
275	按下空白鍵後
276	idx 變成 1
277	計時器變成 0
278	分數變成 0
279	我機在開始時的 X 座標
280	我機在開始時的 Y 座標
281	我機的傾斜角度變成 0
282	防禦力變成 100
283	無敵時間變成 0
284	重複
285	沒有出現敵機的狀態
286	重複
287	沒有發射我機飛彈的狀態
289	idx 為 1 時（玩遊戲中）
290	移動我機
291	移動我機的飛彈
292	讓敵機出現
293	移動敵機
294	tmr 若為 30*60 的值
295	idx 變成 3，過關
296	tmr 變成 0
298	idx 為 2 時（遊戲結束）
299	移動我機的飛彈
300	移動敵機
301	繪製 GAME OVER
302	tmr 變成 150 後
303	idx 變成 0 回到標題
304	tmr 變成 0
306	idx 為 3 時（過關）
307	移動我機
308	移動我機的飛彈
309	繪製 GAME CLEAR
310	tmr 變成 150 後
311	idx 變成 0 回到標題
312	tmr 變成 0
314	繪製爆炸特效
315	繪製 SCORE
316	idx 如果不是 0（除標題畫面外）
317	繪製防禦力影像
318	用矩形繪製減少的部分
320	更新畫面
321	設定幀率
324	直接執行這個程式時
325	呼叫 main() 函數

執行這個程式後，會持續出現兵機。遊戲開始一分鐘後就過關，若中途防禦力歸零，遊戲就結束。

圖 7-5-2　從顯示標題開始到過關為止

和前面學過的一樣，使用索引與計時器管理遊戲的流程。在第 39 ～ 40 行宣告索引的 idx 變數名稱，以及計時器的 tmr 變數名稱。

使用 idx 與 tmr 的值，在 main() 函數內管理遊戲進度。索引的值與處理概要如下所示。

表 7-5-1　索引與處理概要

idx 的值	處理概要
0	標題畫面 ・按下空白鍵之後，把預設值代入各個變數，並將 idx 變成 1
1	玩遊戲時的畫面 ・進行我機的處理、飛彈的處理、敵機的處理 ・在我機的處理中，防禦力消失後 idx 變成 2[※] ・開始約 1 分鐘（30*60 幀）idx 變成 3
2	遊戲結束畫面 ・經過一段時間後，進入 idx0
3	過關畫面 ・經過一段時間後，進入 idx0

※ 只在idx1時才進行我機與敵機的碰撞偵測，因此於第129行增加 elif idx == 1:條件式。

第 85 ～ 90 行增加了顯示字串的 draw_text() 函數。以下將單獨說明這個函數。

```
def draw_text(scrn, txt, x, y, siz, col): # 顯示文字
    fnt = pygame.font.Font(None, siz)
    sur = fnt.render(txt, True, col)
    x = x - sur.get_width()/2
    y = y - sur.get_height()/2
    scrn.blit(sur, [x, y])
```

如果要在 Pygame 顯示字串，要先設定字體種類及大小，建立字體物件。在字體物件
利用 render() 命令設定字串及顏色，建立字串的 Surface（繪製字串的影像），在畫面
上繪製。

這個函數為了讓參數設定的座標位於字串的中心，而在減去 Surface 的寬度與高度
1/2 的座標上，使用 blit() 命令繪製字串。

圖 7-5-3　字串繪圖

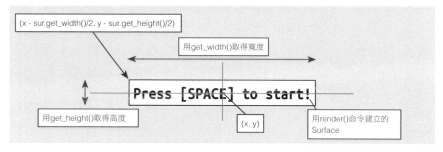

在 draw_text() 函數顯示

- **標題畫面的「Press [SPACE] to start!」**
- **遊戲結束時的「GAME OVER」**
- **過關時的「GAME CLEAR」**
- **分數「SCORE」**

用第 41 行宣告的 score 變數管理分數。遊戲開
始時，score 歸零，敵機被飛彈擊中時，每次增
加 100。

「把多次用到的
處理整合成函
數」是程式設計
的原則之一。

Python 只用三行就能製作出派對遊戲

Python 受歡迎的原因之一，就是用簡單的描述就可以組合程式。舉例來說，筆者至今製作過最短的 Python 遊戲只有短短三行。在學習困難的射擊遊戲時，這個專欄應該可以讓你暫時喘口氣，以下將介紹筆者寫出三行程式的契機。

這是雙人以上的遊戲程式，請使用 IDLE 執行。

程式 ▶ list07_column.py

```
1  import random
2  r = random.randint(0, 999)
3  print("."*r + "," + "."*(1000-r))
```

匯入 random 模組
將 0 到 999 其中一個值代入變數 r
輸出在大量圓點之中只包含一個逗點的字串

執行這個程式後，會在殼層視窗輸出在大量圓點 (.) 之中，只包含一個逗點 (,) 的字串。請和家人或朋友一起盯著畫面，比賽誰先找到逗點。

在 Python 描述「文字 *n」之後，可以排列 n 個文字。利用這一點，只要描述 "."*r + "," + "."*(1000-r)，如第三行所示，

- 亂數排列圓點
- 只包含一個逗點
- 排列「1000-亂數」個圓點數量

就會輸出以上這樣的字串。

- **為什麼會想到這種程式？**

以下要介紹製作這個程式的緣由。

某天，筆者有一位學生沒有發現逗點與圓點輸入錯誤，使得程式出錯而苦惱不已。由於他使用了高解析度（像素點密集）的筆電，難以分辨逗點與圓點的差異。幫他找到這個錯誤的是他的朋友。儘管我誇獎他「好眼力」，卻驚訝於學生竟然把尋找錯誤當作遊戲。於是筆者便開始利用文字編輯器，寫出把部分圓點變成逗點，從中找出逗點的遊戲。

由於筆者教導的科目是遊戲開發，這種「遊戲」很受歡迎。於是筆者腦中靈光一閃，想到「既然如此，不妨利用正在學習的 Python，讓電腦產生這樣的問題」。結果製作出上面的程式。

▪ 可以依照創意排列組合

除了逗點與圓點之外，還可以改變文字，例如 1（數字）與 l（L 的小寫），或文字「間」與「問」。除了一個字之外，還可以使用字串，如以下的程式所示。變成字串之後，請放大殼層視窗並執行該程式。

程式 ▶ list07_column2.py

```
1  import random
2  r = random.randint(0, 999)
3  print("猴子"*r + "獅子" + "猴子"
   *(1000-r))
```

匯入 random 模組
將 0 到 999 其中一個值代入變數 r
輸出在「猴子」之中加入了一個「獅子」的字串

猴子之中，有一隻獅子（笑）。

嚴格來說，這裡介紹的程式並非遊戲軟體，而是多人一起找出問題的軟體。課堂上，大家玩得非常熱烈，就像在享受派對遊戲一樣，讓筆者再次感受到寫程式真是一件有趣的事情。

完成《Galaxy Lancer》，加入音效，
增加敵人的種類，並讓大魔王出現，
製作出完整的程式。

製作射擊遊戲！
下篇

Chapter

8

加入音效

使用 Pygame 之後，可以在遊戲中播放 BGM（背景音樂）或輸入 SE（音效）。這次要加入 BGM 及飛彈發射音等 SE。

》》》 聲音檔案

這次要使用聲音檔案。請在「Chapter8」資料夾內建立「sound_gl」資料夾，並將聲音檔案放在裡面。從本書提供的網址可以下載聲音檔案。

圖 8-1-1　這次使用的聲音檔案

表 8-1-1　聲音檔案的內容

barrage.ogg	發射彈幕時的 SE
bgm.ogg	遊戲中的 BGM
damage.ogg	我機受到傷害時的 SE
explosion.ogg	魔王機爆炸時的 SE
gameclear.ogg	過關時的片尾音樂（Jingle）※
gameover.ogg	遊戲結束時的片尾音樂 ※
shot.ogg	發射飛彈時的 SE

※片尾音樂是指演出用短短數秒的聲音

本章的資料夾結構如下頁所示。這次也會用到上一章用過的影像，請建立「image_gl」資料夾，把影像檔案放在裡面。

圖 8-1-2 「Chapter8」的資料夾結構

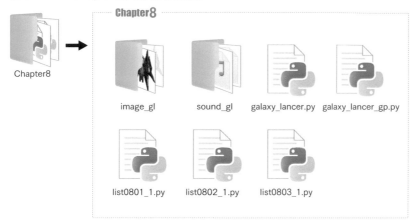

>>> Pygame 的聲音命令

以下要說明在 Pygame 處理聲音的命令。處理 BGM 的命令如下所示。

表 8-1-2 處理 BGM 的命令

載入檔案	pygame.mixer.music.load（檔案名稱）
播放	pygame.mixer.music.play（參數[※]）
停止	pygame.mixer.music.stop()

※ 參數如果是 -1 會重複播放，0 是播放一次。如果是 5，會重複播放 6 次。

處理 SE（音效）的命令如下所示。

表 8-1-3 處理 SE 的命令

載入檔案	變數名稱 = pygame.mixer.Sound(檔案名稱)
播放	變數名稱 .play()

在 Pygame 處理的音效檔案最好是 ogg 格式。雖然 mp3 檔案也能輸出，但是 mp3 格式有時可能出現播放失敗等問題。若遇到這種情況請使用 ogg 格式。

>>> 加入聲音

遊戲開始後，播放 BGM，遊戲結束或過關時，分別播放片尾音樂。片尾音樂是指演出時使用、只有幾秒的短音樂。

以下要加入發射飛彈時的 SE，以及防禦力消失後，我機爆炸時的 SE。同時配合我機的爆炸效果來加上聲音。

請輸入以下程式，另存新檔之後，再執行程式。

程式 ▶ list0801_1.py　　※ 與上一章 Lesson7-5 程式不同的部分會畫上標示。

```
1   import pygame                                          匯入 pygame 模組
2   import sys                                             匯入 sys 模組
3   import math                                            匯入 math 模組
4   import random                                          匯入 random 模組
5   from pygame.locals import *                            省略 pygame. 常數的描述
6
7   BLACK = (  0,   0,   0)                                定義顏色（黑）
8   SILVER= (192, 208, 224)                               定義顏色（銀）
9   RED   = (255,   0,   0)                                定義顏色（紅）
10  CYAN  = (  0, 224, 255)                                定義顏色（藍）
11
12  # 載入影像
13  img_galaxy = pygame.image.load("image_gl/galaxy       載入星星背景的變數
    .png")
14  img_sship = [                                          載入我機影像的列表
15      pygame.image.load("image_gl/starship.png"),
16      pygame.image.load("image_gl/starship_l.png"),
17      pygame.image.load("image_gl/starship_r.png"),
18      pygame.image.load("image_gl/starship_burner.
    png")
19  ]
20  img_weapon = pygame.image.load("image_gl/bullet.png") 載入我機飛彈影像的變數
21  img_shield = pygame.image.load("image_gl/shield.png") 載入防禦力影像的變數
22  img_enemy = [                                          載入敵機影像的列表
23      pygame.image.load("image_gl/enemy0.png"),
24      pygame.image.load("image_gl/enemy1.png")
25  ]
26  img_explode = [                                        載入爆炸影像的列表
27      None,
28      pygame.image.load("image_gl/explosion1.png"),
29      pygame.image.load("image_gl/explosion2.png"),
```

```
30        pygame.image.load("image_gl/explosion3.png"),
31        pygame.image.load("image_gl/explosion4.png"),
32        pygame.image.load("image_gl/explosion5.png")
33    ]
34    img_title = [
35        pygame.image.load("image_gl/nebula.png"),
36        pygame.image.load("image_gl/logo.png")
37    ]
38
39    # 載入SE的變數
40    se_barrage = None
41    se_damage = None
42    se_explosion = None
43    se_shot = None
44
45    idx = 0
46    tmr = 0
47    score = 0
48    bg_y = 0
49
50    ss_x = 0
51    ss_y = 0
52    ss_d = 0
53    ss_shield = 0
54    ss_muteki = 0
55    key_spc = 0
56    key_z = 0
57
58    MISSILE_MAX = 200
59    msl_no = 0
60    msl_f = [False]*MISSILE_MAX
61    msl_x = [0]*MISSILE_MAX
62    msl_y = [0]*MISSILE_MAX
63    msl_a = [0]*MISSILE_MAX
64
65    ENEMY_MAX = 100
66    emy_no = 0
67    emy_f = [False]*ENEMY_MAX
68    emy_x = [0]*ENEMY_MAX
69    emy_y = [0]*ENEMY_MAX
70    emy_a = [0]*ENEMY_MAX
71    emy_type = [0]*ENEMY_MAX
72    emy_speed = [0]*ENEMY_MAX
73
74    EMY_BULLET = 0
75    LINE_T = -80
76    LINE_B = 800
77    LINE_L = -80
78    LINE_R = 1040
79
80    EFFECT_MAX = 100
81    eff_no = 0
82    eff_p = [0]*EFFECT_MAX
83    eff_x = [0]*EFFECT_MAX
84    eff_y = [0]*EFFECT_MAX
85
86
87    def get_dis(x1, y1, x2, y2): # 計算兩點間的距離
88        return( (x1-x2)*(x1-x2) + (y1-y2)*(y1-y2) )
89
```

載入標題畫面影像的列表

載入SE的變數
載入發射彈幕時 SE 的變數
載入受到傷害時 SE 的變數
載入魔王機爆炸時 SE 的變數
載入發射飛彈時 SE 的變數

索引的變數
計時器的變數
分數的變數
捲動背景的變數

我機 X 座標的變數
我機 Y 座標的變數
傾斜我機的變數
我機防禦力的變數
我機無敵狀態的變數
按下空白鍵時使用的變數
按下 Z 鍵時使用的變數

我機發射飛彈的最大常數
發射飛彈時使用列表索引值的變數
管理是否發射飛彈的旗標列表
飛彈 X 座標的列表
飛彈 Y 座標的列表
飛彈角度的列表

敵機的最大常數
敵機出現時使用列表參數的變數
管理敵機是否出現的旗標列表
敵機 X 座標的列表
敵機 Y 座標的列表
敵機飛行角度的列表
敵機種類的列表
敵機速度的列表

管理敵機飛彈編號的常數
敵機出現（消失）的上端座標
敵機出現（消失）的下端座標
敵機出現（消失）的左端座標
敵機出現（消失）的右端座標

爆炸特效的最大常數
產生爆炸特效時使用列表索引值的變數
爆炸特效影像編號的列表
爆炸特效 X 座標的列表
爆炸特效 Y 座標的列表

計算兩點間距離的函數
    傳回平方值（不使用根號）

90		
91	`def draw_text(scrn, txt, x, y, siz, col): # 顯示文字`	顯示文字的函數
92	`    fnt = pygame.font.Font(None, siz)`	建立字體物件
93	`    sur = fnt.render(txt, True, col)`	產生繪製字串的 Surface
94	`    x = x - sur.get_width()/2`	計算居中顯示的 X 座標
95	`    y = y - sur.get_height()/2`	計算居中顯示的 Y 座標
96	`    scrn.blit(sur, [x, y])`	將繪製字串的 Surface 傳送到畫面
97		
98		
99	`def move_starship(scrn, key): # 移動我機`	移動我機的函數
100	`    global idx, tmr, ss_x, ss_y, ss_d, ss_shield,` `ss_muteki, key_spc, key_z`	變成全域變數
101	`    ss_d = 0`	傾斜機體的變數變成 0（不傾斜）
102	`    if key[K_UP] == 1:`	按下向上鍵後
103	`        ss_y = ss_y - 20`	減少 Y 座標
104	`        if ss_y < 80:`	若 Y 座標小於 80
105	`            ss_y = 80`	Y 座標變成 80
106	`    if key[K_DOWN] == 1:`	按下向下鍵後
107	`        ss_y = ss_y + 20`	增加 Y 座標
108	`        if ss_y > 640:`	若 Y 座標大於 640
109	`            ss_y = 640`	Y 座標變成 640
110	`    if key[K_LEFT] == 1:`	按下向左鍵後
111	`        ss_d = 1`	機體傾斜變成 1（左）
112	`        ss_x = ss_x - 20`	減少 X 座標
113	`        if ss_x < 40:`	若 X 座標小於 40
114	`            ss_x = 40`	X 座標變成 40
115	`    if key[K_RIGHT] == 1:`	按下向右鍵後
116	`        ss_d = 2`	機體傾斜變成 2（右）
117	`        ss_x = ss_x + 20`	增加 X 座標
118	`        if ss_x > 920:`	若 X 座標大於 920
119	`            ss_x = 920`	X 座標變成 920
120	`    key_spc = (key_spc+1)*key[K_SPACE]`	在按下空白鍵的過程中，變數增加
121	`    if key_spc%5 == 1:`	按下第一次後，每 5 幀
122	`        set_missile(0)`	發射飛彈
123	`        se_shot.play()`	輸出發射音
124	`    key_z = (key_z+1)*key[K_z]`	在按下 Z 鍵的過程中，變數增加
125	`    if key_z == 1 and ss_shield > 10:`	按一次時，若防禦力大於 10
126	`        set_missile(10)`	發射彈幕
127	`        ss_shield = ss_shield - 10`	防禦力減 10
128	`        se_barrage.play()`	輸出發射音
129		
130	`    if ss_muteki%2 == 0:`	在無敵狀態，讓我機閃爍的 if 語法
131	`        scrn.blit(img_sship[3], [ss_x-8, ss_y` `+40+(tmr%3)*2])`	繪製引擎的火焰
132	`        scrn.blit(img_sship[ss_d], [ss_x-37, ss_` `y-48])`	繪製我機
133		
134	`    if ss_muteki > 0:`	如果為無敵狀態
135	`        ss_muteki = ss_muteki - 1`	減少 ss_muteki 的值
136	`        return`	退出函數（沒有與敵機碰撞）
137	`    elif idx == 1:`	若非無敵，idx 為 1
138	`        for i in range(ENEMY_MAX): # 與敵機的碰撞偵` `測`	重複進行與敵機的碰撞偵測
139	`            if emy_f[i] == True:`	如果敵機存在
140	`                w = img_enemy[emy_type[i]].get_` `width()`	敵機影像的寬度
141	`                h = img_enemy[emy_type[i]].get_` `height()`	敵機影像的高度
142	`                r = int((w+h)/4 + (74+96)/4)`	計算碰撞偵測的距離

```
143              if get_dis(emy_x[i], emy_y[i], ss_x,
     ss_y) < r*r:
144                  set_effect(ss_x, ss_y)
145                  ss_shield = ss_shield - 10
146                  if ss_shield <= 0:
147                      ss_shield = 0
148                      idx = 2
149                      tmr = 0
150                  if ss_muteki == 0:
151                      ss_muteki = 60
152                      se_damage.play()
153                  emy_f[i] = False
154
155
156  def set_missile(typ): # 設定我機發射的飛彈
157      global msl_no
158      if typ == 0: # 單發
159          msl_f[msl_no] = True
160          msl_x[msl_no] = ss_x
161          msl_y[msl_no] = ss_y-50
162          msl_a[msl_no] = 270
163          msl_no = (msl_no+1)%MISSILE_MAX
164      if typ == 10: # 彈幕
165          for a in range(160, 390, 10):
166              msl_f[msl_no] = True
167              msl_x[msl_no] = ss_x
168              msl_y[msl_no] = ss_y-50
169              msl_a[msl_no] = a
170              msl_no = (msl_no+1)%MISSILE_MAX
171
172
173  def move_missile(scrn): # 移動飛彈
174      for i in range(MISSILE_MAX):
175          if msl_f[i] == True:
176              msl_x[i] = msl_x[i] + 36*math.cos
     (math.radians(msl_a[i]))
177              msl_y[i] = msl_y[i] + 36*math.sin
     (math.radians(msl_a[i]))
178              img_rz = pygame.transform.rotozoom
     (img_weapon, -90-msl_a[i], 1.0)
179              scrn.blit(img_rz, [msl_x[i]-img_rz
     .get_width()/2, msl_y[i]-img_rz.get_height()/2])
180              if msl_y[i] < 0 or msl_x[i] < 0 or msl_
     x[i] > 960:
181                  msl_f[i] = False
182
183
184  def bring_enemy(): # 敵機出現
185      if tmr%30 == 0:
186          set_enemy(random.randint(20, 940), LINE_T, 90,
     1, 6)
187
188
189  def set_enemy(x, y, a, ty, sp): # 設定敵機
190      global emy_no
191      while True:
192          if emy_f[emy_no] == False:
193              emy_f[emy_no] = True
194              emy_x[emy_no] = x
195              emy_y[emy_no] = y
```

敵機與我機未達該距離時
　設定爆炸特效
　減少防禦力
　如果 ss_shield 為 0 以下
　　ss_shield 變成 0
　　遊戲結束

　若非無敵狀態
　　就變成無敵狀態
　　輸出受到傷害的音效
　消除敵機

設定我機發射飛彈的函數
　變成全域變數
　單發時
　　發射的旗標為 True
　　代入飛彈的 X 座標 ⎤ 我機的機鼻位置
　　代入飛彈的 Y 座標 ⎦
　　飛彈的角度
　　計算下個設定用的編號
　彈幕時
　　反覆發射扇形飛彈
　　　發射的旗標為 True
　　　代入飛彈的 X 座標 ⎤ 我機的機鼻位置
　　　代入飛彈的 Y 座標 ⎦
　　　飛彈的角度
　　　計算下個設定用的編號

移動飛彈的函數
　重複
　　如果發射了飛彈
　　　計算 X 座標

　　　計算 Y 座標

　　　建立讓飛行角度轉向的影像

　　　繪製影像

　　　超出畫面之後

　　　　飛彈消失

讓敵機出現的函數
　在此時
　　出現兵機 1

在敵機的列表中設定座標及角度的函數
　變成全域變數
　無限迴圈
　　如果是空的列表
　　　建立旗標
　　　代入 X 座標
　　　代入 Y 座標

```
196              emy_a[emy_no] = a                            代入角度
197              emy_type[emy_no] = ty                        代入敵機的種類
198              emy_speed[emy_no] = sp                       代入敵機的速度
199              break                                        跳出迴圈
200         emy_no = (emy_no+1)%ENEMY_MAX                     計算下次設定的編號
201
202
203  def move_enemy(scrn): # 移動敵機                          移動敵機的函數
204      global idx, tmr, score, ss_shield                   變成全域變數
205      for i in range(ENEMY_MAX):                          重複
206          if emy_f[i] == True:                            如果敵機存在
207              ang = -90-emy_a[i]                           把影像的旋轉角度代入 ang
208              png = emy_type[i]                            把影像編號代入 png
209              emy_x[i] = emy_x[i] + emy_speed[i]           改變 X 座標
     *math.cos(math.radians(emy_a[i]))
210              emy_y[i] = emy_y[i] + emy_speed[i]           改變 Y 座標
     *math.sin(math.radians(emy_a[i]))
211              if emy_type[i] == 1 and emy_y[i] > 360:      敵機的 Y 座標超過 360 時
212                  set_enemy(emy_x[i], emy_y[i], 90, 0,     發射飛彈
     8)
213                  emy_a[i] = -45                           改變方向
214                  emy_speed[i] = 16                        改變速度
215              if emy_x[i] < LINE_L or LINE_R < emy_x[i]    超出畫面上下左右時
     or emy_y[i] < LINE_T or LINE_B < emy_y[i]:
216                  emy_f[i] = False                         消除敵機
217
218              if emy_type[i] != EMY_BULLET: # 對玩家        除敵機的飛彈之外，對玩家
     發射的飛彈進行碰撞偵測                                     的飛彈進行碰撞偵測
219                  w = img_enemy[emy_type[i]].get_          敵機影像的寬度（點數）
     width()
220                  h = img_enemy[emy_type[i]].get_          敵機影像的高度
     height()
221                  r = int((w+h)/4)+12                      計算碰撞偵測的距離
222                  for n in range(MISSILE_MAX):             重複
223                      if msl_f[n] == True and get_             調查是否與我機的飛彈接觸
     dis(emy_x[i], emy_y[i], msl_x[n], msl_y[n]) < r*r:
224                          msl_f[n] = False                 刪除飛彈
225                          set_effect(emy_x[i], emy_        爆炸特效
     y[i])
226                          score = score + 100             增加分數
227                          emy_f[i] = False                刪除敵機
228                          if ss_shield < 100:             我機的防禦力不到
229                              ss_shield = ss_         100 時就增加
     shield + 1
230
231              img_rz = pygame.transform.rotozoom           建立讓敵機旋轉的影像
     (img_enemy[png], ang, 1.0)
232              scrn.blit(img_rz, [emy_x[i]-img_rz           繪製影像
     .get_width()/2, emy_y[i]-img_rz.get_height()/2])
233
234
235  def set_effect(x, y): # 設定爆炸                          設定爆炸特效的函數
236      global eff_no                                        變成全域變數
237      eff_p[eff_no] = 1                                    代入爆炸特效的影像編號
238      eff_x[eff_no] = x                                    代入爆炸特效的 X 座標
239      eff_y[eff_no] = y                                    代入爆炸特效的 Y 座標
240      eff_no = (eff_no+1)%EFFECT_MAX                       計算下一個設定的編號
241
242
243  def draw_effect(scrn): # 爆炸特效                         顯示爆炸特效的函數
```

```
244     for i in range(EFFECT_MAX):
245         if eff_p[i] > 0:
246             scrn.blit(img_explode[eff_p[i]], [eff_
x[i]-48, eff_y[i]-48])
247             eff_p[i] = eff_p[i] + 1
248             if eff_p[i] == 6:
249                 eff_p[i] = 0
250
251
252 def main(): # 主要迴圈
253     global idx, tmr, score, bg_y, ss_x, ss_y, ss_d,
ss_shield, ss_muteki
254     global se_barrage, se_damage, se_explosion, se_
shot
255
256     pygame.init()
257     pygame.display.set_caption("Galaxy Lancer")
258     screen = pygame.display.set_mode((960, 720))
259     clock = pygame.time.Clock()
260     se_barrage = pygame.mixer.Sound("sound_gl/
barrage.ogg")
261     se_damage = pygame.mixer.Sound("sound_gl/damage.
ogg")
262     se_explosion = pygame.mixer.Sound("sound_gl/
explosion.ogg")
263     se_shot = pygame.mixer.Sound("sound_gl/shot.
ogg")
264
265     while True:
266         tmr = tmr + 1
267         for event in pygame.event.get():
268             if event.type == QUIT:
269                 pygame.quit()
270                 sys.exit()
271             if event.type == KEYDOWN:
272                 if event.key == K_F1:
273                     screen = pygame.display.set_
mode((960, 720), FULLSCREEN)
274                 if event.key == K_F2 or event.key ==
K_ESCAPE:
275                     screen = pygame.display.set_
mode((960, 720))
276
277         # 捲動背景
278         bg_y = (bg_y+16)%720
279         screen.blit(img_galaxy, [0, bg_y-720])
280         screen.blit(img_galaxy, [0, bg_y])
281
282         key = pygame.key.get_pressed()
283
284         if idx == 0: # 標題
285             img_rz = pygame.transform.rotozoom
(img_title[0], -tmr%360, 1.0)
286             screen.blit(img_rz, [480-img_rz.get
_width()/2, 280-img_rz.get_height()/2])
287             screen.blit(img_title[1], [70, 160])
288             draw_text(screen, "Press [SPACE] to
start!", 480, 600, 50, SILVER)
289             if key[K_SPACE] == 1:
290                 idx = 1
```

重複	
顯示時	
繪製爆炸特效	
eff_p 加 1	
eff_p 變成 6 之後	
eff_p 歸零結束爆炸特效	
執行主要處理的函數	
變成全域變數	
變成全域變數	
pygame 模組初始化	
設定顯示在視窗上的標題	
繪圖面初始化	
建立 clock 物件	
載入 SE	
載入 SE	
載入 SE	
載入 SE	
無限迴圈	
tmr 的值加 1	
重複處理 pygame 的事件	
點擊視窗的 × 按鈕時	
解除 pygame 模組的初始化	
結束程式	
發生按下按鍵的事件時	
如果是 F1 鍵	
變成全螢幕	
如果是 F2 鍵或 Esc 鍵	
恢復成正常顯示	
計算背景捲動的位置	
繪製背景（上側）	
繪製背景（下側）	
把所有按鍵的狀態代入 key	
idx 為 0 時（標題畫面）	
LOGO 後方轉動的漩渦影像	
繪製在畫面上	
繪製 Galaxy Lancer 的 LOGO	
繪製 Press [SPACE] to start！	
按下空白鍵後	
idx 變成 1	

```
291            tmr = 0                                     計時器變成 0
292            score = 0                                   分數變成 0
293            ss_x = 480                                  我機在開始時的 X 座標
294            ss_y = 600                                  我機在開始時的 Y 座標
295            ss_d = 0                                    我機的傾斜角度變成 0
296            ss_shield = 100                             防禦力變成 100
297            ss_muteki = 0                               無敵時間變成 0
298            for i in range(ENEMY_MAX):                  重複
299                emy_f[i] = False                        沒有出現敵機的狀態
300            for i in range(MISSILE_MAX):                重複
301                msl_f[i] = False                        沒有發射我機飛彈的狀態
302            pygame.mixer.music.load("sound_gl/          載入 BGM
      bgm.ogg")
303            pygame.mixer.music.play(-1)                 以無限迴圈輸出
304
305        if idx == 1: # 玩遊戲中                          idx 為 1 時（玩遊戲中）
306            move_starship(screen, key)                  移動我機
307            move_missile(screen)                        移動我機的飛彈
308            bring_enemy()                               讓敵機出現
309            move_enemy(screen)                          移動敵機
310            if tmr == 30*60:                            tmr 若為 30*60 的值
311                idx = 3                                 idx 變成 3，過關
312                tmr = 0                                 tmr 變成 0
313
314        if idx == 2: # 遊戲結束                          idx 為 2 時（遊戲結束）
315            move_missile(screen)                        移動我機的飛彈
316            move_enemy(screen)                          移動敵機
317            if tmr == 1:                                若 tmr 為 1
318                pygame.mixer.music.stop()               停止 BGM
319            if tmr <= 90:                               若 tmr 低於 90
320                if tmr%5 == 0:                          tmr%5==0 時
321                    set_effect(ss_x+random.             顯示我機的爆炸特效
      randint(-60,60), ss_y+random.randint(-60,60))
322                if tmr%10 == 0:                         tmr%10==0 時
323                    se_damage.play()                    輸出爆炸音
324            if tmr == 120:                              若 tmr 為 120
325                pygame.mixer.music.load("sound_gl/      載入遊戲結束的片尾音樂
      gameover.ogg")
326                pygame.mixer.music.play(0)              輸出之後
327            if tmr > 120:                               若 tmr 超過 120
328                draw_text(screen, "GAME OVER", 480,     繪製 GAME OVER
      300, 80, RED)
329            if tmr == 400:                              若 tmr 為 400
330                idx = 0                                 idx 變成 0，回到標題
331                tmr = 0                                 tmr 變成 0
332
333        if idx == 3: # 過關                             idx 為 3 時（過關）
334            move_starship(screen, key)                  移動我機
335            move_missile(screen)                        移動我機的飛彈
336            if tmr == 1:                                若 tmr 為 1
337                pygame.mixer.music.stop()               停止 BGM
338            if tmr == 2:                                若 tmr 為 2
339                pygame.mixer.music.load("sound_gl/      載入過關的片尾音樂
      gameclear.ogg")
340                pygame.mixer.music.play(0)              輸出之後
341            if tmr > 20:                                若 tmr 超過 20
342                draw_text(screen, "GAME CLEAR", 480,    繪製 GAME CLEAR
      300, 80, SILVER)
343            if tmr == 300:                              若 tmr 為 300
344                idx = 0                                 idx 變成 0 回到標題
```

```
345                    tmr = 0                                        tmr 變成 0
346
347            draw_effect(screen) # 爆炸特效                        繪製爆炸特效
348            draw_text(screen, "SCORE "+str(score), 200,          繪製 SCORE
       30, 50, SILVER)
349            if idx != 0: # 顯示防禦力                           idx 如果不是 0（除標題畫面外）
350                screen.blit(img_shield, [40, 680])              繪製防禦力影像
351                pygame.draw.rect(screen, (64,32,32), [40+ss_    用矩形繪製減少的部分
       shield*4, 680, (100-ss_shield)*4, 12])
352
353            pygame.display.update()                             更新畫面
354            clock.tick(30)                                      設定幀率
355
356
357    if __name__ == '__main__':                                  直接執行這個程式時
358        main()                                                  呼叫 main() 函數
```

請使用這個程式確認 BGM 及 SE 的輸出效果吧！這裡雖然省略了執行畫面，卻也增加了我機被攻擊時的爆炸特效，請一併確認這個部分。

在第 40 ～ 43 行宣告載入 SE 的變數，在 main() 函數內的第 260 ～ 263 行載入 SE 檔案。由於使用移動我機的函數來輸出 SE，所以 SE 的變數變成任何函數都可以處理的全域變數。此外，Pygame 必須在執行 pygame.init() 後才載入聲音檔案。於是在 pygame.init() 命令之後的那一行載入 SE。

> 任何函數都可以使用在函數外側宣告的全域變數。相對來說，在函數內宣告的區域變數只能在函數內使用。

在 main() 函數內，開始遊戲時（第 302 ～ 303 行）描述

```
pygame.mixer.music.load("sound_gl/bgm.ogg")
pygame.mixer.music.play(-1)
```

使用 load() 命令載入檔案，利用 play() 命令輸出 BGM。

遊戲結束時，用第 318 行的 pygame.mixer.music.stop() 停止 BGM 後，在第 325 ～ 326 行描述

```
pygame.mixer.music.load("sound_gl/gameover.ogg")
pygame.mixer.music.play(0)
```

載入並輸出片尾音樂。過關時也一樣。你可以透過列表中的標示部分確認其他用 play() 命令播放的 SE。

》》》 我機的爆炸特效

在 main() 函數內的遊戲結束處理增加了我機被攻擊時的效果。這裡特別加以說明，顯示為粗體的部分（第 319 ～ 323 行）就是爆炸處理。

```
        if idx == 2: # 遊戲結束
            move_missile(screen)
            move_enemy(screen)
            if tmr == 1:
                pygame.mixer.music.stop()
            if tmr <= 90:
                if tmr%5 == 0:
                    set_effect(ss_x+random.randint(-60,60), ss_y+
random.randint(-60,60))
                if tmr%10 == 0:
                    se_damage.play()
            if tmr == 120:
                pygame.mixer.music.load("sound_gl/gameover.ogg")
                pygame.mixer.music.play(0)
            if tmr > 120:
                draw_text(screen, "GAME OVER", 480, 300, 80, RED)
            if tmr == 400:
                idx = 0
                tmr = 0
```

每 5 幀就隨機在我機附近的位置設定一次爆炸特效，每 10 幀就輸出一次爆炸音，在 90 幀之間持續執行這個處理。

先建立開始顯示特效的函數及自動顯示特效的函數，就能瞭解其方便性。

增加敵機的種類

我們在《提心吊膽企鵝迷宮》中也學過，只要準備不同行為類型的敵人，就能讓遊戲變得有趣（→ P.143）。在《Galaxy Lancer》出現了四種兵機。

》》 讓敵機擁有特色

以下要說明的程式除了已經加入的機體，還增加了三種敵機。這個程式將使用右邊的影像，請從本書提供的網址下載檔案。

圖 8-2-1　這次使用的影像檔案

enemy2.png　　enemy3.png　　enemy4.png

這些敵人的移動方式都不一樣，而且也改變了消滅敵機要命中的次數。這裡將先確認這個動作結構後再說明。請輸入以下程式，另存新檔之後，再執行該檔案。

程式 ▶ list0802_1.py　※ 與前面程式不同的部分畫上了標示。

```
1   import pygame                               匯入 pygame 模組
2   import sys                                   匯入 sys 模組
3   import math                                  匯入 math 模組
4   import random                                匯入 random 模組
5   from pygame.locals import *                  省略 pygame. 常數的描述
6
7   BLACK = (  0,   0,   0)                       定義顏色（黑）
8   SILVER= (192, 208, 224)                       定義顏色（銀）
9   RED   = (255,   0,   0)                       定義顏色（紅）
10  CYAN  = (  0, 224, 255)                       定義顏色（藍）
11
12  # 載入影像
13  img_galaxy = pygame.image.load("image_gl/galaxy   載入星星背景的變數
    .png")
14  img_sship = [                                載入我機影像的列表
15      pygame.image.load("image_gl/starship.png"),
16      pygame.image.load("image_gl/starship_l.png"),
17      pygame.image.load("image_gl/starship_r.png"),
18      pygame.image.load("image_gl/starship_burner.png")
19  ]
20  img_weapon = pygame.image.load("image_gl/bullet   載入我機飛彈影像的變數
    .png")
21  img_shield = pygame.image.load("image_gl/shield   載入防禦力影像的變數
    .png")
```

```
22    img_enemy = [                                            載入敵機影像的列表
23        pygame.image.load("image_gl/enemy0.png"),
24        pygame.image.load("image_gl/enemy1.png"),
25        pygame.image.load("image_gl/enemy2.png"),
26        pygame.image.load("image_gl/enemy3.png"),
27        pygame.image.load("image_gl/enemy4.png")
28    ]
29    img_explode = [                                          載入爆炸影像的列表
30        None,
31        pygame.image.load("image_gl/explosion1.png"),
32        pygame.image.load("image_gl/explosion2.png"),
33        pygame.image.load("image_gl/explosion3.png"),
34        pygame.image.load("image_gl/explosion4.png"),
35        pygame.image.load("image_gl/explosion5.png")
36    ]
37    img_title = [                                            載入標題畫面影像的列表
38        pygame.image.load("image_gl/nebula.png"),
39        pygame.image.load("image_gl/logo.png")
40    ]
41
42    # 載入SE的變數
43    se_barrage = None                                        載入發射彈幕時 SE 的變數
44    se_damage = None                                         載入受到傷害時 SE 的變數
45    se_explosion = None                                      載入魔王機爆炸時 SE 的變數
46    se_shot = None                                           載入發射飛彈時 SE 的變數
47
48    idx = 0                                                  索引的變數
49    tmr = 0                                                  計時器的變數
50    score = 0                                                分數的變數
51    bg_y = 0                                                 捲動背景的變數
52
53    ss_x = 0                                                 我機 X 座標的變數
54    ss_y = 0                                                 我機 Y 座標的變數
55    ss_d = 0                                                 傾斜我機的變數
56    ss_shield = 0                                            我機防禦力的變數
57    ss_muteki = 0                                            我機無敵狀態的變數
58    key_spc = 0                                              按下空白鍵時使用的變數
59    key_z = 0                                                按下 Z 鍵時使用的變數
60
61    MISSILE_MAX = 200                                        我機發射飛彈的最大常數
62    msl_no = 0                                               發射飛彈時使用列表索引值的變數
63    msl_f = [False]*MISSILE_MAX                              管理是否發射飛彈的旗標列表
64    msl_x = [0]*MISSILE_MAX                                  飛彈 X 座標的列表
65    msl_y = [0]*MISSILE_MAX                                  飛彈 Y 座標的列表
66    msl_a = [0]*MISSILE_MAX                                  飛彈角度的列表
67
68    ENEMY_MAX = 100                                          敵機的最大常數
69    emy_no = 0                                               敵機出現時使用列表參數的變數
70    emy_f = [False]*ENEMY_MAX                                管理敵機是否出現的旗標列表
71    emy_x = [0]*ENEMY_MAX                                    敵機 X 座標的列表
72    emy_y = [0]*ENEMY_MAX                                    敵機 Y 座標的列表
73    emy_a = [0]*ENEMY_MAX                                    敵機飛行角度的列表
74    emy_type = [0]*ENEMY_MAX                                 敵機種類的列表
75    emy_speed = [0]*ENEMY_MAX                                敵機速度的列表
76    emy_shield = [0]*ENEMY_MAX                               敵機防禦力的列表
77    emy_count = [0]*ENEMY_MAX                                管理敵機動作的列表
78
79    EMY_BULLET = 0                                           管理敵機飛彈編號的常數
80    EMY_ZAKO = 1                                             管理兵機編號的常數
81    LINE_T = -80                                             敵機出現（消失）的上端座標
```

```
82    LINE_B = 800                                        敵機出現（消失）的下端座標
83    LINE_L = -80                                        敵機出現（消失）的左端座標
84    LINE_R = 1040                                       敵機出現（消失）的右端座標
85
86    EFFECT_MAX = 100                                    爆炸特效的最大常數
87    eff_no = 0                                          產生爆炸特效時使用列表索引值的變數
88    eff_p = [0]*EFFECT_MAX                              爆炸特效影像編號的列表
89    eff_x = [0]*EFFECT_MAX                              爆炸特效 X 座標的列表
90    eff_y = [0]*EFFECT_MAX                              爆炸特效 Y 座標的列表
91
92
93    def get_dis(x1, y1, x2, y2): # 計算兩點間的距離      計算兩點間距離的函數
94        return( (x1-x2)*(x1-x2) + (y1-y2)*(y1-y2) )          傳回平方值（不使用根號）
95
96
97    def draw_text(scrn, txt, x, y, siz, col): # 顯示文    顯示文字的函數
字
98        fnt = pygame.font.Font(None, siz)                    建立字體物件
99        sur = fnt.render(txt, True, col)                     產生繪製字串的 Surface
100       x = x - sur.get_width()/2                            計算居中顯示的 X 座標
101       y = y - sur.get_height()/2                           計算居中顯示的 Y 座標
102       scrn.blit(sur, [x, y])                               將繪製字串的 Surface 傳送到畫面
103
104
105   def move_starship(scrn, key): # 移動我機             移動我機的函數
:     略：和list0801_1.py一樣（→P.272）
:     〈
162   def set_missile(typ): # 設定我機發射的飛彈          設定我機發射飛彈的函數
:     略：和list0801_1.py一樣（→P.273）
:     〈
179   def move_missile(scrn): # 移動飛彈                  移動飛彈的函數
:     略：和list0801_1.py一樣（→P.273）
:     〈
190   def bring_enemy(): # 敵機出現                       讓敵機出現的函數
191       sec = tmr/30                                         把遊戲進行時間（秒數）代入 sec
192       if tmr%30 == 0:                                      在此時
193           if 0 < sec and sec < 15:                             sec 的值介於 0 ～ 15 之間
194               set_enemy(random.randint(20, 940), LINE_             兵機 1 出現
T, 90, EMY_ZAKO, 8, 1) # 敵1
195           if 15 < sec and sec < 30:                            sec 的值介於 15 ～ 30 之間
196               set_enemy(random.randint(20, 940), LINE_             兵機 2 出現
T, 90, EMY_ZAKO+1, 12, 1) # 敵2
197           if 30 < sec and sec < 45:                            sec 的值介於 30 ～ 45 之間
198               set_enemy(random.randint(100, 860),                  兵機 3 出現
LINE_T, random.randint(60, 120), EMY_ZAKO+2, 6, 3)
# 敵3
199           if 45 < sec and sec < 60:                            sec 的值介於 45 ～ 60 之間
200               set_enemy(random.randint(100, 860),                  兵機 4 出現
LINE_T, 90, EMY_ZAKO+3, 12, 2) # 敵4
201
202
203   def set_enemy(x, y, a, ty, sp, sh): # 設定敵機敵機   在敵機的列表中設定座標及角度的函數
204       global emy_no                                        變成全域變數
205       while True:                                          無限迴圈
206           if emy_f[emy_no] == False:                           如果是空的列表
207               emy_f[emy_no] = True                                 建立旗標
208               emy_x[emy_no] = x                                    代入 X 座標
209               emy_y[emy_no] = y                                    代入 Y 座標
210               emy_a[emy_no] = a                                    代入角度
```

| ```
211            emy_type[emy_no] = ty
212            emy_speed[emy_no] = sp
213            emy_shield[emy_no] = sh
214            emy_count[emy_no] = 0
215            break
216        emy_no = (emy_no+1)%ENEMY_MAX
217
218
219 def move_enemy(scrn): # 移動敵機
220     global idx, tmr, score, ss_shield
221     for i in range(ENEMY_MAX):
222         if emy_f[i] == True:
223             ang = -90-emy_a[i]
224             png = emy_type[i]
225             emy_x[i] = emy_x[i] + emy_speed[i]
    *math.cos(math.radians(emy_a[i]))
226             emy_y[i] = emy_y[i] + emy_speed[i]
    *math.sin(math.radians(emy_a[i]))
227             if emy_type[i] == 4: # 改變行進方向的敵機
228                 emy_count[i] = emy_count[i] + 1
229                 ang = emy_count[i]*10
230                 if emy_y[i] > 240 and emy_a[i] ==
    90:
231                     emy_a[i] = random.choice
    ([50,70,110,130])
232                     set_enemy(emy_x[i], emy_y[i],
    90, EMY_BULLET, 6, 0)
233             if emy_x[i] < LINE_L or LINE_R < emy_
    x[i] or emy_y[i] < LINE_T or LINE_B < emy_y[i]:
234                 emy_f[i] = False
235
236             if emy_type[i] != EMY_BULLET: # 對玩家
    發射的飛彈進行碰撞偵測
237                 w = img_enemy[emy_type[i]].get_
    width()
238                 h = img_enemy[emy_type[i]].get_
    height()
239                 r = int((w+h)/4)+12
240                 for n in range(MISSILE_MAX):
241                     if msl_f[n] == True and get_
    dis(emy_x[i], emy_y[i], msl_x[n], msl_y[n]) < r*r:
242                         msl_f[n] = False
243                         set_effect(emy_x[i], emy_
    y[i])
244                         emy_shield[i] = emy_
    shield[i] - 1
245                         score = score + 100
246                         if emy_shield[i] == 0:
247                             emy_f[i] = False
248                             if ss_shield < 100:
249                                 ss_shield = ss_
    shield + 1
250
251             img_rz = pygame.transform.rotozoom
    (img_enemy[png], ang, 1.0)
252             scrn.blit(img_rz, [emy_x[i]-img_rz.
    get_width()/2, emy_y[i]-img_rz.get_height()/2])
253
254
255 def set_effect(x, y): # 設定爆炸
``` | 代入敵機的種類<br>代入敵機的速度<br>代入敵機的防禦力值<br>把 0 代入管理動作的列表<br>跳出迴圈<br>計算下次設定的編號<br><br><br>移動敵機的函數<br>　變成全域變數<br>　重複<br>　　如果敵機存在<br>　　　把影像的旋轉角度代入 ang<br>　　　把影像編號代入 png<br>　　　改變 X 座標<br><br>　　　改變 Y 座標<br><br><br>　　　若是改變行進方向的敵機<br>　　　　emy_count 增加<br>　　　　計算影像的旋轉角度<br>　　　　Y 座標超過 240 時<br><br>　　　　　隨機改變方向<br><br>　　　　　發射飛彈<br><br>　　　超出畫面上下左右時<br><br>　　　　消除敵機<br><br>　　　除敵機的飛彈之外，對玩家<br>的飛彈進行碰撞偵測<br>　　　　敵機影像的寬度（點數）<br><br>　　　　敵機影像的高度<br><br>　　　　計算碰撞偵測的距離<br>　　　　重複<br>　　　　　調查是否與我機的飛彈接觸<br><br>　　　　　　刪除飛彈<br>　　　　　　爆炸特效<br><br>　　　　　　減少敵機的防禦力<br><br>　　　　　　增加分數<br>　　　　　　打倒敵機後<br>　　　　　　　刪除敵機<br>　　　　　　　我機的防禦<br>　　　　　　　力不到 100 時就增加<br><br><br>　　　建立讓敵機旋轉的影像<br><br>　　　繪製影像<br><br><br>設定爆炸特效的函數 |

282
```

```
  :   略:和 list0801_1.py 一樣(→P.274)              顯示爆炸特效的函數
  :   〈
263   def draw_effect(scrn): # 爆炸特效                顯示爆炸特效的函數
  :   略:和 list0801_1.py 一樣(→P.274~275)
  :   〈
272   def main(): # 主要迴圈                          執行主要處理的函數
  :   略:和 list0801_1.py 一樣(→P.275)
  :   〈
377   if __name__ == '__main__':                     直接執行這個程式時
378       main()                                     呼叫 main() 函數
```

執行這個程式後,兵機 1 到兵機 4 會每隔 15 秒出現一次。

表 8-2-1　敵機的種類與特色

	影像	發射幾發飛彈才能打倒敵機	動作
兵機 1		1	由上往下直線移動
兵機 2		1	移動速度比兵機 1 快
兵機 3		3	往斜下方移動
兵機 4		2	往下移動,途中發射飛彈,並改變行進方向

圖 8-2-2　list0802_1.py 的執行結果

為了方便管理兵機，在第 80 行增加了常數 EMY_ZAKO = 1。

在敵機的列表中，於第 76 ～ 77 行增加了 emy_shield 與 emy_count。把發射幾發飛彈可以摧毀敵機的值代入 emy_shield，利用 emy_count 管理敵機的動作。

與前面程式最不同的部分包括讓敵機出現的 bring_enemy() 函數、在敵機的列表中設定常數值的 set_enemy() 函數、移動敵機的 move_enemy() 函數。

在 bring_enemy() 函數的第 191 行，以 sec = tmr/30，把遊戲開始後經過的秒數代入 sec，利用 if 語法調查 sec 的值，讓兵機 1 到兵機 4 每隔 15 秒出現一次。

在 set_enemy() 函數增加一個參數，就能代入敵機的防禦力值（發射幾發飛彈可以摧毀）。

請確認在第 219 ～ 252 行描述、移動敵人的 move_enemy() 函數。以下將節錄這個函數，再次說明。這裡的重點是以粗體顯示，改變敵機座標的算式以及旋轉敵機影像並繪圖的部分。

```python
def move_enemy(scrn): # 移動敵機
    global idx, tmr, score, ss_shield
    for i in range(ENEMY_MAX):
        if emy_f[i] == True:
            ang = -90-emy_a[i]
            png = emy_type[i]
            emy_x[i] = emy_x[i] + emy_speed[i]*math.cos(math.radians(emy_a[i]))
            emy_y[i] = emy_y[i] + emy_speed[i]*math.sin(math.radians(emy_a[i]))
            if emy_type[i] == 4: # 改變行進方向的敵機
                emy_count[i] = emy_count[i] + 1
                ang = emy_count[i]*10
                if emy_y[i] > 240 and emy_a[i] == 90:
                    emy_a[i] = random.choice([50,70,110,130])
                    set_enemy(emy_x[i], emy_y[i], 90, EMY_BULLET, 6, 0)
            if emy_x[i] < LINE_L or LINE_R < emy_x[i] or emy_y[i] < LINE_T or LINE_B < emy_y[i]:
                emy_f[i] = False

            if emy_type[i] != EMY_BULLET: # 對玩家發射的飛彈進行碰撞偵測
                w = img_enemy[emy_type[i]].get_width()
                h = img_enemy[emy_type[i]].get_height()
                r = int((w+h)/4)+12
                for n in range(MISSILE_MAX):
                    if msl_f[n] == True and get_dis(emy_x[i], emy_y[i], msl_x[n], msl_y[n]) < r*r:
                        msl_f[n] = False
                        set_effect(emy_x[i], emy_y[i])
                        emy_shield[i] = emy_shield[i] - 1
                        score = score + 100
```

接下頁

```
                    if emy_shield[i] == 0:
                        emy_f[i] = False
                        if ss_shield < 100:
                            ss_shield = ss_shield + 1


    img_rz = pygame.transform.rotozoom(img_enemy[png], ang, 1.0)
    scrn.blit(img_rz, [emy_x[i]-img_rz.get_width()/2, emy_y[i]-img_rz.get_height()/2])
```

把旋轉敵機影像的角度 ang = -90-emy_a[i] 代入 ang。emy_count 的值遞增，使用該值，增加 ang 的值，讓兵機 4 不停旋轉。

敵機的行進方向（角度）是用 emy_a 管理，利用三角函數的算式增減 X 座標、Y 座標。

```
    emy_x[i] = emy_x[i] + emy_speed[i]*math.cos(math.radians(emy_a[i]))
    emy_y[i] = emy_y[i] + emy_speed[i]*math.sin(math.radians(emy_a[i]))
```

有了這個算式，只要把角度代入 emy_a，就能往 360 度任何方向移動敵機。
兵機 4 利用第 230 行的 if emy_y[i] > 240 and emy_a[i] == 90: 條件式，當 Y 座標超過 240 點時，角度會變成 50、70、110 或 130，讓行進方向產生變化。

這裡用一個move_enemy()函數來執行敵機飛彈與多個機體的處理。利用角度(emy_a)與速度(emy_speed)管理敵機的移動，就可以只用一種函數準備各種動作。

我機發射的飛彈與敵機進行碰撞偵測，如果兩者接觸，emy_shield[i] = emy_shield[i] – 1，減少敵機的防禦力；若變成 0，emy_f[i] = False，就消除敵機。敵機的防禦力可以用 set_enemy() 函數設定成任意值。例如必須攻擊 10 次，才能摧毀敵機，還有 emy_shield 設定為 0，就能製作出怎麼攻擊也不會被打倒的敵機。

防禦力的值設定為0，受到飛彈攻擊後，防禦力就變成負值，if emy_shield[i] == 0:條件式不成立，這樣就會變成不論攻擊幾發飛彈，也打不倒敵機。

魔王機登場

大部分的電腦遊戲都會有魔王角色。與魔王角色對戰會讓人覺得緊張。《Galaxy Lancer》也有安排魔王機,讓使用者可以充分體會遊戲的樂趣。

遊戲中的大魔王

射擊遊戲、動作遊戲、角色扮演遊戲等一定會有體型較大的魔王角色出現。如果要打倒大魔王,每種遊戲都需要各自的技巧,使用者打倒大魔王之後,可以獲得成就感。大魔王的角色可說是讓遊戲變有趣的重要環節。

加入魔王機的處理

以下要確認讓魔王機出現的程式。這個程式將使用以下影像。

圖 8-3-1　這次使用的影像檔案

enemy_boss.png

enemy_boss_f.png

請輸入以下程式,另存新檔之後,再執行程式。

程式▶ list0803_1.py　※與前面程式不同的部分畫上了標示。

```
1   import pygame                        匯入 pygame 模組
2   import sys                           匯入 sys 模組
3   import math                          匯入 math 模組
4   import random                        匯入 random 模組
5   from pygame.locals import *          省略 pygame. 常數的描述
6
7   BLACK = (  0,   0,   0)              定義顏色(黑)
8   SILVER= (192, 208, 224)             定義顏色(銀)
9   RED   = (255,   0,   0)             定義顏色(紅)
```

```
10    CYAN  = (   0, 224, 255)                                          定義顏色（藍）
11
12    # 載入影像
13    img_galaxy = pygame.image.load("image_gl/galaxy.png")            載入星星背景的變數
14    img_sship = [                                                     載入我機影像的列表
:     略：和list0801_1.py一樣（→P.270）
:     〉
19    ]
20    img_weapon = pygame.image.load("image_gl/bullet.png")            載入我機飛彈影像的變數
21    img_shield = pygame.image.load("image_gl/shield.png")            載入防禦力影像的變數
22    img_enemy = [                                                     載入敵機影像的列表
23        pygame.image.load("image_gl/enemy0.png"),
24        pygame.image.load("image_gl/enemy1.png"),
25        pygame.image.load("image_gl/enemy2.png"),
26        pygame.image.load("image_gl/enemy3.png"),
27        pygame.image.load("image_gl/enemy4.png"),
28        pygame.image.load("image_gl/enemy_boss.png"),
29        pygame.image.load("image_gl/enemy_boss_f.png")
30    ]
31    img_explode = [                                                   載入爆炸影像的列表
:     略：和list0801_1.py一樣（→P.270）
:     〉
38    ]
39    img_title = [                                                     載入標題畫面影像的列表
40        pygame.image.load("image_gl/nebula.png"),
41        pygame.image.load("image_gl/logo.png")
42    ]
43
44    # 載入SE的變數
45    se_barrage = None                                                 載入發射彈幕時 SE 的變數
46    se_damage = None                                                  載入受到傷害時 SE 的變數
47    se_explosion = None                                               載入魔王機爆炸時 SE 的變數
48    se_shot = None·                                                   載入發射飛彈時 SE 的變數
49
50    idx = 0                                                           索引的變數
51    tmr = 0                                                           計時器的變數
52    score = 0                                                         分數的變數
53    bg_y = 0                                                          捲動背景的變數
54
55    ss_x = 0                                                          我機 X 座標的變數
56    ss_y = 0                                                          我機 Y 座標的變數
57    ss_d = 0                                                          傾斜我機的變數
58    ss_shield = 0                                                     我機防禦力的變數
59    ss_muteki = 0                                                     我機無敵狀態的變數
60    key_spc = 0                                                       按下空白鍵時使用的變數
61    key_z = 0                                                         按下 Z 鍵時使用的變數
62
63    MISSILE_MAX = 200                                                 我機發射飛彈的最大常數
64    msl_no = 0                                                        發射飛彈時使用列表索引值的變數
65    msl_f = [False]*MISSILE_MAX                                       管理是否發射飛彈的旗標列表
66    msl_x = [0]*MISSILE_MAX                                           飛彈 X 座標的列表
67    msl_y = [0]*MISSILE_MAX                                           飛彈 Y 座標的列表
68    msl_a = [0]*MISSILE_MAX                                           飛彈角度的列表
69
70    ENEMY_MAX = 100                                                   敵機的最大常數
71    emy_no = 0                                                        敵機出現時使用列表參數的變數
72    emy_f = [False]*ENEMY_MAX                                         管理敵機是否出現的旗標列表
73    emy_x = [0]*ENEMY_MAX                                             敵機 X 座標的列表
74    emy_y = [0]*ENEMY_MAX                                             敵機 Y 座標的列表
```

```
75    emy_a = [0]*ENEMY_MAX                               敵機飛行角度的列表
76    emy_type = [0]*ENEMY_MAX                            敵機種類的列表
77    emy_speed = [0]*ENEMY_MAX                           敵機速度的列表
78    emy_shield = [0]*ENEMY_MAX                          敵機防禦力的列表
79    emy_count = [0]*ENEMY_MAX                           管理敵機動作的列表
80
81    EMY_BULLET = 0                                      管理敵機飛彈編號的常數
82    EMY_ZAKO = 1                                        管理兵機編號的常數
83    EMY_BOSS = 5          -                  -          管理魔王機編號的常數
84    LINE_T = -80                                        敵機出現（消失）的上端座標
85    LINE_B = 800                                        敵機出現（消失）的下端座標
86    LINE_L = -80                                        敵機出現（消失）的左端座標
87    LINE_R = 1040                                       敵機出現（消失）的右端座標
88
89    EFFECT_MAX = 100                                    爆炸特效的最大常數
90    eff_no = 0                                          產生爆炸特效時使用列表索引值的變數
91    eff_p = [0]*EFFECT_MAX                              爆炸特效影像編號的列表
92    eff_x = [0]*EFFECT_MAX                              爆炸特效 X 座標的列表
93    eff_y = [0]*EFFECT_MAX                              爆炸特效 Y 座標的列表
94
95
96    def get_dis(x1, y1, x2, y2): # 計算兩點間的距離    計算兩點間距離的函數
97        return( (x1-x2)*(x1-x2) + (y1-y2)*(y1-y2) )       傳回平方值（不使用根號）
98
99
100   def draw_text(scrn, txt, x, y, siz, col): # 顯示文    顯示文字的函數
      字
101       fnt = pygame.font.Font(None, siz)                   建立字體物件
102       sur = fnt.render(txt, True, col)                    產生繪製字串的 Surface
103       x = x - sur.get_width()/2                           計算居中顯示的 X 座標
104       y = y - sur.get_height()/2                          計算居中顯示的 Y 座標
105       scrn.blit(sur, [x, y])                              將繪製字串的 Surface 傳送到畫面
106
107
108   def move_starship(scrn, key): # 移動我機             移動我機的函數
109       global idx, tmr, ss_x, ss_y, ss_d, ss_shield, ss_    變成全域變數
      muteki, key_spc, key_z
110       ss_d = 0                                            傾斜機體的變數變成 0（不傾斜）
111       if key[K_UP] == 1:                                  按下向上鍵後
112           ss_y = ss_y - 20                                   減少 Y 座標
113           if ss_y < 80:                                      若 Y 座標小於 80
114               ss_y = 80                                         Y 座標變成 80
115       if key[K_DOWN] == 1:                                按下向下鍵後
116           ss_y = ss_y + 20                                   增加 Y 座標
117           if ss_y > 640:                                     若 Y 座標大於 640
118               ss_y = 640                                        Y 座標變成 640
119       if key[K_LEFT] == 1:                                按下向左鍵後
120           ss_d = 1                                           機體傾斜變成 1（左）
121           ss_x = ss_x - 20                                   減少 X 座標
122           if ss_x < 40:                                      若 X 座標小於 40
123               ss_x = 40                                         X 座標變成 40
124       if key[K_RIGHT] == 1:                               按下向右鍵後
125           ss_d = 2                                           機體傾斜變成 2（右）
126           ss_x = ss_x + 20                                   增加 X 座標
127           if ss_x > 920:                                     若 X 座標大於 920
128               ss_x = 920                                        X 座標變成 920
129       key_spc = (key_spc+1)*key[K_SPACE]                  在按下空白鍵的過程中，變數增加
130       if key_spc%5 == 1:                                  按下第一次後，每 5 幀
131           set_missile(0)                                     發射飛彈
132           se_shot.play()                                     輸出發射音
```

```
133     key_z = (key_z+1)*key[K_z]
134     if key_z == 1 and ss_shield > 10:
135         set_missile(10)
136         ss_shield = ss_shield - 10
137         se_barrage.play()
138
139     if ss_muteki%2 == 0:
140         scrn.blit(img_sship[3], [ss_x-8, ss_y+
        40+(tmr%3)*2])
141         scrn.blit(img_sship[ss_d], [ss_x-37, ss_
        y-48])
142
143     if ss_muteki > 0:
144         ss_muteki = ss_muteki - 1
145         return
146     elif idx == 1:
147         for i in range(ENEMY_MAX): # 與敵機的碰撞偵
        測
148             if emy_f[i] == True:
149                 w = img_enemy[emy_type[i]].get_
                width()
150                 h = img_enemy[emy_type[i]].get_
                height()
151                 r = int((w+h)/4 + (74+96)/4)
152                 if get_dis(emy_x[i], emy_y[i], ss_x,
                ss_y) < r*r:
153                     set_effect(ss_x, ss_y)
154                     ss_shield = ss_shield - 10
155                     if ss_shield <= 0:
156                         ss_shield = 0
157                         idx = 2
158                         tmr = 0
159                     if ss_muteki == 0:
160                         ss_muteki = 60
161                         se_damage.play()
162                     if emy_type[i] < EMY_BOSS:
163                         emy_f[i] = False
164
165
166 def set_missile(typ): # 設定我機發射的飛彈
  :     略：和list0801_1.py一樣（→P.273）
  :     ⟨
183 def move_missile(scrn): # 移動飛彈
  :     略：和list0801_1.py一樣（→P.273）
  :
  :     ⟨
194 def bring_enemy(): # 敵機出現
195     sec = tmr/30
196     if 0 < sec and sec < 15 and tmr%60 == 0:
197         set_enemy(random.randint(20, 940), LINE_T, 90,
        EMY_ZAKO, 8, 1) # 敵1
198         set_enemy(random.randint(20, 940), LINE_T, 90,
        EMY_ZAKO+1, 12, 1) # 敵2
199         set_enemy(random.randint(100, 860), LINE_T,
        random.randint(60, 120), EMY_ZAKO+2, 6, 3) # 敵3
200         set_enemy(random.randint(100, 860), LINE_T, 90,
        EMY_ZAKO+3, 12, 2) # 敵4
201     if tmr == 30*20: # 魔王機出現
202         set_enemy(480, -210, 90, EMY_BOSS, 4, 200)
203
204
```

在按下 Z 鍵的過程中，變數增加
按一次時，若防禦力大於 10
　　發射彈幕
　　防禦力減 10
　　輸出發射音

在無敵狀態，讓我機閃爍的 if 語法
　　繪製引擎的火焰

　　繪製我機

如果為無敵狀態
　　減少 ss_muteki 的值
　　退出函數（沒有與敵機碰撞）
若非無敵，idx 為 1
　　重複進行與敵機的碰撞偵測

　　　如果敵機存在
　　　　敵機影像的寬度

　　　　敵機影像的高度

　　　　計算碰撞偵測的距離
　　　　敵機與我機未達該距離時

　　　　　設定爆炸特效
　　　　　減少防禦力
　　　　　如果 ss_shield 為 0 以下
　　　　　　ss_shield 變成 0
　　　　　　遊戲結束

　　　　　若非無敵狀態
　　　　　　就變成無敵狀態
　　　　　　輸出受到傷害的音效
　　　　　如果接觸到的不是魔王機
　　　　　　消除敵機

設定我機發射飛彈的函數

移動飛彈的函數

讓敵機出現的函數
　把遊戲進行的時間（秒數）代入 sec
　sec 的值介於 0 ～ 15 之間，此時
　　兵機 1 出現

　　兵機 2 出現

　　兵機 3 出現

　　兵機 4 出現

　tmr 的值為此值時
　　魔王機出現

```python
205  def set_enemy(x, y, a, ty, sp, sh): # 設定敵機
206      global emy_no
207      while True:
208          if emy_f[emy_no] == False:
209              emy_f[emy_no] = True
210              emy_x[emy_no] = x
211              emy_y[emy_no] = y
212              emy_a[emy_no] = a
213              emy_type[emy_no] = ty
214              emy_speed[emy_no] = sp
215              emy_shield[emy_no] = sh
216              emy_count[emy_no] = 0
217              break
218          emy_no = (emy_no+1)%ENEMY_MAX
219
220
221  def move_enemy(scrn): # 移動敵機
222      global idx, tmr, score, ss_shield
223      for i in range(ENEMY_MAX):
224          if emy_f[i] == True:
225              ang = -90-emy_a[i]
226              png = emy_type[i]
227              if emy_type[i] < EMY_BOSS:# 兵機的動作
228                  emy_x[i] = emy_x[i] + emy_speed[i]*math.cos(math.radians(emy_a[i]))
229                  emy_y[i] = emy_y[i] + emy_speed[i]*math.sin(math.radians(emy_a[i]))
230                  if emy_type[i] == 4: # 改變行進方向的變數
231                      emy_count[i] = emy_count[i] + 1
232                      ang = emy_count[i]*10
233                      if emy_y[i] > 240 and emy_a[i] == 90:
234                          emy_a[i] = random.choice([50,70,110,130])
235                          set_enemy(emy_x[i], emy_y[i], 90, EMY_BULLET, 6, 0)
236                  if emy_x[i] < LINE_L or LINE_R < emy_x[i] or emy_y[i] < LINE_T or LINE_B < emy_y[i]:
237                      emy_f[i] = False
238              else: # 魔王機的動作
239                  if emy_count[i] == 0:
240                      emy_y[i] = emy_y[i] + 2
241                      if emy_y[i] >= 200:
242                          emy_count[i] = 1
243                  elif emy_count[i] == 1:
244                      emy_x[i] = emy_x[i] - emy_speed[i]
245                      if emy_x[i] < 200:
246                          for j in range(0, 10):
247                              set_enemy(emy_x[i], emy_y[i]+80, j*20, EMY_BULLET, 6, 0)
248                          emy_count[i] = 2
249                  else:
250                      emy_x[i] = emy_x[i] + emy_speed[i]
251                      if emy_x[i] > 760:
252                          for j in range(0, 10):
253                              set_enemy(emy_x[i], emy_y[i]+80, j*20, EMY_BULLET, 6, 0)
```

行	說明
205	在敵機的列表中設定座標及角度的函數
206	變成全域變數
207	無限迴圈
208	如果是空的列表
209	建立旗標
210	代入 X 座標
211	代入 Y 座標
212	代入角度
213	代入敵機的種類
214	代入敵機的速度
215	代入敵機的防禦力值
216	把 0 代入管理動作的列表
217	跳出迴圈
218	計算下次設定的編號
221	移動敵機的函數
222	變成全域變數
223	重複
224	如果敵機存在
225	把影像的旋轉角度代入 ang
226	把影像編號代入 png
227	如果是兵機
228	改變 X 座標
229	改變 Y 座標
230	若是改變行進方向的敵機
231	emy_count 增加
232	計算影像的旋轉角度
233	Y 座標超過 240 時
234	隨機改變方向
235	發射飛彈
236	超出畫面上下左右時
237	消除敵機
238	如果是魔王機（非兵機）
239	emy_count 為 0 時
240	往下降
241	到下面時
242	往左移動
243	emy_count 為 1 時
244	往左移動
245	到左邊時
246	重複
247	發射飛彈
248	往右移動
249	emy_count 不是 0 也不是 1
250	往右移動
251	到右邊時
252	重複
253	發射飛彈

```
254                emy_count[i] = 1
255             if emy_shield[i] < 100 and tmr%30 ==
    0:
256                set_enemy(emy_x[i], emy_y[i]+80,
    random.randint(60, 120), EMY_BULLET, 6, 0)
257
258             if emy_type[i] != EMY_BULLET: # 對玩家
    發射的飛彈進行碰撞偵測
259                w = img_enemy[emy_type[i]].get_
    width()
260                h = img_enemy[emy_type[i]].get_
    height()
261                r = int((w+h)/4)+12
262                er = int((w+h)/4)
263                for n in range(MISSILE_MAX):
264                   if msl_f[n] == True and get_
    dis(emy_x[i], emy_y[i], msl_x[n], msl_y[n]) < r*r:
265                      msl_f[n] = False
266                      set_effect(emy_x[i]+random.
    randint(-er, er), emy_y[i]+random.randint(-er, er))
267                      if emy_type[i] == EMY_BOSS:
    # 讓魔王機閃爍
268                         png = emy_type[i] + 1
269                      emy_shield[i] = emy_
    shield[i] - 1
270                      score = score + 100
271                      if emy_shield[i] == 0:
272                         emy_f[i] = False
273                         if ss_shield < 100:
274                            ss_shield = ss_
    shield + 1
275                         if emy_type[i] == EMY_
    BOSS and idx == 1: # 打倒魔王機過關
276                            idx = 3
277                            tmr = 0
278                            for j in range(10):
279                               set_effect
    (emy_x[i]+random.randint(-er, er), emy_y[i]+random.
    randint(-er, er))
280                            se_explosion.play()
281                img_rz = pygame.transform.rotozoom
282    (img_enemy[png], ang, 1.0)
283                scrn.blit(img_rz, [emy_x[i]-img_rz.
    get_width()/2, emy_y[i]-img_rz.get_height()/2])
284
285
286 def set_effect(x, y): # 設定爆炸
  :    略：和list0801_1.py一樣（→P.274）
  : ~
294 def draw_effect(scrn): # 爆炸特效
  :    略：和list0801_1.py一樣（→P.274~275）
  : ~
303 def main(): # 主要迴圈
304    global idx, tmr, score, bg_y, ss_x, ss_y, ss_d,
    ss_shield, ss_muteki
305    global se_barrage, se_damage, se_explosion, se_shot
```

往左移動
防禦力不到 100，在此時
發射飛彈

除敵機的飛彈之外，對玩家
的飛彈進行碰撞偵測
敵機影像的寬度（點數）

敵機影像的高度

計算碰撞偵測的距離
計算顯示爆炸特效的值
重複
調查是否與我機的飛彈接觸

刪除飛彈
爆炸特效

如果是魔王機

閃爍用的影像編號
減少敵機的防禦力

增加分數
打倒敵機後
刪除敵機
我機的防禦力
不到 100 時就增加

打倒魔王機時

idx 變成 3
過關
重複
顯示

魔王機的爆炸特效

爆炸的音效

建立讓敵機旋轉的影像

繪製影像

設定爆炸特效的函數

顯示爆炸特效的函數

執行主要處理的函數
直接執行這個程式時

呼叫 main() 函數

行	程式碼	說明
306	`pygame.init()`	pygame 模組初始化
307	`pygame.display.set_caption("Galaxy Lancer")`	設定顯示在視窗上的標題
308	`screen = pygame.display.set_mode((960, 720))`	繪圖面初始化
309	`clock = pygame.time.Clock()`	建立 clock 物件
310 311	`se_barrage = pygame.mixer.Sound("sound_gl/barrage.ogg")`	載入 SE
311 312	`se_damage = pygame.mixer.Sound("sound_gl/damage.ogg")`	載入 SE
312 313	`se_explosion = pygame.mixer.Sound("sound_gl/explosion.ogg")`	載入 SE
313 314	`se_shot = pygame.mixer.Sound("sound_gl/shot.ogg")`	載入 SE
315		
316	`while True:`	無限迴圈
317	`    tmr = tmr + 1`	tmr 的值加 1
318	`    for event in pygame.event.get():`	重複處理 pygame 的事件
319	`        if event.type == QUIT:`	點擊視窗的 × 按鈕時
320	`            pygame.quit()`	解除 pygame 模組的初始化
321	`            sys.exit()`	結束程式
322	`        if event.type == KEYDOWN:`	發生按下按鍵的事件時
323	`            if event.key == K_F1:`	如果是 F1 鍵
324	`                screen = pygame.display.set_mode((960, 720), FULLSCREEN)`	變成全螢幕
325	`            if event.key == K_F2 or event.key == K_ESCAPE:`	如果是 F2 鍵或 Esc 鍵
326	`                screen = pygame.display.set_mode((960, 720))`	恢復成正常顯示
327		
328	`        # 捲動背景`	
329	`        bg_y = (bg_y+16)%720`	計算背景捲動的位置
330	`        screen.blit(img_galaxy, [0, bg_y-720])`	繪製背景（上側）
331	`        screen.blit(img_galaxy, [0, bg_y])`	繪製背景（下側）
332		
333	`        key = pygame.key.get_pressed()`	把所有按鍵的狀態代入 key
334		
335	`        if idx == 0: # 標題`	idx 為 0 時（標題畫面）
336	`            img_rz = pygame.transform.rotozoom(img_title[0], -tmr%360, 1.0)`	LOGO 後方轉動的漩渦影像
337	`            screen.blit(img_rz, [480-img_rz.get_width()/2, 280-img_rz.get_height()/2])`	繪製在畫面上
338	`            screen.blit(img_title[1], [70, 160])`	繪製 Galaxy Lancer 的 LOGO
339	`            draw_text(screen, "Press [SPACE] to start!", 480, 600, 50, SILVER)`	繪製 Press [SPACE] to start ！
340	`            if key[K_SPACE] == 1:`	按下空白鍵後
341	`                idx = 1`	idx 變成 1
342	`                tmr = 0`	計時器變成 0
343	`                score = 0`	分數變成 0
344	`                ss_x = 480`	我機在開始時的 X 座標
345	`                ss_y = 600`	我機在開始時的 Y 座標
346	`                ss_d = 0`	我機的傾斜角度變成 0
347	`                ss_shield = 100`	防禦力變成 100
348	`                ss_muteki = 0`	無敵時間變成 0
349	`                for i in range(ENEMY_MAX):`	重複
350	`                    emy_f[i] = False`	沒有出現敵機的狀態
351	`                for i in range(MISSILE_MAX):`	重複
352	`                    msl_f[i] = False`	沒有發射我機飛彈的狀態
353	`                pygame.mixer.music.load("sound_gl/bgm.ogg")`	載入 BGM
354	`                pygame.mixer.music.play(-1)`	以無限迴圈輸出

Chapter 8

製
作
射
擊
遊
戲
！
下
篇

```
355
356             if idx == 1: # 玩遊戲中                      idx 為 1 時（玩遊戲中）
357                 move_starship(screen, key)                 移動我機
358                 move_missile(screen)                       移動我機的飛彈
359                 bring_enemy()                              讓敵機出現
360                 move_enemy(screen)                         移動敵機
361
362             if idx == 2: # 遊戲結束                      idx 為 2 時（遊戲結束）
363                 move_missile(screen)                       移動我機的飛彈
364                 move_enemy(screen)                         移動敵機
365                 if tmr == 1:                               若 tmr 為 1
366                     pygame.mixer.music.stop()               停止 BGM
367                 if tmr <= 90:                              若 tmr 低於 90
368                     if tmr%5 == 0:                          tmr%5==0 時
369                         set_effect(ss_x+random.                 顯示我機的爆炸特效
        randint(-60,60), ss_y+random.randint(-60,60))
370                     if tmr%10 == 0:                         tmr%10==0 時
371                         se_damage.play()                       輸出爆炸音
372                 if tmr == 120:                             若 tmr 為 120
373                     pygame.mixer.music.load("sound_gl/        載入遊戲結束的片尾音樂
        gameover.ogg")
374                     pygame.mixer.music.play(0)              輸出之後
375                 if tmr > 120:                              若 tmr 超過 120
376                     draw_text(screen, "GAME OVER", 480,       繪製 GAME OVER
        300, 80, RED)
377                 if tmr == 400:                             若 tmr 為 400
378                     idx = 0                                 idx 變成 0，回到標題
379                     tmr = 0                                 tmr 變成 0
380
381             if idx == 3: # 遊戲過關                      idx 為 3 時（過關）
382                 move_starship(screen, key)                 移動我機
383                 move_missile(screen)                       移動我機的飛彈
384                 if tmr == 1:                               若 tmr 為 1
385                     pygame.mixer.music.stop()               停止 BGM
386                 if tmr == 2:                               若 tmr 為 2
387                     pygame.mixer.music.load("sound_gl/        載入過關的片尾音樂
        gameclear.ogg")
388                     pygame.mixer.music.play(0)              輸出之後
389                 if tmr > 20:                               若 tmr 超過 20
390                     draw_text(screen, "GAME CLEAR", 480,      繪製 GAME CLEAR
        300, 80, SILVER)
391                 if tmr == 300:                             若 tmr 為 300
392                     idx = 0                                 idx 變成 0 回到標題
393                     tmr = 0                                 tmr 變成 0
394
395             draw_effect(screen) # 爆炸特效              繪製爆炸特效
396             draw_text(screen, "SCORE "+str(score), 200,  繪製 SCORE
        30, 50, SILVER)
397             if idx != 0: # 顯示防禦力                   idx 如果不是 0（除標題畫面外）
398                 screen.blit(img_shield, [40, 680])          繪製防禦力影像
399                 pygame.draw.rect(screen, (64,32,32),        用矩形繪製減少的部分
        [40+ss_shield*4, 680, (100-ss_shield)*4, 12])
400                                                          更新畫面
401             pygame.display.update()                      設定幀率
402             clock.tick(30)
403
404
405 if __name__ == '__main__':                               直接執行這個程式時
406     main()                                               呼叫 main() 函數
```

執行這個程式後，魔王機登場。這次為了方便確認，在遊戲開始 20 秒左右，魔王機就會出現（**圖 8-3-2**）。

圖 8-3-2　魔王機登場

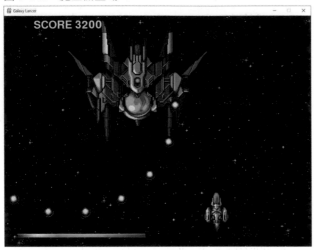

這次在 move_enemy() 函數的第 238 ～ 256 行增加了魔王機的處理。以下要單獨說明這個部分。

```python
        if emy_type[i] < EMY_BOSS: # 兵機的動作
            〈
        else: # 魔王機的動作
            if emy_count[i] == 0:
                emy_y[i] = emy_y[i] + 2
                if emy_y[i] >= 200:
                    emy_count[i] = 1
            elif emy_count[i] == 1:
                emy_x[i] = emy_x[i] - emy_speed[i]
                if emy_x[i] < 200:
                    for j in range(0, 10):
                        set_enemy(emy_x[i], emy_y[i]+80, j*20, EMY_BULLET, 6, 0)
                    emy_count[i] = 2
            else:
                emy_x[i] = emy_x[i] + emy_speed[i]
                if emy_x[i] > 760:
                    for j in range(0, 10):
                        set_enemy(emy_x[i], emy_y[i]+80, j*20, EMY_BULLET, 6, 0)
```

接下頁

```
                        emy_count[i] = 1
            if emy_shield[i] < 100 and tmr%30 == 0:
                set_enemy(emy_x[i], emy_y[i]+80, random.randint(60, 120), EMY_BULLET, 6, 0)
```

emy_count 的值為 0 時，魔王機由上往下降。整個機體進入畫面後，emy_count 變成
1，往左移動，接觸最左端後，emy_count 變成 2，往右移動。接觸最右端後，emy_
count 再次變成 1，往左移動。

抵達左端或右端時，會放射狀發射飛彈。此外，當魔王機的防禦力不到 100 時，在
tmr%30 == 0 時，也會發射飛彈。

》》》 擊中魔王機時的效果

在 move_enemy() 函數中，利用我機發射的飛彈以及與敵機的碰撞偵測處理，呈現飛
彈命中魔王機的效果。以下將單獨說明這個部分。處理魔王機的效果為粗體部分的程
式。

```
        if emy_type[i] != EMY_BULLET: # 對玩家發射的飛彈進行碰撞偵測
            w = img_enemy[emy_type[i]].get_width()
            h = img_enemy[emy_type[i]].get_height()
            r = int((w+h)/4)+12
            er = int((w+h)/4)
            for n in range(MISSILE_MAX):
                if msl_f[n] == True and get_dis(emy_x[i], emy_y[i], msl_x[n], msl_y[n]) < r*r:
                    msl_f[n] = False
                    set_effect(emy_x[i]+random.randint(-er, er), emy_y[i]
+random.randint(-er, er))
                    if emy_type[i] == EMY_BOSS: # 讓魔王機閃爍
                        png = emy_type[i] + 1
                    emy_shield[i] = emy_shield[i] - 1
                    score = score + 100
```

在進行爆炸特效的 set_effect() 函數，於座標的參數加上亂數 random.randint(-er,
er)。變數 er 的值是敵機的寬度與高度的總和除以 4。射擊遊戲會有向大型敵機發射多
發飛彈的場景。在爆發特效的座標加上亂數值，於機體的四周顯示特效，可以表現出
造成傷害的模樣。

敵機的爆炸特效也是在參數加入亂數，利用呼叫出來的 set_effect() 執行。兵機的機
體尺寸小，即使加上亂數，特效位置也不會偏離機體，因此兵機與魔王機不需要分開
處理。

接著準備機體為白色的魔王機影像，當魔王機中彈時，png = emy_type[i] + 1，顯示白色機體，讓魔王機閃爍。像魔王機這種要攻擊多次才能打倒的對手，最好加入多種效果。

攻擊大魔王時，如果毫無反應，就無法感受到戰鬥的手感。由此可知，遊戲的效果也很重要。

》》》加入魔王機時必須注意的事項

在移動我機的 move_starship() 函數內，包含了與敵機的碰撞偵測，前面的程式已經利用 emy_f[i] = False 把接觸到的敵機消除。可是這樣接觸魔王機時，魔王機也會消失，所以在第 162 ～ 163 行加入以下的 if 語法，就算魔王機與我機接觸也不會消失。

```
if emy_type[i] < EMY_BOSS:
    emy_f[i] = False
```

魔王機出現，變得更像是真正的射擊遊戲了。下個單元要完成這個遊戲，可能有部分內容比較困難，請努力學習。

完成遊戲

讓遊戲中出現各種類型的兵機，並且加上記錄最高分的功能，完成遊戲。

》》》 過關與更新最高分

增加、修改以下內容，完成遊戲。

- **讓兵機以不同模式出現**
- **改良顯示字串的函數，用外觀較好看的字體顯示分數等內容**
- **刷新最高分之後，在遊戲結束時顯示訊息**

> 使用者刷新最高分之後，在遊戲結束時顯示訊息，可以讓使用者有動力繼續玩下去。刷新最高分時，不論過關與否，都要顯示訊息。

這是《Galaxy Lancer》的完整程式，因此檔案名稱命名為「galaxy lancer.py」。請輸入以下程式，另存新檔之後，再執行程式。

程式 ▶ galaxy_lancer.py　※ 與前面程式不同的部分畫上了標示。

```
 1  import pygame                                          匯入 pygame 模組
 2  import sys                                             匯入 sys 模組
 3  import math                                            匯入 math 模組
 4  import random                                          匯入 random 模組
 5  from pygame.locals import *                            省略 pygame. 常數的描述
 6
 7  BLACK = (  0,   0,   0)                                定義顏色（黑）
 8  SILVER= (192, 208, 224)                               定義顏色（銀）
 9  RED   = (255,   0,   0)                                定義顏色（紅）
10  CYAN  = (  0, 224, 255)                               定義顏色（藍）
11
12  # 載入影像
13  img_galaxy = pygame.image.load("image_gl/galaxy.png")   載入星星背景的變數
14  img_sship = [                                           載入我機影像的列表
15      pygame.image.load("image_gl/starship.png"),
16      pygame.image.load("image_gl/starship_l.png"),
17      pygame.image.load("image_gl/starship_r.png"),
18      pygame.image.load("image_gl/starship_burner.png")
19  ]
```

```
20  img_weapon = pygame.image.load("image_gl/bullet.            載入我機飛彈影像的變數
    png")
21  img_shield = pygame.image.load("image_gl/shield.            載入防禦力影像的變數
    png")
22  img_enemy = [                                               載入敵機影像的列表
23      pygame.image.load("image_gl/enemy0.png"),
24      pygame.image.load("image_gl/enemy1.png"),
25      pygame.image.load("image_gl/enemy2.png"),
26      pygame.image.load("image_gl/enemy3.png"),
27      pygame.image.load("image_gl/enemy4.png"),
28      pygame.image.load("image_gl/enemy_boss.png"),
29      pygame.image.load("image_gl/enemy_boss_f.png")
30  ]
31  img_explode = [                                             載入爆炸影像的列表
32      None,
33      pygame.image.load("image_gl/explosion1.png"),
34      pygame.image.load("image_gl/explosion2.png"),
35      pygame.image.load("image_gl/explosion3.png"),
36      pygame.image.load("image_gl/explosion4.png"),
37      pygame.image.load("image_gl/explosion5.png")
38  ]
39  img_title = [                                               載入標題畫面影像的列表
40      pygame.image.load("image_gl/nebula.png"),
41      pygame.image.load("image_gl/logo.png")
42  ]
43
44  # 載入SE的變數
45  se_barrage = None                                           載入發射彈幕時 SE 的變數
46  se_damage = None                                            載入受到傷害時 SE 的變數
47  se_explosion = None                                         載入魔王機爆炸時 SE 的變數
48  se_shot = None                                              載入發射飛彈時 SE 的變數
49
50  idx = 0                                                     索引的變數
51  tmr = 0                                                     計時器的變數
52  score = 0                                                   分數的變數
53  hisco = 10000                                               最高分的變數
54  new_record = False                                          是否更新最高分的旗標變數
55  bg_y = 0                                                    捲動背景的變數
56
57  ss_x = 0                                                    我機 X 座標的變數
58  ss_y = 0                                                    我機 Y 座標的變數
59  ss_d = 0                                                    傾斜我機的變數
60  ss_shield = 0                                               我機防禦力的變數
61  ss_muteki = 0                                               我機無敵狀態的變數
62  key_spc = 0                                                 按下空白鍵時使用的變數
63  key_z = 0                                                   按下 Z 鍵時使用的變數
64
65  MISSILE_MAX = 200                                           我機發射飛彈的最大常數
66  msl_no = 0                                                  發射飛彈時使用列表索引值的變數
67  msl_f = [False]*MISSILE_MAX                                 管理是否發射飛彈的旗標列表
68  msl_x = [0]*MISSILE_MAX                                     飛彈 X 座標的列表
69  msl_y = [0]*MISSILE_MAX                                     飛彈 Y 座標的列表
70  msl_a = [0]*MISSILE_MAX                                     飛彈角度的列表
71
72  ENEMY_MAX = 100                                             敵機的最大常數
73  emy_no = 0                                                  敵機出現時使用列表參數的變數
74  emy_f = [False]*ENEMY_MAX                                   管理敵機是否出現的旗標列表
75  emy_x = [0]*ENEMY_MAX                                       敵機 X 座標的列表
76  emy_y = [0]*ENEMY_MAX                                       敵機 Y 座標的列表
77  emy_a = [0]*ENEMY_MAX                                       敵機飛行角度的列表
```

```
78   emy_type = [0]*ENEMY_MAX                                敵機種類的列表
79   emy_speed = [0]*ENEMY_MAX                               敵機速度的列表
80   emy_shield = [0]*ENEMY_MAX                              敵機防禦力的列表
81   emy_count = [0]*ENEMY_MAX                               管理敵機動作的列表
82
83   EMY_BULLET = 0                                          管理敵機飛彈編號的常數
84   EMY_ZAKO = 1                                            管理兵機編號的常數
85   EMY_BOSS = 5                                            管理魔王機編號的常數
86   LINE_T = -80                                            敵機出現（消失）的上端座標
87   LINE_B = 800                                            敵機出現（消失）的下端座標
88   LINE_L = -80                                            敵機出現（消失）的左端座標
89   LINE_R = 1040                                           敵機出現（消失）的右端座標
90
91   EFFECT_MAX = 100                                        爆炸特效的最大常數
92   eff_no = 0                                              產生爆炸特效時使用列表索引值的變數
93   eff_p = [0]*EFFECT_MAX                                  爆炸特效的影像編號用列表
94   eff_x = [0]*EFFECT_MAX                                  爆炸特效 X 座標的列表
95   eff_y = [0]*EFFECT_MAX                                  爆炸特效 Y 座標的列表
96
97
98   def get_dis(x1, y1, x2, y2): # 計算兩點間的距離         計算兩點間距離的函數
99       return( (x1-x2)*(x1-x2) + (y1-y2)*(y1-y2) )        傳回平方值（不使用根號）
100
101
102  def draw_text(scrn, txt, x, y, siz, col): # 顯示立體     顯示立體字串的函數
     文字
103      fnt = pygame.font.Font(None, siz)                  建立字體物件
104      cr = int(col[0]/2)                                 從顏色的紅色成分計算出陰暗值
105      cg = int(col[1]/2)                                 從顏色的綠色成分計算出陰暗值
106      cb = int(col[2]/2)                                 從顏色的藍色成分計算出陰暗值
107      sur = fnt.render(txt, True, (cr,cg,cb))            產生繪製陰影色字串的 Surface
108      x = x - sur.get_width()/2                          計算居中顯示的 X 座標
109      y = y - sur.get_height()/2                         計算居中顯示的 Y 座標
110      scrn.blit(sur, [x+1, y+1])                         將繪製字串的 Surface 傳送到畫面
111      cr = col[0]+128                                    從顏色的紅色成分計算出明亮值
112      if cr > 255: cr = 255
113      cg = col[1]+128                                    從顏色的綠色成分計算出明亮值
114      if cg > 255: cg = 255
115      cb = col[2]+128                                    從顏色的藍色成分計算出明亮值
116      if cb > 255: cb = 255
117      sur = fnt.render(txt, True, (cr,cg,cb))            產生繪製明色字串的 Surface
118      scrn.blit(sur, [x-1, y-1])                         將 Surface 傳送到畫面
119      sur = fnt.render(txt, True, col)                   產生用參數的顏色繪製字串的 Surface
120      scrn.blit(sur, [x, y])                             將 Surface 傳送到畫面
121
122
123  def move_starship(scrn, key): # 移動我機                 移動我機的函數
124      global idx, tmr, ss_x, ss_y, ss_d, ss_shield, ss_   變成全域變數
     muteki, key_spc, key_z
125      ss_d = 0                                           傾斜機體的變數變成 0（不傾斜）
126      if key[K_UP] == 1:                                 按下向上鍵後
127          ss_y = ss_y - 20                               減少 Y 座標
128          if ss_y < 80:                                  若 Y 座標小於 80
129              ss_y = 80                                  Y 座標變成 80
130      if key[K_DOWN] == 1:                               按下向下鍵後
131          ss_y = ss_y + 20                               增加 Y 座標
132          if ss_y > 640:                                 若 Y 座標大於 640
133              ss_y = 640                                 Y 座標變成 640
134      if key[K_LEFT] == 1:                               按下向左鍵後
135          ss_d = 1                                       機體傾斜變成 1（左）
```

```
136            ss_x = ss_x - 20
137            if ss_x < 40:
138                ss_x = 40
139        if key[K_RIGHT] == 1:
140            ss_d = 2
141            ss_x = ss_x + 20
142            if ss_x > 920:
143                ss_x = 920
144        key_spc = (key_spc+1)*key[K_SPACE]
145        if key_spc%5 == 1:
146            set_missile(0)
147            se_shot.play()
148        key_z = (key_z+1)*key[K_z]
149        if key_z == 1 and ss_shield > 10:
150            set_missile(10)
151            ss_shield = ss_shield - 10
152            se_barrage.play()
153
154        if ss_muteki%2 == 0:
155            scrn.blit(img_sship[3], [ss_x-8, ss_y
    +40+(tmr%3)*2])
156            scrn.blit(img_sship[ss_d], [ss_x-37, ss_
    y-48])
157
158        if ss_muteki > 0:
159            ss_muteki = ss_muteki - 1
160            return
161    elif idx == 1:
162        for i in range(ENEMY_MAX): # 與敵機的碰撞偵
    測
163            if emy_f[i] == True:
164                w = img_enemy[emy_type[i]].get_
    width()
165                h = img_enemy[emy_type[i]].get_
    height()
166                r = int((w+h)/4 + (74+96)/4)
167                if get_dis(emy_x[i], emy_y[i], ss_x,
    ss_y) < r*r:
168                    set_effect(ss_x, ss_y)
169                    ss_shield = ss_shield - 10
170                    if ss_shield <= 0:
171                        ss_shield = 0
172                        idx = 2
173                        tmr = 0
174                    if ss_muteki == 0:
175                        ss_muteki = 60
176                        se_damage.play()
177                    if emy_type[i] < EMY_BOSS:
178                        emy_f[i] = False
179
180
181 def set_missile(typ): # 設定我機發射的飛彈
182     global msl_no
183     if typ == 0: # 單發
184         msl_f[msl_no] = True
185         msl_x[msl_no] = ss_x
186         msl_y[msl_no] = ss_y-50
187         msl_a[msl_no] = 270
188         msl_no = (msl_no+1)%MISSILE_MAX
189     if typ == 10: # 彈幕
```

減少 X 座標
若 X 座標小於 40
X 座標變成 40
按下向右鍵後
機體傾斜變成 2（右）
增加 X 座標
若 X 座標大於 920
X 座標變成 920
在按下空白鍵的過程中，變數增加
按下第一次後，每 5 幀
發射飛彈
輸出發射音
在按下 Z 鍵的過程中，變數增加
按一次時，若防禦力大於 10
發射彈幕
防禦力減 10
輸出發射音

在無敵狀態，讓我機閃爍的 if 語法
繪製引擎的火焰

繪製我機

如果為無敵狀態
減少 ss_muteki 的值
退出函數（沒有與敵機碰撞）
若非無敵，idx 為 1
重複進行與敵機的碰撞偵測

如果敵機存在
敵機影像的寬度

敵機影像的高度

計算碰撞偵測的距離
敵機與我機未達該距離時

設定爆炸特效
減少防禦力
如果 ss_shield 為 0 以下
ss_shield 變成 0
遊戲結束

若非無敵狀態
就變成無敵狀態
輸出受到傷害的音效
如果接觸到的不是魔王機
消除敵機

設定我機發射飛彈的函數
變成全域變數
單發時
發射的旗標為 True
代入飛彈的 X 座標 ┐ 我機的機鼻位置
代入飛彈的 Y 座標 ┘
飛彈的角度
計算下個設定用的編號
彈幕時

```
190          for a in range(160, 390, 10):
191              msl_f[msl_no] = True
192              msl_x[msl_no] = ss_x
193              msl_y[msl_no] = ss_y-50
194              msl_a[msl_no] = a
195              msl_no = (msl_no+1)%MISSILE_MAX
196
197
198  def move_missile(scrn): # 移動飛彈
199      for i in range(MISSILE_MAX):
200          if msl_f[i] == True:
201              msl_x[i] = msl_x[i] + 36*math.cos
     (math.radians(msl_a[i]))
202              msl_y[i] = msl_y[i] + 36*math.sin
     (math.radians(msl_a[i]))
203              img_rz = pygame.transform.rotozoom
     (img_weapon, -90-msl_a[i], 1.0)
204              scrn.blit(img_rz, [msl_x[i]-img_rz.
     get_width()/2, msl_y[i]-img_rz.get_height()/2])
205              if msl_y[i] < 0 or msl_x[i] < 0 or msl_
     x[i] > 960:
206                  msl_f[i] = False
207
208
209  def bring_enemy(): # 敵機出現
210      sec = tmr/30
211      if 0 < sec and sec < 25: # 開始遊戲25秒內
212          if tmr%15 == 0:
213              set_enemy(random.randint(20, 940), LINE_
     T, 90, EMY_ZAKO, 8, 1) # 敵1
214      if 30 < sec and sec < 55: # 30～55秒
215          if tmr%10 == 0:
216              set_enemy(random.randint(20, 940), LINE_
     T, 90, EMY_ZAKO+1, 12, 1) # 敵2
217      if 60 < sec and sec < 85: # 60～85秒
218          if tmr%15 == 0:
219              set_enemy(random.randint(100, 860),
     LINE_T, random.randint(60, 120), EMY_ZAKO+2, 6, 3)
     # 敵3
220      if 90 < sec and sec < 115: # 90～115秒
221          if tmr%20 == 0:
222              set_enemy(random.randint(100, 860),
     LINE_T, 90, EMY_ZAKO+3, 12, 2) # 敵4
223      if 120 < sec and sec < 145: # 120～145秒 2種類
224          if tmr%20 == 0:
225              set_enemy(random.randint(20, 940), LINE_
     T, 90, EMY_ZAKO, 8, 1) # 敵1
226              set_enemy(random.randint(100, 860),
     LINE_T, random.randint(60, 120), EMY_ZAKO+2, 6, 3) # 敵3
227      if 150 < sec and sec < 175: # 150～175秒 2種類
228          if tmr%20 == 0:
229              set_enemy(random.randint(20, 940), LINE_
     B, 270, EMY_ZAKO, 8, 1) # 敵1 由下往上
230              set_enemy(random.randint(20, 940), LINE_
     T, random.randint(70, 110), EMY_ZAKO+1, 12, 1) # 敵
     2
231      if 180 < sec and sec < 205: # 180～205秒 2種類
232          if tmr%20 == 0:
233              set_enemy(random.randint(100, 860),
     LINE_T, random.randint(60, 120), EMY_ZAKO+2, 6, 3) # 敵3
```

反覆發射扇形飛彈
　發射的旗標為 True
　代入飛彈的 X 座標 ┐我機的機鼻位置
　代入飛彈的 Y 座標 ┘
　飛彈的角度
　計算下個設定用的編號

移動敵機的函數
　重複
　　如果發射了飛彈
　　　計算 X 座標

　　　計算 Y 座標

　　　建立讓飛行角度轉向的影像

　　　繪製影像

　　　超出畫面之後

　　　　刪除飛彈

讓敵機出現的函數
　把遊戲進行的時間（秒數）代入 sec
　sec 的值介於 0 ～ 25 之間
　　在此時
　　　出現兵機 1

　sec 的值介於 30 ～ 55 之間
　　在此時
　　　出現兵機 2

　sec 的值介於 60 ～ 85 之間
　　在此時
　　　出現兵機 3

　sec 的值介於 90 ～ 115 之間
　　在此時
　　　出現兵機 4

　sec 的值介於 120 ～ 145 之間
　　在此時
　　　出現兵機 1

　　　出現兵機 3

　sec 的值介於 150 ～ 175 之間
　　在此時
　　　出現兵機 1

　　　出現兵機 2

　sec 的值介於 180 ～ 205 之間
　　在此時
　　　出現兵機 3

234	`        set_enemy(random.randint(100, 860),` `LINE_T, 90, EMY_ZAKO+3, 12, 2) # 敵4`	出現兵機 4
235	`    if 210 < sec and sec < 235: # 210～235秒 2種類`	sec 的值介於 210 ～ 235 之間
236	`        if tmr%20 == 0:`	在此時
237	`            set_enemy(LINE_L, random.randint` `(40, 680), 0, EMY_ZAKO, 12, 1) # 敵1`	出現兵機 1
238	`            set_enemy(LINE_R, random.randint` `(40, 680), 180, EMY_ZAKO+1, 18, 1) # 敵2`	出現兵機 2
239	`    if 240 < sec and sec < 265: # 240～265秒 總攻擊`	sec 的值介於 240 ～ 265 之間
240	`        if tmr%30 == 0:`	在此時
241	`            set_enemy(random.randint(20, 940), LINE_` `T, 90, EMY_ZAKO, 8, 1) # 敵1`	出現兵機 1
242	`            set_enemy(random.randint(20, 940), LINE_` `T, 90, EMY_ZAKO+1, 12, 1) # 敵2`	出現兵機 2
243	`            set_enemy(random.randint(100, 860),` `LINE_T, random.randint(60, 120), EMY_ZAKO+2, 6, 3) # 敵3`	出現兵機 3
244	`            set_enemy(random.randint(100, 860),` `LINE_T, 90, EMY_ZAKO+3, 12, 2) # 敵4`	出現兵機 4
245		
246	`    if tmr == 30*270: # 魔王機出現`	tmr 的值為此值時
247	`        set_enemy(480, -210, 90, EMY_BOSS, 4, 200)`	魔王機出現
248		
249		
250	`def set_enemy(x, y, a, ty, sp, sh): # 設定敵機`	在敵機的列表中設定座標及角度的函數
251	`    global emy_no`	變成全域變數
252	`    while True:`	無限迴圈
253	`        if emy_f[emy_no] == False:`	如果是空的列表
254	`            emy_f[emy_no] = True`	建立旗標
255	`            emy_x[emy_no] = x`	代入 X 座標
256	`            emy_y[emy_no] = y`	代入 Y 座標
257	`            emy_a[emy_no] = a`	代入角度
258	`            emy_type[emy_no] = ty`	代入敵機的種類
259	`            emy_speed[emy_no] = sp`	代入敵機的速度
260	`            emy_shield[emy_no] = sh`	代入敵機的防禦力值
261	`            emy_count[emy_no] = 0`	把 0 代入管理動作的列表
262	`            break`	跳出迴圈
263	`        emy_no = (emy_no+1)%ENEMY_MAX`	計算下次設定的編號
264		
265		
266	`def move_enemy(scrn): # 移動敵機`	移動敵機的函數
267	`    global idx, tmr, score, hisco, new_record, ss_` `shield`	變成全域變數
268	`    for i in range(ENEMY_MAX):`	重複
269	`        if emy_f[i] == True:`	如果敵機存在
270	`            ang = -90-emy_a[i]`	把影像的旋轉角度代入 ang
271	`            png = emy_type[i]`	把影像編號代入 png
272	`            if emy_type[i] < EMY_BOSS: # 兵機的動作`	如果是兵機
273	`                emy_x[i] = emy_x[i] + emy_speed` `[i]*math.cos(math.radians(emy_a[i]))`	改變 X 座標
274	`                emy_y[i] = emy_y[i] + emy_speed` `[i]*math.sin(math.radians(emy_a[i]))`	改變 Y 座標
275	`                if emy_type[i] == 4:# 改變行進方向` `的敵機`	若是改變行進方向的敵機
276	`                    emy_count[i] = emy_count[i] + 1`	emy_count 增加
277	`                    ang = emy_count[i]*10`	計算影像的旋轉角度
278	`                    if emy_y[i] > 240 and emy_a[i]` `== 90:`	Y 座標超過 240 時
279	`                        emy_a[i] = random.choice` `([50,70,110,130])`	隨機改變方向
280	`                    set_enemy(emy_x[i], emy_y[i],`	發射飛彈

```
                                           90, EMY_BULLET, 6, 0)                                            超出畫面上下左右時
281                    if emy_x[i] < LINE_L or LINE_R < emy_
        x[i] or emy_y[i] < LINE_T or LINE_B < emy_y[i]:
282                        emy_f[i] = False                                                                消除敵機
283                else: # 魔王機的動作                                                                      如果是魔王機（非敵機）
284                    if emy_count[i] == 0:                                                               emy_count 為 0 時
285                        emy_y[i] = emy_y[i] + 2                                                          往下降
286                        if emy_y[i] >= 200:                                                             到下面時
287                            emy_count[i] = 1                                                             往左移動
288                    elif emy_count[i] == 1:                                                             emy_count 為 1 時
289                        emy_x[i] = emy_x[i] - emy_
        speed[i]                                                                                           往左移動
290                        if emy_x[i] < 200:                                                              到左邊時
291                            for j in range(0, 10):                                                      重複
292                                set_enemy(emy_x[i], emy_                                                 發射飛彈
        y[i]+80, j*20, EMY_BULLET, 6, 0)
293                            emy_count[i] = 2                                                             往右移動
294                    else:                                                                               emy_count 不是 0 也不是 1
295                        emy_x[i] = emy_x[i] + emy_                                                       往右移動
        speed[i]
296                        if emy_x[i] > 760:                                                              到右邊時
297                            for j in range(0, 10):                                                      重複
298                                set_enemy(emy_x[i], emy_                                                 發射飛彈
        y[i]+80, j*20, EMY_BULLET, 6, 0)
299                            emy_count[i] = 1                                                             往左移動
300                    if emy_shield[i] < 100 and tmr%30 ==                                                 防禦力不到 100，在此時
        0:
301                        set_enemy(emy_x[i], emy_y[i]                                                     發射飛彈
        +80, random.randint(60, 120), EMY_BULLET, 6, 0)
302
303            if emy_type[i] != EMY_BULLET: # 對玩家                                                         除敵機的飛彈之外，對玩家
        發射的飛彈進行碰撞偵測                                                                                    的飛彈進行碰撞偵測
304                w = img_enemy[emy_type[i]].get_width()                                                   敵機影像的寬度（點數）
305                h = img_enemy[emy_type[i]].get_                                                          敵機影像的高度
        height()
306                r = int((w+h)/4)+12                                                                      計算碰撞偵測的距離
307                er = int((w+h)/4)                                                                        計算顯示爆炸特效的值
308                for n in range(MISSILE_MAX):                                                             重複
309                    if msl_f[n] == True and get_                                                         調查是否與我機的飛彈接觸
        dis(emy_x[i], emy_y[i], msl_x[n], msl_y[n]) < r*r:
310                        msl_f[n] = False                                                                 刪除飛彈
311                        set_effect(emy_x[i]                                                              爆炸特效
        +random.randint(-er, er), emy_y[i]+random.randint
        (-er, er))
312                        if emy_type[i] == EMY_BOSS:                                                      如果是魔王機
        # 讓魔王機閃爍
313                            png = emy_type[i] + 1                                                         閃爍用的影像編號
314                        emy_shield[i] = emy_                                                             減少敵機的防禦力
        shield[i] - 1
315                        score = score + 100                                                             增加分數
316                        if score > hisco:                                                               超過最高分後
317                            hisco = score                                                               更新最高分
318                            new_record = True                                                           建立旗標
319                        if emy_shield[i] == 0:                                                           打倒敵機後
320                            emy_f[i] = False                                                             刪除敵機
321                            if ss_shield < 100:                                                          我機的防禦力
322                                ss_shield = ss_                                                          不到 100 時就增加
        shield + 1
323                            if emy_type[i] == EMY_                                                       打倒魔王機時
```

```python
                          BOSS and idx == 1: # 打倒魔王機過關
324                               idx = 3
325                               tmr = 0
326                               for j in range(10):
327                                   set_effect
       (emy_x[i]+random.randint(-er, er), emy_y[i]+random.
       randint(-er, er))
328                               se_explosion.play()
329
330                       img_rz = pygame.transform.rotozoom
       (img_enemy[png], ang, 1.0)
331                       scrn.blit(img_rz, [emy_x[i]-img_rz.
       get_width()/2, emy_y[i]-img_rz.get_height()/2])
332
333
334   def set_effect(x, y): # 設定爆炸
335       global eff_no
336       eff_p[eff_no] = 1
337       eff_x[eff_no] = x
338       eff_y[eff_no] = y
339       eff_no = (eff_no+1)%EFFECT_MAX
340
341
342   def draw_effect(scrn): # 爆炸特效
343       for i in range(EFFECT_MAX):
344           if eff_p[i] > 0:
345               scrn.blit(img_explode[eff_p[i]], [eff_
       x[i]-48, eff_y[i]-48])
346               eff_p[i] = eff_p[i] + 1
347               if eff_p[i] == 6:
348                   eff_p[i] = 0
349
350
351   def main(): # 主要迴圈
352       global idx, tmr, score, new_record, bg_y, ss_x,
       ss_y, ss_d, ss_shield, ss_muteki
353       global se_barrage, se_damage, se_explosion, se_
       shot
354
355       pygame.init()
356       pygame.display.set_caption("Galaxy Lancer")
357       screen = pygame.display.set_mode((960, 720))
358       clock = pygame.time.Clock()
359       se_barrage = pygame.mixer.Sound("sound_gl/
       barrage.ogg")
360       se_damage = pygame.mixer.Sound("sound_gl/damage.
       ogg")
361       se_explosion = pygame.mixer.Sound("sound_gl/
       explosion.ogg")
362       se_shot = pygame.mixer.Sound("sound_gl/shot.
       ogg")
363
364       while True:
365           tmr = tmr + 1
366           for event in pygame.event.get():
367               if event.type == QUIT:
368                   pygame.quit()
369                   sys.exit()
```

idx 變成 3
過關
重複

顯示
魔王機爆炸特效

爆炸的音效

建立讓敵機旋轉的影像

繪製影像

設定爆炸特效的函數
變成全域變數
代入爆炸特效的影像編號
代入爆炸特效的 X 座標
代入爆炸特效的 Y 座標
計算下一個設定的編號

顯示爆炸特效的函數
重複
顯示時
繪製爆炸特效

eff_p 加 1
eff_p 變成 6 之後
eff_p 歸零結束爆炸特效

執行主要處理的函數
變成全域變數

變成全域變數

pygame 模組初始化
設定顯示在視窗上的標題
繪圖面初始化
建立 clock 物件
載入 SE

載入 SE

載入 SE

載入 SE

無限迴圈
tmr 的值加 1
重複處理 pygame 的事件
點擊視窗的 X 按鈕時
解除 pygame 模組的初始化
結束程式

```
370              if event.type == KEYDOWN:
371                  if event.key == K_F1:
372                      screen = pygame.display.set_
       mode((960, 720), FULLSCREEN)
373                  if event.key == K_F2 or event.key ==
       K_ESCAPE:
374                      screen = pygame.display.set_
       mode((960, 720))
375
376          # 捲動背景
377          bg_y = (bg_y+16)%720
378          screen.blit(img_galaxy, [0, bg_y-720])
379          screen.blit(img_galaxy, [0, bg_y])
380
381          key = pygame.key.get_pressed()
382
383          if idx == 0: # 標題
384              img_rz = pygame.transform.rotozoom
       (img_title[0], -tmr%360, 1.0)
385              screen.blit(img_rz, [480-img_rz
       .get_width()/2, 280-img_rz.get_height()/2])
386              screen.blit(img_title[1], [70, 160])
387              draw_text(screen, "Press [SPACE] to
       start!", 480, 600, 50, SILVER)
388              if key[K_SPACE] == 1:
389                  idx = 1
390                  tmr = 0
391                  score = 0
392                  new_record = False
393                  ss_x = 480
394                  ss_y = 600
395                  ss_d = 0
396                  ss_shield = 100
397                  ss_muteki = 0
398                  for i in range(ENEMY_MAX):
399                      emy_f[i] = False
400                  for i in range(MISSILE_MAX):
401                      msl_f[i] = False
402                  pygame.mixer.music.load("sound_gl/
       bgm.ogg")
403                  pygame.mixer.music.play(-1)
404
405          if idx == 1: # 玩遊戲中
406              move_starship(screen, key)
407              move_missile(screen)
408              bring_enemy()
409              move_enemy(screen)
410
411          if idx == 2: # 遊戲結束
412              move_missile(screen)
413              move_enemy(screen)
414              if tmr == 1:
415                  pygame.mixer.music.stop()
416              if tmr <= 90:
417                  if tmr%5 == 0:
418                      set_effect(ss_x+random.
       randint(-60,60), ss_y+random.randint(-60,60))
419                  if tmr%10 == 0:
420                      se_damage.play()
421              if tmr == 120:
```

發生按下按鍵的事件時
如果是 F1 鍵
變成全螢幕

如果是 F2 鍵或 Esc 鍵

恢復成正常顯示

計算背景捲動的位置
繪製背景（上側）
繪製背景（下側）

把所有按鍵的狀態代入 key

idx 為 0 時（標題畫面）
LOGO 後方轉動的漩渦影像

繪製在畫面上

繪製 Galaxy Lancer 的 LOGO
繪製 Press [SPACE] to start！

按下空白鍵後
idx 變成 1
計時器變成 0
分數變成 0
更新最高分的旗標變成 False
我機在開始時的 X 座標
我機在開始時的 Y 座標
我機的傾斜角度變成 0
防禦力變成 100
無敵時間變成 0
重複
沒有出現敵機的狀態
重複
沒有發射我機飛彈的狀態
載入 BGM

以無限迴圈輸出

idx 為 1 時（玩遊戲中）
移動我機
移動我機的飛彈
讓敵機出現
移動敵機

idx 為 2 時（遊戲結束）
移動我機的飛彈
移動敵機
若 tmr 為 1
停止 BGM
若 tmr 低於 90
tmr%5==0 時
顯示我機的爆炸特效

tmr%10==0 時
輸出爆炸音
若 tmr 為 120

```
422              pygame.mixer.music.load("sound
_gl/gameover.ogg")
423              pygame.mixer.music.play(0)
424          if tmr > 120:
425              draw_text(screen, "GAME OVER", 480,
300, 80, RED)
426              if new_record == True:
427                  draw_text(screen, "NEW RECORD
"+str(hisco), 480, 400, 60, CYAN)
428          if tmr == 400:
429              idx = 0
430              tmr = 0
431
432      if idx == 3: # 過關
433          move_starship(screen, key)
434          move_missile(screen)
435          if tmr == 1:
436              pygame.mixer.music.stop()
437          if tmr < 30 and tmr%2 == 0:
438              pygame.draw.rect(screen, (192,
0,0), [0, 0, 960, 720])
439          if tmr == 120:
440              pygame.mixer.music.load("sound
_gl/gameclear.ogg")
441              pygame.mixer.music.play(0)
442          if tmr > 120:
443              draw_text(screen, "GAME CLEAR", 480,
300, 80, SILVER)
444              if new_record == True:
445                  draw_text(screen, "NEW RECORD
"+str(hisco), 480, 400, 60, CYAN)
446          if tmr == 400:
447              idx = 0
448              tmr = 0
449
450      draw_effect(screen) # 爆炸特效
451      draw_text(screen, "SCORE "+str(score), 200,
30, 50, SILVER)
452      draw_text(screen, "HISCORE "+str(hisco), 760,
30, 50, CYAN)
453      if idx != 0: # 顯示防禦力
454          screen.blit(img_shield, [40, 680])
455          pygame.draw.rect(screen, (64,32,32),
[40+ss_shield*4, 680, (100-ss_shield)*4, 12])
456
457      pygame.display.update()
458      clock.tick(30)
459
460
461 if __name__ == '__main__':
462     main()
```

行	說明
422	載入遊戲結束的片尾音樂
423	輸出之後
424	若 tmr 超過 120
425	繪製 GAME OVER
426	若更新最高分
427	繪製 NEW RECORD
428	若 tmr 為 400
429	idx 變成 0，回到標題
430	tmr 變成 0
432	idx 為 3 時（過關）
433	移動我機
434	移動我機的飛彈
435	若 tmr 為 1
436	停止 BGM
437	若 tmr 不到 30，每隔一幀
438	讓畫面變紅以顯示魔王機的爆炸特效
439	若 tmr 為 120
440	載入過關的片尾音樂
441	輸出之後
442	若 tmr 超過 120
443	繪製 GAME CLEAR
444	若更新了最高分
445	繪製 NEW RECORD
446	若 tmr 為 400
447	idx 變成 0 回到標題
448	tmr 變成 0
450	繪製爆炸特效
451	繪製 SCORE
452	繪製 HISCORE
453	idx 如果不是 0（除標題畫面外）
454	繪製防禦力影像
455	用矩形繪製減少的部分
457	更新畫面
458	設定幀率
461	直接執行這個程式時
462	呼叫 main() 函數

遊戲開始後約 4 分 30 秒魔王機出現，擊中 200 發飛彈就能打倒。請努力過關！

利用第 53 行宣告的 hisco 變數保留最高分的值。使用第 54 行宣告的 new_record 變數管理是否更新最高分。更新了最高分後，new_record 的值為 True，當過關或遊戲

結束時，new_record 若為 True，就顯示
NEW RECORD 訊息。

圖 8-4-1　完成射擊遊戲

new_record 變數當成旗標使用。旗標是指變數的用法，第一次代入 False 或 0，若滿足條件，則代入 True 或 1，藉此進行不同處理。如果是 True 或 1，代表「建立旗標」，若為 False 或 0，代表「拿下旗標」。

》》》兵機的攻擊類型

利用 bring_enemy() 函數，讓兵機隨著遊戲的進行時間產生各種變化。請確認在第 209 ～ 247 行描述的 bring_enemy() 函數。

每隔一段時間，執行設定敵機的 set_enemy() 函數。在 set_enemy() 函數的參數設定行進方向及速度，敵機就會依照設定的角度及速度飛行，讓敵機從下面出現，或水平移動，即可產生各種飛行模式。

例如使用以下程式可以設定（第 237 ～ 238 行）從畫面左側或右側出現、並水平移動的敵機。

```
set_enemy(LINE_L, random.randint(40, 680), 0, EMY_ZAKO, 12, 1) # 敵1
set_enemy(LINE_R, random.randint(40, 680), 180, EMY_ZAKO+1, 18, 1) # 敵2
```

更改了 bring_enemy() 函數，就能增加敵機出現的數量及動作變化。

這次改良了 draw_text() 函數，在文字設定受光部分與陰影部分，顯示出較美觀的字串。以下將單獨說明這個函數。

```python
def draw_text(scrn, txt, x, y, siz, col): # 顯示立體文字
    fnt = pygame.font.Font(None, siz)
    cr = int(col[0]/2)
    cg = int(col[1]/2)
    cb = int(col[2]/2)
    sur = fnt.render(txt, True, (cr,cg,cb))
    x = x - sur.get_width()/2
    y = y - sur.get_height()/2
    scrn.blit(sur, [x+1, y+1])
    cr = col[0]+128
    if cr > 255: cr = 255
    cg = col[1]+128
    if cg > 255: cg = 255
    cb = col[2]+128
    if cb > 255: cb = 255
    sur = fnt.render(txt, True, (cr,cg,cb))
    scrn.blit(sur, [x-1, y-1])
    sur = fnt.render(txt, True, col)
    scrn.blit(sur, [x, y])
```

首先從取得顏色值的參數 col 中，以 cr = int(col[0]/2)、cg = int(col[1]/2)、cb = int(col[2]/2) 計算 R 成分（紅）、G 成分（綠）、B 成分（藍）一半的值。再用 (cr,cg,cb) 的陰暗色產生字串的 Surface，並繪製在距離指定座標右下方 1 點的位置。
接著明亮（受光部分）的顏色為 cr = col[0]+128、cg = col[1]+128、cb =col[2]+ 128。利用 if 語法，讓每種顏色的成分不超過 255。建立該色字串的 Surface，繪製在距離指定座標左上方 1 點的位置。
最後用指定的顏色於指定的座標上繪製字串，顯示左上方受光，陰影落在右下方的立體字串。

精心設計字串的繪製方法，畫面上就會產生「立體感」。遊戲開發是門深奧的學問。

用遊戲控制器操作遊戲！

「我不想用鍵盤，希望能用遊戲控制器或搖桿操作遊戲」。應該有人會這麼想吧？

Pygame 提供了執行遊戲控制器（搖桿）輸入的命令，加在程式裡，就可以用遊戲控制器進行操作。這個專欄將把《Galaxy Lancer》改良成可以用遊戲控制器操作的遊戲。

在已經完成 galaxy_lancer.py 的 main() 函數加入以下描述，就能用遊戲控制器操作遊戲。以下節錄了修改的部分，本書提供的網址可以下載包含這個程式的 ZIP 檔案。

程式 ▶ galaxy_lancer_gp.py　　※ 與前面程式不同的部分畫上了標示。

```
351  def main(): # 主要迴圈
352      global ····略
353      global ····略
354
355      pygame.init()
356      pygame.joystick.init()                              初始化 Joystick
357      pygame.display.set_caption("Galaxy Lancer")
:    〈
:    略
:    〉
365      while True:
366          tmr = tmr + 1
:    略
:    〉
377          # 捲動背景
378          bg_y = (bg_y+16)%720
379          screen.blit(img_galaxy, [0, bg_y-720])
380          screen.blit(img_galaxy, [0, bg_y])
381
382  #       key = pygame.key.get_pressed()                  註解掉這一行
383
384          # 支援遊戲控制器
385          KEY = pygame.key.get_pressed()                  把所有按鍵的狀態代入 key
386          key = [0]*len(KEY)                              準備拷貝 KEY 值的 key
387          for i in range(len(KEY)):                        重複
388              key[i] = KEY[i]                               拷貝值
389          try:                                            使用例外處理
390              joystick = pygame.joystick.                    建立 Joystick 物件
    Joystick(0)
391              joystick.init()                              初始化 Joystick 物件
392              joy_lr = joystick.get_axis(0)                把左右按鈕的斜度代入 joy_lr
393              joy_ud = joystick.get_axis(1)                把上下按鈕的斜度代入 joy_ud
394              jbtn1 = joystick.get_                         把按鈕 0 與按鈕 1 的狀
    button(0)+joystick.get_button(1)                    態代入 jbtn1
```

接下頁

```
395            jbtn2 = joystick.get_button              把按鈕 2 與按鈕 3 的狀
       (2)+joystick.get_button(3)               態代入 jbtn2
396            if joy_lr < -0.5:                 按下左按鈕時
397                key[K_LEFT] = 1                   把 1 代入 key[K_LEFT]
398            if joy_lr > 0.5:                  按下右按鈕時
399                key[K_RIGHT] = 1                  把 1 代入 key[K_RIGHT]
400            if joy_ud < -0.5:                 按下上按鈕時
401                key[K_UP] = 1                    把 1 代入 key[K_UP]
402            if joy_ud > 0.5:                  按下下按鈕時
403                key[K_DOWN] = 1                   把 1 代入 key[K_DOWN]
404            if jbtn1 != 0:                    按下按鈕 0 或 1 時
405                key[K_SPACE] = 1                 把 1 代入 key[K_SPACE]
406            if jbtn2 != 0:                    按下按鈕 2 或 3 時
407                key[K_z] = 1                     把 1 代入 key[K_z]
408        except:                               如果發生例外
409            pass                              就不做任何動作
410
411        if idx == 0: # 標題
  :    略
  :     〳
```

如果要執行遊戲控制器的輸入，一開始要執行 pygame.joystick.init()。接著在判斷輸入之前，執行以下兩個命令。

```
joystick = pygame.joystick.Joystick(n)
joystick.init()
```

如果只連接了一個遊戲控制器，pygame.joystick.Joystick() 的參數為 0。若連接兩個遊戲控制器，要處理第二個遊戲控制器時，參數為 1。

遊戲控制器的方向按鈕使用了「軸」的概念。不論是含有方向按鈕的遊戲控制器，或用手把操作型的搖桿，都是根據軸的值判斷輸入。

圖 8-A　遊戲控制器及搖桿的軸

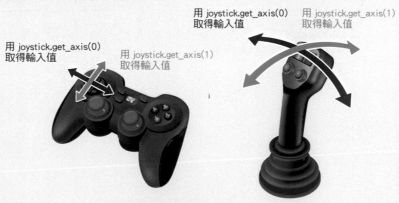

按下左方向按鈕與往左傾倒搖桿的狀態相同，右、上、下也一樣。Pygame 是用 joystick.get_axis(0) 與 joystick.get_axis(1) 判斷輸入。

- **按下左按鈕（搖桿往左傾）時，joystick.get_axis(0) 為負值**
- **按下右按鈕（搖桿往右傾）時，joystick.get_axis(0) 為正值**
- **按下上按鈕（搖桿往上傾）時，joystick.get_axis(1) 為負值**
- **按下下按鈕（搖桿往下傾）時，joystick.get_axis(1) 為正值**

遊戲控制器除了方向按鈕之外，還有其他按鈕，數量從數個到 10 個不等。Pygame 是利用 joystick.get_button(n) 判斷按鈕輸入。當第 n 個按鈕被按下時，joystick.get_button(n) 的值為 1。

遊戲控制器有各種類型，按鈕的編號也不一樣，這次的程式設定成用按鈕 0 或按鈕 1 發射一般的飛彈（空白鍵），用按鈕 2 或按鈕 3 發射彈幕（Z 鍵）。

請根據你使用的輸入裝置調整按鈕的編號，讓飛彈變得容易發射。

》》》 將程式的更動幅度控制在最小範圍

這次的程式只在 galaxy_lancer.py 加入書上標示的處理，移動我機等其餘部分不做更動也可以用遊戲控制器操作。其方法如下所示。

❶ 用取得所有按鍵輸入的 **pygame.key.get_pressed()** 命令，把按鍵值代入 **KEY**。
　　※KEY 是元組，所以 KEY 的值無法直接更改
❷ 把 **KEY** 的值拷貝到列表 **key** 內
❸ 取得遊戲控制器的軸與按鈕的輸入值
❹ 按下上按鈕，把 **1** 代入 **key[K_UP]**
　　※ key[K_DOWN]、key[K_LEFT]、key[K_RIGHT] 也一樣
　　※ 按下按鈕 0 或 1 時，把 1 代入 key[K_SPACE]
　　※ 按下按鈕 2 或 3 時，把 1 代入 key[K_z]

❸ 與 ❹ 是使用 try ～ except 的例外處理進行描述。這是為了避免沒有連接輸入裝置，卻執行與遊戲控制器（搖桿）有關的命令時，出現錯誤，使得程式停止。在 except 描述的 pass 是「不做任何動作」的命令，這是發生例外之後，不做任何動作，進入下一個處理的描述。

事實上，開發專業的遊戲時，像這樣使用 try ～ except 並不恰當。我們從這個程式可以瞭解，若沒有連接必要的設備，就會發生錯誤。發生錯誤之後，必須進行不同處理，顯示提醒訊息等。

專業的程式設計師不可以把已知的錯誤交給例外處理。不過這是指開發商用軟體的情況，如果是因興趣而開發的遊戲，為了方便起見，筆者認為使用 try ～ except 是沒問題的。

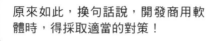

原來如此，換句話說，開發商用軟體時，得採取適當的對策！

從本章開始，要開發 3D 賽車遊戲。這是正式的遊戲內容，所以分成上篇、中篇、下篇來學習。

具備 3D 電腦圖形（3DCG）的知識會比較容易學會接下來的內容，因此本章要先學習 3DCG 的基本知識及模擬 3D 效果的技法。

製作 3D 賽車遊戲！上篇

Chapter

9

Lesson 9-1

關於賽車遊戲

以下要說明製作賽車遊戲時，必須具備的知識。

何謂賽車遊戲

遊戲產業自 1970 年代誕生至今，製作出各種賽車遊戲。1980 年代遊戲產業的黎明期，出現了垂直捲動及全方向捲動的 2D 遊戲，後來模擬 3D 影像來表現車道的賽車遊戲逐漸成為主流。自 1990 年代起，具有 3DCG 繪圖功能的硬體普及之後，幾乎所有的賽車遊戲都是用 3DCG 繪製。

遊戲的內容

本書要製作用模擬 3D 畫面的技法來繪製車道的賽車遊戲。遊戲的標題為《Python Racer》。以下先確認最後完成的遊戲畫面。

圖 9-1-1　3D 賽車遊戲《Python Racer》

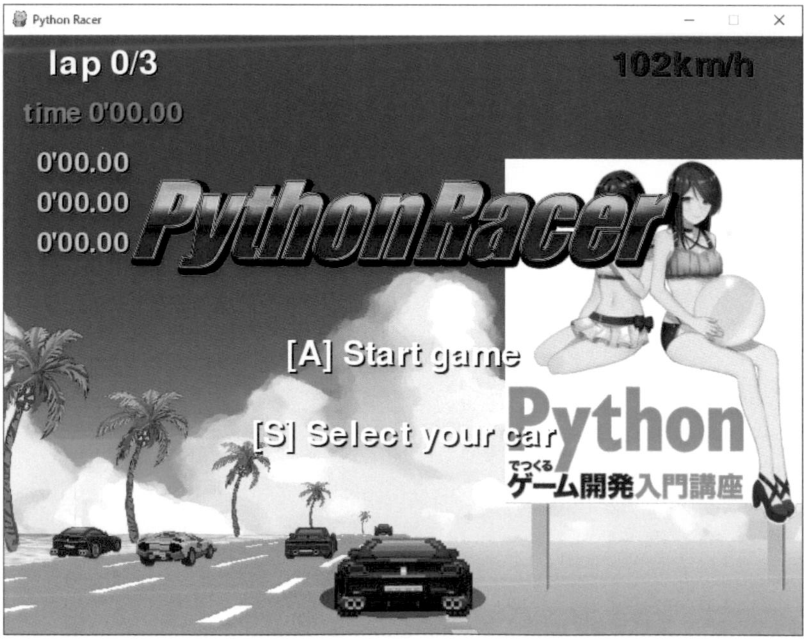

你有沒有發現隱藏角色？
很容易找到吧！（笑）

出現在標題畫面上，覺得有點不好意思。

大片雲朵、四季如夏的海邊、微風吹拂的爽快感…還有賽車
皇后。這些豐富遊戲的「效果」也是很重要的元素喔！

■ 遊戲規則

❶ 用左右方向鍵控制方向盤
❷ 用 Ⓐ 鍵踩油門（加速）
❸ 用 Ⓩ 鍵踩煞車（減速）
❹ 比賽繞賽道三圈後，抵達終點時所花的時間

POINT

請先試玩！

《Python Racer》也是一款正式的遊戲，請先從本書提供的網址下載完成版的程式，
試玩看看。將 ZIP 檔案解壓縮後，在「Chapter11」資料夾內的 python_racer.py 就是
完成版程式。

當你實際玩過之後，腦中應該會產生「道路是如何描繪
的？」、「電腦控制的賽車是如何移動的？」等各種疑問。

確實如此。我注意到道路有高低
起伏，這樣該如何設計程式？

請邊閱讀後面的說明，邊
尋找答案。

3DCG 與模擬 3D

在開始學習程式設計之前,請先學習 3D 電腦繪圖的基本知識。以下要說明 3DCG 與模擬 3D 的表現手法。

》》》 古老的 3D 遊戲

最近家用遊戲機、電腦、智慧型手機內皆具備 3D 電腦繪圖功能。再加上電視節目及動畫也常使用這個功能,所以在我們的日常生活中,處處都可以看到 3DCG。這個功能現在看來理所當然,但是在 1990 年代初期之前,市售的家用遊戲機卻只有部分機種才具有繪製 3DCG 的功能。

1990 年代後半,Sony 推出的 PlayStation,以及 SEGA 銷售的 SEGA Saturn 遊戲機內建了 3D 電腦繪圖功能,開啟了 3DCG 時代。2000 年之後,電腦、動畫等影像作品也廣泛使用了 3D 電腦繪圖功能,不過世上最早讓 3DCG 普的應該是 PlayStation 及 SEGA Saturn 等家用遊戲機吧!

在可以繪製 3DCG 的硬體出現之前,就算是只具備 2D 繪圖功能的遊戲機或電腦,遊戲製造商也運用了各種技巧來呈現 3D 效果,推出 3D 遊戲。使用只有 2D 繪圖功能的硬體來表現 3D 畫面的方法有以下這些。

❶ 控制影像訊號的掃描時機,利用變形畫面的手法來製作具有深度的背景
❷ 利用 sprite[1] 的縮放功能讓物體的大小產生變化,藉此呈現眼前的物體及遠方的物體
❸ 和現在的 3DCG 一樣,計算 3D 空間的物體資料,以負擔較少的方法繪圖,如繪製線框圖[2] 等

※1:在背景上顯示角色等影像的電腦功能　　　　　　※2:只用線條繪製物體

❶與❷是家用遊戲機的遊戲軟體及商用電玩遊戲常用的手法,❸是使用在電腦軟體的手法。模擬 3D 遊戲的家用遊戲有任天堂的《瑪利歐賽車》,而商用遊戲有 SEGA 的《OUT RUN》等,深受大眾歡迎。這些遊戲已經成為系列產品,直到現在仍持續發布新硬體用的軟體,但是新硬體用的軟體除了復刻版,其餘都是使用 3DCG 繪製。

本書製作的《Python Racer》是用多邊形(polygon)的繪圖命令繪製道路,而賽車及道路旁的樹木等是用❷的手法縮放顯示影像。

《Python Racer》是用模擬3D空間的
方法製作而成,之後會說明這個方法。

3D與模擬3D

現在大家看到的 3DCG 是使用定義物體形狀的**模型資料**,及定義模型動作的**動作資料**
來移動角色。

模型資料是連接密集的三角形及四角形來形成物體,並以無數的三角形及四角形的頂
點座標定義。此外,還包含表面的顏色及圖樣(紋理)資料。

圖 9-2-1　　模型資料與動作資料

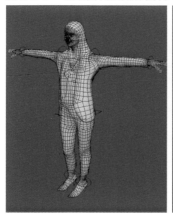

利用**遠近法**的計算方式(透視投影變換),將 3D 資料轉換成 2D 資料,就能在畫面上
顯示模組資料。下個單元將會說明遠近法。

一般的 3DCG 是用以上的方法描繪,但是模擬 3D 是使用座標資料,簡易呈現 3D 而
非忠實描繪 3D 空間的技法。上一頁說明過用❶與❷繪製畫面的技法就屬於這種。用**模
擬 3D 繪製 3D 空間也會用到遠近法的知識**,因此以下要先說明遠近法。

一般是使用3DCG軟體準備模型資料及動作資料。
《Python Racer》沒有使用這種資料繪製3D空間。

遠近法

請先學習遠近法，當作用電腦繪製 3D 空間的準備工作。

》》》何謂遠近法

繪圖時，將近處物體與遠處物體的位置關係妥善呈現出來的技法稱作遠近法。自古以來提出了各式各樣的遠近法，在紙張等平面上正確表現立體空間的技法稱作透視圖法，用這種方法描繪的圖形或圖畫稱作透視圖。透視圖法包括一點透視圖法、二點透視圖法、三點透視圖法。

■ 一點透視圖法

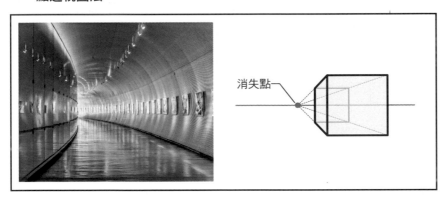

消失點

這張圖的視線前方有個看起來像將走廊收合在一起的點，這個點就稱作消失點。一點透視圖法有一個消失點。

■ 二點透視圖法

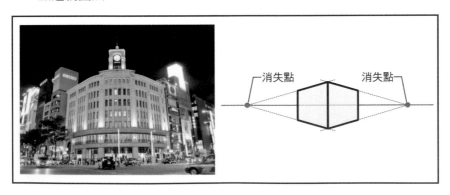

消失點　　消失點

二點透視圖法是從斜角檢視物體來掌握形狀的圖法，消失點有兩個。

■ 三點透視圖法

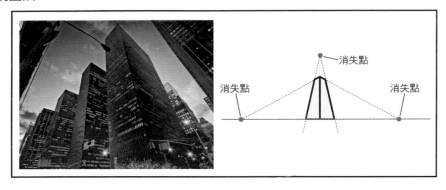

消失點

消失點　　　　　　　　消失點

三點透視圖法是在高度方向（上下方向）也設定消失點的圖法，消失點有三個。

透視圖法的知識在開發3D遊戲時
應該能派上用場。

沒錯。《Python Racer》是用一點透
視圖法來表現道路。

思考道路呈現的狀態

請一邊想像往遠處延伸的道路，一邊思考賽道的繪製方法。

》》》想像筆直的道路—

請想像你站在一條筆直延伸的道路上，並眺望遠方。如下圖所示，道路的寬度變得愈來愈窄，道路遠方消失在地平線的彼端。

圖 9-4-1　延伸到地平線彼端的道路

接著請想像在車站前廣場看到的人群，你會發現站的愈遠的人看起來愈小。

圖 9-4-2　近處的景物較大，遠處的景物較小

道路消失在地平線的另一端，也是因為「愈遠的景物看起來愈小」的關係。

不過，道路這種不斷延伸的物體，與人類的大小相比，可能比較難想像愈遠看起來愈小。請試著思考鐵路的鐵軌與枕木。

圖 9-4-3　鐵路的鐵軌與枕木

愈遠的枕木，寬度看起來愈短。這種枕木的呈現方式就是用模擬 3D 表現道路的方法。請想像道路就像是排列著大量板子的狀態，如下圖所示。

圖 9-4-4　把道路當作連續的板子

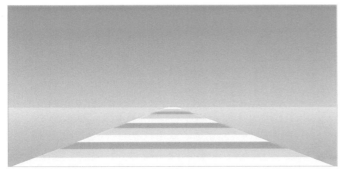

這張圖排列了白色、灰色、深灰色的板子直到遠方為止。板子的大小全都一樣，位於道路遠方的板子愈來愈小，直到看不見。近處的景物愈大，遠處的景物愈小是理所當然的現象。

我們可以瞭解，這張圖是前面單元學過的一點透視圖法，地平線上的道路消失位置為消失點。

在電腦畫面上呈現這張圖，就可以建立具有深度的空間。下個單元將實際用程式繪製板子來表現道路。

請思考如何將板子排列成道路，並用程式表現出來。

運用擬 3D 技巧繪製道路｜使用矩形

本章要學習使用 tkinter，以模擬 3D 的方式繪製道路的技法。

使用tkinter的理由

本章使用 tkinter 是因為可以簡單描述程式，適合基礎學習。從下一章開始將使用 Pygame。

本章沒有使用影像，所以不需要建立 image資料夾。

讓板子的寬度產生變化

接下來要製作呈現深度空間的程式。首先要試著繪製距離愈遠寬度愈窄的板子。請輸入以下程式，另存新檔之後，再執行該檔案。

程式 ▶ list0905_1.py

1	`import tkinter`	匯入 tkinter 模組
2		
3	`root = tkinter.Tk()`	建立視窗元件
4	`root.title("繪製道路")`	設定視窗標題
5	`canvas = tkinter.Canvas(width=800, height=600,` `bg="blue")`	建立畫布元件
6	`canvas.pack()`	置入畫布
7		
8	`canvas.create_rectangle(0, 300, 800, 600, fill=` `"green")`	在畫布下半部分繪製綠色矩形
9		
10	`BORD_COL = ["white", "silver", "gray"]`	定義板子顏色的列表
11	`for i in range(1, 25):`	i 重複從 1 開始持續加 1 到 25
12	`    w = i*33`	把板子的寬度代入變數 w
13	`    h = 12`	把板子的高度代入變數 h
14	`    x = 400 - w/2`	把板子的 X 座標代入變數 x
15	`    y = 288 + i*h`	把繪製板子的 Y 座標代入變數 y
16	`    col = BORD_COL[i%3]`	把板子的顏色代入變數 col
17	`    canvas.create_rectangle(x, y, x+w, y+h,` `fill=col)`	在 (x,y) 的位置繪製寬度 w、高度 h 的板子
18		
19	`root.mainloop()`	顯示視窗

執行這個程式後，就會顯示愈遠、寬度愈短的板子，共畫出 24 片板子。

圖 9-5-1　list0905_1.py 的執行結果

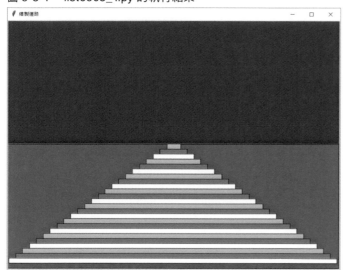

create_rectangle() 命令若沒有設定框線粗細或顏色，就會畫出粗細為1點的黑色框線。我們可以使用參數 width= 設定框線的粗細，用參數 outline= 設定顏色。

第 12 行的 w = i*33 是板子的寬度，第 13 行的 h = 12 是板子的高度。在第 14 ～ 15 行計算板子的 (x, y) 座標，用 create_rectangle() 命令繪製板子（矩形）。板子的顏色先用列表定義成三色，依序代入 col，變成 col = BORD_COL[i%3]，藉此設定顏色。

雖然繪製了長短不同的板子，但是形狀很奇怪，稱不上是道路。這是因為每個板子的高度都是 12 所致。三度空間中的物體愈遠看起來愈小，所以不僅遠方板子的寬度要縮短，高度也要變小才對。接著要改良這個程式，營造出遠近感。

≫≫ 讓高度也產生變化

改變算式，讓板子的寬度與高度愈遠愈短。請輸入以下程式，另存新檔之後，再執行程式。

程式 ▶ list0905_2.py

	程式	說明
1	`import tkinter`	匯入 tkinter 模組
2		
3	`root = tkinter.Tk()`	建立視窗元件
4	`root.title("繪製道路")`	設定視窗標題
5	`canvas = tkinter.Canvas(width=800, height=600,` `bg="blue")`	建立畫布元件
6	`canvas.pack()`	置入畫布
7		
8	`canvas.create_rectangle(0, 300, 800, 600, fill=` `"green")`	在畫布下半部分繪製綠色矩形
9		
10	`BORD_COL = ["white", "silver", "gray"]`	定義板子顏色的列表
11	`h = 2`	把第一個板子的高度代入變數 h
12	`y = 300`	把第一個板子的 Y 座標代入變數 y
13	`for i in range(1, 24):`	i 重複從 1 開始持續加 1 到 24
14	`    w = i*i*1.5`	計算板子的寬度並代入變數 w
15	`    x = 400 - w/2`	把板子的 X 座標代入變數 x
16	`    col = BORD_COL[i%3]`	把板子的顏色代入變數 col
17	`    canvas.create_rectangle(x, y, x+w, y+h,` `fill=col)`	在 (x,y) 的位置繪製寬度 w、高度 h 的板子
18	`    y = y + h`	計算下一個板子的 Y 座標並代入 y
19	`    h = h + 1`	計算下一個板子的高度並代入 h
20		
21	`root.mainloop()`	顯示視窗

執行了這個程式之後，愈遠的板子就會顯示成愈小。

圖 9-5-2　list0905_2.py 的執行結果

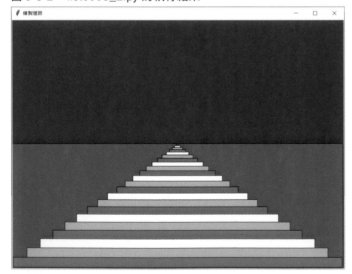

請與上個程式繪製出來的畫面做比較。這個畫面可以感覺到深度了。

以下要說明計算方法。
在第 11 ～ 12 行將最遠板子的高度及開始繪製板子時的 Y 座標代入變數。

```
h = 2
y = 300
```

在重複執行的區塊內，於第 14 ～ 15 行計算板子的寬度與 X 座標。

```
w = i*i*1.5
x = 400 - w/2
```

這裡的重點是，變數 i 反覆相乘，計算出寬度值。i 的值愈大，i*i 相乘後的值就愈大。
換句話說，愈近的板子，寬度愈大。
在 (x, y) 的位置繪製寬度 w、高度 h 的板子。

接著在第 18 ～ 19 行計算下一個板子的 Y 座標與高度。

```
y = y + h
h = h + 1
```

這裡因為增加了 h 的值，所以愈近的板子，高度也愈高。

藉由愈近的板子愈大的計算結果，而能製造出遠近感。

利用簡單的算式呈現出近大遠小的現象是這裡的重點。

下個單元將改用多邊形繪製原本以矩形描繪的板子，完成更寫實的道路。

運用擬 3D 技巧繪製道路 | 使用多邊形

上個單元用矩形的繪圖命令繪製了道路，但是這次要改用多邊形的繪圖命令，完成更像道路的畫面。

》》》 使用 create_polygon() 命令

這次要使用繪製多邊形的 create_polygon() 命令顯示道路。請輸入以下程式，另存新檔之後，再執行程式。

程式 ▶ list0906_1.py

```
1   import tkinter                              匯入 tkinter 模組
2
3   root = tkinter.Tk()                          建立視窗元件
4   root.title("繪製道路")                        設定視窗標題
5   canvas = tkinter.Canvas(width=800, height=600,  建立畫布元件
    bg="blue")
6   canvas.pack()                                置入畫布
7
8   canvas.create_rectangle(0, 300, 800, 600, fill=  在畫布下半部分繪製綠色矩形
    "green")
9
10  BORD_COL = ["white", "silver", "gray"]       定義板子顏色的列表
11  h = 2                                        把第一個板子的高度代入變數 h
12  y = 300                                      把第一個板子的 Y 座標代入變數 y
13  for i in range(1, 24):                       i 重複從 1 開始持續加 1 到 24
14      uw = i*i*1.5                             計算板子上底的寬度並代入變數 uw
15      ux = 400 - uw/2                          把板子上底的 X 座標代入變數 ux
16      bw = (i+1)*(i+1)*1.5                     計算板子下底的寬度並代入變數 bw
17      bx = 400 - bw/2                          把板子下底的 X 座標代入變數 bx
18      col = BORD_COL[i%3]                      把板子的顏色代入變數 col
19      canvas.create_polygon(ux, y, ux+uw, y, bx+  用多邊形（梯形）繪製板子
    bw, y+h, bx, y+h, fill=col)
20      y = y + h                               計算下一個板子的 Y 座標並代入 y
21      h = h + 1                               計算下一個板子的高度並代入 h
22
23  root.mainloop()                              顯示視窗
```

執行這個程式後，就會顯示緊密連在一起的路面板子。

create_polygon() 是利用參數設定 x0, y0, x1, y1, x2, y2, …等多個點，繪製出多邊形的命令（**圖 9-6-2**）。

圖 9-6-1　list0906_1.py 的執行結果

圖 9-6-2　用 create_polygon() 命令繪製圖形的範例

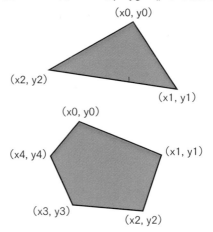

在這個程式中，依照以下方式設定四個點，用梯形畫出道路的板子。

圖 9-6-3　用梯形繪製道路

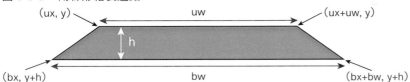

在第 14 ～ 17 行用以下方式計算出梯形的上底寬度與 X 座標、下底寬度與 X 座標。

```
uw = i*i*1.5
ux = 400 - uw/2
bw = (i+1)*(i+1)*1.5
bx = 400 - bw/2
```

利用這個算式，現在梯形底邊的寬度與 X 座標，就會成為下個梯形上邊的寬度與 X 座標，這樣就能完美連接板子。

上底的寬度是 i*i*1.5，下底的寬度是 (i+1)*(i+1)*1.5，因此獲得了下底比上底長的計算結果。

表現道路的彎度

這次要在前面的程式中，加入讓道路彎曲的算式，繪製蜿蜒的道路。

彎曲的道路

以下要確認的程式可以繪製出往左、右彎曲的道路。請輸入以下程式，另存新檔之後，再執行程式。

程式 ▶ list0907_1.py

```python
1   import tkinter
2
3   def key_down(e):
4       key = e.keysym
5       if key == "Up":
6           draw_road(0)
7       if key == "Left":
8           draw_road(-10)
9       if key == "Right":
10          draw_road(10)
11
12  BORD_COL = ["white", "silver", "gray"]
13  def draw_road(di):
14      canvas.delete("ROAD")
15      h = 24
16      y = 600 - h
17      for i in range(23, 0, -1):
18          uw = (i-1)*(i-1)*1.5
19          ux = 400 - uw/2 + di*(23-(i-1))
20          bw = i*i*1.5
21          bx = 400 - bw/2 + di*(23-i)
22          col = BORD_COL[i%3]
23          canvas.create_polygon(ux, y, ux+uw, y,
    bx+bw, y+h, bx, y+h, fill=col, tag="ROAD")
24          h = h - 1
25          y = y - h
26
27  root = tkinter.Tk()
28  root.title("繪製道路")
29  root.bind("<Key>", key_down)
30  canvas = tkinter.Canvas(width=800, height=600,
    bg="blue")
31  canvas.pack()
32  canvas.create_rectangle(0, 300, 800, 600, fill=
    "green")
33  canvas.create_text(400, 100, text="請按下向上、向
    左、向右的方向鍵", fill="white")
34  root.mainloop()
```

1	匯入 tkinter 模組
3	定義按下按鍵時執行的函數
4	把 keysym 的值代入變數 key
5	按下向上鍵之後
6	繪製筆直的道路
7	按下向左鍵之後
8	繪製左彎的道路
9	按下向右鍵之後
10	繪製右彎的道路
12	定義板子顏色的列表
13	定義繪製道路的函數
14	暫時刪除道路
15	把第一個板子的高度代入變數 h
16	把第一個板子的 Y 座標代入變數 y
17	i 重複從 23 開始持續減 1 到 0
18	計算板子上底的寬度並代入變數 uw
19	把板子上底的 X 座標代入變數 ux
20	計算板子下底的寬度並代入變數 bw
21	把板子下底的 X 座標代入變數 bx
22	把板子的顏色代入變數 col
23	用多邊形（梯形）繪製板子
24	計算下一個板子的高度並代入 h
25	計算下一個板子的 Y 座標並代入 y
27	建立視窗元件
28	設定視窗標題
29	設定按下按鍵時執行的函數
30	建立畫布元件
31	置入畫布
32	在畫布下半部分繪製綠色矩形
33	顯示操作方法的字串
34	顯示視窗

請執行這個程式，並按下向左或向右鍵，畫面上就會顯示朝著按鍵方向彎曲的道路。
另外，按下向上鍵會顯示筆直的道路。

圖 9-7-1　list0907_1.py 的執行結果

在第 29 行使用 bind() 命令設定按下按鍵時要執行的函數。這次是定義並設定成 key_down() 函數。

在第 3 ～ 10 行描述 key_down() 函數，當按下向上、向左、向右鍵時，就會執行繪製道路的 draw_road() 函數。

第 13 ～ 25 行定義了 draw_road() 函數，這個函數會透過參數取得彎曲的方向。以下將單獨說明 draw_road() 函數。

```python
def draw_road(di):
    canvas.delete("ROAD")
    h = 24
    y = 600 - h
    for i in range(23, 0, -1):
        uw = (i-1)*(i-1)*1.5
        ux = 400 - uw/2 + di*(23-(i-1))
        bw = i*i*1.5
        bx = 400 - bw/2 + di*(23-i)
        col = BORD_COL[i%3]
        canvas.create_polygon(ux, y, ux+uw, y, bx+bw, y+h, bx, y+h,
fill=col, tag="ROAD")
        h = h - 1
        y = y - h
```

在先前繪製道路的程式中，修改了以下兩個部分，畫出彎曲的道路。

❶ 由近到遠畫出道路
❷ 彎曲道路時，愈遠的板子距離 X 座標愈遠

由近到遠畫出道路板子比較容易計算出彎曲幅度，所以這裡使用了這種方法。但是實際上製作遊戲時，繪製的順序必須由遠到近，下一章將再次說明這個部分。

draw_road(函數) 以 h = 24、y = 600 – h，決定最近的板子高度與 Y 座標。重複的 for 範圍是 range(23, 0, -1)，i 的值遞減，同時計算描繪梯形道路的座標。

第 19 與 20 行執行了讓道路彎曲的計算。

```
ux = 400 - uw/2 + di*(23-(i-1))
```

```
bx = 400 - bw/2 + di*(23-i)
```

ux 是梯形上底的 X 座標，bx 是下底的 X 座標。di 是透過參數取得的彎曲幅度。若 di 是正值就繪製右彎道路，負值會繪製左彎道路，如果是 0，就繪製筆直的道路。這裡的算式是指用粗體顯示的 + di*(23-(i-1)) 與 + di*(23-i)。

假設 draw_road(10)，用參數 10 執行這個函數，最近的板子是在 i 值為 23 時繪製的，因此加到下底 X 座標的值是 10*(23-23)，也就是 0，所以座標不動。第二、第三個板子的偏移值逐漸變大，最遠板子的上底是 10*(23-(1-1))，往水平方向偏移了 230 點。

這次的程式是按下向左或向右鍵時，draw_road(-10)、draw_road(10)，以 -10 或 10 的參數執行函數。draw_road() 函數可以利用參數的值改變彎曲幅度。接下來就要試試這一點。

>>> 平緩與劇烈的彎度

以下要改變 draw_road() 函數的參數值,確認彎曲幅度的變化。假設用 draw_road(30) 執行,會畫出以下的劇烈彎度。

圖 9-7-2　改變參數值,讓彎度產生變化

請調整程式第 8 及第 10 行的參數值,確認彎度的變化。

> 賽車的賽道不僅有平緩的彎度,也有劇烈的彎度。
> 所以這裡要執行呈現這個部分的準備工作。

表現道路的高低起伏 之一

本書製作的 3D 賽車遊戲也會呈現道路的高低起伏。內容的難度稍高，請努力閱讀。

思考上坡與下坡

這個單元要學習用程式表現上坡與下坡道路的起伏狀態。在確認程式之前，請試著想像行駛在道路上時，道路前方看起來的模樣。

上個單元繪製了平坦延伸的道路，如下圖所示。

圖 9-8-1　平坦的道路

請試著想像上坡與下坡。上坡與下坡的示意圖如下所示。

圖 9-8-2　上坡

圖 9-8-3　下坡

上坡時，一般很難看到道路的遠方，能見度不佳。下坡時，可以看到遠處，能見度良好。

如果要表現這一點，就要繪製出上坡時，遠方道路的板子往下沉；而下坡時，遠方道路的板子往上的效果。

前面學過的程式是用連續的板子來繪製出道路。讓這些板子愈往遠處，Y 座標愈往下偏移，或愈往上偏移，就能表現上坡與下坡。

表現道路的起伏

以下要說明加入讓遠方板子的 Y 座標往上或往下偏移的程式。請輸入以下程式，另存新檔之後，再執行程式。

程式 ▶ list0908_1.py

```
1   import tkinter                                    匯入 tkinter 模組
2
3   def key_down(e):                                  定義按下按鍵時執行的函數
4       key = e.keysym                                    把 keysym 的值代入變數 key
5       if key == "Up":                                   按下向上鍵之後
6           draw_road(0, -5)                                  繪製上坡
7       if key == "Down":                                 按下向下鍵之後
8           draw_road(0, 5)                                   繪製下坡
9
10  BORD_COL = ["white", "silver", "gray"]            定義板子顏色的列表
11  def draw_road(di, updown):                        定義繪製道路的函數
12      canvas.delete("ROAD")                             暫時刪除道路
13      h = 24                                            把第一個板子的高度代入變數 h
14      y = 600 - h                                       把第一個板子的 Y 座標代入變數 y
15      for i in range(23, 0, -1):                        i 重複從 23 開始持續減 1 到 0
16          uw = (i-1)*(i-1)*1.5                               計算板子上底的寬度並代入變數 uw
17          ux = 400 - uw/2 + di*(23-(i-1))                   把板子上底的 X 座標代入變數 ux
18          bw = i*i*1.5                                      計算板子下底的寬度並代入變數 bw
19          bx = 400 - bw/2 + di*(23-i)                       把板子下底的 X 座標代入變數 bx
20          col = BORD_COL[i%3]                               把板子的顏色代入變數 col
21          canvas.create_polygon(ux, y, ux+uw, y,           用多邊形（梯形）繪製板子
    bx+bw, y+h, bx, y+h, fill=col, tag="ROAD")
22          h = h - 1                                      計算下一個板子的高度並代入 h
23          y = y - h + updown                            計算下一個板子的 Y 座標並代入 y
24
25  root = tkinter.Tk()                               建立視窗元件
26  root.title("繪製道路")                            設定視窗標題
27  root.bind("<Key>", key_down)                      設定按下按鍵時執行的函數
28  canvas = tkinter.Canvas(width=800, height=600,    建立畫布元件
    bg="blue")
29  canvas.pack()                                     置入畫布
30  canvas.create_rectangle(0, 300, 800, 600, fill=   在畫布下半部分繪製綠色矩形
    "green")
31  canvas.create_text(400, 100, text="請按下向上或向  顯示操作方法的字串
    下方向鍵", fill="white")
32  root.mainloop()                                   顯示視窗
```

請執行這個程式，並按下向上或向下的方向鍵。按下向上鍵時，板子的 Y 座標會以往上偏移的狀態（下坡的感覺）顯示道路；按下向下鍵時，板子的 Y 座標就以往下偏移的狀態（上坡的感覺）顯示道路。

圖 9-8-4　list0908_1.py 的執行結果

這個程式的板子之間會產生縫隙，道路遠方與地平線的位置也不一致。只要仔細計算座標，讓道路遠方與地平線一致，就能畫出正確的道路。下個單元將說明這個方法。

想製作坡道，就直接開始設計程式，可能會覺得計算方法很困難而無法順利完成。其實訣竅在於要試著思考現實世界的情況，並找出用較簡單的計算來呈現的方法。

確實如此。不只是計算坡道，設計程式最好也要循序漸進。

表現道路的高低起伏 之二

接著要改良前面的程式，讓道路遠方與地平線位於相同位置。這個單元的內容比較難，只要掌握概要即可。請用輕鬆的心情繼續學習。

》》使用三角函數

要讓道路遠方與地平線合而為一，可以想到許多計算方法。這裡要使用三角函數 sin() 函數進行計算。

利用 y = sin(a) 可以畫出如下圖所示，稱作<u>正弦波</u>的曲線。用紅色顯示的波形類似山丘起伏，因此可以利用這一點。

圖 9-9-1　正弦波

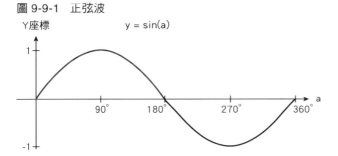

※ 和物理及數學的正弦曲線一樣，Y座標朝上為正

如果要讓道路遠方與地平線一致，繪製道路時，必須使用 sin() 函數，讓板子的 Y 座標像這裡的波形一樣變化，示意圖如下所示。

圖 9-9-2　改變 Y 座標表現起伏

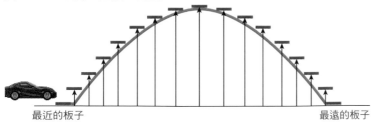

最近的板子　　　　　　　　　　　　　　　最遠的板子

sin 的值為 0 度時是 0，90 度時是最大值 1，180 度時再次變成 0。近處的板子到遠處的板子是在 Y 座標加上 0 ～ 180 度的 sin() 函數值繪製出來。

以下要確認加入這項處理的程式。請輸入以下程式，另存新檔之後，再執行程式。

程式 ▶ list0909_1.py

1	`import tkinter`	匯入 tkinter 模組
2	`import math`	匯入 math 模組
3		
4	`def key_down(e):`	定義按下按鍵時執行的函數
5	`    key = e.keysym`	把 keysym 的值代入變數 key
6	`    if key == "Up":`	按下向上鍵之後
7	`        draw_road(0, -50)`	繪製上坡
8	`    if key == "Down":`	按下向下鍵之後
9	`        draw_road(0, 50)`	繪製下坡
10		
11	`updown = [0]*24`	代入板子 Y 座標偏移值的列表
12	`for i in range(23, -1, -1):`	i 重複從 23 開始持續減 1 到 -1
13	`    updown[i] = math.sin(math.radians(180*i/23))`	用三角函數計算偏移值並代入 updown
14	`    print(updown[i])`	輸出該值
15		
16	`BORD_COL = ["white", "silver", "gray"]`	定義板子顏色的列表
17	`def draw_road(di, ud):`	定義繪製道路的函數
18	`    canvas.delete("ROAD")`	暫時刪除道路
19	`    h = 24`	把第一個板子的高度代入變數 h
20	`    y = 600 - h`	把第一個板子的 Y 座標代入變數 y
21	`    for i in range(23, 0, -1):`	i 重複從 23 開始持續減 1 到 0
22	`        uw = (i-1)*(i-1)*1.5`	計算板子上底的寬度並代入變數 uw
23	`        ux = 400 - uw/2 + di*(23-(i-1))`	把板子上底的 X 座標代入變數 ux
24	`        uy = y + int(updown[i-1]*ud)`	把板子上底的 Y 座標代入變數 uy
25	`        bw = i*i*1.5`	計算板子下底的寬度並代入變數 bw
26	`        bx = 400 - bw/2 + di*(23-i)`	把板子下底的 X 座標代入變數 bx
27	`        by = y + h + int(updown[i]*ud)`	把板子下底的 Y 座標代入變數 by
28	`        col = BORD_COL[i%3]`	把板子的顏色代入變數 col
29	`        canvas.create_polygon(ux, uy, ux+uw, uy,` `bx+bw, by, bx, by, fill=col, tag="ROAD")`	用多邊形（梯形）繪製板子
30	`        h = h - 1`	計算下一個板子的高度並代入 h
31	`        y = y - h`	計算下一個板子的 Y 座標並代入 y
32		
33	`root = tkinter.Tk()`	建立視窗元件
34	`root.title("繪製道路")`	設定視窗標題
35	`root.bind("<Key>", key_down)`	設定按下按鍵時執行的函數
36	`canvas = tkinter.Canvas(width=800, height=600,` `bg="blue")`	建立畫布元件
37	`canvas.pack()`	置入畫布
38	`canvas.create_rectangle(0, 300, 800, 600, fill=` `"green")`	在畫布下半部繪製綠色矩形
39	`canvas.create_text(400, 100, text="請按下向上或下` `方向鍵", fill="white")`	顯示操作方法的字串
40	`root.mainloop()`	顯示視窗

請執行這個程式，並按下向上或向下鍵。按下向上鍵會繪製上坡，按下向下鍵會繪製下坡。

圖 9-9-3　list0909_1.py 的執行結果

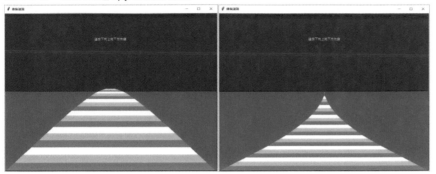

以下要説明計算起伏及繪圖方法。

把板子 Y 座標的偏移值代入第 11 行宣告的 updown 列表，並在第 12 ～ 13 行重複計算該值。以下將特別説明這個部分。

```
updown = [0]*24
for i in range(23, -1, -1):
    updown[i] = math.sin(math.radians(180*i/23))
    print(updown[i])
```

重複的 i 值是依照 23 → 22 → 21 → …→ 2 → 1 → 0 依序變化。radians() 命令中描述的角度是 180*i/23，這是指 i 的值為 23 時，角度為 180 度，i 為 22 時，角度約為 172 度，i 為 22 時，角度約為 164 度。每次 i 增加時，就減少 8 度，當 i 為 0 時，角度為 0。利用 math.sin(math.radians(180*i/23)) 計算 180 度到 0 度的值，並代入 updown。print() 命令的計算結果會輸出至殼層視窗，請一併參考。

圖 9-9-4　輸出至殼層視窗的值

```
1.2246467991473532e-16
0.13616664909624665
0.26979967711570243
0.3984010898462414
0.5195839500354339
0.6310879443260526
0.7308359642781243
0.8169698930104421
0.8878852184023752
0.9422609221188205
0.9790840876823229
0.9976687691905392
0.9976687691905392
0.9790840876823229
0.9422609221188205
0.8878852184023752
0.816969893010442
0.7308359642781241
0.6310879443260528
0.5195839500354336
0.3984010898462415
0.26979967711570243
0.13616664909624665
0.0
```

※最初的 1.2246467991473532e-16 是 0.0000000000000000012246 ……的極小值。計算結果雖然不 0，但是你可以視為 0。

以下要確認計算板子起伏的部分，也就是 draw_road() 函數的第 24 行與第 27 行。

```
uy = y + int(updown[i-1]*ud)
```

uy 是梯形上底的 Y 座標。加上 updown 的值乘上參數取得的起伏程度 ud。

這個單元的draw_road()函數宣告了 def draw_road(di, ud):，用參數取得起伏值。

同樣下底也加上 updown 與 ud 相乘的值。

```
by = y + h + int(updown[i]*ud)
```

若 ud 的值是正數，就繪製下坡，如果是負數，波形（起伏的形狀）上下顛倒，可以繪製出上坡。

圖 9-9-5　上坡與下坡

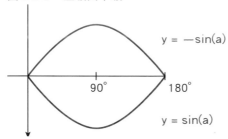

y = －sin(a)

90°　　　180°

y = sin(a)

※ 這張圖和電腦的座標一樣，
　　Y 座標向下為正

這次的程式在按下向上鍵時，執行 draw_road(0, -50)，繪製上坡；按下向下鍵時，執行 draw_road(0, 50)，繪製下坡。改變第二個參數的值，能放大或縮小起伏。第一個參數是用來設定在 Lesson 9-7 加入的彎曲方式。

《Galaxy Lancer》也使用過三角函數，如果你還不熟悉三角函數的話，可能會覺得有點難。

的確，別著急，一步一步慢慢學習吧！

讓道路隨意變化的程式

本章學習了以模擬 3D 的技巧，表現道路彎曲起伏的方法。事實上，list0909_1.py 已經具備讓道路產生豐富變化的功能。這個專欄將運用 list0909_1.py，介紹用按鍵操作改變道路形狀的程式。

程式 ▶ list09_column.py

1	`import tkinter`	匯入 tkinter 模組
2	`import math`	匯入 math 模組
3		
4	`curve = 0`	管理彎度大小的變數
5	`undulation = 0`	管理起伏大小的變數
6		
7	`def key_down(e):`	定義按下按鍵時執行的函數
8	`    global curve, undulation`	變成全域變數
9	`    key = e.keysym`	把 keysym 的值代入變數 key
10	`    if key == "Up":`	按下向上鍵後
11	`        undulation = undulation - 20`	undulation 減 20
12	`    if key == "Down":`	按下向下鍵後
13	`        undulation = undulation + 20`	undulation 加 20
14	`    if key == "Left":`	按下向左鍵後
15	`        curve = curve - 5`	curve 減 5
16	`    if key == "Right":`	按下向右鍵後
17	`        curve = curve + 5`	curve 加 5
18	`    draw_road(curve, undulation)`	繪製道路
19		
20	`updown = [0]*24`	代入板子 Y 座標偏移值的列表
21	`for i in range(23, -1, -1):`	i 重複從 23 開始持續減 1 到 -1
22	`    updown[i] = math.sin(math.radians` `(180*i/23))`	用三角函數計算偏移值 並代入 updown
23		
24	`BORD_COL = ["red", "orange", "yellow", "green",` `"blue", "indigo", "violet"]`	定義板子顏色的列表
25	`def draw_road(di, ud):`	定義繪製道路的函數
26	`    canvas.delete("ROAD")`	暫時刪除道路
27	`    h = 24`	把第一個板子的高度代入變數 h
28	`    y = 600 - h`	把第一個板子的 Y 座標代入變數 y
29	`    for i in range(23, 0, -1):`	i 重複從 23 開始持續減 1 到 0
30	`        uw = (i-1)*(i-1)*1.5`	計算板子上底的寬度並代入變數 uw
31	`        ux = 400 - uw/2 + di*(23-(i-1))`	把板子上底的 X 座標代入變數 ux
32	`        uy = y + int(updown[i-1]*ud)`	把板子上底的 Y 座標代入變數 uy
33	`        bw = i*i*1.5`	計算板子下底的寬度並代入變數 bw
34	`        bx = 400 - bw/2 + di*(23-i)`	把板子下底的 X 座標代入變數 bx
35	`        by = y + h + int(updown[i]*ud)`	把板子下底的 Y 座標並代入變數 by
36	`        col = BORD_COL[(6-tmr%7+i)%7]`	把板子的顏色代入變數 col
37	`        canvas.create_polygon(ux, uy, ux+uw, uy,` `bx+bw, by, bx, by, fill=col, tag="ROAD")`	用多邊形（梯形）繪製板子
38	`        h = h - 1`	計算下一個板子的高度並代入 h
39	`        y = y - h`	計算下一個板子的 Y 座標並代入 y
40		
41	`tmr = 0`	計時器的變數

```
42  def main():                                              定義執行主要處理的函數
43      global tmr                                               tmr 變成全域變數
44      tmr = tmr + 1                                            tmr 加 1
45      draw_road(curve, undulation)                            繪製道路
46      root.after(200, main)                                   0.2 秒後再次執行 main() 函數
47
48  root = tkinter.Tk()                                      建立視窗元件
49  root.title("繪製道路")                                   設定視窗標題
50  root.bind("<Key>", key_down)                             設定按下按鍵時執行的函數
51  canvas = tkinter.Canvas(width=800, height=              建立畫布元件
    600, bg="black")
52  canvas.pack()                                            置入畫布
53  canvas.create_rectangle(0, 300, 800, 600,               在畫布下半部分繪製灰色矩形
    fill="gray")
54  canvas.create_text(400, 100, text="使用方向鍵           顯示操作方法的字串
    讓道路產生變化", fill="white")
55  main()                                                   執行 main() 函數
56  root.mainloop()                                          顯示視窗
```

執行這個程式後，會顯示彩色道路，利用左、右方向鍵能改變彎曲狀態，使用上、下方
向鍵可以改變起伏程度。依序改變板子的顏色，呈現出行駛在道路上的狀態。

圖 9-A　list09_column.py 的執行結果

利用第 4 行宣告的 curve 變數管理彎曲程度，用第 5 行宣告的 undulation 變數管理高低
起伏。

利用按下按鍵時執行的 key_down() 函數，依照輸入的方向鍵變化 curve 與 undulation
的值，以 curve 與 undulation 設定 draw_road() 函數的參數，畫出道路。

此外，這個程式使用了 after() 命令的即時處理，每秒可以繪製道路 5 次。計算計時器
的變數 tmr 值，使用該值依序改變板子的顏色，藉此呈現在道路上前進的效果。

接著要正式開始設計《Python Racer》
的程式。

本章將完成表現道路的程式,並達到可
以操作玩家賽車的程度。

製作3D賽車遊戲!
中篇

Chapter

10

10-1 使用 Pygame

上一章使用了 tkinter 繪製道路，從這裡開始，將使用 Pygame 製作《Python Racer》。
我們先簡單複習 Pygame，並說明本章的程式寫法。

》》》 Pygame 與 tkinter 繪圖命令的區別

Pygame 與 tkinter 在繪製影像或圖形的命令上有些差異，座標設定也有所不同。tkinter
繪製影像的 create_image() 命令，其參數的座標是影像的中心，而 Pygame 的 blit()
命令，其座標是在影像的左上角。此外，tkinter 繪製矩形的 create_rectangle() 命令
是設定左上與右下角的座標，但是 Pygame 的 rect() 命令是設定左上角的座標、寬度
與高度。

圖 10-1-1　tkinter 與 Pygame 的座標設定差異

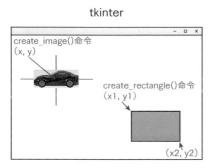
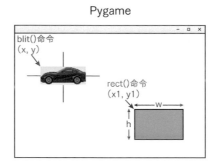

另外，用 tkinter 反覆繪製影像或圖形時，必須先設定 tag 名稱，使用 delete() 命令刪
除之後，再重新描繪，但是 Pygame 可以不斷覆寫影像或圖形。

》》》 程式的寫法

以下要說明讓變數值變化的算式寫法。四則運算（加法、減法、乘法、除法）的寫法
如下所示。

表 10-1-1 四則運算的寫法

算式	意義	相同算式
a += b	a 加上 b 並代入 a	a = a + b
a -= b	a 減 b 並代入 a	a = a - b
a *= b	a 乘 b 並代入 a	a = a * b
a /= b	a 除以 b 並代入 a	a = a / b

這是 C/C++、Java、JavaScript 等多數程式設計語言共通的寫法。《Python Racer》的程式有許多算式是使用這種格式描述。就筆者的經驗而言，專業的程式設計師大多會描述為 a += b 而不是 a = a + b，請從這章開始習慣這種寫法。

專業的程式開發需要描述許多程式。a += b 的字數比 a = a + b 少，所以較短的描述自然受到喜愛。

》》 本章的資料夾結構

請在「Chapter10」資料夾內建立「image_pr」資料夾，將《Python Racer》使用的影像檔案放在這個資料夾內。

圖 10-1-2 「Chapter10」的資料夾結構

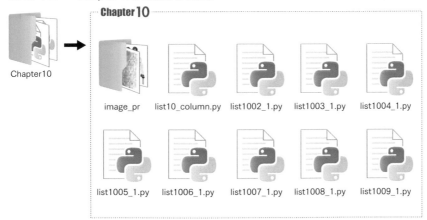

Chapter 10 製作 3D 賽車遊戲！中篇

畫出較精緻的賽道

《Python Racer》的設定是在熱帶地區的沿海公路上進行賽車比賽。接下來要使用 Chapter 9 學到的知識，製作出能更仔細繪製道路的程式。

》》》增加板子的數量

以下的程式把繪製道路的板子數量增加至 120 個。這個程式將使用右邊的影像，請從本書提供的網址下載檔案。

圖 10-2-1　這次的影像檔案

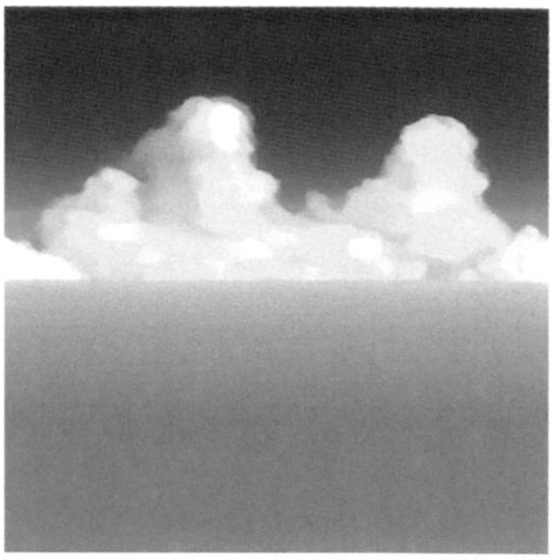

bg.png

請輸入以下程式，另存新檔之後，再執行程式。

程式 ▶ list1002_1.py

```
1   import pygame                                    匯入 pygame 模組
2   import sys                                       匯入 sys 模組
3   import math                                      匯入 math 模組
4   from pygame.locals import *                      省略 pygame. 常數的描述
5
6   BOARD = 120                                      決定道路板子數量的常數
7   CMAX = BOARD*4                                   決定賽道長度（元素數）的常數
8   curve = [0]*CMAX                                 代入道路彎曲方向的列表
9
10
11  def make_course():                              建立賽道資料的函數
12      for i in range(360):                            重複
13          curve[BOARD+i] = int(5*math.sin(math.            用三角函數計算並代入道路的彎曲狀態
    radians(i)))
14
15
16  def main(): # 主要處理                            執行主要處理的函數
17      pygame.init()                                   初始化 pygame 模組
18      pygame.display.set_caption("Python Racer")      設定顯示在視窗上的標題
```

```
19      screen = pygame.display.set_mode((800, 600))          初始化繪圖面
20      clock = pygame.time.Clock()                           建立 clock 物件
21
22      img_bg = pygame.image.load("image_pr/bg.png").        載入背景（天空與地面影像）的變數
convert()
23
24      # 計算道路板子的基本形狀
25      BOARD_W = [0]*BOARD                                   代入板子寬度的列表
26      BOARD_H = [0]*BOARD                                   代入板子高度的列表
27      for i in range(BOARD):                                重複
28          BOARD_W[i] = 10+(BOARD-i)*(BOARD-i)/12               計算寬度
29          BOARD_H[i] = 3.4*(BOARD-i)/BOARD                    計算高度
30
31      make_course()                                         建立賽道資料
32
33      car_y = 0                                             管理賽道上位置的變數
34
35      while True:                                           無限迴圈
36          for event in pygame.event.get():                    重複處理 pygame 的事件
37              if event.type == QUIT:                            按下視窗的 X 鈕
38                  pygame.quit()                                   取消 pygame 模組的初始化
39                  sys.exit()                                      結束程式
40
41          key = pygame.key.get_pressed()                      把所有按鍵的狀態代入 key
42          if key[K_UP] == 1:                                  按下向上鍵後
43              car_y = (car_y+1)%CMAX                             移動賽道上的位置
44
45          # 計算繪製道路用的X座標                               計算道路彎曲方向的變數
46          di = 0                                              計算板子 X 座標的列表
47          board_x = [0]*BOARD                                 重複
48          for i in range(BOARD):                                由彎曲資料計算道路的彎度
49              di += curve[(car_y+i)%CMAX]                       計算並代入板子的 X 座標
50              board_x[i] = 400 - BOARD_W[i]/2 + di/2
51
52          sy = 400 # 開始繪製道路的位置                        把開始繪製道路時的 Y 座標代入 sy
53
54          screen.blit(img_bg, [0, 0])                         繪製天空與地面的影像
55
56          # 根據繪圖資料繪製道路
57          for i in range(BOARD-1, 0, -1):                     重複繪製道路的板子
58              ux = board_x[i]                                   把梯形上底的 X 座標代入 ux
59              uy = sy                                           把上底的 Y 座標代入 uy
60              uw = BOARD_W[i]                                   把上底的寬度代入 uw
61              sy = sy + BOARD_H[i]                              把梯形的 Y 座標變成下一個值
62              bx = board_x[i-1]                                 把梯形下底的 X 座標代入 bx
63              by = sy                                           把下底的 Y 座標代入 by
64              bw = BOARD_W[i-1]                                 把下底的寬度代入 bw
65              col = (160,160,160)                               把板子的顏色代入 col
66              if (car_y+i)%12 == 0:                             以一定間隔（12 片中的 1 片）
67                  col = (255,255,255)                             把白色的值代入 col
68              pygame.draw.polygon(screen, col, [[ux,          繪製道路的板子
uy], [ux+uw, uy], [bx+bw, by], [bx, by]])
69
70          pygame.display.update()                             更新畫面
71          clock.tick(60)                                      設定幀率
72
73  if __name__ == '__main__':                                這個程式被直接執行時
74      main()                                                呼叫出 main() 函數
```

執行這個程式後，就會畫出比較精緻的道路。按下向上鍵後，就會往前進。

圖 10-2-2　list1002_1.py 的執行結果

《Python Racer》只在 main() 函數內繪製影像檔案。背景影像是透過 main() 函數的第 22 行，以 img_bg = pygame.image.load("image_pr/bg.png").convert() 載入。

《Python Racer》設計成只在 main() 函數內繪製影像，因此載入影像的變數是區域變數。

《Galaxy Lancer》是用多個函數繪製影像，所以影像的變數為全域變數，全部的函數都可以使用。

第 6 行的 BOARD = 120 是定義板子數量的常數，這個程式是由 120 片的板子組成畫面上看到的道路。第 7 行的 CMAX = BOARD*4 是決定整個賽道長度的常數，包含地平線遠方看不見的範圍在內，賽道的長度定義成可見範圍的四倍。

這裡為了方便解說而定義成四倍，實際上會定義成更長的賽道。

第 8 行 curve = [0]*CMAX 是代入道路彎曲狀態的列表。這個列表的值為 0 時是直線，正值是右彎（值愈大愈彎），負值是左彎（值愈小愈彎）。

第 11 ～ 13 行描述的 make_course() 函數是在 curve 設定道路彎曲狀態的函數。這次在一開始看到的道路前方用三角函數設定 S 型彎度，當作確認用的暫時賽道。

圖 10-2-3　用三角函數準備暫時性的賽道

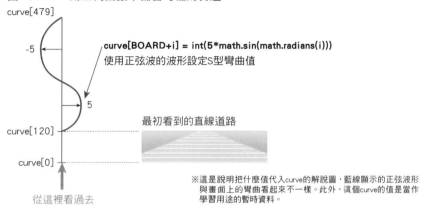

在第 25 ～ 29 行計算出道路板子的基本形狀。以下將單獨說明這個部分。

```
BOARD_W = [0]*BOARD
BOARD_H = [0]*BOARD
for i in range(BOARD):
    BOARD_W[i] = 10+(BOARD-i)*(BOARD-i)/12
    BOARD_H[i] = 3.4*(BOARD-i)/BOARD
```

和上一章一樣，用梯形繪製道路的板子。計算繪製梯形的寬度與高度，並代入 BOARD_W、BOARD_H 列表。BOARD_W[0] 是最近（畫面下方）的板子寬度，BOARD_W[119] 是最遠（地平線上）的板子寬度。啟動程式時，計算道路的基本形狀，遊戲中不會改變 BOARD_W 與 BOARD_H 的值，因此列表的名稱全部是大寫。

在彎曲道路上前進時，畫面上的板子座標時時刻刻都在變化。以下將單獨說明在第 46 ～ 50 行繪製板子，計算 X 座標的程式。

```
di = 0
board_x = [0]*BOARD
for i in range(BOARD):
    di += curve[(test_y+i)%CMAX]
    board_x[i] = 400 - BOARD_W[i]/2 + di/2
```

變數 di 是計算板子左右偏移量的變數，由道路近處往遠處進行計算。例如持續右彎
時，列表 curve 的值是正值，所以 di 不斷增加。換句話説，這就是前面學過的計算道
路彎度的部分。

第 52 行的 sy = 400 是開始繪製道路板子時的 Y 座標。背景影像是在垂直方向 400 點
的位置繪製地平線，從該處開始繪製道路。
第 57 ~ 68 行是執行繪製板子的形狀及從 X 座標開始繪製道路的處理。以下將單獨説
明這個部分。

```
for i in range(BOARD-1, 0, -1):
    ux = board_x[i]
    uy = sy
    uw = BOARD_W[i]
    sy = sy + BOARD_H[i]
    bx = board_x[i-1]
    by = sy
    bw = BOARD_W[i-1]
    col = (160,160,160)
    if (car_y+i)%12 == 0:
        col = (255,255,255)
    pygame.draw.polygon(screen, col, [[ux, uy], [ux+uw, uy], [bx+bw, by], [bx, by]])
```

道路的描繪方向是由遠到近，所以 i 的範圍是從 BOARD-1 開始，持續減 1。三度空間
中的物體必須從遠處開始描繪。假如先繪製眼前的物體，之後描繪的遠方物體會顯示
在眼前物體之上，這樣看起來會很奇怪。

因此，先計算板子的 X 座標，並放入 board_x，
使用該值，從遠方的板子開始繪製。

和上一章學過的一樣，把梯形上底與下底的座標代入變數，再繪製梯形。此時，使用 col 變數，讓板子每隔 12 片就顯示 1 片白色板子。

玩家在賽道上的位置是由第 33 行宣告的 car_y 變數管理。在第 42 ～ 43 行，按下向上鍵時，car_y 的值加 1，這個值變成 CMAX 之後，就變回 0。繪製白色板子的條件式是 if (car_y+i)%12 == 0:，car_y 的值增加，白色板子就會往畫面下方（玩家的角度是後方）移動。

透過這種方式，就能用向上鍵表現出前進的狀態，但是利用變數 car_y 與向上鍵往前進的處理只是為了方便確認結果。實際上必須根據車子的速度改變賽道上的位置，我們將在 Lesson 10-9 說明這個方法。

由於內容比較困難，以下將以圖解方式說明前面提到的內容。我們依照以下流程繪製了道路。

圖 10-2-4　程式的處理流程

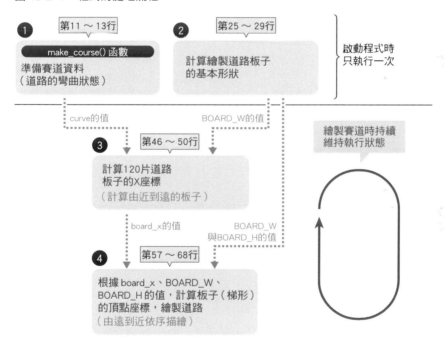

先計算板子寬度與高度的理由

一開始先計算道路板子的寬度與高度，是因為每次繪製時就得計算的話，會影響到處理速度（計算速度）。現在的電腦速度快，這種計算不會造成太大的問題，但是執行複雜的計算時，仍可能很花時間。

先把計算結果代入變數，之後使用該值，這樣只要計算一次，這種作法在專業的程式開發上很常見。

後面在繪製縮放後的車子及路邊看板時，會根據板子的寬度來計算物體大小。因此，一開始先把板子的寬度與高度代入 BOARD_W、BOARD_H 列表。

》》》 快速繪製影像

在 Pygame 載入影像時，使用 **convert()** 命令，就能快速繪製載入的影像。這次的程式在載入背景影像時，描述了 .convert()。

```
img_bg = pygame.image.load("image_pr/bg.png").convert()
```

如果是含有透明色的影像，會使用 **convert_alpha()** 命令。

《Python Racer》要達到每秒 60 幀的高速處理，所以之後的程式會對所有影像使用 convert() 或 convert_alpha() 命令。

》》》 給覺得程式很困難的人

瞭解上一章用模擬 3D 的技巧繪製道路結構的人，也可能會覺得這裡的 list1002_1.py 很難。這裡的內容比較高階，如果你覺得很困難，現在只要掌握概要，知道「這裡進行了這種處理」即可。

接下來也會出現較難的處理，你不需要為了完全理解而停下學習的腳步。請一邊享受每個單元提高賽車遊戲完成度的過程，一邊學習到最後。

 我再重申一次，先看到最後，之後再複習想要理解的部分。這種學習方法可以讓你逐漸瞭解困難的部分。

依照彎曲狀態移動背景

從車子的擋風玻璃看到的景色，在右彎的道路上，景色會往左移動，在左彎的道路上，景色會往右移動。這次將在程式中加上這種影像表現。

》》》 移動背景

以下要說明聳立在地平線端的白雲會隨著道路彎曲狀態而左右移動的程式。請輸入以下程式，另存新檔之後，再執行程式。

程式 ▶ list1003_1.py　※ 與前面程式不同的部分畫上 標示。

	程式碼	說明
1	`import pygame`	匯入 pygame 模組
2	`import sys`	匯入 sys 模組
3	`import math`	匯入 math 模組
4	`from pygame.locals import *`	省略 pygame. 常數的描述
5		
6	`BOARD = 120`	決定道路板子數量的常數
7	`CMAX = BOARD*4`	決定賽道長度（元素數）的常數
8	`curve = [0]*CMAX`	代入道路彎曲方向的列表
9		
10		建立賽道資料的函數
11	`def make_course():`	重複
12	`    for i in range(360):`	用三角函數計算並代入道路的彎曲狀態
13	`        curve[BOARD+i] = int(5*math.sin(math.radians(i)))`	
14		
15		
16	`def main(): # 主要處理`	執行主要處理的函數
17	`    pygame.init()`	初始化 pygame 模組
18	`    pygame.display.set_caption("Python Racer")`	設定顯示在視窗上的標題
19	`    screen = pygame.display.set_mode((800, 600))`	初始化繪圖面
20	`    clock = pygame.time.Clock()`	建立 clock 物件
21		
22	`    img_bg = pygame.image.load("image_pr/bg.png").convert()`	載入背景（天空與地面影像）的變數
23		
24	`    # 計算道路板子的基本形狀`	
25	`    BOARD_W = [0]*BOARD`	代入板子寬度的列表
26	`    BOARD_H = [0]*BOARD`	代入板子高度的列表
27	`    for i in range(BOARD):`	重複
28	`        BOARD_W[i] = 10+(BOARD-i)*(BOARD-i)/12`	計算寬度
29	`        BOARD_H[i] = 3.4*(BOARD-i)/BOARD`	計算高度
30		
31	`    make_course()`	建立賽道資料
32		
33	`    car_y = 0`	管理賽道上位置的變數
34	`    vertical = 0`	管理背景水平位置的變數
35		
36	`    while True:`	無限迴圈
37	`        for event in pygame.event.get():`	重複處理 pygame 的事件

```
38              if event.type == QUIT:                        按下視窗的 X 鈕
39                  pygame.quit()                             取消 pygame 模組的初始化
40                  sys.exit()                                結束程式
41
42          key = pygame.key.get_pressed()                    把所有按鍵的狀態代入 key
43          if key[K_UP] == 1:                                按下向上鍵後
44              car_y = (car_y+1)%CMAX                            移動賽道上的位置
45
46          # 計算繪製道路用的X座標
47          di = 0                                            計算道路彎曲方向的變數
48          board_x = [0]*BOARD                               計算板子 X 座標的列表
49          for i in range(BOARD):                            重複
50              di += curve[(car_y+i)%CMAX]                      由彎曲資料計算道路的彎度
51              board_x[i] = 400 - BOARD_W[i]/2 + di/2           計算並代入板子的 X 座標
52
53          sy = 400 # 開始繪製道路的位置                        把開始繪製道路時的 Y 座標代入 sy
54
55          vertical = vertical - di*key[K_UP]/30             計算背景的垂直位置
# 背景的垂直位置
56          if vertical < 0:                                  若小於 0
57              vertical += 800                                  就加 800
58          if vertical >= 800:                               超過 800
59              vertical -= 800                                  就減 800
60
61          screen.blit(img_bg, [vertical-800, 0])            繪製天空與地面的影像（左側）
62          screen.blit(img_bg, [vertical, 0])                繪製天空與地面的影像（右側）
63
64          # 根據繪圖資料繪製道路
65          for i in range(BOARD-1, 0, -1):                   重複繪製道路的板子
66              ux = board_x[i]                                  把梯形上底的 X 座標代入 ux
67              uy = sy                                          把上底的 Y 座標代入 uy
68              uw = BOARD_W[i]                                  把上底的寬度代入 uw
69              sy = sy + BOARD_H[i]                             把梯形的 Y 座標變成下一個值
70              bx = board_x[i-1]                                把梯形下底的 X 座標代入 bx
71              by = sy                                          把下底的 Y 座標代入 by
72              bw = BOARD_W[i-1]                                把下底的寬度代入 bw
73              col = (160,160,160)                              把板子的顏色代入 col
74              if (car_y+i)%12 == 0:                            以一定間隔（12 片中的 1 片）
75                  col = (255,255,255)                             把白色的值代入 col
76              pygame.draw.polygon(screen, col, [[ux,        繪製道路的板子
uy], [ux+uw, uy], [bx+bw, by], [bx, by]])
77
78          pygame.display.update()                           更新畫面
79          clock.tick(60)                                    設定幀率
80
81  if __name__ == '__main__':                                這個程式被直接執行時
82      main()                                                呼叫出 main() 函數
```

執行這個程式後，白雲會依照道路彎曲狀態往右或左移動。請按下向上鍵往前進，確認白雲的移動狀態（**圖 10-3-1**）。

圖 10-3-1

用第 34 行宣告的 vertical 變數管理背景的顯示位置，並利用第 55 ～ 59 行的程式讓 vertical 的值變化。以下將單獨說明這個部分。

```
vertical = vertical - di*key[K_UP]/30 # 背景的垂直位置
if vertical < 0:
    vertical += 800
if vertical >= 800:
    vertical -= 800
```

算式 vertical = vertical - di*key[K_UP]/30 是這裡的重點。di 包含了用第 47 ～ 51 行的計算加入道路彎曲值的數值。如果道路往右彎，di 為正值，vertical 的值減少，白雲往左移動。若道路往左彎，di 為負值，vertical 的值增加，白雲往右移動。

di 乘上 key[K_UP] 是因為只在按下向上鍵時改變 vertical 的值。如果沒有按下向上鍵，key[K_UP] 為 0，vertical 不會改變。車子在停止狀態，景色自然不會移動，因此使用 key[K_UP] 的值來反映這一點。這裡乘上 key[K_UP] 是為了確認程式的動作，實際的遊戲會從玩家的賽車速度及賽道的方向計算背景的移動量。之後加上控制玩家賽車的程式時，會再次說明。

在 di*key[K_UP]/30 中，除以 30 是為了調整景色左右移動的速度。除數愈大，景色愈不會移動。反之，用較小的值相除，就會快速移動，所以改變數值進行實驗時，要特別注意。

vertical 的值在 0 ～ 800 之間變化，並利用第 61 ～ 62 程式，左右並排顯示兩張背景，如下所示。這樣白雲就能往水平方向捲動

```
screen.blit(img_bg, [vertical-800, 0])
screen.blit(img_bg, [vertical, 0])
```

水平捲動背景是使用 Lesson 1-3 學過，水平排列兩張影像並改變顯示位置的方法。

>>> 讓道路循環

上個單元的程式與這個單元的程式都是按下向上鍵後，道路就會不斷延伸。這是因為我們讓道路的終點與起點相連，以下要說明這種方法。

首先我們要檢視按下向上鍵後，改變玩家在賽道上位置的算式，如以下所示。

```
if key[K_UP] == 1:
    car_y = (car_y+1)%CMAX
```

car_y 的值是按下向上鍵之後，從 1 → 2 → 3 →……→ CMAX-3 → CMAX-2 → CMAX-1 → 0 → 1 → 2 → 3 →……，在 0 到 CMAX-1 的範圍內不斷重複。

接下來要說明的是反覆計算道路板子的 X 座標。

```
for i in range(BOARD):
    di += curve[(car_y+i)%CMAX]
    board_x[i] = 400 - BOARD_W[i]/2 + di/2
```

用粗體顯示的 (car_y+i)%CMAX 是這裡的重點。把道路的彎曲狀態代入 curve，其元素數（箱子的編號）若為 (car_y+i)%CMAX，超過道路的終點（curve[CMAX-1]）時，就會從起點（curve[0]）開始，取得列表的值。
利用這種結構達到

- 持續前進，看到道路的終點後，該處就會變成出發地點的道路
- 賽道上現在位置的值在越過終點後，就會回到起點

這樣的目的。

這裡不是描述特別的程式讓道路循環，而是善用計算餘數的 % 運算子進行運算。

表現道路起伏

這次要加入表現道路起伏的處理，同時也要讓地平線隨著道路高低而上下變化。

繪製上坡與下坡

以下要確認加入高低起伏處理的程式。請輸入以下程式，另存新檔之後，再執行程式。

程式 ▶ list1004_1.py ※ 與前面程式不同的部分畫上了標示。

1	`import pygame`	匯入 pygame 模組
2	`import sys`	匯入 sys 模組
3	`import math`	匯入 math 模組
4	`from pygame.locals import *`	省略 pygame. 常數的描述
5		
6	`BOARD = 120`	決定道路板子數量的常數
7	`CMAX = BOARD*3`	決定賽道長度（元素數）的常數
8	`curve = [0]*CMAX`	代入道路彎曲方向的列表
9	`updown = [0]*CMAX`	代入道路起伏的列表
10		
11		
12	`def make_course():`	建立賽道資料的函數
13	`    for i in range(CMAX):`	重複
14	`        updown[i] = int(5*math.sin(math.radians`	用三角函數計算並代入道路的起伏
	`(i)))`	
15		
16		
17	`def main(): # 主要處理`	執行主要處理的函數
18	`    pygame.init()`	初始化 pygame 模組
19	`    pygame.display.set_caption("Python Racer")`	設定顯示在視窗上的標題
20	`    screen = pygame.display.set_mode((800, 600))`	初始化繪圖面
21	`    clock = pygame.time.Clock()`	建立 clock 物件
22		
23	`    img_bg = pygame.image.load("image_pr/bg.png").`	載入背景（天空與地面影像）的變數
	`convert()`	
24		
25	`    # 計算道路板子的基本形狀`	
26	`    BOARD_W = [0]*BOARD`	代入板子寬度的列表
27	`    BOARD_H = [0]*BOARD`	代入板子高度的列表
28	`    BOARD_UD = [0]*BOARD`	代入板子起伏值的列表
29	`    for i in range(BOARD):`	重複
30	`        BOARD_W[i] = 10+(BOARD-i)*(BOARD-i)/12`	計算寬度
31	`        BOARD_H[i] = 3.4*(BOARD-i)/BOARD`	計算高度
32	`        BOARD_UD[i] = 2*math.sin(math.radians`	用三角函數計算起伏值
	`(i*1.5))`	
33		
34	`    make_course()`	建立賽道資料
35		
36	`    car_y = 0`	管理賽道上位置的變數

```
37          vertical = 0                                          管理背景水平位置的變數
38
39          while True:                                           無限迴圈
40              for event in pygame.event.get():                  重複處理 pygame 的事件
41                  if event.type == QUIT:                         按下視窗的 × 鈕
42                      pygame.quit()                              取消 pygame 模組的初始化
43                      sys.exit()                                 結束程式
44
45              key = pygame.key.get_pressed()                     把所有按鍵的狀態代入 key
46              if key[K_UP] == 1:                                 按下向上鍵後
47                  car_y = (car_y+1)%CMAX                         移動賽道上的位置
48
49              # 計算繪製道路用的X座標與路面高低
50              di = 0                                             計算道路彎曲方向的變數
51              ud = 0                                             計算道路起伏的變數
52              board_x = [0]*BOARD                                計算板子 X 座標的列表
53              board_ud = [0]*BOARD                               計算板子高低的列表
54              for i in range(BOARD):                             重複
55                  di += curve[(car_y+i)%CMAX]                    由彎曲資料計算道路的彎度
56                  ud += updown[(car_y+i)%CMAX]                   由起伏資料計算起伏
57                  board_x[i] = 400 - BOARD_W[i]/2 + di/2         計算並代入板子的 X 座標
58                  board_ud[i] = ud/30                            計算並代入板子的高低
59
60              horizon = 400 + int(ud/3) # 計算地平線的座標        計算地平線的 Y 座標並代入 horizon
61              sy = horizon # 開始繪製道路的位置                   把開始繪製道路時的 Y 座標代入 sy
62
63              vertical = vertical - di*key[K_UP]/30              計算背景的垂直位置
        # 背景的垂直位置
64              if vertical < 0:                                   若小於 0
65                  vertical += 800                                就加 800
66              if vertical >= 800:                                超過 800
67                  vertical -= 800                                就減 800
68
69              # 繪製草地
70              screen.fill((0, 56, 255)) # 天空的顏色             用設定的顏色填滿畫面
71              screen.blit(img_bg, [vertical-800, hori           繪製天空與地面的影像（左側）
        zon-400])
72              screen.blit(img_bg, [vertical, horizon            繪製天空與地面的影像（右側）
        -400])
73
74              # 根據繪圖資料繪製道路
75              for i in range(BOARD-1, 0, -1):                    重複繪製道路的板子
76                  ux = board_x[i]                                把梯形上底的 X 座標代入 ux
77                  uy = sy - BOARD_UD[i]*board_ud[i]              把上底的 Y 座標代入 uy
78                  uw = BOARD_W[i]                                把上底的寬度代入 uw
79                  sy = sy + BOARD_H[i]*(600-horizon)/200        把梯形的 Y 座標變成下一個值
80                  bx = board_x[i-1]                              把梯形下底的 X 座標代入 bx
81                  by = sy - BOARD_UD[i-1]*board_ud[i-1]          把下底的 Y 座標代入 by
82                  bw = BOARD_W[i-1]                              把下底的寬度代入 bw
83                  col = (160,160,160)                            把板子的顏色代入 col
84                  if (car_y+i)%12 == 0:                          以一定間隔（12 片中的 1 片）
85                      col = (255,255,255)                        把白色的值代入 col
86                  pygame.draw.polygon(screen, col, [[ux,        繪製道路的板子
        uy], [ux+uw, uy], [bx+bw, by], [bx, by]])
87
88              pygame.display.update()                            更新畫面
89              clock.tick(60)                                     設定幀率
90
91  if __name__ == '__main__':                                     這個程式被直接執行時
92      main()                                                     呼叫出 main() 函數
```

執行這個程式後，會顯示上坡。按下向上鍵往前進，就會變成下坡。由於道路會持續循環，所以繼續前進會再次變成上坡。此外，地平線的位置也會隨著道路起伏而上下變化。

圖 10-4-1　list1004_1.py 的執行結果

這次程式的第 7 行為 CMAX = BOARD*3，整個賽道長度為可見範圍（繪製道路的範圍）的三倍。

在第 9 行宣告 updown 列表，利用 make_course() 函數，在 updown 設定道路的起伏狀態。以下將單獨說明 make_course() 函數。

```python
def make_course():
    for i in range(CMAX):
        updown[i] = int(5*math.sin(math.radians(i)))
```

這個程式的 CMAX 為 360，把反覆從 0 ～ 360 度的 sin() 值乘以 5 再代入 updown。這個部分如圖 **10-4-2** 所示，變成正弦波，剛開始是上坡，之後變成下坡。

在第 26 ～ 32 行計算道路板子的基本形狀，增加 BOARD_UD 列表，並在該列表用三角函數的正弦波代入從側面看見的山（丘）高低值（→ P.335）。這是上一章 Lesson 9-9 學過的內容，但是這次不是道路的盡頭對齊地平線，而是地平線對齊道路前端（消失點），藉此呈現出更具臨場感的影像。以下要說明這個方法。

圖 10-4-2　make_course() 函數的處理

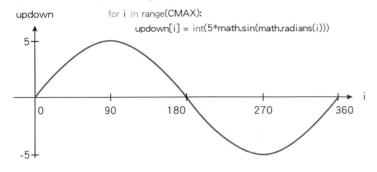

updown

```
for i in range(CMAX):
    updown[i] = int(5*math.sin(math.radians(i)))
```

※ updown的值是學習用的暫時性資料。
　而且畫面中看到的坡度不會和這個波形的形狀一樣。

》》》 地平線對齊道路的盡頭

在第 50 ～ 58 行計算道路板子的 X 座標與起伏值。以下將連同這個部分，說明決定地平線 Y 座標的算式。

```
di = 0
ud = 0
board_x = [0]*BOARD
board_ud = [0]*BOARD
for i in range(BOARD):
    di += curve[(car_y+i)%CMAX]
    ud += updown[(car_y+i)%CMAX]
    board_x[i] = 400 - BOARD_W[i]/2 + di/2
    board_ud[i] = ud/30

horizon = 400 + int(ud/3) # 計算地平線的座標
sy = horizon # 開始繪製道路的位置
```

在重複的區塊內，加上道路起伏資料的值並代入變數 ud。
假設地平線的位置為 horizon = 400 + int(ud/3)，計算 400 加上 1/3 的 ud 值，求出地平線的位置。ud 除以 3 是為了調整地平線上下移動的狀態，若除以 2，移動幅度會變得很劇烈。
使用 horizon 設定背景的 Y 座標，如第 71 ～ 72 行所示。

```
screen.fill((0, 56, 255)) # 天空的顏色
screen.blit(img_bg, [vertical-800, horizon-400])
screen.blit(img_bg, [vertical, horizon-400])
```

這樣地平線就會隨著路面起伏而上下移動。horizon 減 400 是因為地平線繪製在背景影像的 Y 座標為 400 的位置。利用 fill() 命令，用天空藍填滿畫面，再繪製背景，這樣當背景影像在下方時，上方會變成天空的顏色。

 讓立體景色顯得更真實的關鍵就在於上下移動地平線的處理。

第 75 ～ 86 行繪製板子的計算與之前的程式略有不同，這是為了表現道路起伏。以下將單獨說明這個部分。

```
for i in range(BOARD-1, 0, -1):
    ux = board_x[i]
    uy = sy - BOARD_UD[i]*board_ud[i]
    uw = BOARD_W[i]
    sy = sy + BOARD_H[i]*(600-horizon)/200
    bx = board_x[i-1]
    by = sy - BOARD_UD[i-1]*board_ud[i-1]
    bw = BOARD_W[i-1]
    col = (160,160,160)
    if (car_y+i)%12 == 0:
        col = (255,255,255)
    pygame.draw.polygon(screen, col, [[ux, uy], [ux+uw, uy], [bx+bw, by], [bx, by]])
```

粗體部分是與路面高度有關的計算內容。uy 是梯形上底的 Y 座標，by 是下底的 Y 座標。sy 是繪製梯形時，管理 Y 座標的變數。

sy 減去以板子基本形狀計算出來的 BOARD_UD 與顯示在畫面上的板子起伏值 board_ud 相乘之後，代入 uy 與 by。在這個計算中，起伏愈大的地方，梯形位置往上或往下的幅度愈大。

sy 加上了 BOARD_H[i]*(600-horizon)/200 的值，這是為了當地平線偏移標準位置 Y = 400 時，讓眼前的道路對齊視窗下端所作的調整。這個部分比較難，當地平線小

360

於 400 點（畫面上方），要逐漸增加板子的高度，否則眼前的道路就無法抵達畫面下方，請把這個部分當成是為了避免這個問題而做的調整。

試著讓

sy = sy + BOARD_H[i]*(600-horizon)/200

維持和之前的程式一樣

sy = sy + BOARD_H[i]

執行之後，可以得知下坡道路不會抵達畫面下方。

接著要繪製分隔車道的白線及道路兩旁的黃線，讓道路變得更真實。

⟫⟫⟫ 路面上的線條

以下要確認繪製路面線條的程式。請輸入以下程式，另存新檔之後，再執行程式。

程式 ▶ list1005_1.py　※與前面程式不同的部分畫上了 標示。

1	`import pygame`	匯入 pygame 模組
2	`import sys`	匯入 sys 模組
3	`import math`	匯入 math 模組
4	`from pygame.locals import *`	省略 pygame. 常數的描述
5		
6	`WHITE = (255, 255, 255)`	定義顏色（白）
7	`YELLOW= (255, 224,   0)`	定義顏色（黃）
8		
9	`BOARD = 120`	決定道路板子數量的常數
10	`CMAX = BOARD*3`	決定賽道長度（元素數）的常數
11	`curve = [0]*CMAX`	代入道路彎曲方向的列表
12	`updown = [0]*CMAX`	代入道路起伏的列表
13		
14		
15	`def make_course():`	建立賽道資料的函數
16	`    for i in range(CMAX):`	重複
17	`        updown[i] = int(5*math.sin(math.radians`	用三角函數計算並代入道路的起伏
	`(i)))`	
18		
19		
20	`def main(): # 主要處理`	執行主要處理的函數
21	`    pygame.init()`	初始化 pygame 模組
22	`    pygame.display.set_caption("Python Racer")`	設定顯示在視窗上的標題
23	`    screen = pygame.display.set_mode((800, 600))`	初始化繪圖面
24	`    clock = pygame.time.Clock()`	建立 clock 物件
25		
26	`    img_bg = pygame.image.load("image_pr/bg.png").`	載入背景（天空與地面影像）的變數
	`convert()`	
27		
28	`    # 計算道路板子的基本形狀`	
29	`    BOARD_W = [0]*BOARD`	代入板子寬度的列表
30	`    BOARD_H = [0]*BOARD`	代入板子高度的列表
31	`    BOARD_UD = [0]*BOARD`	代入板子起伏值的列表
32	`    for i in range(BOARD):`	重複
33	`        BOARD_W[i] = 10+(BOARD-i)*(BOARD-i)/12`	計算寬度
34	`        BOARD_H[i] = 3.4*(BOARD-i)/BOARD`	計算高度
35	`        BOARD_UD[i] = 2*math.sin(math.radians`	用三角函數計算起伏值
	`(i*1.5))`	
36		

```
37      make_course()                                           建立賽道資料
38
39      car_y = 0                                               管理賽道上位置的變數
40      vertical = 0                                            管理背景水平位置的變數
41
42      while True:                                             無限迴圈
43          for event in pygame.event.get():                    重複處理 pygame 的事件
44              if event.type == QUIT:                          按下視窗的 × 鈕
45                  pygame.quit()                               取消 pygame 模組的初始化
46                  sys.exit()                                  結束程式
47
48          key = pygame.key.get_pressed()                      把所有按鍵的狀態代入 key
49          if key[K_UP] == 1:                                  按下向上鍵後
50              car_y = (car_y+1)%CMAX                           移動賽道上的位置
51
52          # 計算繪製道路用的x座標與路面高低
53          di = 0                                              計算道路彎曲方向的變數
54          ud = 0                                              計算道路起伏的變數
55          board_x = [0]*BOARD                                 計算板子 X 座標的列表
56          board_ud = [0]*BOARD                               計算板子高低的列表
57          for i in range(BOARD):                              重複
58              di += curve[(car_y+i)%CMAX]                         由彎曲資料計算道路的彎度
59              ud += updown[(car_y+i)%CMAX]                        由起伏資料計算起伏
60              board_x[i] = 400 - BOARD_W[i]/2 + di/2              計算並代入板子的 X 座標
61              board_ud[i] = ud/30                                計算並代入板子的高低
62
63          horizon = 400 + int(ud/3) # 計算地平線的座            計算地平線的 Y 座標並代入 horizon
標
64          sy = horizon # 開始繪製道路的位置                     把開始繪製道路時的 Y 座標代入 sy
65
66          vertical = vertical - di*key[K_UP]/30               計算背景的垂直位置
# 背景的垂直位置
67          if vertical < 0:                                    若小於 0
68              vertical += 800                                     就加 800
69          if vertical >= 800:                                超過 800
70              vertical -= 800                                     就減 800
71
72          # 繪製草地
73          screen.fill((0, 56, 255)) # 天空的顏色               用設定的顏色填滿畫面
74          screen.blit(img_bg, [vertical-800, hori            繪製天空與地面的影像（左側）
zon-400])
75          screen.blit(img_bg, [vertical, horizon-            繪製天空與地面的影像（右側）
400])
76
77          # 根據繪圖資料繪製道路
78          for i in range(BOARD-1, 0, -1):                    重複繪製道路的板子
79              ux = board_x[i]                                    把梯形上底的 X 座標代入 ux
80              uy = sy - BOARD_UD[i]*board_ud[i]                  把上底的 Y 座標代入 uy
81              uw = BOARD_W[i]                                    把上底的寬度代入 uw
82              sy = sy + BOARD_H[i]*(600-horizon)/200             把梯形的 Y 座標變成下一個值
83              bx = board_x[i-1]                                  把梯形下底的 X 座標代入 bx
84              by = sy - BOARD_UD[i-1]*board_ud[i-1]              把下底的 Y 座標代入 by
85              bw = BOARD_W[i-1]                                  把下底的寬度代入 bw
86              col = (160,160,160)                                把板子的顏色代入 col
              pygame.draw.polygon(screen, col, [[ux,           繪製道路的板子
87 uy], [ux+uw, uy], [bx+bw, by], [bx, by]])
88
89              if int(car_y+i)%10 <= 4: # 繪製道路右邊的黃線        以一定的間隔
90                  pygame.draw.polygon(screen, YELLOW,             繪製道路左邊的黃線
[[ux, uy], [ux+uw*0.02, uy], [bx+bw*
```

```
              0.02, by], [bx, by]])
91                 pygame.draw.polygon(screen, YELLOW,
              [[ux+uw*0.98, uy], [ux+uw, uy], [bx+bw, by],
              [bx+bw*0.98, by]])
92                 if int(car_y+i)%20 <= 10: # 白線
93                     pygame.draw.polygon(screen, WHITE,
              [[ux+uw*0.24, uy], [ux+uw*0.26, uy], [bx+bw*0.26,
              by], [bx+bw*0.24, by]])
94                     pygame.draw.polygon(screen, WHITE,
              [[ux+uw*0.49, uy], [ux+uw*0.51, uy], [bx+bw*0.51,
              by], [bx+bw*0.49, by]])
95                     pygame.draw.polygon(screen, WHITE,
              [[ux+uw*0.74, uy], [ux+uw*0.76, uy], [bx+bw*0.76,
              by], [bx+bw*0.74, by]])
96
97         pygame.display.update()
98         clock.tick(60)
99
100 if __name__ == '__main__':
101     main()
```

繪製道路右邊的黃線

以一定的間隔
繪製左邊的白線

繪製中央的白線

繪製右邊的白線

更新畫面
設定幀率

這個程式被直接執行時
呼叫出 main() 函數

執行這個程式後,就會在路面繪製白線與黃線。按下向上按鍵往前進,線條就會往後移動。

《Python Racer》的黃線是提醒玩家「超過此線,就會開到路肩而減速」。

圖 10-5-1　list1005_1.py 的執行結果

以下要說明如何畫線。這裡單獨節錄第 78 ～ 95 行繪製道路的處理,用粗體顯示的部分是處理畫線的程式。

```
for i in range(BOARD-1, 0, -1):
    ux = board_x[i]
    uy = sy - BOARD_UD[i]*board_ud[i]
    uw = BOARD_W[i]
    sy = sy + BOARD_H[i]*(600-horizon)/200
    bx = board_x[i-1]
    by = sy - BOARD_UD[i-1]*board_ud[i-1]
    bw = BOARD_W[i-1]
    col = (160,160,160)
    pygame.draw.polygon(screen, col, [[ux, uy], [ux+uw, uy], [bx+bw, by], [bx, by]])

    if int(car_y+i)%10 <= 4: # 左右的黃線
        pygame.draw.polygon(screen, YELLOW, [[ux, uy], [ux+uw*0.02, uy], [bx+bw*0.02,
by], [bx, by]])
        pygame.draw.polygon(screen, YELLOW, [[ux+uw*0.98, uy], [ux+uw, uy], [bx+bw, by],
[bx+bw*0.98, by]])
    if int(car_y+i)%20 <= 10: # 白線
        pygame.draw.polygon(screen, WHITE, [[ux+uw*0.24, uy], [ux+uw*0.26, uy],
[bx+bw*0.26, by], [bx+bw*0.24, by]])
        pygame.draw.polygon(screen, WHITE, [[ux+uw*0.49, uy], [ux+uw*0.51, uy],
[bx+bw*0.51, by], [bx+bw*0.49, by]])
        pygame.draw.polygon(screen, WHITE, [[ux+uw*0.74, uy], [ux+uw*0.76, uy],
[bx+bw*0.76, by], [bx+bw*0.74, by]])
```

利用 pygame.draw.polygon() 繪製梯形的道路板子後，再畫上線條。

黃線是利用 if int(car_y+i)%10 <= 4: 條件式，每 10 片板子，就在 5 片板子的左側與右側覆蓋上黃色梯形。這個梯形是板子的寬度乘上小數，設定座標，成為小的梯形，如 ux+uw*0.02 或 bx+bw*0.02。

白線也一樣。白線是每 20 片板子，在 10 片板子的左、中、右三個地方畫上白色梯形。左、中、右的位置是乘上小數計算出來。

畫上線條之後，看起來更像道路了。

利用資料定義道路往何處延伸，再用這個資料製作賽車用的賽道。不用準備大量資料，而是提供決定道路方向的最少資料，讓電腦計算出賽道的形狀。

⟫⟫⟫ 準備彎曲資料

以下要説明從定義道路延伸方向的資料建立賽道的程式。請輸入以下程式，另存新檔之後，再執行程式。

程式 ▶ list1006_1.py　※ 與前面程式不同的部分畫上了 標示。

1	`import pygame`	匯入 pygame 模組
2	`import sys`	匯入 sys 模組
3	`import math`	匯入 math 模組
4	`from pygame.locals import *`	省略 pygame. 常數的描述
5		
6	`WHITE = (255, 255, 255)`	定義顏色（白）
7	`YELLOW= (255, 224,   0)`	定義顏色（黃）
8		
9	`DATA_LR = [0, 0, 1, 0, 6, -6, -4, -2, 0]`	讓道路產生彎曲所使用的資料
10	`CLEN = len(DATA_LR)`	代入這些資料元素數的常數
11		
12	`BOARD = 120`	決定道路板子數量的常數
13	`CMAX = BOARD*CLEN`	決定賽道長度（元素數）的常數
14	`curve = [0]*CMAX`	代入道路彎曲方向的列表
15	`updown = [0]*CMAX`	代入道路起伏的列表
16		
17		
18	`def make_course():`	建立賽道資料的函數
19	`    for i in range(CLEN):`	重複
20	`        lr1 = DATA_LR[i]`	把彎曲資料代入 lr1
21	`        lr2 = DATA_LR[(i+1)%CLEN]`	把下一個彎曲資料代入 lr2
22	`        for j in range(BOARD):`	重複
23	`            pos = j+BOARD*i`	計算列表索引值並代入 pos
24	`            curve[pos] = lr1*(BOARD-j)/BOARD +`	計算並代入道路彎曲方向
	`lr2*j/BOARD`	
25		
26		
27	`def main(): # 主要處理`	執行主要處理的函數
:	略：和list1005_1.py一樣（→P.362）	
:	⟨	
107	`if __name__ == '__main__':`	這個程式被直接執行時
108	`    main()`	呼叫出 main() 函數

請執行這個程式，並使用向上鍵前進。一開始有個和緩的右彎，接著是較急的右彎及左彎，之後再次回到出發地點的直線道路。

圖 10-6-1　list1006_1.py 的執行結果

第 9 行定義的 DATA_LR = [0, 0, 1, 0, 6, -6, -4, -2, 0] 是建立賽道彎度的基本資料。從這 9 個資料產生有著彎度變化的賽道，以下要說明這個方法。

第 10 行 CLEN = len(DATA_LR) 把資料數量（DATA_LR 的元素數）代入 CLEN。在第 13 行 CMAX = BOARD*CLEN，第 14 行 curve = [0]*CMAX 準備定義彎曲的列表。CLEN 是「賽道長度為可見範圍幾倍」的值。這次 CLEN 的值為 9，所以賽道是可見範圍的 9 倍長。

> 第 15 行宣告的 updown = [0]*CMAX，將在下個單元用來計算道路的起伏。

以下要說明的是第 18 ～ 24 行建立賽道資料的 make_course() 函數。改良之前程式的部分用粗體顯示，這裡利用 DATA_LR 的值建立了賽道資料。

```python
def make_course():
    for i in range(CLEN):
        lr1 = DATA_LR[i]
        lr2 = DATA_LR[(i+1)%CLEN]
        for j in range(BOARD):
            pos = j+BOARD*i
            curve[pos] = lr1*(BOARD-j)/BOARD + lr2*j/BOARD
```

重複使用了變數 i 與 j 的雙重迴圈，外側的 for 只重複 CLEN 的值，內側的 for 只重複 BORAD 的值。

在這個迴圈中，把每隔 120 片板子，道路朝哪一方的值代入變數 lr1 與 lr2。使用這兩個值，利用 curve[pos] = lr1*(BOARD-j)/BOARD + lr2*j/BOARD 算式，計算逐漸變化的彎曲值。

請試著思考這個算式具體執行了何種計算。這個程式中描述的 DATA_LR[0] 為 0，DATA_LR[1] 為 0，DATA_LR[2] 為 1。DATA_LR[2] 定義了最初的平緩彎度。

- **DATA_LR[0]、DATA_LR[1] 皆為 0，最初可見範圍（120 片板子）curve 全都為 0**
  ➡直線道路
- **DATA_LR[1] 到 DATA_LR[2] 的範圍（下個 20 片板子）是 DATA_LR[2] 為 1，所以 curve 的值逐漸增加**
  ➡平緩的右彎
- **下個範圍也一樣，以 120 為單位，進行 DATA_LR[i] 的值變成 DATA_LR[(i+1)% CLEN] 的計算**

透過以上計算，取得整個賽道的彎曲資料。

彎曲值的計算是這程式中最難的部分。如果你覺得很難，就當成利用算式中，描述在 DATA_LR 的資料來計算賽道的彎曲狀態，並代入 curve，再往下學習。

⟫⟫⟫ 擅長數學的人

數學好的人可能有發現這個計算公式與兩點內分為 m:n 的算式結構一樣。數學直線上的兩點 A 與 B 分成 m:n 的內分點為 P，P 的座標如右所示。

$$\frac{n\mathrm{A} + m\mathrm{B}}{m + n}$$

A 是 DATA_LR[i]，B 是 DATA_LR[(i+1)%CLEN]。透過重複 j，以 120:0、119:1、118:2、⋯⋯3:117、2:118、1:119 的比例內分 A 與 B，計算出內分點 P（P 是曲線的值），再代入 curve。

定義賽道之二 起伏資料

道路除了平坦的土地外，還會經過山丘與窪地，所以會有上坡與下坡。這次準備了讓道路起伏的資料，由電腦計算出更真實的賽道狀態。

準備道路起伏資料

以下要說明用資料定義道路起伏來製作賽道的程式。請輸入以下程式，另存新檔之後，再執行程式。

程式 ▶ list1007_1.py　※與前面程式不同的部分畫上了標示。

```
1   import pygame
2   import sys
3   import math
4   from pygame.locals import *
5
6   WHITE = (255, 255, 255)
7   YELLOW= (255, 224,   0)
8
9   DATA_LR = [0, 0, 0, 0, 0, 0, 0, 0, 0]
10  DATA_UD = [0,-2,-4,-6,-4,-2, 2, 4, 2]
11  CLEN = len(DATA_LR)
12
13  BOARD = 120
14  CMAX = BOARD*CLEN
15  curve = [0]*CMAX
16  updown = [0]*CMAX
17
18
19  def make_course():
20      for i in range(CLEN):
21          lr1 = DATA_LR[i]
22          lr2 = DATA_LR[(i+1)%CLEN]
23          ud1 = DATA_UD[i]
24          ud2 = DATA_UD[(i+1)%CLEN]
25          for j in range(BOARD):
26              pos = j+BOARD*i
27              curve[pos] = lr1*(BOARD-j)/BOARD +
    lr2*j/BOARD
28              updown[pos] = ud1*(BOARD-j)/BOARD +
    ud2*j/BOARD
29
30
31  def main(): # 主要處理
:   略：和list1005_1.py一樣（→P.362）
:   〉
111 if __name__ == '__main__':
112     main()
```

行	說明
1	匯入 pygame 模組
2	匯入 sys 模組
3	匯入 math 模組
4	省略 pygame. 常數的描述
6	定義顏色（白）
7	定義顏色（黃）
9	讓道路產生彎曲所使用的資料
10	讓道路產生起伏所使用資料
11	代入這些資料元素數的常數
13	決定道路板子數量的常數
14	決定賽道長度（元素數）的常數
15	代入道路彎曲方向的列表
16	代入道路起伏的列表
19	建立賽道資料的函數
20	重複
21	把彎曲資料代入 lr1
22	把下一個彎曲資料代入 lr2
23	把起伏資料代入 ud1
24	把下一個起伏資料代入 ud2
25	重複
26	計算列表索引值並代入 pos
27	計算並代入道路彎曲方向
28	計算並代入道路起伏
31	執行主要處理的函數
111	這個程式被直接執行時
112	呼叫出 main() 函數

請執行這個程式，並利用向上鍵前進。平坦道路的盡頭是平緩的下坡，持續一段路之後再變成上坡，然後再恢復成平坦的道路。彎曲資料會暫時變成 0，所以沒有彎度。

圖 10-7-1　list1007_1.py 的執行結果

和上個單元用最少資料決定道路方向一樣，這個程式也準備了最少的起伏資料，讓電腦計算賽道的起伏。第 10 行描述的 DATA_UD = [0,-2,-4,-6,-4,-2, 2, 4, 2] 是賽道起伏所使用的資料。建立賽道的 make_course() 函數，以這些資料為主來進行計算，把起伏值代入 updown 列表。以下用粗體顯示的部分就是這個計算方式。

```
def make_course():
    for i in range(CLEN):
        lr1 = DATA_LR[i]
        lr2 = DATA_LR[(i+1)%CLEN]
        ud1 = DATA_UD[i]
        ud2 = DATA_UD[(i+1)%CLEN]
        for j in range(BOARD):
            pos = j+BOARD*i
            curve[pos] = lr1*(BOARD-j)/BOARD + lr2*j/BOARD
            updown[pos] = ud1*(BOARD-j)/BOARD + ud2*j/BOARD
```

這個計算和上個單元計算彎曲的方法一樣。

這樣就能設定彎曲及起伏，製作出賽道了。

10-8　定義賽道之三 道路旁的物體

為了營造熱帶地區的海灘氛圍，在道路的一旁配置海洋，路邊放置椰子樹。以下要説明該程式的設計方法。

物體的資料

以下要説明置入、並顯示各種物體的程式。這個程式將使用以下影像，請透過本書提供的網址下載檔案。

圖 10-8-1　這次使用的影像檔案

請輸入以下程式，另存新檔之後，再執行程式。

程式 ▶ list1008_1.py　※ 與前面程式不同的部分畫上了標示。

```
1   import pygame                          匯入 pygame 模組
2   import sys                             匯入 sys 模組
3   import math                            匯入 math 模組
4   from pygame.locals import *            省略 pygame. 常數的描述
5
6   WHITE = (255, 255, 255)                定義顏色（白）
7   YELLOW= (255, 224,   0)                定義顏色（黃）
8
9   DATA_LR = [0, 0, 0, 0, 0, 0, 0, 0, 0]  讓道路產生彎曲所使用的資料
10  DATA_UD = [0,-2,-4,-6,-4,-2, 2, 4, 2]  讓道路產生起伏所使用資料
11  CLEN = len(DATA_LR)                    代入這些資料元素數的常數
12
13  BOARD = 120                            決定道路板子數量的常數
```

371

```
14   CMAX = BOARD*CLEN                                 決定賽道長度（元素數）的常數
15   curve = [0]*CMAX                                  代入道路彎曲方向的列表
16   updown = [0]*CMAX                                 代入道路起伏的列表
17   object_left = [0]*CMAX                            代入道路左邊物體編號的列表
18   object_right = [0]*CMAX                           代入道路右邊物體編號的列表
19
20
21   def make_course():                               建立賽道資料的函數
22       for i in range(CLEN):                            重複
23           lr1 = DATA_LR[i]                                 把彎曲資料代入 lr1
24           lr2 = DATA_LR[(i+1)%CLEN]                        把下一個彎曲資料代入 lr2
25           ud1 = DATA_UD[i]                                 把起伏資料代入 ud1
26           ud2 = DATA_UD[(i+1)%CLEN]                        把下一個起伏資料代入 ud2
27           for j in range(BOARD):                           重複
28               pos = j+BOARD*i                                  計算列表索引值並代入 pos
29               curve[pos] = lr1*(BOARD-j)/BOARD +               計算並代入道路彎曲方向
     lr2*j/BOARD
30               updown[pos] = ud1*(BOARD-j)/BOARD +             計算並代入道路起伏
     ud2*j/BOARD
31               if j == 60:                                     重複的變數 j 如果是 60
32                   object_right[pos] = 1 # 看板                    在道路右邊放置看板
33               if j%12 == 0:                                   j%12 為 0 時
34                   object_left[pos] = 2 # 椰子樹                    放置椰子樹
35               if j%20 == 0:                                   j%20 為 0 時
36                   object_left[pos] = 3 # 遊艇                     放置遊艇
37               if j%12 == 6:                                   j%12 為 6 時
38                   object_left[pos] = 9 # 大海                     放置大海
39
40
41   def draw_obj(bg, img, x, y, sc):                  取得座標與大小並繪製物體的函數
42       img_rz = pygame.transform.rotozoom(img, 0, sc)   建立縮放後的影像
43       w = img_rz.get_width()                           把影像的寬度代入 w
44       h = img_rz.get_height()                          把影像的高度代入 h
45       bg.blit(img_rz, [x-w/2, y-h])                    繪製影像
46
47
48   def main(): # 主要的處理                            執行主要處理的函數
49       pygame.init()                                    初始化 pygame 模組
50       pygame.display.set_caption("Python Racer")       設定顯示在視窗上的標題
51       screen = pygame.display.set_mode((800, 600))     初始化繪圖面
52       clock = pygame.time.Clock()                      建立 clock 物件
53
54       img_bg = pygame.image.load("image_pr/bg.png").   載入背景（天空與地面影像）的變數
     convert()
55       img_sea = pygame.image.load("image_pr/sea.png"). 載入大海影像的變數
     convert_alpha()
56       img_obj = [                                      載入道路旁物體影像的列表
57           None,
58           pygame.image.load("image_pr/board.png").
     convert_alpha(),
59           pygame.image.load("image_pr/yashi.png").
     convert_alpha(),
60           pygame.image.load("image_pr/yacht.png").
     convert_alpha()
61       ]
62
63       # 計算道路板子的基本形狀
64       BOARD_W = [0]*BOARD                              代入板子寬度的列表
65       BOARD_H = [0]*BOARD                              代入板子高度的列表
66       BOARD_UD = [0]*BOARD                             代入板子起伏值的列表
```

```
67      for i in range(BOARD):                                      重複
68          BOARD_W[i] = 10+(BOARD-i)*(BOARD-i)/12                      計算寬度
69          BOARD_H[i] = 3.4*(BOARD-i)/BOARD                           計算高度
70          BOARD_UD[i] = 2*math.sin(math.radians                      用三角函數計算起伏值
        (i*1.5))
71
72      make_course()                                               建立賽道資料
73
74      car_y = 0                                                   管理賽道上位置的變數
75      vertical = 0                                                管理背景水平位置的變數
76
77      while True:                                                 無限迴圈
78          for event in pygame.event.get():                           重複處理 pygame 的事件
79              if event.type == QUIT:                                   按下視窗的 × 鈕
80                  pygame.quit()                                           取消 pygame 模組的初始化
81                  sys.exit()                                              結束程式
82
83          key = pygame.key.get_pressed()                             把所有按鍵的狀態代入 key
84          if key[K_UP] == 1:                                         按下向上鍵後
85              car_y = (car_y+1)%CMAX                                     移動賽道上的位置
86
87          # 計算繪製道路用的X座標與路面高低
88          di = 0                                                     計算道路彎曲方向的變數
89          ud = 0                                                     計算道路起伏的變數
90          board_x = [0]*BOARD                                        計算板子 X 座標的列表
91          board_ud = [0]*BOARD                                       計算板子高低的列表
92          for i in range(BOARD):                                     重複
93              di += curve[(car_y+i)%CMAX]                                由彎曲資料計算道路的彎度
94              ud += updown[(car_y+i)%CMAX]                               由起伏資料計算起伏
95              board_x[i] = 400 - BOARD_W[i]/2 + di/2                     計算並代入板子的 X 座標
96              board_ud[i] = ud/30                                        計算並代入板子的高低
97
98          horizon = 400 + int(ud/3) # 計算地平線的                     計算地平線的 Y 座標並代入 horizon
        座標
99          sy = horizon # 開始繪製道路的位置                           把開始繪製道路時的 Y 座標代入 sy
100
101         vertical = vertical - di*key[K_UP]/30                      計算背景的垂直位置
        # 背景的垂直位置
102         if vertical < 0:                                          若小於 0
103             vertical += 800                                           就加 800
104         if vertical >= 800:                                       超過 800
105             vertical -= 800                                           就減 800
106
107         # 繪製草地
108         screen.fill((0, 56, 255)) # 天空的顏色                     用設定的顏色填滿畫面
109         screen.blit(img_bg, [vertical-800, hori                   繪製天空與地面的影像（左側）
        zon-400])
110         screen.blit(img_bg, [vertical, horizon-                   繪製天空與地面的影像（右側）
        400])
111         screen.blit(img_sea, [board_x[BOARD-1]                    繪製左邊遠處的大海
        -780, sy]) # 最遠的大海
112
113         # 根據繪圖資料繪製道路
114         for i in range(BOARD-1, 0, -1):                           重複繪製道路的板子
115             ux = board_x[i]                                           把梯形上底的 X 座標代入 ux
116             uy = sy - BOARD_UD[i]*board_ud[i]                        把上底的 Y 座標代入 uy
117             uw = BOARD_W[i]                                          把上底的寬度代入 uw
118             sy = sy + BOARD_H[i]*(600-horizon)/200                  把梯形的 Y 座標變成下一個值
119             bx = board_x[i-1]                                       把梯形下底的 X 座標代入 bx
120             by = sy - BOARD_UD[i-1]*board_ud[i-1]                   把下底的 Y 座標代入 by
```

121	`            bw = BOARD_W[i-1]`	把下底的寬度代入 bw
122	`            col = (160,160,160)`	把板子的顏色代入 col
123	`            pygame.draw.polygon(screen, col, [[ux, uy], [ux+uw, uy], [bx+bw, by], [bx, by]])`	繪製道路的板子
124		
125	`            if int(car_y+i)%10 <= 4: # 左右的黃線`	以一定的間隔
126	`                pygame.draw.polygon(screen, YELLOW, [[ux, uy], [ux+uw*0.02, uy], [bx+bw*0.02, by], [bx, by]])`	繪製道路左邊的黃線
127	`                pygame.draw.polygon(screen, YELLOW, [[ux+uw*0.98, uy], [ux+uw, uy], [bx+bw, by], [bx+bw*0.98, by]])`	繪製道路右邊的黃線
128	`            if int(car_y+i)%20 <= 10: # 白線`	以一定的間隔
129	`                pygame.draw.polygon(screen, WHITE, [[ux+uw*0.24, uy], [ux+uw*0.26, uy], [bx+bw*0.26, by], [bx+bw*0.24, by]])`	繪製左邊的白線
130	`                pygame.draw.polygon(screen, WHITE, [[ux+uw*0.49, uy], [ux+uw*0.51, uy], [bx+bw*0.51, by], [bx+bw*0.49, by]])`	繪製中央的白線
131	`                pygame.draw.polygon(screen, WHITE, [[ux+uw*0.74, uy], [ux+uw*0.76, uy], [bx+bw*0.76, by], [bx+bw*0.74, by]])`	繪製右邊的白線
132		
133	`            scale = 1.5*BOARD_W[i]/BOARD_W[0]`	計算道路旁的物體大小
134	`            obj_l = object_left[int(car_y+i)%CMAX] # 道路左邊的物體`	把左邊物體的編號代入 obj_l
135	`            if obj_l == 2: # 椰子樹`	如果是椰子樹
136	`                draw_obj(screen, img_obj[obj_l], ux-uw*0.05, uy, scale)`	就繪製該影像
137	`            if obj_l == 3: # 遊艇`	如果是遊艇
138	`                draw_obj(screen, img_obj[obj_l], ux-uw*0.5, uy, scale)`	就繪製該影像
139	`            if obj_l == 9: # 大海`	如果是大海
140	`                screen.blit(img_sea, [ux-uw*0.5-780, uy])`	就繪製該影像
141	`            obj_r = object_right[int(car_y+i)%CMAX] # 道路右邊的物體`	把右邊物體的編號代入 obj_r
142	`            if obj_r == 1: # 看板`	如果是看板
143	`                draw_obj(screen, img_obj[obj_r], ux+uw*1.3, uy, scale)`	就繪製該影像
144		
145	`        pygame.display.update()`	更新畫面
146	`        clock.tick(60)`	設定幀率
147		
148	`if __name__ == '__main__':`	這個程式被直接執行時
149	`    main()`	呼叫出 main() 函數

執行這個程式後，就會顯示大海、遊艇、椰子樹、看板。請按下向上鍵往前進，確認景色移動的狀態（**圖 10-8-2**）。

這樣立刻就產生了熱帶海岸的氛圍，我們也穿著泳衣登場。

圖 10-8-2　list1008_1.py 的執行結果

營造視覺氣氛對遊戲軟體而言
也是很重要的一環喔！

利用第 17 ～ 18 行宣告的 object_left、object_right 列表，管理在賽道上的位置。
在第 55 行宣告的 img_sea 載入大海影像，在第 56 行宣告的 img_obj 載入看板影
像、椰子樹影像、遊艇影像。大海影像不縮放，顯示原本的大小。看板、椰子樹、遊
艇會縮放顯示。

《Python Racer》每秒重繪畫面 60 次，為了能快速繪製載入的影像，無透明色的影像
會加上 .convert()，含透明色的影像則加上 .convert_alpha() 載入影像。

利用第 21 ～ 38 行的 make_course() 函數決定放置在道路旁的物體種類。以下將單獨
說明 make_course() 函數。利用顯示成粗體的部分配置物體。

```python
def make_course():
    for i in range(CLEN):
        lr1 = DATA_LR[i]
        lr2 = DATA_LR[(i+1)%CLEN]
        ud1 = DATA_UD[i]
        ud2 = DATA_UD[(i+1)%CLEN]
        for j in range(BOARD):
            pos = j+BOARD*i
            curve[pos] = lr1*(BOARD-j)/BOARD + lr2*j/BOARD
            updown[pos] = ud1*(BOARD-j)/BOARD + ud2*j/BOARD
            if j == 60:
                object_right[pos] = 1 # 看板
            if j%12 == 0:
                object_left[pos] = 2 # 椰子樹
            if j%20 == 0:
                    object_left[pos] = 3 # 遊艇
            if j%12 == 6:
                object_left[pos] = 9 # 大海
```

《Python Racer》是依照右表決定物體的編號（代入 object_left、object_right 的值）。

表 10-8-1　列表與物體的對應關係

列表的值	物體的種類
0	無
1	看板
2	椰子樹
3	遊艇
9	大海

以粗體顯示的 j 值是利用 for 語法，在 0 到 119 的範圍內不斷重複。當 j 為 60 時，把看板的值代入 object_right。j 除以 12 的餘數為 0 時，把椰子樹的值代入 object_left。同樣當 j%20 為 0 時，代入遊艇的值。若 j%12 為 6，則代入大海的值。這樣就會以一定的間隔在道路旁放置各個物體。

接下來要確認繪製物體的處理。
在第 41 ～ 45 行定義了縮放影像的 draw_obj() 函數。

```python
def draw_obj(bg, img, x, y, sc):
    img_rz = pygame.transform.rotozoom(img, 0, sc)
    w = img_rz.get_width()
    h = img_rz.get_height()
    bg.blit(img_rz, [x-w/2, y-h])
```

利用《Galaxy Lancer》也使用過的 pygame.transform.rotozoom()，準備縮放後的影像。由於不需要旋轉，所以第二個參數的角度為 0。
使用這個函數，在第 133 ～ 143 行顯示看板及椰子樹。以下將單獨說明這個部分。

```
scale = 1.5*BOARD_W[i]/BOARD_W[0]
obj_l = object_left[int(car_y+i)%CMAX] # 道路左邊的物體
if obj_l == 2: # 椰子樹
    draw_obj(screen, img_obj[obj_l], ux-uw*0.05, uy, scale)
if obj_l == 3: # 遊艇
    draw_obj(screen, img_obj[obj_l], ux-uw*0.5, uy, scale)
if obj_l == 9: # 大海
    screen.blit(img_sea, [ux-uw*0.5-780, uy])
obj_r = object_right[int(car_y+i)%CMAX] # 道路右邊的物體
if obj_r == 1: # 看板
    draw_obj(screen, img_obj[obj_r], ux+uw*1.3, uy, scale)
```

把以何種大小顯示影像的值（縮放率）代入變數 scale。這個值是使用道路板子的寬度計算出來的，BOARD_W[0] 是最近（畫面下方）的板子寬度。道路遠方的板子寬度較窄，所以 scale 的值也會變小，藉此縮小顯示該位置上的物體。此外，最近的 scale 是 1.5，會放大顯示物體。
利用 draw_obj() 函數的參數傳遞 scale，顯示物體。物體的位置是使用道路板子（梯形）上底的座標與寬度來設定。遊艇比較靠近大海（左），所以 ux-uw*0.5，約為上底寬度的 1/2 偏左。其他物體也同樣根據影像的種類來適當位移水平位置。
大海影像不進行縮放，所以使用 blit() 命令描繪。

不縮放大海影像，也能表現出由遠到近，景色流動的狀態。

這裡特別設計了大海影像的畫法，利用像是白色泡沫般的顏色描繪靠近沙灘的部分。愈靠近眼前，該影像愈往左下偏移，這樣景色就會產生流動感。

控制玩家的賽車

終於要進入操作玩家賽車的階段。

操作賽車

這個程式將使用以下的影像，請從本書提供的網站下載檔案。

圖 10-9-1　這次使用的影像檔案

car00.png	car01.png	car02.png	car03.png

car04.png	car05.png	car06.png

這裡要確認是否加入了用左、右方向鍵控制方向盤，用 Ａ 鍵踩油門，用 Ｚ 鍵踩煞車的
處理。請輸入以下程式，另存新檔之後，再執行程式。

程式 ▶ list1009_1.py　※與前面程式不同的部分畫上了標示。

```
1    import pygame                                     匯入 pygame 模組
2    import sys                                        匯入 sys 模組
3    import math                                       匯入 math 模組
4    from pygame.locals import *                       省略 pygame. 常數的描述
5
6    WHITE = (255, 255, 255)                           定義顏色（白）
7    BLACK = (  0,   0,   0)                            定義顏色（黑）
8    RED   = (255,   0,   0)                            定義顏色（紅）
9    YELLOW= (255, 224,   0)                            定義顏色（黃）
10
11   DATA_LR = [0, 0, 0, 0, 0, 0, 0, 0, 0, 0, 0, 0, 1, 2,   讓道路產生彎曲所使用的資料
     3, 2, 1, 0, 2, 4, 2, 4, 2, 0, 0, 0,-2,-2,-4,-4,-2,-
     1, 0, 0, 0, 0, 0, 0, 0]
12   DATA_UD = [0, 0, 1, 2, 3, 2, 1, 0,-2,-4,-2, 0, 0, 0,   讓道路產生起伏所使用資料
     0, 0,-1,-2,-3,-4,-3,-2,-1, 0, 0, 0, 0, 0, 0, 0,
     0, 0,-3, 3, 0,-6, 6, 0]
13   CLEN = len(DATA_LR)                               代入這些資料元素數的常數
14
15   BOARD = 120                                       決定道路板子數量的常數
16   CMAX = BOARD*CLEN                                 決定賽道長度（元素數）的常數
17   curve = [0]*CMAX                                  代入道路彎曲方向的列表
```

18	`updown = [0]*CMAX`	代入道路起伏的列表
19	`object_left = [0]*CMAX`	代入道路左邊物體編號的列表
20	`object_right = [0]*CMAX`	代入道路右邊物體編號的列表
21		
22	`CAR = 30`	決定賽車數量的常數
23	`car_x = [0]*CAR`	管理賽車水平座標的列表
24	`car_y = [0]*CAR`	管理賽車在賽道上位置的列表
25	`car_lr = [0]*CAR`	管理賽車左右方向的列表
26	`car_spd = [0]*CAR`	管理賽車速度的列表
27	`PLCAR_Y = 10 # 玩家賽車的顯示位置　道路最前面（畫面下方）為0`	決定玩家賽車顯示位置的常數
28		
29		
30	`def make_course():`	建立賽道資料的函數
31	`    for i in range(CLEN):`	重複
32	`        lr1 = DATA_LR[i]`	把彎曲資料代入 lr1
33	`        lr2 = DATA_LR[(i+1)%CLEN]`	把下一個彎曲資料代入 lr2
34	`        ud1 = DATA_UD[i]`	把起伏資料代入 ud1
35	`        ud2 = DATA_UD[(i+1)%CLEN]`	把下一個起伏資料代入 ud2
36	`        for j in range(BOARD):`	重複
37	`            pos = j+BOARD*i`	計算列表索引值並代入 pos
38	`            curve[pos] = lr1*(BOARD-j)/BOARD + lr2*j/BOARD`	計算並代入道路彎曲方向
39	`            updown[pos] = ud1*(BOARD-j)/BOARD + ud2*j/BOARD`	計算並代入道路起伏
40	`            if j == 60:`	重複的變數 j 如果是 60
41	`                object_right[pos] = 1 # 看板`	在道路右邊放置看板
42	`            if i%8 < 7:`	重複的變數 i%8<7 時
43	`                if j%12 == 0:`	j%12 為 0 時
44	`                    object_left[pos] = 2 #椰子樹`	放置椰子樹
45	`                else:`	否則
46	`                    if j%20 == 0:`	j%20 為 0 時
47	`                        object_left[pos] = 3 # 遊艇`	放置遊艇
48	`            if j%12 == 6:`	j%12 為 6 時
49	`                object_left[pos] = 9 # 大海`	放置大海
50		
51		
52	`def draw_obj(bg, img, x, y, sc):`	取得座標與大小並繪製物體的函數
53	`    img_rz = pygame.transform.rotozoom(img, 0, sc)`	建立縮放後的影像
54	`    w = img_rz.get_width()`	把影像的寬度代入 w
55	`    h = img_rz.get_height()`	把影像的高度代入 h
56	`    bg.blit(img_rz, [x-w/2, y-h])`	繪製影像
57		
58		
59	`def draw_shadow(bg, x, y, siz):`	顯示陰影的函數
60	`    shadow = pygame.Surface([siz, siz/4])`	準備繪圖面（Surface）
61	`    shadow.fill(RED)`	用紅色填滿繪圖面
62	`    shadow.set_colorkey(RED) # 設定Surface的透明色`	設定繪圖面的透明色
63	`    shadow.set_alpha(128) # 設定Surface的透明度`	設定繪圖面的透明度
64	`    pygame.draw.ellipse(shadow, BLACK, [0,0, siz,siz/4])`	用黑色在繪圖面繪製橢圓形
65	`    bg.blit(shadow, [x-siz/2, y-siz/4])`	將畫了橢圓形的繪圖面傳送到遊戲畫面
66		
67		
68	`def drive_car(key): # 操作、控制玩家的賽車`	操作、控制玩家賽車的函數
69	`    if key[K_LEFT] == 1:`	按下向左鍵後
70	`        if car_lr[0] > -3:`	若方向大於 -3
71	`            car_lr[0] -= 1`	方向變成 -1（向左）
72	`        car_x[0] = car_x[0] + (car_lr[0]-3)*car_spd[0]/100 - 5`	計算賽車的水平座標

```python
73          elif key[K_RIGHT] == 1:
74              if car_lr[0] < 3:
75                  car_lr[0] += 1
76              car_x[0] = car_x[0] + (car_lr[0]+3)
    *car_spd[0]/100 + 5
77          else:
78              car_lr[0] = int(car_lr[0]*0.9)
79
80          if key[K_a] == 1: # 油門
81              car_spd[0] += 3
82          elif key[K_z] == 1: # 煞車
83              car_spd[0] -= 10
84          else:
85              car_spd[0] -= 0.25
86
87          if car_spd[0] < 0:
88              car_spd[0] = 0
89          if car_spd[0] > 320:
90              car_spd[0] = 320
91
92          car_x[0] -= car_spd[0]*curve[int(car_y[0]+
    PLCAR_Y)%CMAX]/50
93          if car_x[0] < 0:
94              car_x[0] = 0
95              car_spd[0] *= 0.9
96          if car_x[0] > 800:
97              car_x[0] = 800
98              car_spd[0] *= 0.9
99
100         car_y[0] = car_y[0] + car_spd[0]/100
101         if car_y[0] > CMAX-1:
102             car_y[0] -= CMAX
103
104
105     def main(): # 主要處理
106         pygame.init()
107         pygame.display.set_caption("Python Racer")
108         screen = pygame.display.set_mode((800, 600))
109         clock = pygame.time.Clock()
110
111         img_bg = pygame.image.load("image_pr/bg.png").
    convert()
112         img_sea = pygame.image.load("image_pr/sea.png").
    convert_alpha()
113         img_obj = [
114             None,
115             pygame.image.load("image_pr/board.png").
    convert_alpha(),
116             pygame.image.load("image_pr/yashi.png").
    convert_alpha(),
117             pygame.image.load("image_pr/yacht.png").
    convert_alpha()
118             ]
119         img_car = [
120             pygame.image.load("image_pr/car00.png").
    convert_alpha(),
121             pygame.image.load("image_pr/car01.png").
    convert_alpha(),
122             pygame.image.load("image_pr/car02.png").
    convert_alpha(),
```

否則按下向右鍵時
  如果方向小於 3
   方向變成 +1（向右）
  計算賽車的水平座標

否則
  朝向正面方向

按下 A 鍵後
  增加速度
按下 Z 鍵後
  減少速度
否則
  緩慢減速

速度不到 0 時
  速度變成 0
超過最高速度後
  變成最高速度

根據賽車的速度與道路的彎度計算水平座標

接觸左側路肩後
  水平方向的座標變成 0
  減速
接觸右側路肩後
  水平方向的座標變成 800
  減速

由賽車的速度計算在賽道上的位置
超過賽道終點後
  回到賽道的起點

執行主要處理的函數
  初始化 pygame 模組
  設定顯示在視窗上的標題
  初始化繪圖面
  建立 clock 物件

  載入背景（天空與地面影像）的變數

  載入大海影像的變數

  載入道路旁物體影像的列表

  載入賽車影像的列表

```
123        pygame.image.load("image_pr/car03.png").
      convert_alpha(),
124        pygame.image.load("image_pr/car04.png").
      convert_alpha(),
125        pygame.image.load("image_pr/car05.png").
      convert_alpha(),
126        pygame.image.load("image_pr/car06.png").
      convert_alpha(),
127      ]
128
129    # 計算道路板子的基本形狀
130    BOARD_W = [0]*BOARD                              代入板子寬度的列表
131    BOARD_H = [0]*BOARD                              代入板子高度的列表
132    BOARD_UD = [0]*BOARD                             代入板子起伏值的列表
133    for i in range(BOARD):                           重複
134        BOARD_W[i] = 10+(BOARD-i)*(BOARD-i)/12         計算寬度
135        BOARD_H[i] = 3.4*(BOARD-i)/BOARD               計算高度
136        BOARD_UD[i] = 2*math.sin(math.radians           用三角函數計算起伏值
      (i*1.5))
137
138    make_course()                                    建立賽道資料
139
140    vertical = 0                                     管理背景水平位置的變數
141
142    while True:                                       無限迴圈
143        for event in pygame.event.get():               重複處理 pygame 的事件
144            if event.type == QUIT:                       按下視窗的 × 鈕
145                pygame.quit()                             取消 pygame 模組的初始化
146                sys.exit()                                結束程式
147
148        # 計算繪製道路用的X座標與路面高低
149        di = 0                                         計算道路彎曲方向的變數
150        ud = 0                                         計算道路起伏的變數
151        board_x = [0]*BOARD                            計算板子 X 座標的列表
152        board_ud = [0]*BOARD                           計算板子高低的列表
153        for i in range(BOARD):                         重複
154            di += curve[int(car_y[0]+i)%CMAX]             由彎曲資料計算道路的彎度
155            ud += updown[int(car_y[0]+i)%CMAX]            由起伏資料計算起伏
156            board_x[i] = 400 - BOARD_W[i]*car_            計算並代入板子的 X 座標
      x[0]/800 + di/2
157            board_ud[i] = ud/30                           計算並代入板子的高低
158
159        horizon = 400 + int(ud/3) # 計算地平線的座標      計算地平線的 Y 座標並代入 horizon
160        sy = horizon # 開始繪製道路的位置                 把開始繪製道路時的 Y 座標代入 sy
161
162        vertical = vertical - int(car_spd[0]*di         計算背景的垂直位置
      /8000) # 背景的垂直位置
163        if vertical < 0:                                若小於 0
164            vertical += 800                               就加 800
165        if vertical >= 800:                             超過 800
166            vertical -= 800                               就減 800
167
168        # 繪製草地
169        screen.fill((0, 56, 255)) # 天空的顏色           用設定的顏色填滿畫面
170        screen.blit(img_bg, [vertical-800, hori         繪製天空與地面的影像（左側）
      zon-400])
171        screen.blit(img_bg, [vertical, horizon-         繪製天空與地面的影像（右側）
      400])
172        screen.blit(img_sea, [board_x[BOARD-1]          繪製左邊遠處的大海
      -780, sy]) # 最遠的大海
```

```python
173
174          # 根據繪圖資料繪製道路                              重複繪製道路的板子
175          for i in range(BOARD-1, 0, -1):
176              ux = board_x[i]                             把梯形上底的 X 座標代入 ux
177              uy = sy - BOARD_UD[i]*board_ud[i]           把上底的 Y 座標代入 uy
178              uw = BOARD_W[i]                             把上底的寬度代入 uw
179              sy = sy + BOARD_H[i]*(600-horizon)/200      把梯形的 Y 座標變成下一個值
180              bx = board_x[i-1]                           把梯形下底的 X 座標代入 bx
181              by = sy - BOARD_UD[i-1]*board_ud[i-1]       把下底的 Y 座標代入 by
182              bw = BOARD_W[i-1]                           把下底的寬度代入 bw
183              col = (160,160,160)                         把板子的顏色代入 col
184              pygame.draw.polygon(screen, col, [[ux,     繪製道路的板子
uy], [ux+uw, uy], [bx+bw, by], [bx, by]])
185
186              if int(car_y[0]+i)%10 <= 4: # 左右的黃        以一定的間隔
線
187                  pygame.draw.polygon(screen, YELLOW,     繪製道路左邊的黃線
[[ux, uy], [ux+uw*0.02, uy], [bx+bw*0.02, by],
[bx, by]])
188                  pygame.draw.polygon(screen, YELLOW,     繪製道路右邊的黃線
[[ux+uw*0.98, uy], [ux+uw, uy], [bx+bw, by],
[bx+bw*0.98, by]])
189              if int(car_y[0]+i)%20 <= 10: # 白線          以一定的間隔
190                  pygame.draw.polygon(screen, WHITE,      繪製左邊的白線
[[ux+uw*0.24, uy], [ux+uw*0.26, uy], [bx+bw*0.26,
by], [bx+bw*0.24, by]])
191                  pygame.draw.polygon(screen, WHITE,      繪製中央的白線
[[ux+uw*0.49, uy], [ux+uw*0.51, uy], [bx+bw*0.51,
by], [bx+bw*0.49, by]])
192                  pygame.draw.polygon(screen, WHITE,      繪製右邊的白線
[[ux+uw*0.74, uy], [ux+uw*0.76, uy], [bx+bw*0.76,
by], [bx+bw*0.74, by]])
193
194              scale = 1.5*BOARD_W[i]/BOARD_W[0]           計算道路旁的物體大小
195              obj_l = object_left[int(car_y[0]+i)         把左邊物體的編號代入 obj_l
%CMAX] # 道路左邊的物體
196              if obj_l == 2: # 椰子樹                       如果是椰子樹
197                  draw_obj(screen, img_obj[obj_l], ux-    就繪製該影像
uw*0.05, uy, scale)
198              if obj_l == 3: # 遊艇                         如果是遊艇
199                  draw_obj(screen, img_obj[obj_l], ux-    就繪製該影像
uw*0.5, uy, scale)
200              if obj_l == 9: # 大海                         如果是大海
201                  screen.blit(img_sea, [ux-uw*0.5         就繪製該影像
-780, uy])
202              obj_r = object_right[int(car_y[0]           把右邊物體的編號代入 obj_r
+i)%CMAX] # 道路右邊的物體
203              if obj_r == 1: # 看板                         如果是看板
204                  draw_obj(screen, img_obj[obj_r],        就繪製該影像
ux+uw*1.3, uy, scale)
205
206              if i == PLCAR_Y: # 玩家賽車                    如果是玩家賽車的位置
207                  draw_shadow(screen, ux+car_x[0]*        就繪製賽車的陰影
BOARD_W[i]/800, uy, 200*BOARD_W[i]/BOARD_W[0])
208                  draw_obj(screen, img_car[3+car_         繪製玩家的賽車
lr[0]], ux+car_x[0]*BOARD_W[i]/800, uy, 0.05+
BOARD_W[i]/BOARD_W[0])
209
210          key = pygame.key.get_pressed()                  把所有按鍵的狀態代入 key
211          drive_car(key)                                  操作玩家的賽車
```

212 213 `pygame.display.update()` 214 `clock.tick(60)` 215 216 `if __name__ == '__main__':` 217 `main()`	更新畫面 設定幀率 這個程式被直接執行時 呼叫出 main() 函數

執行這個程式後，會顯示紅色賽車，可以利用向左、向右鍵、Ａ鍵、Ｚ鍵操作。
按下向左或向右鍵時，不是左右移動賽車影像，而是進行計算，左右移動玩家看到的
路面，藉此呈現出具有臨場感的遊戲畫面。在 P.387「繪製玩家視角的道路」將會說
明此種計算方式。

圖 10-9-2　list1009_1.py 的執行結果

這個程式的賽道資料（第 11 ～ 12 行的曲線及起伏值）與完成版的遊戲一樣。make_
course() 函數的椰子樹及遊艇的配置有些微更動（第 42 ～ 47 行）。

利用第 23 ～ 26 行的 car_x、car_y、car_lr、car_spd 列表，管理賽車的水平方向座
標、賽道上的位置、方向盤往左還是往右、賽車的速度等。列表的元素數是以第 22 行
的 CAR = 30 常數設定為 30。利用 car_x[0]、car_y[0]、car_lr[0]、car_spd[0]（索
引值 0 的列表）管理玩家的賽車，下一章將利用 [1] 到 [29] 的列表管理電腦控制的賽
車。

這裡使用car_y[0]管理玩家賽車在賽道上的位置，所以刪除了上個程式第74行宣告過的car_y。

管理方向盤狀態的 car_lr[0] 值與賽車影像方向的對應狀態如下所示。

圖 10-9-3　car_lr[0] 值與賽車方向

接著第 27 行的 PLCAR_Y = 10 是決定在第幾片道路板子上顯示玩家的賽車。以下要說明顯示玩家賽車的處理。

利用第 68 ～ 102 行定義的 drive_car() 函數，進行玩家賽車的操作與控制。以下將單獨解說這個函數。

```python
def drive_car(key): # 操作、控制玩家的賽車
    if key[K_LEFT] == 1:
        if car_lr[0] > -3:
            car_lr[0] -= 1
        car_x[0] = car_x[0] + (car_lr[0]-3)*car_spd[0]/100 - 5
    elif key[K_RIGHT] == 1:
        if car_lr[0] < 3:
            car_lr[0] += 1
        car_x[0] = car_x[0] + (car_lr[0]+3)*car_spd[0]/100 + 5
    else:
        car_lr[0] = int(car_lr[0]*0.9)

    if key[K_a] == 1: # 油門
        car_spd[0] += 3
    elif key[K_z] == 1: # 煞車
        car_spd[0] -= 10
    else:
        car_spd[0] -= 0.25

    if car_spd[0] < 0:
        car_spd[0] = 0
    if car_spd[0] > 320:
```

```
        car_spd[0] = 320

    car_x[0] -= car_spd[0]*curve[int(car_y[0]+PLCAR_Y)%CMAX]/50
    if car_x[0] < 0:
        car_x[0] = 0
        car_spd[0] *= 0.9
    if car_x[0] > 800:
        car_x[0] = 800
        car_spd[0] *= 0.9

    car_y[0] = car_y[0] + car_spd[0]/100
    if car_y[0] > CMAX-1:
        car_y[0] -= CMAX
```

按下向左或向右鍵時，在 -3 到 3 的範圍內改變方向盤的狀態（car_lr[0] 的值）。此外，按下向左、向右鍵時，會改變 car_x[0] 的值。以下要說明按下向左鍵時的算式。

```
    car_x[0] = car_x[0] + (car_lr[0]-3)*car_spd[0]/100 - 5
```

這個算式中，car_lr[0] 的值愈小且 car_spd[0] 值愈大時，座標就愈會往左移動。實際上，開車時也一樣，方向盤轉得愈多，速度愈快，車子就愈會朝著方向盤的方向行駛。按下向右鍵時也一樣。

按下 Ⓐ 鍵（油門）或 Ⓩ 鍵（煞車）時，管理車子速度的 car_spd[0] 值就會產生變化。如果 Ⓐ 鍵與 Ⓩ 鍵都沒被按下，car_spd[0] -= 0.25，會緩慢減速。

在第 92 行的 car_x[0] -= car_spd[0]*curve[int(car_y[0]+PLCAR_Y)%CMAX]/50 算式中，利用賽車的速度與彎曲程度改變賽車水平方向的位置。透過這個計算，當速度過快，進入急轉彎時，賽車會往橫向甩尾。不論有無輸入向左、向右鍵，都會進行這項計算。另外，在 93 ～ 98 行判斷是否抵達道路的左邊或右邊，如果撞到路邊就減速。

使用 car_y[0] 的值管理賽車在賽道上的位置。利用第 100 行的 car_y[0] = car_y[0] + car_spd[0]/100 算式，加上賽車速度除以 100 後的值，讓 car_y[0] 產生變化。速度愈快，在賽道上前進的距離愈遠。car_y[0] 的值超過賽道的終點後，減去 CMAX，回到賽道最初的位置。

在這個計算中，car_y[0] 的值為小數，因此必要時，可以使用 int() 變成整數值，如 int(car_y[0])。

在繪製道路的處理中，於第 206 ～ 208 行顯示玩家賽車的處理。

```
        if i == PLCAR_Y: # 玩家賽車
            draw_shadow(screen, ux+car_x[0]*BOARD_W[i]/800, uy, 200*
BOARD_W[i]/BOARD_W[0])
            draw_obj(screen, img_car[3+car_lr[0]], ux+car_x[0]*BOARD
_W[i]/800, uy, 0.05+BOARD_W[i]/BOARD_W[0])
```

i 是在 for i in range(BOARD-1, 0, -1): 中重複的變數，代表正在繪製哪片板子的值。當 i 的值為 PLCAR_Y 時，就顯示玩家的賽車。由於 PLCAR_Y 的值為 10，所以在畫面近處（畫面下方）的第 10 片板子顯示紅色賽車。

賽車下方的陰影與車體的 X 座標是 ux+car_x[0]*BOARD_W[i]/800。car_x[0] 的最小值為 0，最大值是 800。這個算式計算出當 car_x[0] 為 0 時，賽車的位置在板子左邊，若為 800 時，賽車的位置在板子的右邊。

賽車的陰影是使用 draw_shadow() 函數，以半透明的黑色描繪。以下要說明在 Pygame 繪製半透明圖形的方法。

≫≫≫ 用半透明繪製陰影

第 59 ～ 65 行定義了 draw_shadow() 函數，以下將單獨說明這個部分。

```
def draw_shadow(bg, x, y, siz):
    shadow = pygame.Surface([siz, siz/4])
    shadow.fill(RED)
    shadow.set_colorkey(RED) # 設定Surface的透明色
    shadow.set_alpha(128) # 設定Surface的透明度
    pygame.draw.ellipse(shadow, BLACK, [0,0,siz,siz/4])
    bg.blit(shadow, [x-siz/2, y-siz/4])
```

Pygame 包含了繪圖面（Surface）的透明色及透明度的命令。這個函數準備了名為 shadow 的繪圖面，並用紅色填滿，利用 set_colorkey() 命令，設定紅色為透明。當繪圖面傳送到遊戲畫面時，指定為透明色的顏色將不會顯示。

使用 set_alpha() 命令，設定繪圖面的透明度。這次在 shawow 以 128 的值設定透明度，變成 50% 透明。在繪圖面繪製黑色橢圓形，並轉傳到遊戲畫面，顯示半透明的黑色橢圓形。

 想讓目光聚焦在畫面上時，這種半透明的繪圖方法就能派上用場。

》》》 白雲動態

聳立在地平線一端的白雲是由賽車速度及賽道方向計算出使其左右移動的值（點數），也就是第 162 行之後的算式。

```
vertical = vertical - int(car_spd[0]*di/8000) # 背景的垂直位置
```

彎道愈急，賽車的速度愈快，透過擋風玻璃看到的景色會大幅度地左右移動。以上算式就是進行這種計算。

》》》 繪製玩家視角的道路

在這個程式中，按下向左或向右鍵時，玩家的賽車會維持在畫面中央，進行左右移動道路的計算。前面說明過，這是為了提高遊戲的臨場感而運用的技巧，這裡只用了第 156 行的一行程式來進行計算。

```
board_x[i] = 400 - BOARD_W[i]*car_x[0]/800 + di/2
```

計算道路板子的顯示位置時，根據玩家賽車的座標，移動板子的 X 座標（粗體部分）。以下是這一行前面的程式。

```
board_x[i] = 400 - BOARD_W[i]/2 + di/2
```

這些算式項目的意義如下所示。

圖 10-9-4　移動道路的算式

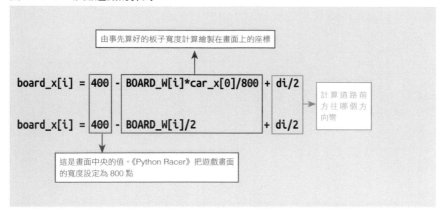

如果你覺得這個算式很難懂，請思考筆直的道路（di 值為 0）在 car_x[0] 為 0 時（賽車在道路最左邊），以及 car_x[0] 為 800 時（道路最右邊）時，board_x[i] = 400 - BOARD_W[i]*car_x[0]/800 + di/2 會變得如何。

圖 10-9-5　眼前的狀態會隨著 car_x[0] 的值而改變

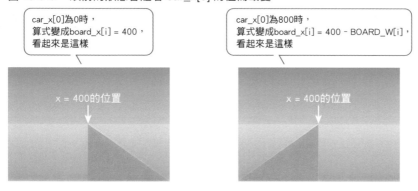

此外，把 board_x[i] = 400 - BOARD_W[i]*car_x[0]/800 + di/2 改成上個程式的 board_x[i] = 400 - BOARD_W[i]/2 + di/2 會發生什麼情況，請試試看。若描述成之前的程式，按下向左或向右鍵時，道路不會移動，而是紅色賽車左右移動。

雖然只有一行，但是計算的內容卻不簡單，所以現在沒有辦法立刻理解也沒關係。如果你覺得很難懂，請把這裡說明的算式當作是左右移動道路的座標而不是賽車，再繼續學習。

檢測處理速度下降的問題

你玩過的遊戲當中,是否遇過一到某些場景,角色的動作就會變慢,或動作卡住的情況?甚至整個畫面就像慢動作一樣十分緩慢?

這種所謂的「畫面不流暢」、「卡頓」的現象就是處理速度下降造成。處理速度下降是指軟體要執行的計算超過電腦在一定時間內的執行能力。

影像繪圖或音效輸出對電腦而言也是一種「計算」。電腦遊戲這種即時多次繪製畫面的軟體,要移動大量物體時,就容易引起處理速度下降的問題。

處理速度下降時,若減少繪製畫面的次數,設計成負擔較輕的遊戲軟體,就會因為繪圖次數減少,而讓畫面變得不流暢。沒有減少繪圖次數的遊戲軟體,則因為程式的執行速度變慢而顯得卡頓。

本章使用了大量的板子來顯示道路,並繪製了大海及看板,有些熟悉程式設計語言的人可能會懷疑「Python 一秒可以處理到 60 幀嗎?」,這個專欄將檢測《Python Racer》能以多快的速度執行處理。

只要在 list1009_1.py 加上以下幾行,就可以知道處理速度是否下降。以下節錄了該部分,畫上標示的地方就是新增的程式。

程式 ▶ list10_column.py

```
  :    略
  4    import time                                    匯入 time 模組
  :    略
141      vertical = 0
142      stime = time.time()                          代入秒數的變數
143      sframe = 0                                    計算幀數的變數
144
145      while True:
146          for event in pygame.event.get():
147              if event.type == QUIT:
148                  pygame.quit()
149                  sys.exit()
150
151          sframe += 1                               sframe 加 1
152          if sframe == 60:                          sframe 為 60 時
153              print(time.time()-stime)                  輸出處理花費的時間
154              stime = time.time()                       代入現在過了幾秒
155              sframe = 0                                 sframe 變成 0
156
157          # 計算繪製道路用的X座標與路面高低
158          di = 0
159          ud = 0
160          board_x = [0]*BOARD
161          board_ud = [0]*BOARD
```

使用 IDLE 執行這個程式後，在殼層視窗會顯示「1.*****」數值。

圖 10-A　檢測處理時間

```
pygame 1.9.5
Hello from the pygame community. https://www.pygame.org/contribute.html
1.013911485671997
1.0743405818939921
1.03331351280212124
1.127122402191162
1.0422227382659912
1.0726947784423828
1.0183393955230713
1.066157579421997
1.0683069229125977
1.0262141227722168
1.0292398929595947
1.026381492614746
1.0137832164764404
1.0450377464294434
1.034024953842163
1.054863691329956
1.0573103427886963
1.0048012733459473
1.0750162601470947
0.9719679355621338
0.9923593997955322
0.9955527782440186
1.0566399097442627
1.0353436470031738
1.0033788681030273
0.9944674968719482
```

這些數字是《Python Racer》執行 60 次處理所花費的秒數。

檢測時間的方法是使用 time 模組。Python 使用 time.time() 命令，能以小數值取得從
1970 年 1 月 1 日 0 點 0 分 0 秒開始經過的秒數。

這個程式把該值代入 stime 變數，在 sframe 變數執行 60 次處理，以 print(time.time()-stime)
輸出花費的秒數。

圖 10-A 的值是使用撰寫本書約莫一年前，萬元購買的商用 Windows 10 電腦，進行檢
測後的結果。如果是 1.0***，代表幾乎沒有發生處理速度下降的問題。由此可知，即
使是便宜的電腦，處理速度也十分快速。若這個值為 1.2 或 1.3，代表處理速度下降，
但是玩《Python Racer》遊戲並不會出現問題。

筆者用幾台電腦測試了完成版的《Python Racer》，約十年前購買的 Windows 7 電腦測
出來的數值為 1.5 ～ 1.6，代表一秒可以處理的速度為 40 次或更少。雖然 Windows 7
的電腦感覺處理效能比較沉重，卻仍可以正常玩遊戲。

由結果可以瞭解，雖然每種遊戲的內容各有不同，但是設計成 30 幀的話，就算不是規
格太好的電腦，使用 Python+Pygame 也能產生足夠的處理速度。

本章要增加由電腦控制的賽車,並加上起點與終點的處理,完成遊戲。

製作3D賽車遊戲!
下篇

Chapter
11

讓電腦控制的賽車在賽道上行駛

讓電腦計算多台賽車的動作,並在道路上行駛。

本章的資料夾結構

由於進入不同章節,請在「Chapter11」資料夾內也建立「image_pr」資料夾,並在該資料夾內放入《Python Racer》要用的檔案。這個單元除了上一章用過的影像,還使用了藍、黃兩種車種的影像。

接下來還要加入聲音,所以請建立「sound_pr」資料夾,把聲音檔案放入該資料夾。這些素材可以透過本書提供的網址下載。

圖 11-1-1 「Chapter11」資料夾的結構

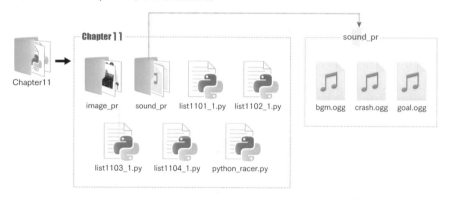

圖 11-1-2 這次使用的影像檔案

| car10.png | car11.png | car12.png | car13.png | car14.png | car15.png | car16.png |

| car20.png | car21.png | car22.png | car23.png | car24.png | car25.png | car26.png |

表 11-1-1 這次使用的聲音檔案

檔案名稱	內容
bgm.ogg	賽車時的 BGM
crash.ogg	碰撞時的 SE
goal.ogg	抵達終點時的片尾音樂

>>> 關於 COM 賽車

遊戲軟體中，由電腦控制的角色稱作 COM。COM 是 computer 的縮寫。《Python Racer》把電腦控制的賽車稱作 COM 賽車。

電腦控制的角色在 RPG 常被稱為 NPC，NPC 是 non player character 的縮寫。

>>> 移動 COM 賽車

以下要確認移動 COM 賽車的程式。請輸入以下程式，另存新檔之後，再執行程式。

程式 ▶ list1101_1.py　　※ 與上一章 list1009_1.py 不同的地方畫上了標示。

```
1   import pygame                        匯入 pygame 模組
2   import sys                           匯入 sys 模組
3   import math                          匯入 math 模組
4   import random                        匯入 random 模組
5   from pygame.locals import *          省略 pygame. 常數的描述
6
7   WHITE = (255, 255, 255)              定義顏色（白）
8   BLACK = (  0,   0,   0)              定義顏色（黑）
9   RED   = (255,   0,   0)              定義顏色（紅）
10  YELLOW= (255, 224,   0)              定義顏色（黃）
11
12  tmr = 0                              計時器的變數
13
14  DATA_LR = [0, 0, 0, 0, 0, 0, 0, 0,   讓道路產生彎曲所使用的資料
    0, 0, 0, 0, 1, 2,
    3, 2, 1, 0, 2, 4, 2, 4, 2, 0, 0, 0,-2,-2,-4,-4,-2,-
    1, 0, 0, 0, 0, 0, 0, 0]
15  DATA_UD = [0, 0, 1, 2, 3, 2, 1, 0,-2,-4,-2, 0, 0, 0,  讓道路產生起伏所使用資料
    0, 0,-1,-2,-3,-4,-3,-2,-1, 0, 0, 0, 0, 0, 0, 0, 0,
    0, 0,-3, 3, 0,-6, 6, 0]
16  CLEN = len(DATA_LR)                  代入這些資料元素數的常數
17
18  BOARD = 120                          決定道路板子數量的常數
19  CMAX = BOARD*CLEN                    決定賽道長度（元素數）的常數
20  curve = [0]*CMAX                     代入道路彎曲方向的列表
21  updown = [0]*CMAX                    代入道路起伏的列表
22  object_left = [0]*CMAX               代入道路左邊物體編號的列表
23  object_right = [0]*CMAX              代入道路右邊物體編號的列表
24
25  CAR = 30                             決定賽車數量的常數
26  car_x = [0]*CAR                      管理賽車水平座標的列表
27  car_y = [0]*CAR                      管理賽車在賽道上位置的列表
28  car_lr = [0]*CAR                     管理賽車左右方向的列表
29  car_spd = [0]*CAR                    管理賽車速度的列表
```

```
30    PLCAR_Y = 10 # 玩家賽車的顯示位置   道路最前面（畫          決定玩家賽車顯示位置的常數
      面下方）為0
31
32
33    def make_course():                                        建立賽道資料的函數
34        for i in range(CLEN):                                     重複
35            lr1 = DATA_LR[i]                                         把彎曲資料代入 lr1
36            lr2 = DATA_LR[(i+1)%CLEN]                                把下一個彎曲資料代入 lr2
37            ud1 = DATA_UD[i]                                         把起伏資料代入 ud1
38            ud2 = DATA_UD[(i+1)%CLEN]                                把下一個起伏資料代入 ud2
39            for j in range(BOARD):                                   重複
40                pos = j+BOARD*i                                          計算列表索引值並代入 pos
41                curve[pos] = lr1*(BOARD-j)/BOARD +                       計算並代入道路彎曲方向
      lr2*j/BOARD
42                updown[pos] = ud1*(BOARD-j)/BOARD +                      計算並代入道路起伏
      ud2*j/BOARD
43                if j == 60:                                             重複的變數 j 如果是 60
44                    object_right[pos] = 1 # 看板                            在道路右邊放置看板
45                if i%8 < 7:                                             重複的變數 i%8<7 時
46                    if j%12 == 0:                                          j%12 為 0 時
47                        object_left[pos] = 2 # 椰子樹                            放置椰子樹
48                else:                                                   否則
49                    if j%20 == 0:                                          j%20 為 0 時
50                        object_left[pos] = 3 # 遊艇                            放置遊艇
51                if j%12 == 6:                                           j%12 為 6 時
52                    object_left[pos] = 9 # 大海                             放置大海
53
54
55    def draw_obj(bg, img, x, y, sc):                          取得座標與大小並繪製物體的函數
56        img_rz = pygame.transform.rotozoom(img, 0, sc)           建立縮放後的影像
57        w = img_rz.get_width()                                   把影像的寬度代入 w
58        h = img_rz.get_height()                                  把影像的高度代入 h
59        bg.blit(img_rz, [x-w/2, y-h])                            繪製影像
60
61
62    def draw_shadow(bg, x, y, siz):                           顯示陰影的函數
63        shadow = pygame.Surface([siz, siz/4])                    準備繪圖面（Surface）
64        shadow.fill(RED)                                         用紅色填滿繪圖面
65        shadow.set_colorkey(RED) # 設定Surface的透明色             設定繪圖面的透明色
66        shadow.set_alpha(128) # 設定Surface的透明度                設定繪圖面的透明度
67        pygame.draw.ellipse(shadow, BLACK, [0,0,                  在繪圖面繪製黑色橢圓形
      siz,siz/4])
68        bg.blit(shadow, [x-siz/2, y-siz/4])                  將畫了橢圓形的繪圖面傳送到遊戲畫面
69
70
71    def init_car():                                          在管理賽車的列表代入預設值的函數
72        for i in range(1, CAR):                                  重複隨機決定
73            car_x[i] = random.randint(50, 750)                      COM 賽車的水平座標
74            car_y[i] = random.randint(200, CMAX-200)                隨機決定賽道上的位置
75            car_lr[i] = 0                                           左右方向為 0（變成正面）
76            car_spd[i] = random.randint(100, 200)                   隨機決定速度
77        car_x[0] = 400                                           玩家賽車的水平座標在畫面中央
78        car_y[0] = 0                                             玩家賽車在賽道上的位置為預設值
79        car_lr[0] = 0                                            玩家賽車的方向為 0
80        car_spd[0] = 0                                           玩家賽車的速度為 0
81
82
83    def drive_car(key): # 操作、控制玩家的賽車                    操作、控制玩家賽車的函數
84        if key[K_LEFT] == 1:                                     按下向左鍵後
85            if car_lr[0] > -3:                                       如果方向大於 -3
```

``python
86   car_lr[0] -= 1
87   car_x[0] = car_x[0] + (car_lr[0]-3)*
car_spd[0]/100 - 5
88   elif key[K_RIGHT] == 1:
89   if car_lr[0] < 3:
90   car_lr[0] += 1
91   car_x[0] = car_x[0] + (car_lr[0]+3)*
car_spd[0]/100 + 5
92   else:
93   car_lr[0] = int(car_lr[0]*0.9)
94
95   if key[K_a] == 1: # 油門
96   car_spd[0] += 3
97   elif key[K_z] == 1: # 煞車
98   car_spd[0] -= 10
99   else:
100   car_spd[0] -= 0.25
101
102   if car_spd[0] < 0:
103   car_spd[0] = 0
104   if car_spd[0] > 320:
105   car_spd[0] = 320
106
107   car_x[0] -= car_spd[0]*curve[int(car_y[0]+
PLCAR_Y)%CMAX]/50
108   if car_x[0] < 0:
109   car_x[0] = 0
110   car_spd[0] *= 0.9
111   if car_x[0] > 800:
112   car_x[0] = 800
113   car_spd[0] *= 0.9
114
115   car_y[0] = car_y[0] + car_spd[0]/100
116   if car_y[0] > CMAX-1:
117   car_y[0] -= CMAX
118
119
120 def move_car(cs): # 控制COM賽車
121   for i in range(cs, CAR):
122   if car_spd[i] < 100:
123   car_spd[i] += 3
124   if i == tmr%120:
125   car_lr[i] += random.choice([-1,0,1])
126   if car_lr[i] < -3: car_lr[i] = -3
127   if car_lr[i] > 3: car_lr[i] = 3
128   car_x[i] = car_x[i] + car_lr[i]*car_
spd[i]/100
129   if car_x[i] < 50:
130   car_x[i] = 50
131   car_lr[i] = int(car_lr[i]*0.9)
132   if car_x[i] > 750:
133   car_x[i] = 750
134   car_lr[i] = int(car_lr[i]*0.9)
135   car_y[i] += car_spd[i]/100
136   if car_y[i] > CMAX-1:
137   car_y[i] -= CMAX
138
139
140 def draw_text(scrn, txt, x, y, col, fnt):
141   sur = fnt.render(txt, True, BLACK)
``
	方向變成 -1（向左）
	計算賽車的水平座標
	
	否則按下右鍵時
	如果方向小於 3
	方向變成 +1（向右）
	計算賽車的水平座標
	
	否則
	朝向正面方向
	
	按下 A 鍵後
	增加速度
	按下 Z 鍵後
	減少速度
	否則
	緩慢減速
	
	速度不到 0 時
	速度變成 0
	超過最高速度後
	變成最高速度
	
	根據賽車的速度與道路的彎度計算水平座標
	
	接觸左側路肩後
	水平方向的座標變成 0
	減速
	接觸右側路肩後
	水平方向的座標變成 800
	減速
	
	由賽車的速度計算在賽道上的位置
	超過賽道終點後
	回到賽道的起點
	
	控制 COM 賽車的函數
	重複處理所有賽車
	如果速度小於 100
	就加速
	每隔一段時間
	隨機改變方向
	方向未達 -3 就變成 -3
	方向超過 3 就變成 3
	由賽車的方向與速度計算水平座標
	
	靠近左側路肩時
	為了避免再過去而
	朝向正面方向
	靠近右側路肩時
	為了避免再過去而
	朝向正面方向
	由賽車的速度計算賽道上的位置
	超過賽道終點之後
	回到賽道起點
	
	顯示含陰影字串的函數
	產生用黑色描繪字串的 Surface

```
142         x -= sur.get_width()/2                              計算居中的 X 座標
143         y -= sur.get_height()/2                             計算居中的 Y 座標
144         scrn.blit(sur, [x+2, y+2])                          將 Surface 傳送到畫面
145         sur = fnt.render(txt, True, col)                    產生用指定色描繪字串的 Surface
146         scrn.blit(sur, [x, y])                              將 Surface 傳送到畫面
147
148
149  def main(): # 主要處理                                      執行主要處理的函數
150      global tmr                                             tmr 變成全域變數
151      pygame.init()                                          初始化 pygame 模組
152      pygame.display.set_caption("Python Racer")             設定顯示在視窗上的標題
153      screen = pygame.display.set_mode((800, 600))           初始化繪圖面
154      clock = pygame.time.Clock()                            建立 clock 物件
155      fnt_m = pygame.font.Font(None,  50)                    產生字體物件  中型文字
156
157      img_bg = pygame.image.load("image_pr/bg.               載入背景（天空與地面影像）的變數
     png").convert()
158      img_sea = pygame.image.load("image_pr/sea.png").       載入大海影像的變數
     convert_alpha()
159      img_obj = [                                            載入道路旁物體影像的列表
160          None,
161          pygame.image.load("image_pr/board.png").
     convert_alpha(),
162          pygame.image.load("image_pr/yashi.png").
     convert_alpha(),
163          pygame.image.load("image_pr/yacht.png").
     convert_alpha()
164      ]
165      img_car = [                                            載入賽車影像的列表
166          pygame.image.load("image_pr/car00.png").
     convert_alpha(),
167          pygame.image.load("image_pr/car01.png").
     convert_alpha(),
168          pygame.image.load("image_pr/car02.png").
     convert_alpha(),
169          pygame.image.load("image_pr/car03.png").
     convert_alpha(),
170          pygame.image.load("image_pr/car04.png").
     convert_alpha(),
171          pygame.image.load("image_pr/car05.png").
     convert_alpha(),
172          pygame.image.load("image_pr/car06.png").
     convert_alpha(),
173          pygame.image.load("image_pr/car10.png").
     convert_alpha(),
174          pygame.image.load("image_pr/car11.png").
     convert_alpha(),
175          pygame.image.load("image_pr/car12.png").
     convert_alpha(),
176          pygame.image.load("image_pr/car13.png").
     convert_alpha(),
177          pygame.image.load("image_pr/car14.png").
     convert_alpha(),
178          pygame.image.load("image_pr/car15.png").
     convert_alpha(),
179          pygame.image.load("image_pr/car16.png").
     convert_alpha(),
180          pygame.image.load("image_pr/car20.png").
     convert_alpha(),
181          pygame.image.load("image_pr/car21.png").
```

```
182    convert_alpha(),
           pygame.image.load("image_pr/car22.png").
       convert_alpha(),
183        pygame.image.load("image_pr/car23.png").
       convert_alpha(),
184        pygame.image.load("image_pr/car24.png").
       convert_alpha(),
185        pygame.image.load("image_pr/car25.png").
       convert_alpha(),
186        pygame.image.load("image_pr/car26.png").
       convert_alpha()
187        ]
188
189    # 計算道路板子的基本形狀
190    BOARD_W = [0]*BOARD
191    BOARD_H = [0]*BOARD
192    BOARD_UD = [0]*BOARD
193    for i in range(BOARD):
194        BOARD_W[i] = 10+(BOARD-i)*(BOARD-i)/12
195        BOARD_H[i] = 3.4*(BOARD-i)/BOARD
196        BOARD_UD[i] = 2*math.sin(math.radians
       (i*1.5))
197
198    make_course()
199    init_car()
200
201    vertical = 0
202
203    while True:
204        for event in pygame.event.get():
205            if event.type == QUIT:
206                pygame.quit()
207                sys.exit()
208            if event.type == KEYDOWN:
209                if event.key == K_F1:
210                    screen = pygame.display.set_
       mode((800, 600), FULLSCREEN)
211                if event.key == K_F2 or event.key ==
       K_ESCAPE:
212                    screen = pygame.display.set_
       mode((800, 600))
213        tmr += 1
214
215        # 計算繪製道路用的X座標與路面高低
216        di = 0
217        ud = 0
218        board_x = [0]*BOARD
219        board_ud = [0]*BOARD
220        for i in range(BOARD):
221            di += curve[int(car_y[0]+i)%CMAX]
222            ud += updown[int(car_y[0]+i)%CMAX]
223            board_x[i] = 400 - BOARD_W[i]*car_
       x[0]/800 + di/2
224            board_ud[i] = ud/30
225
226        horizon = 400 + int(ud/3) # 計算地平線的座標
227        sy = horizon # 開始繪製道路的位置
228
229        vertical = vertical - int(car_spd[0]*
       di/8000) # 背景的垂直位置
```

代入板子寬度的列表
代入板子高度的列表
代入板子起伏值的列表
重複
　計算寬度
　計算高度
　用三角函數計算起伏值

建立賽道資料
把預設值代入管理賽車的列表

管理背景水平位置的變數

無限迴圈
　重複處理 pygame 的事件
　　按下視窗的 × 鈕
　　取消 pygame 模組的初始化
　　結束程式
　發生按下按鍵的事件時
　　如果是 F1 鍵
　　　變成全螢幕

　　如果是 F2 鍵或 Esc 鍵

　　　恢復成正常顯示

　tmr 的值加 1

　計算道路彎曲方向的變數
　計算道路起伏的變數
　計算板子 X 座標的列表
　計算板子高低的列表
　重複
　　由彎曲資料計算道路的彎度
　　由起伏資料計算起伏
　　計算並代入板子的 X 座標

　　計算並代入板子的高低

　計算地平線的 Y 座標並代入 horizon
　把開始繪製道路時的 Y 座標代入 sy

　計算背景的垂直位置

230	`    if vertical < 0:`	若小於 0
231	`        vertical += 800`	就加 800
232	`    if vertical >= 800:`	超過 800
233	`        vertical -= 800`	就減 800
234		
235	`    # 繪製草地`	
236	`    screen.fill((0, 56, 255)) # 天空的顏色`	用設定的顏色填滿畫面
237	`    screen.blit(img_bg, [vertical-800, hori` `zon-400])`	繪製天空與地面的影像（左側）
238	`    screen.blit(img_bg, [vertical, horizon-400])`	繪製天空與地面的影像（右側）
239	`    screen.blit(img_sea, [board_x[BOARD-1]` `-780, sy]) # 最遠的大海`	繪製左邊遠處的大海
240		
241	`    # 根據繪圖資料繪製道路`	
242	`    for i in range(BOARD-1, 0, -1):`	重複繪製道路的板子
243	`        ux = board_x[i]`	把梯形上底的 X 座標代入 ux
244	`        uy = sy - BOARD_UD[i]*board_ud[i]`	把上底的 Y 座標代入 uy
245	`        uw = BOARD_W[i]`	把上底的寬度代入 uw
246	`        sy = sy + BOARD_H[i]*(600-horizon)/200`	把梯形的 Y 座標變成下一個值
247	`        bx = board_x[i-1]`	把梯形下底的 X 座標代入 bx
248	`        by = sy - BOARD_UD[i-1]*board_ud[i-1]`	把下底的 Y 座標代入 by
249	`        bw = BOARD_W[i-1]`	把下底的寬度代入 bw
250	`        col = (160,160,160)`	把板子的顏色代入 col
251	`        pygame.draw.polygon(screen, col, [[ux,` `uy], [ux+uw, uy], [bx+bw, by], [bx, by]])`	繪製道路的板子
252		
253	`        if int(car_y[0]+i)%10 <= 4: # 左右的黃` `線`	以一定的間隔
254	`            pygame.draw.polygon(screen, YELLOW,` `[[ux, uy], [ux+uw*0.02, uy], [bx+bw*0.02, by],` `[bx, by]])`	繪製道路左邊的黃線
255	`            pygame.draw.polygon(screen, YELLOW,` `[[ux+uw*0.98, uy], [ux+uw, uy], [bx+bw, by],` `[bx+bw*0.98, by]])`	繪製道路右邊的黃線
256	`        if int(car_y[0]+i)%20 <= 10: # 白線`	以一定的間隔
257	`            pygame.draw.polygon(screen, WHITE,` `[[ux+uw*0.24, uy], [ux+uw*0.26, uy], [bx+bw*0.26,` `by], [bx+bw*0.24, by]])`	繪製左邊的白線
258	`            pygame.draw.polygon(screen, WHITE,` `[[ux+uw*0.49, uy], [ux+uw*0.51, uy], [bx+bw*0.51,` `by], [bx+bw*0.49, by]])`	繪製中央的白線
259	`            pygame.draw.polygon(screen, WHITE,` `[[ux+uw*0.74, uy], [ux+uw*0.76, uy], [bx+bw*0.76,` `by], [bx+bw*0.74, by]])`	繪製右邊的白線
260		
261	`        scale = 1.5*BOARD_W[i]/BOARD_W[0]`	計算道路旁的物體大小
262	`        obj_l = object_left[int(car_y[0]+i)` `%CMAX] # 道路左邊的物體`	把左邊物體的編號代入 obj_l
263	`        if obj_l == 2: # 椰子樹`	如果是椰子樹
264	`            draw_obj(screen, img_obj[obj_l], ux-` `uw*0.05, uy, scale)`	就繪製該影像
265	`        if obj_l == 3: # 遊艇`	如果是遊艇
266	`            draw_obj(screen, img_obj[obj_l], ux-` `uw*0.5, uy, scale)`	就繪製該影像
267	`        if obj_l == 9: # 大海`	如果是大海
268	`            screen.blit(img_sea, [ux-uw*0.5-780,` `uy])`	就繪製該影像
269	`        obj_r = object_right[int(car_y[0]+` `i)%CMAX] # 道路右邊的物體`	把右邊物體的編號代入 obj_r
270	`        if obj_r == 1: # 看板`	如果是看板

271	`            draw_obj(screen, img_obj[obj_r], ux+uw*1.3, uy, scale)`	就繪製該影像
272		
273	`            for c in range(1, CAR): # COM賽車`	重複
274	`                if int(car_y[c])%CMAX == int (car_y[0]+i)%CMAX:`	調查該板子上是否有 COM 賽車
275	`                    lr = int(4*(car_x[0]-car_x[c])/800) # 玩家看到COM賽車的方向`	計算玩家看到 COM 賽車的方向
276	`                    if lr < -3: lr = -3`	如果小於 -3，就變成 -3
277	`                    if lr > 3: lr =  3`	如果小於 3，就變成 3
278	`                    draw_obj(screen, img_car[(c%3)*7+3+lr], ux+car_x[c]*BOARD_W[i]/800, uy, 0.05+BOARD_W[i]/BOARD_W[0])`	繪製 COM 賽車
279		
280	`            if i == PLCAR_Y: # 玩家賽車`	如果是玩家賽車的位置
281	`                draw_shadow(screen, ux+car_x[0]*BOARD_W[i]/800, uy, 200*BOARD_W[i]/BOARD_W[0])`	就繪製賽車的陰影
282	`                draw_obj(screen, img_car[3+car_lr[0]], ux+car_x[0]*BOARD_W[i]/800, uy, 0.05+BOARD_W[i]/BOARD_W[0])`	繪製玩家的賽車
283		
284	`        draw_text(screen, str(int(car_spd[0])) + "km/h", 680, 30, RED, fnt_m)`	顯示速度
285		
286	`        key = pygame.key.get_pressed()`	把所有按鍵的狀態代入 key
287	`        drive_car(key)`	操作玩家的賽車
288	`        move_car(1)`	移動 COM 賽車
289		
290	`        pygame.display.update()`	更新畫面
291	`        clock.tick(60)`	設定幀率
292		
293	`if __name__ == '__main__':`	這個程式被直接執行時
294	`    main()`	呼叫出 main() 函數

在這個程式中，由電腦控制的多台賽車會在賽道上行駛。現在這個程式還無法判斷 COM 賽車是否與玩家賽車發生碰撞。

圖 11-1-3　list1101_1.py 的執行結果

使用第 71 ～ 80 行定義的 init_car() 函數,把預設值代入管理所有賽車,包含玩家賽車在內的列表。COM 賽車的水平座標、賽道上的位置、速度都是隨機決定的。

利用第 120 ～ 137 行定義的 move_car() 函數控制 COM 賽車。以下將單獨説明這個函數。

```python
def move_car(cs): # 控制COM賽車
    for i in range(cs, CAR):
        if car_spd[i] < 100:
            car_spd[i] += 3
        if i == tmr%120:
            car_lr[i] += random.choice([-1,0,1])
            if car_lr[i] < -3: car_lr[i] = -3
            if car_lr[i] > 3: car_lr[i] = 3
        car_x[i] = car_x[i] + car_lr[i]*car_spd[i]/100
        if car_x[i] < 50:
            car_x[i] = 50
            car_lr[i] = int(car_lr[i]*0.9)
        if car_x[i] > 750:
            car_x[i] = 750
            car_lr[i] = int(car_lr[i]*0.9)
        car_y[i] += car_spd[i]/100
        if car_y[i] > CMAX-1:
            car_y[i] -= CMAX
```

在這個函數中

- **如果速度低於 100,就持續加 3**
- **每隔一段時間隨機改變方向**
- **過於偏向道路左邊或右邊時,不允許再偏向邊緣**
- **根據速度改變在賽道上的位置,超過賽道的終點後,就回到賽道最初的位置**

執行了以上處理。

速度低於100時,持續加3是為了在下個單元,與玩家賽車碰撞後減速,之後再提高速度。

此外,move_car() 函數只要把 0 代入參數,就能自動移動第 0 號賽車。第 0 號車是指用 car_x[0]、car_y[0]、car_lr[0]、car_spd[0] 管理的玩家賽車。玩遊戲時,會執行 move_car(1) 移動 COM 賽車,而在 Lesson 11-3 加入的標題畫面是執行 move_car(0),自動移動包含玩家賽車在內的所有車輛。

這樣就變成可以讓所有賽車自動行駛的函數。

在繪製道路處理的第 273 ～ 278 行程式顯示了 COM 賽車。以下將節錄包含該部分的前後行程式來說明。

```
# 根據繪圖資料繪製道路
for i in range(BOARD-1, 0, -1):
    〜
    繪製道路板子的處理
    繪製道路線條的處理
    繪製道路左邊物體的處理
    繪製道路右邊物體的處理
    〜
    for c in range(1, CAR): # COM賽車
        if int(car_y[c])%CMAX == int(car_y[0]+i)%CMAX:
            lr = int(4*(car_x[0]-car_x[c])/800) # 玩家看到COM賽車的方向
            if lr < -3: lr = -3
            if lr >  3: lr =  3
            draw_obj(screen, img_car[(c%3)*7+3+lr], ux+car_x[c]*BOARD_W[i]/800, uy, 0.05+BOARD_W[i]/BOARD_W[0])
```

用粗體顯示的是繪製 COM 賽車的部分。利用 for c in range(1, CAR) 重複處理，及 if int(car_y[c])%CMAX == int(car_y[0]+i)%CMAX 條件式，調查 COM 賽車在道路板子的位置，如果 COM 賽車存在的話，就計算玩家看到 COM 賽車的方向，用縮放影像的 draw_obj() 函數繪製 COM 賽車。此時，利用 0.05+BOARD_W[i]/BOARD_W[0]COM 計算賽車大小。此外，以 (C%3)*7+3+lr 設定 COM 賽車的影像編號，讓每台賽車的顏色都不一樣（紅、藍、黃）。
int(car_y[0]+i)%CMAX 是玩家看到的道路板子編號。int(car_y[c])%CMAX == int(car_y[0]+i)%CMAX 條件式可能有點難，但是請當成「這是在畫面上顯示板子時，調查 COM 賽車是否在該板子上的條件式。」

根據道路板子的寬度計算COM賽車的顯示大小。加上0.05是為了避免在道路盡頭的COM賽車過小。

這個程式顯示了玩家賽車的速度。在第 140 ～ 146 行定義顯示字串的 draw_text() 函數，利用第 284 行呼叫出該函數，顯示速度。

加入判斷賽車碰撞的處理

這次要加入玩家賽車與 COM 賽車接觸時的處理。

》》》 進行碰撞偵測

以下要説明加入玩家賽車與 COM 賽車接觸處理的程式。請輸入以下程式，另存新檔之後，再執行程式。

程式 ▶ list1102_1.py　※ 與前面程式不同的部分畫上了 標示。

1　`import pygame`	匯入 pygame 模組
2　`import sys`	匯入 sys 模組
3　`import math`	匯入 math 模組
4　`import random`	匯入 random 模組
5　`from pygame.locals import *`	省略 pygame. 常數的描述
6	
7　`WHITE = (255, 255, 255)`	定義顏色（白）
8　`BLACK = (  0,   0,   0)`	定義顏色（黑）
9　`RED   = (255,   0,   0)`	定義顏色（紅）
10　`YELLOW= (255, 224,   0)`	定義顏色（黃）
11	
12　`tmr = 0`	計時器的變數
13　`se_crash = None`	載入碰撞音的變數
14	
15　`DATA_LR = [0, 0, 0, 0, 0, 0, 0, 0, 0, 0, 0, 0, 0, 1, 2,`　`3, 2, 1, 0, 2, 4, 2, 4, 2, 0, 0, 0,-2,-2,-4,-4,-2,-`　`1, 0, 0, 0, 0, 0, 0, 0]`	讓道路產生彎曲所使用的資料
16　`DATA_UD = [0, 0, 1, 2, 3, 2, 1, 0,-2,-4,-2, 0, 0, 0,`　`0, 0,-1,-2,-3,-4,-3,-2,-1, 0, 0, 0, 0, 0, 0, 0,`　`0, 0,-3, 3, 0,-6, 6, 0]`	讓道路產生起伏所使用資料
17　`CLEN = len(DATA_LR)`	代入這些資料元素數的常數
18	
19　`BOARD = 120`	決定道路板子數量的常數
20　`CMAX = BOARD*CLEN`	決定賽道長度（元素數）的常數
21　`curve = [0]*CMAX`	代入道路彎曲方向的列表
22　`updown = [0]*CMAX`	代入道路起伏的列表
23　`object_left = [0]*CMAX`	代入道路左邊物體編號的列表
24　`object_right = [0]*CMAX`	代入道路右邊物體編號的列表
25	
26　`CAR = 30`	決定賽車數量的常數
27　`car_x = [0]*CAR`	管理賽車水平座標的列表
28　`car_y = [0]*CAR`	管理賽車在賽道上位置的列表
29　`car_lr = [0]*CAR`	管理賽車左右方向的列表
30　`car_spd = [0]*CAR`	管理賽車速度的列表
31　`PLCAR_Y = 10 # 玩家賽車的顯示位置　道路最前面（畫面下方）為0`	決定玩家賽車顯示位置的常數
32	
33	
34　`def make_course():`	建立賽道資料的函數
:　略：和list1101_1.py一樣（→P.394）	

```
 :    ⟩
56  def draw_obj(bg, img, x, y, sc):                          取得座標與大小並繪製物體的函數
 :    略：和list1101_1.py一樣(→P.394)
 :    ⟩
63  def draw_shadow(bg, x, y, siz):                           顯示陰影的函數
 :    略：和list1101_1.py一樣(→P.394)
 :    ⟩
72  def init_car():                                          在管理賽車的列表代入預設值的函數
 :    略：和list1101_1.py一樣(→P.394)
 :    ⟩
84  def drive_car(key): # 操作、控制玩家的賽車                操作、控制玩家賽車的函數
 :    略：和list1101_1.py一樣(→P.394)
 :
121 def move_car(cs): # 控制COM賽車                           控制 COM 賽車的函數
122     for i in range(cs, CAR):                             重複處理所有賽車
123         if car_spd[i] < 100:                             如果速度小於 100
124             car_spd[i] += 3                              就加速
125         if i == tmr%120:                                每隔一段時間
126             car_lr[i] += random.choice([-1,0,1])         隨機改變方向
127             if car_lr[i] < -3: car_lr[i] = -3            方向未達 -3 就變成 -3
128             if car_lr[i] > 3: car_lr[i] = 3              方向超過 3 就變成 3
129         car_x[i] = car_x[i] + car_lr[i]*car_             由賽車的方向與速度計算水平座標
spd[i]/100
130         if car_x[i] < 50:                                靠近左側路肩時
131             car_x[i] = 50                                為了避免再過去而
132             car_lr[i] = int(car_lr[i]*0.9)               朝向正面方向
133         if car_x[i] > 750:                               靠近右側路肩時
134             car_x[i] = 750                               為了避免再過去而
135             car_lr[i] = int(car_lr[i]*0.9)               朝向正面方向
136         car_y[i] += car_spd[i]/100                       由賽車的速度計算賽道上的位置
137         if car_y[i] > CMAX-1:                            超過賽道終點之後
138             car_y[i] -= CMAX                             回到賽道起點
139         cx = car_x[i]-car_x[0]                           與玩家賽車的水平距離
140         cy = car_y[i]-(car_y[0]+PLCAR_Y)%CMAX            與玩家賽車在賽道上的距離
141         if -100 <= cx and cx <= 100 and -10 <= cy        如果在這個範圍內
and cy <= 10:
142             # 碰撞時的座標變化、交換速度及減速
143             car_x[0] -= cx/4                             水平移動玩家賽車
144             car_x[i] += cx/4                             水平移動 COM 賽車
145             car_spd[0], car_spd[i] = car_spd[i]          交換兩台賽車的速度並減速
*0.3, car_spd[0]*0.3
146             se_crash.play()                             輸出碰撞音
147
148
149 def draw_text(scrn, txt, x, y, col, fnt):                顯示含陰影字串的函數
150     sur = fnt.render(txt, True, BLACK)                   產生用黑色描繪字串的 Surface
151     x -= sur.get_width()/2                               計算居中的 X 座標
152     y -= sur.get_height()/2                              計算居中的 Y 座標
153     scrn.blit(sur, [x+2, y+2])                           將 Surface 傳送到畫面
154     sur = fnt.render(txt, True, col)                     產生用指定色描繪字串的 Surface
155     scrn.blit(sur, [x, y])                               將 Surface 傳送到畫面
156
157
158 def main(): # 主要處理                                    執行主要處理的函數
159     global tmr, se_crash                                 變成全域變數
160     pygame.init()                                        初始化 pygame 模組
161     pygame.display.set_caption("Python Racer")           設定顯示在視窗上的標題
162     screen = pygame.display.set_mode((800, 600))         初始化繪圖面
163     clock = pygame.time.Clock()                          建立 clock 物件
164     fnt_m = pygame.font.Font(None, 50)                   產生字體物件  中型文字
```

```python
165
166     img_bg = pygame.image.load("image_pr/bg.
png").convert()
167     img_sea = pygame.image.load("image_pr/sea.png").
convert_alpha()
168     img_obj = [
169         None,
170         pygame.image.load("image_pr/board.png").
convert_alpha(),
171         pygame.image.load("image_pr/yashi.png").
convert_alpha(),
172         pygame.image.load("image_pr/yacht.png").
convert_alpha()
173     ]
174     img_car = [
175         pygame.image.load("image_pr/car00.png").
convert_alpha(),
:   略
:   〜
195         pygame.image.load("image_pr/car26.png").
convert_alpha()
196     ]
197
198     se_crash = pygame.mixer.Sound("sound_pr/crash.
ogg") # 載入SE
199
200     # 計算道路板子的基本形狀
201     BOARD_W = [0]*BOARD
202     BOARD_H = [0]*BOARD
203     BOARD_UD = [0]*BOARD
204     for i in range(BOARD):
205         BOARD_W[i] = 10+(BOARD-i)*(BOARD-i)/12
206         BOARD_H[i] = 3.4*(BOARD-i)/BOARD
207         BOARD_UD[i] = 2*math.sin(math.radians
(i*1.5))
208
209     make_course()
210     init_car()
211
212     vertical = 0
213
214     while True:
215         for event in pygame.event.get():
216             if event.type == QUIT:
217                 pygame.quit()
218                 sys.exit()
219             if event.type == KEYDOWN:
220                 if event.key == K_F1:
221                     screen = pygame.display.set_
mode((800, 600), FULLSCREEN)
222                 if event.key == K_F2 or event.key ==
K_ESCAPE:
223                     screen = pygame.display.set_
mode((800, 600))
224         tmr += 1
225
226         # 計算繪製道路用的x座標與路面高低
227         di = 0
228         ud = 0
229         board_x = [0]*BOARD
```

載入背景（天空與地面影像）的變數

載入大海影像的變數

載入道路旁物體影像的列表

載入賽車影像的列表

載入碰撞音

代入板子寬度的列表
代入板子高度的列表
代入板子起伏值的列表
重複
　計算寬度
　計算高度
　用三角函數計算起伏值

建立賽道資料
把預設值代入管理賽車的列表

管理背景水平位置的變數

無限迴圈
　重複處理 pygame 的事件
　　按下視窗的 × 鈕
　　　取消 pygame 模組的初始化
　　　結束程式
　　發生按下按鍵的事件時
　　　如果是 F1 鍵
　　　　變成全螢幕

　　　如果是 F2 鍵或 Esc 鍵

　　　　恢復成正常顯示

　tmr 的值加 1

計算道路彎曲方向的變數
計算道路起伏的變數
計算板子 x 座標的列表

230	`board_ud = [0]*BOARD`	計算板子高低的列表
231	`for i in range(BOARD):`	重複
232	`di += curve[int(car_y[0]+i)%CMAX]`	由彎曲資料計算道路的彎度
233	`ud += updown[int(car_y[0]+i)%CMAX]`	由起伏資料計算起伏
234	`board_x[i] = 400 - BOARD_W[i]*car` `x[0]/800 + di/2`	計算並代入板子的 X 座標
235	`board_ud[i] = ud/30`	計算並代入板子的高低
236		
237	`horizon = 400 + int(ud/3) # 計算地平線的座標`	計算地平線的 Y 座標並代入 horizon
238	`sy = horizon # 開始繪製道路的位置`	把開始繪製道路時的 Y 座標代入 sy
239		
240	`vertical = vertical - int(car_spd[0]*` `di/8000) # 背景的垂直位置`	計算背景的垂直位置
241	`if vertical < 0:`	若小於 0
242	`vertical += 800`	就加 800
243	`if vertical >= 800:`	超過 800
244	`vertical -= 800`	就減 800
245		
246	`# 繪製草地`	
247	`screen.fill((0, 56, 255)) # 天空的顏色`	用設定的顏色填滿畫面
248	`screen.blit(img_bg, [vertical-800, hori` `zon-400])`	繪製天空與地面的影像（左側）
249	`screen.blit(img_bg, [vertical, horizon-` `400])`	繪製天空與地面的影像（右側）
250	`screen.blit(img_sea, [board_x[BOARD-1]` `-780, sy]) # 最遠的大海`	繪製左邊遠處的大海
251		
252	`# 根據繪圖資料繪製道路`	
253	`for i in range(BOARD-1, 0, -1):`	重複繪製道路的板子
254	`ux = board_x[i]`	把梯形上底的 X 座標代入 ux
255	`uy = sy - BOARD_UD[i]*board_ud[i]`	把上底的 Y 座標代入 uy
256	`uw = BOARD_W[i]`	把上底的寬度代入 uw
257	`sy = sy + BOARD_H[i]*(600-horizon)/200`	把梯形的 Y 座標變成下一個值
258	`bx = board_x[i-1]`	把梯形下底的 X 座標代入 bx
259	`by = sy - BOARD_UD[i-1]*board_ud[i-1]`	把下底的 Y 座標代入 by
260	`bw = BOARD_W[i-1]`	把下底的寬度代入 bw
261	`col = (160,160,160)`	把板子的顏色代入 col
262	`pygame.draw.polygon(screen, col, [[ux,` `uy], [ux+uw, uy], [bx+bw, by], [bx, by]])`	繪製道路的板子
263		
264	`if int(car_y[0]+i)%10 <= 4: # 左右的黃` `線`	以一定的間隔

265	`pygame.draw.polygon(screen, YELLOW,`
	`[[ux, uy], [ux+uw*0.02, uy], [bx+bw*`
	`0.02, by], [bx, by]])`
		繪製道路左邊的黃線

266	`pygame.draw.polygon(screen, YELLOW,`
	`[[ux+uw*0.98, uy], [ux+uw, uy], [bx+bw, by],`
	`[bx+bw*0.98, by]])`
		繪製道路右邊的黃線

267	`if int(car_y[0]+i)%20 <= 10: # 白線`	以一定的間隔

268	`pygame.draw.polygon(screen, WHITE,`
	`[[ux+uw*0.24, uy], [ux+uw*0.26, uy], [bx+bw*0.26,`
	`by], [bx+bw*0.24, by]])`
		繪製左邊的白線

269	`pygame.draw.polygon(screen, WHITE,`
	`[[ux+uw*0.49, uy], [ux+uw*0.51, uy], [bx+bw*0.51,`
	`by], [bx+bw*0.49, by]])`
		繪製中央的白線

270	`pygame.draw.polygon(screen, WHITE,`
	`[[ux+uw*0.74, uy], [ux+uw*0.76, uy], [bx+bw*0.76,`
	`by], [bx+bw*0.74, by]])`
		繪製右邊的白線

271		
272	`scale = 1.5*BOARD_W[i]/BOARD_W[0]`	計算道路旁的物體大小

```
273        obj_l = object_left[int(car_y[0]+i)           把左邊物體的編號代入 obj_l
    %CMAX] # 道路左邊的物體
274            if obj_l == 2:# 椰子樹                     如果是椰子樹
275                draw_obj(screen, img_obj[obj_l], ux-        就繪製該影像
    uw*0.05, uy, scale)
276            if obj_l == 3: # 遊艇                      如果是遊艇
277                draw_obj(screen, img_obj[obj_l], ux-        就繪製該影像
    uw*0.5, uy, scale)
278            if obj_l == 9: # 大海                      如果是大海
279                screen.blit(img_sea, [ux-uw*0.5            就繪製該影像
    -780, uy])
280        obj_r = object_right[int(car_y[0]              把右邊物體的編號代入 obj_r
    +i)%CMAX] # 道路右邊的物體
281            if obj_r == 1: # 看板                      如果是看板
282                draw_obj(screen, img_obj[obj_r],            就繪製該影像
    ux+uw*1.3, uy, scale)
283
284            for c in range(1, CAR): # COM賽車          重複
285                if int(car_y[c])%CMAX == int(car_          調查該板子上是否有 COM 賽車
    y[0]+i)%CMAX:
286                    lr = int(4*(car_x[0]-car_                    計算玩家看到
    x[c])/800) # 玩家看到COM賽車的方向          COM 賽車的方向
287                    if lr < -3: lr = -3
288                    if lr > 3: lr = 3                        如果小於 -3，就變成 -3
289                    draw_obj(screen, img_car[                 如果小於 3，就變成 3
    (c%3)*7+3+lr], ux+car_x[c]*BOARD_W[i]/800, uy,           繪製 COM 賽車
    0.05+BOARD_W[i]/BOARD_W[0])
290
291            if i == PLCAR_Y: # 玩家賽車                如果是玩家賽車的位置
292                draw_shadow(screen, ux+car_               就繪製賽車的陰影
    x[0]*BOARD_W[i]/800, uy, 200*BOARD_W[i]/BOARD_W[0])
293                draw_obj(screen, img_car[3+car_           繪製玩家的賽車
    lr[0]], ux+car_x[0]*BOARD_W[i]/800, uy, 0.05+
    BOARD_W[i]/BOARD_W[0])
294
295        draw_text(screen, str(int(car_spd[0])) +       顯示速度
    "km/h", 680, 30, RED, fnt_m)
296
297        key = pygame.key.get_pressed()                 把所有按鍵的狀態代入 key
298        drive_car(key)                                 操作玩家的賽車
299        move_car(1)                                    移動 COM 賽車
300
301        pygame.display.update()                        更新畫面
302        clock.tick(60)                                 設定幀率
303
304 if __name__ == '__main__':                            這個程式被直接執行時
305     main()                                            呼叫出 main() 函數
```

這個程式在玩家賽車與 COM 賽車接觸時，會播放碰撞音，彼此略微彈開並減速。這裡省略了執行畫面，請自行確認賽車碰撞時的動作。此外，COM 賽車彼此接觸時，不會發生任何狀況。

碰撞音效是在第 13 行宣告 se_crash 變數，利用第 198 行 se_crash = pygame.mixer.Sound("sound_pr/crash.ogg") 載入檔案。

判斷賽車碰撞（碰撞偵測）與碰撞時的處理是由 move_car() 函數的第 139 ～ 146 行執行，以下將單獨說明這個部分。

```
cx = car_x[i]-car_x[0]
cy = car_y[i]-(car_y[0]+PLCAR_Y)%CMAX
if -100 <= cx and cx <= 100 and -10 <= cy and cy <= 10:
    # 碰撞時的座標變化、交換速度及減速
    car_x[0] -= cx/4
    car_x[i] += cx/4
    car_spd[0], car_spd[i] = car_spd[i]*0.3, car_spd[0]*0.3
    se_crash.play()
```

將玩家賽車與 COM 賽車的水平座標差代入 cx，並將賽道上兩者位置的差代入 cy，這些值若介於 -100 <= cx and cx <= 100 and -10 <= cy and cy <= 10 的範圍時，代表發生碰撞，屬於矩形的碰撞偵測。

這是畫面上的賽車看起來碰撞到的位置範圍。為了讓你容易瞭解兩者的位置關係，以下顯示了從正上方檢視賽道的示意圖。

圖 11-2-1　車輛的碰撞偵測

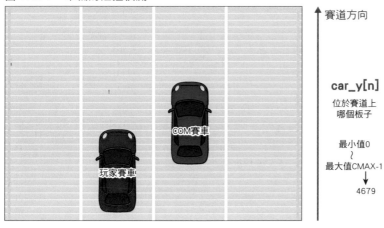

碰撞之後，玩家賽車的水平座標使用 car_x[0] -= cx/4 算式計算，COM 賽車的座標使用 car_x[i] += cx/4 算式計算，彼此往相反方向移動。

如果覺得這個算式很困難，請思考玩家賽車在左側，COM 賽車在右側，兩車發生碰撞時的情況。car_x[i] 大於 car_x[0]，所以 cx 為正數。假設 cx 為 80，玩家賽車為 car_x[0] -= 80/4，換句話說 car_x[0] = car_x[0] – 20，往左移動。COM 賽車為 car_x[i] += 80/4，亦即 car_x[i] = car_x[i] + 20，所以往右移動。玩家賽車在右邊，COM 賽車在左邊時也一樣，兩者的座標皆變成相反方向。

接著利用 car_spd[0], car_spd[i] = car_spd[i]*0.3, car_spd[0]*0.3 計算碰撞時的速度。這個算式 car_spd[0] 的值是 car_spd[i]*0.3，car_spd[i] 的值是 car_spd[0]*0.3。換句話說，玩家賽車的速度變成 COM 賽車速度的 30%，COM 賽車的速度變成玩家賽車速度的 30%。

這樣就能交換速度並同時減速。假設在行駛速度 100km/h 的 COM 賽車後方，玩家賽車以 200km/h 的速度碰撞時，COM 賽車的速度變成 60km/h，玩家賽車的速度變成30km/h。

在 Python 描述
變數 A, 變數 B = 變數 B, 變數 A
就可以交換兩個變數的值。交換碰撞時的速度是使用這個格式乘上小數讓賽車減速。

現實生活中若發生這種事故會很糟糕，不過這是電腦遊戲，所以利用此處說明的算式，讓兩台賽車往彼此彈開的方向移動，呈現出遊戲中的碰撞場景。

在現實世界裡，開車時必須多加留意，避免遇到交通問題，或發生事故。

Lesson 11-3　從起點到終點的過程

這次要加入賽車從起點到終點的過程。啟動遊戲時，顯示標題畫面，在賽車過程中播放 BGM。

索引與計時器

以下要說明用索引與計時器管理遊戲進度的程式。在標題畫面中，顯示以下的 LOGO 影像，請從本書提供的網址下載檔案。

圖 11-3-1　這次使用的影像檔案

title.png

請輸入以下程式，另存新檔之後，再執行程式。

程式 ▶ list1103_1.py　※ 與前面程式不同的部分畫上了標示。

```
1   import pygame                          匯入 pygame 模組
2   import sys                             匯入 sys 模組
3   import math                            匯入 math 模組
4   import random                          匯入 random 模組
5   from pygame.locals import *            省略 pygame. 常數的描述
6
7   WHITE = (255, 255, 255)               定義顏色（白）
8   BLACK = (  0,   0,   0)               定義顏色（黑）
9   RED   = (255,   0,   0)               定義顏色（紅）
10  YELLOW= (255, 224,   0)               定義顏色（黃）
11  GREEN = (  0, 255,   0)               定義顏色（綠）
12
13  idx = 0                               索引的變數
14  tmr = 0                               計時器的變數
15  se_crash = None                       載入碰撞音的變數
16
17  DATA_LR = [0, 0, 0, 0, 0, 0, 0, 0, 0, 0, 0, 0, 0, 1, 2,   讓道路產生彎曲所使用的資料
    3, 2, 1, 0, 2, 4, 2, 4, 2, 0, 0, 0,-2,-2,-4,-4,-2,-
    1, 0, 0, 0, 0, 0, 0, 0]
18  DATA_UD = [0, 0, 1, 2, 3, 2, 1, 0,-2,-4,-2, 0, 0, 0,      讓道路產生起伏所使用資料
    0, 0,-1,-2,-3,-4,-3,-2,-1, 0, 0, 0, 0, 0, 0, 0, 0,
    0, 0,-3, 3, 0,-6, 6, 0]
19  CLEN = len(DATA_LR)                   代入這些資料元素數的常數
20
```

21 BOARD = 120	決定道路板子數量的常數
22 CMAX = BOARD*CLEN	決定賽道長度（元素數）的常數
23 curve = [0]*CMAX	代入道路彎曲方向的列表
24 updown = [0]*CMAX	代入道路起伏的列表
25 object_left = [0]*CMAX	代入道路左邊物體編號的列表
26 object_right = [0]*CMAX	代入道路右邊物體編號的列表
27	
28 CAR = 30	決定賽車數量的常數
29 car_x = [0]*CAR	管理賽車水平座標的列表
30 car_y = [0]*CAR	管理賽車在賽道上位置的列表
31 car_lr = [0]*CAR	管理賽車左右方向的列表
32 car_spd = [0]*CAR	管理賽車速度的列表
33 PLCAR_Y = 10 # 玩家賽車的顯示位置　道路最前面（畫面下方）為0	決定玩家賽車顯示位置的常數
34	
35	
36 def make_course():	建立賽道資料的函數
：　略：和list1101_1.py一樣（→P.394）	
：	
58 def draw_obj(bg, img, x, y, sc):	取得座標與大小並繪製物體的函數
：　略：和list1101_1.py一樣（→P.394）	
：	
65 def draw_shadow(bg, x, y, siz):	顯示陰影的函數
：　略：和list1101_1.py一樣（→P394）	
：	
74 def init_car():	在管理賽車的列表代入預設值的函數
：　略：和list1101_1.py一樣（→P.394）	
：	
86 def drive_car(key): # 操作、控制玩家賽車	操作、控制玩家賽車的函數
87 　　global idx, tmr	變成全域變數
88 　　if key[K_LEFT] == 1:	按下向左鍵後
89 　　　　if car_lr[0] > -3:	如果方向大於 -3
90 　　　　　　car_lr[0] -= 1	方向變成 -1（向左）
91 　　　　car_x[0] = car_x[0] + (car_lr[0]-3)*car_spd[0]/100 - 5	計算賽車的水平座標
92 　　elif key[K_RIGHT] == 1:	按下向右鍵後
93 　　　　if car_lr[0] < 3:	如果方向小於 3
94 　　　　　　car_lr[0] += 1	方向變成 +1（向右）
95 　　　　car_x[0] = car_x[0] + (car_lr[0]+3)*car_spd[0]/100 + 5	計算賽車的水平座標
96 　　else:	否則
97 　　　　car_lr[0] = int(car_lr[0]*0.9)	朝向正面方向
98	
99 　　if key[K_a] == 1: # 油門	按下 A 鍵後
100 　　　　car_spd[0] += 3	增加速度
101 　　elif key[K_z] == 1: # 煞車	按下 Z 鍵後
102 　　　　car_spd[0] -= 10	減少速度
103 　　else:	否則
104 　　　　car_spd[0] -= 0.25	緩慢減速
105	
106 　　if car_spd[0] < 0:	速度不到 0 時
107 　　　　car_spd[0] = 0	速度變成 0
108 　　if car_spd[0] > 320:	超過最高速度後
109 　　　　car_spd[0] = 320	變成最高速度
110	
111 　　car_x[0] -= car_spd[0]*curve[int(car_y[0]+PLCAR_Y)%CMAX]/50	根據賽車的速度與道路的彎度計算水平座標
112 　　if car_x[0] < 0:	接觸左側路肩後
113 　　　　car_x[0] = 0	水平方向的座標變成 0
114 　　　　car_spd[0] *= 0.9	減速

```
115      if car_x[0] > 800:
116          car_x[0] = 800
117          car_spd[0] *= 0.9
118
119      car_y[0] = car_y[0] + car_spd[0]/100
120      if car_y[0] > CMAX-1:
121          car_y[0] -= CMAX
122          idx = 3
123          tmr = 0
124
125
126  def move_car(cs): # 控制COM賽車
127      for i in range(cs, CAR):
128          if car_spd[i] < 100:
129              car_spd[i] += 3
130          if i == tmr%120:
131              car_lr[i] += random.choice([-1,0,1])
132              if car_lr[i] < -3: car_lr[i] = -3
133              if car_lr[i] > 3: car_lr[i] = 3
134          car_x[i] = car_x[i] + car_lr[i]*car_spd[i]/100
135          if car_x[i] < 50:
136              car_x[i] = 50
137              car_lr[i] = int(car_lr[i]*0.9)
138          if car_x[i] > 750:
139              car_x[i] = 750
140              car_lr[i] = int(car_lr[i]*0.9)
141          car_y[i] += car_spd[i]/100
142          if car_y[i] > CMAX-1:
143              car_y[i] -= CMAX
144          if idx == 2: # 賽車中的碰撞偵測
145              cx = car_x[i]-car_x[0]
146              cy = car_y[i]-(car_y[0]+PLCAR_Y)%CMAX
147              if -100 <= cx and cx <= 100 and -10 <= cy and cy <= 10:
148                  # 碰撞時的座標變化、交換速度及減速
149                  car_x[0] -= cx/4
150                  car_x[i] += cx/4
151                  car_spd[0], car_spd[i] = car_spd[i]*0.3, car_spd[0]*0.3
152                  se_crash.play()
153
154
155  def draw_text(scrn, txt, x, y, col, fnt):
156      sur = fnt.render(txt, True, BLACK)
157      x -= sur.get_width()/2
158      y -= sur.get_height()/2
159      scrn.blit(sur, [x+2, y+2])
160      sur = fnt.render(txt, True, col)
161      scrn.blit(sur, [x, y])
162
163
164  def main(): # 主要處理
165      global idx, tmr, se_crash
166      pygame.init()
167      pygame.display.set_caption("Python Racer")
168      screen = pygame.display.set_mode((800, 600))
169      clock = pygame.time.Clock()
170      fnt_s = pygame.font.Font(None, 40)
```

接觸右側路肩後
水平方向的座標變成 800
減速

由賽車的速度計算在賽道上的位置
超過賽道終點後
回到賽道的起點
idx 變成 3，進行終點處理
tmr 變成 0

控制 COM 賽車的函數
重複處理所有賽車
如果速度小於 100
就加速
每隔一段時間
隨機改變方向
方向未達 -3 就變成 -3
方向超過 3 就變成 3
由賽車的方向與速度計算水平座標

靠近左側路肩時
為了避免再過去而
朝向正面方向
靠近右側路肩時
為了避免再過去而
朝向正面方向
由賽車的速度計算賽道上的位置
超過賽道終點之後
回到賽道起點
如果 idx 為 2（賽車中）就進行碰撞偵測
與玩家賽車的水平距離
與玩家賽車在賽道上的距離

如果在這個範圍內

水平移動玩家賽車
水平移動 COM 賽車
兩台賽車的速度互換並減速

輸出碰撞音

顯示含陰影字串的函數
產生用黑色描繪字串的 Surface
計算居中的 X 座標
計算居中的 Y 座標
將 Surface 傳送到畫面
產生用指定色描繪字串的 Surface
將 Surface 傳送到畫面

執行主要處理的函數
變成全域變數
初始化 pygame 模組
設定顯示在視窗上的標題
初始化繪圖面
建立 clock 物件
產生字體物件　小型文字

```
171    fnt_m = pygame.font.Font(None,  50)              產生字體物件  中型文字
172    fnt_l = pygame.font.Font(None, 120)              產生字體物件  大型文字
173
174    img_title = pygame.image.load("image_pr/title.   載入標題 LOGO 的變數
       png").convert_alpha()
175    img_bg = pygame.image.load("image_pr/bg.png").   載入背景（天空與地面影像）的變數
       convert()
176    img_sea = pygame.image.load("image_pr/sea.png"). 載入大海影像的變數
       convert_alpha()
177    img_obj = [                                      載入道路旁物體影像的列表
178        None,
179        pygame.image.load("image_pr/board.png").
       convert_alpha(),
180        pygame.image.load("image_pr/yashi.png").
       convert_alpha(),
181        pygame.image.load("image_pr/yacht.png").
       convert_alpha()
182    ]
183    img_car = [                                      載入賽車影像的列表
184        pygame.image.load("image_pr/car00.png").
       convert_alpha(),
:      略
:      〳
204        pygame.image.load("image_pr/car26.png").
       convert_alpha()
205    ]
206
207    se_crash = pygame.mixer.Sound("sound_pr/crash.   載入碰撞音
       ogg") # 載入SE
208
209    # 計算道路板子的基本形狀
210    BOARD_W = [0]*BOARD                              代入板子寬度的列表
211    BOARD_H = [0]*BOARD                              代入板子高度的列表
212    BOARD_UD = [0]*BOARD                             代入板子起伏值的列表
213    for i in range(BOARD):                           重複
214        BOARD_W[i] = 10+(BOARD-i)*(BOARD-i)/12           計算寬度
215        BOARD_H[i] = 3.4*(BOARD-i)/BOARD                 計算高度
216        BOARD_UD[i] = 2*math.sin(math.radians            用三角函數計算起伏值
       (i*1.5))
217
218    make_course()                                    建立賽道資料
219    init_car()                                       把預設值代入管理賽車的列表
220
221    vertical = 0                                     管理背景水平位置的變數
222
223    while True:                                      無限迴圈
224        for event in pygame.event.get():                重複處理 pygame 的事件
225            if event.type == QUIT:                          按下視窗的 × 鈕
226                pygame.quit()                                   取消 pygame 模組的初始化
227                sys.exit()                                      結束程式
228            if event.type == KEYDOWN:                       發生按下按鍵的事件時
229                if event.key == K_F1:                           如果是 F1 鍵
230                    screen = pygame.display.set_                    變成全螢幕
       mode((800, 600), FULLSCREEN)
231                if event.key == K_F2 or event.key ==            如果是 F2 鍵或 Esc 鍵
       K_ESCAPE:
232                    screen = pygame.display.set_                    恢復成正常顯示
       mode((800, 600))
233        tmr += 1                                         tmr 的值加 1
234
```

412

```
235        # 計算繪製道路用的X座標與路面高低              計算道路彎曲方向的變數
236        di = 0                                         計算道路起伏的變數
237        ud = 0                                         計算板子 X 座標的列表
238        board_x = [0]*BOARD                            計算板子高低的列表
239        board_ud = [0]*BOARD                           重複
240        for i in range(BOARD):
241            di += curve[int(car_y[0]+i)%CMAX]          由彎曲資料計算道路的彎度
242            ud += updown[int(car_y[0]+i)%CMAX]         由起伏資料計算起伏
243            board_x[i] = 400 - BOARD_W[i]*car_         計算並代入板子的 X 座標
    x[0]/800 + di/2
244            board_ud[i] = ud/30                        計算並代入板子的高低
245
246        horizon = 400 + int(ud/3) # 計算地平線的座       計算地平線的 Y 座標並代入 horizon
    標
247        sy = horizon # 開始繪製道路的位置               把開始繪製道路時的 Y 座標代入 sy
248
249        vertical = vertical - int(car_spd[0]*          計算背景的垂直位置
    di/8000) # 背景的垂直位置
250        if vertical < 0:                               若小於 0
251            vertical += 800                            就加 800
252        if vertical >= 800:                            超過 800
253            vertical -= 800                            就減 800
254
255        # 繪製草地
256        screen.fill((0, 56, 255)) # 天空的顏色          用設定的顏色填滿畫面
257        screen.blit(img_bg, [vertical-800, hori        繪製天空與地面的影像（左側）
    zon-400])
258        screen.blit(img_bg, [vertical, horizon-        繪製天空與地面的影像（右側）
    400])
259        screen.blit(img_sea, [board_x[BOARD-1]         繪製左邊遠處的大海
    -780, sy]) # 最遠的大海
260
261        # 根據繪圖資料繪製道路
262        for i in range(BOARD-1, 0, -1):                重複繪製道路的板子
263            ux = board_x[i]                            把梯形上底的 X 座標代入 ux
264            uy = sy - BOARD_UD[i]*board_ud[i]          把上底的 Y 座標代入 uy
265            uw = BOARD_W[i]                            把上底的寬度代入 uw
266            sy = sy + BOARD_H[i]*(600-horizon)/200     把梯形的 Y 座標變成下一個值
267            bx = board_x[i-1]                          把梯形下底的 X 座標代入 bx
268            by = sy - BOARD_UD[i-1]*board_ud[i-1]      把下底的 Y 座標代入 by
269            bw = BOARD_W[i-1]                          把下底的寬度代入 bw
270            col = (160,160,160)                        把板子的顏色代入 col
271            if int(car_y[0]+i)%CMAX == PLCAR_Y+10:     如果在終點的位置
    # 紅線的位置
272                col = (192,0,0)                        代入紅線的顏色值
273            pygame.draw.polygon(screen, col, [[ux,     繪製道路的板子
    uy], [ux+uw, uy], [bx+bw, by], [bx, by]])
274
275            if int(car_y[0]+i)%10 <= 4: # 左右的黃       以一定的間隔
    線
276                pygame.draw.polygon(screen, YELLOW,        繪製道路左邊的黃線
    [[ux, uy], [ux+uw*0.02, uy], [bx+bw*0.02, by],
    [bx, by]])
277                pygame.draw.polygon(screen, YELLOW,        繪製道路右邊的黃線
    [[ux+uw*0.98, uy], [ux+uw, uy], [bx+bw, by],
    [bx+bw*0.98, by]])
278            if int(car_y[0]+i)%20 <= 10: # 白線          以一定的間隔
279                pygame.draw.polygon(screen, WHITE,         繪製左邊的白線
    [[ux+uw*0.24, uy], [ux+uw*0.26, uy], [bx+bw*0.26,
    by], [bx+bw*0.24, by]])
```

280	`pygame.draw.polygon(screen, WHITE, [[ux+uw*0.49, uy], [ux+uw*0.51, uy], [bx+bw*0.51, by], [bx+bw*0.49, by]])`	繪製中央的白線
281	`pygame.draw.polygon(screen, WHITE, [[ux+uw*0.74, uy], [ux+uw*0.76, uy], [bx+bw*0.76, by], [bx+bw*0.74, by]])`	繪製右邊的白線
282		
283	`scale = 1.5*BOARD_W[i]/BOARD_W[0]`	計算道路旁的物體大小
284	`obj_l = object_left[int(car_y[0]+i)%CMAX] # 道路左邊的物體`	把左邊物體的編號代入 obj_l
285	`if obj_l == 2: # 椰子樹`	如果是椰子樹
286	`draw_obj(screen, img_obj[obj_l], ux-uw*0.05, uy, scale)`	就繪製該影像
287	`if obj_l == 3: # 遊艇`	如果是遊艇
288	`draw_obj(screen, img_obj[obj_l], ux-uw*0.5, uy, scale)`	就繪製該影像
289	`if obj_l == 9: # 大海`	如果是大海
290	`screen.blit(img_sea, [ux-uw*0.5-780, uy])`	就繪製該影像
291	`obj_r = object_right[int(car_y[0]+i)%CMAX] # 道路右邊的物體`	把右邊物體的編號代入 obj_r
292	`if obj_r == 1: # 看板`	如果是看板
293	`draw_obj(screen, img_obj[obj_r], ux+uw*1.3, uy, scale)`	就繪製該影像
294		
295	`for c in range(1, CAR): # COM賽車`	重複
296	`if int(car_y[c])%CMAX == int(car_y[0]+i)%CMAX:`	調查該板子上是否有 COM 賽車
297	`lr = int(4*(car_x[0]-car_x[c])/800) # 玩家看到COM賽車的方向`	計算玩家看到 COM 賽車的方向
298	`if lr < -3: lr = -3`	如果小於 -3，就變成 -3
299	`if lr >  3: lr =  3`	如果小於 3，就變成 3
300	`draw_obj(screen, img_car[(c%3)*7+3+lr], ux+car_x[c]*BOARD_W[i]/800, uy, 0.05+BOARD_W[i]/BOARD_W[0])`	繪製 COM 賽車
301		
302	`if i == PLCAR_Y: # 玩家賽車`	如果是玩家賽車的位置
303	`draw_shadow(screen, ux+car_x[0]*BOARD_W[i]/800, uy, 200*BOARD_W[i]/BOARD_W[0])`	就繪製賽車的陰影
304	`draw_obj(screen, img_car[3+car_lr[0]], ux+car_x[0]*BOARD_W[i]/800, uy, 0.05+BOARD_W[i]/BOARD_W[0])`	繪製玩家的賽車
305		
306	`draw_text(screen, str(int(car_spd[0])) + "km/h", 680, 30, RED, fnt_m)`	顯示速度
307		
308	`key = pygame.key.get_pressed()`	把所有按鍵的狀態代入 key
309		
310	`if idx == 0:`	idx 為 0 時（標題畫面）
311	`screen.blit(img_title, [120, 120])`	顯示標題 LOGO
312	`draw_text(screen, "[A] Start game", 400, 320, WHITE, fnt_m)`	顯示 [A] Start game
313	`move_car(0)`	移動所有賽車
314	`if key[K_a] != 0:`	按下 A 鍵後
315	`init_car()`	所有賽車在預設位置
316	`idx = 1`	idx 變成 1，開始倒數
317	`tmr = 0`	計時器變成 0
318		
319	`if idx == 1:`	idx 為 1 時（倒數）
320	`n = 3-int(tmr/60)`	計算倒數的數字並代入 n

321	`            draw_text(screen, str(n), 400, 240,`	顯示數字
	`YELLOW, fnt_l)`	
322	`            if tmr == 179:`	如果 tmr 為 179
323	`                pygame.mixer.music.load("sound_pr/`	載入 BGM
	`bgm.ogg")`	
324	`                pygame.mixer.music.play(-1)`	以無限迴圈輸出
325	`                idx = 2`	idx 變成 2 並開始比賽
326	`                tmr = 0`	tmr 變成 0
327		
328	`        if idx == 2:`	idx 為 2 時（賽車中）
329	`            if tmr < 60:`	在 60 幀之間
330	`                draw_text(screen, "Go!", 400, 240,`	顯示 GO！
	`RED, fnt_l)`	
331	`            drive_car(key)`	操作玩家賽車
332	`            move_car(1)`	移動 COM 賽車
333		
334	`        if idx == 3:`	idx 為 3 時（終點）
335	`            if tmr == 1:`	如果 tmr 為 1
336	`                pygame.mixer.music.stop()`	停止 BGM
337	`            if tmr == 30:`	如果 tmr 變成 30
338	`                pygame.mixer.music.load("sound_pr/`	載入片尾音樂
	`goal.ogg")`	
339	`                pygame.mixer.music.play(0)`	輸出一次
340	`            draw_text(screen, "GOAL!", 400, 240,`	顯示 GOAL！
	`GREEN, fnt_l)`	
341	`            car_spd[0] = car_spd[0]*0.96`	降低玩家賽車的速度
342	`            car_y[0] = car_y[0] + car_spd[0]/100`	在賽道上前進
343	`            move_car(1)`	移動 COM 賽車
344	`            if tmr > 60*8:`	經過 8 秒後
345	`                idx = 0`	idx 變成 0，回到標題
346		
347	`        pygame.display.update()`	更新畫面
348	`        clock.tick(60)`	設定幀率
349		
350	`if __name__ == '__main__':`	這個程式被直接執行時
351	`    main()`	呼叫出 main() 函數

執行這個程式後，會顯示標題畫面。按下 A 鍵開始比賽，在賽道上行駛一圈後，抵達終點。

圖 11-3-1
list1103_1.py 的執行結果

利用索引與計時器管理遊戲進度的結構和在《提心吊膽企鵝迷宮》及《Galaxy Lancer》學過的一樣。這個程式把索引的變數名稱命名為 idx，計時器的變數名稱命名為 tmr。索引的值與執行的處理如下所示。

表 11-3-1　索引與處理概要

idx 的值	處理
0	**標題畫面** ・按下 A 鍵之後，把預設值代入管理賽車的列表，idx 變成 1
1	**開始前的倒數畫面** ・顯示 3、2、1，idx 變成 2
2	**賽車中的畫面（玩遊戲中的畫面）** ・最初的 2 秒顯示 Go！ ・利用移動玩家賽車的函數判斷是否抵達終點，抵達終點後，idx 變成 3 ・移動 COM 賽車
3	**終點畫面** ・顯示 GOAL！ ・等待約 8 秒，idx 變成 1 回到標題畫面

賽車過程中會播放 BGM。BGM 是利用第 323～324 行載入、輸出檔案。

```
pygame.mixer.music.load("sound_pr/bgm.ogg")
pygame.mixer.music.play(-1)
```

抵達終點時的片尾音樂是利用第 338～339 行載入、輸出檔案。

```
pygame.mixer.music.load("sound_pr/goal.ogg")
pygame.mixer.music.play(0)
```

這個程式為了方便瞭解終點的位置，在該處畫上了紅色橫線，並於繪製道路處理的 271～272 行執行這個部分，以下一併節錄了前後行的程式來做說明。

```
col = (160,160,160)
if int(car_y[0]+i)%CMAX == PLCAR_Y+10: # 紅線的位置
    col = (192,0,0)
pygame.draw.polygon(screen, col, [[ux, uy], [ux+uw, uy], [bx+bw, by], [bx, by]])
```

把道路板子的顏色代入 col，一般是灰色 (160,160,160)，但是位於終點的板子代入偏暗紅色 (192,0,0) 的值。

判斷這個位置的條件式是 int(car_y[0]+i)%CMAX == PLCAR_Y+10。這個部分可能有點困難，不過 int(car_y[0]+i)%CMAX 其實是玩家看到的道路板子編號。前面說明過，道路在終點與起點之間循環，所以使用 %CMAX。透過 int(car_y[0]+i)%CMAX 的值，把 PLCAR_Y+10 的板子變成紅色，這樣就可以畫出終點線。此外，PLCAR_Y+10 的具體數值為 20。

雖然這裡加入了完成遊戲的一連串流程，不過既然是賽車遊戲，也需要測量時間吧！

沒錯，下個單元要加入行駛時間與圈數。部分內容比較困難，請努力學習。

加入單圈時間

這次要加上在賽道上行駛三圈之後，就會抵達終點的程式。此外，還要測量並顯示每圈的時間。

單圈時間

田徑或動力運動等在一定區間內所需要的時間稱作「單圈時間（Lap Time）」，而賽車是指行駛賽道一圈所花費的時間。

《Python Racer》假設在賽道上行駛三圈就會抵達終點。以下要說明記錄單圈時間並且顯示在畫面上的程式。請輸入以下程式，另存新檔之後，再執行程式。

程式 ▶ list1104_1.py　※ 與前面程式不同的部分畫上 標示 。

```
1   import pygame                          匯入 pygame 模組
2   import sys                             匯入 sys 模組
3   import math                            匯入 math 模組
4   import random                          匯入 random 模組
5   from pygame.locals import *            省略 pygame. 常數的描述
6
7   WHITE = (255, 255, 255)                定義顏色（白）
8   BLACK = (  0,   0,   0)                定義顏色（黑）
9   RED   = (255,   0,   0)                定義顏色（紅）
10  YELLOW= (255, 224,   0)                定義顏色（黃）
11  GREEN = (  0, 255,   0)                定義顏色（綠）
12
13  idx = 0                                索引的變數
14  tmr = 0                                計時器的變數
15  laps = 0                               管理第幾圈的變數
16  rec = 0                                測量行駛時間的變數
17  recbk = 0                              計算單圈時間的變數
18  se_crash = None                        載入碰撞音的變數
19
20  DATA_LR = [0, 0, 0, 0, 0, 0, 0, 0, 0, 0, 0, 0, 0, 1, 2,   讓道路產生彎曲所使用的資料
    3, 2, 1, 0, 2, 4, 2, 4, 2, 0, 0, 0,-2,-2,-4,-4,-2,-
    1, 0, 0, 0, 0, 0, 0, 0]
21  DATA_UD = [0, 0, 1, 2, 3, 2, 1, 0,-2,-4,-2, 0, 0, 0,      讓道路產生起伏所使用資料
    0, 0,-1,-2,-3,-4,-3,-2,-1, 0, 0, 0, 0, 0, 0, 0, 0,
    0, 0,-3, 3, 0,-6, 6, 0]
22  CLEN = len(DATA_LR)                    代入這些資料元素數的常數
23
24  BOARD = 120                            決定道路板子數量的常數
25  CMAX = BOARD*CLEN                      決定賽道長度（元素數）的常數
26  curve = [0]*CMAX                       代入道路彎曲方向的列表
27  updown = [0]*CMAX                      代入道路起伏的列表
28  object_left = [0]*CMAX                 代入道路左邊物體編號的列表
29  object_right = [0]*CMAX                代入道路右邊物體編號的列表
30
```

```
31    CAR = 30                                         決定賽車數量的常數
32    car_x = [0]*CAR                                  管理賽車水平座標的列表
33    car_y = [0]*CAR                                  管理賽車在賽道上位置的列表
34    car_lr = [0]*CAR                                 管理賽車左右方向的列表
35    car_spd = [0]*CAR                                管理賽車速度的列表
36    PLCAR_Y = 10 # 玩家賽車的顯示位置  道路最前面( 畫   決定玩家賽車顯示位置的常數
面下方 )為0
37
38    LAPS = 3                                         決定幾圈是終點的常數
39    laptime =["0'00.00"]*LAPS                        顯示單圈時間的列表
40
41
42    def make_course():                               建立賽道資料的函數
:     略：和list1101_1.py一樣(→P.394 )
:     〉
64    def time_str(val):                               建立 **'**.** 時間字串的函數
65        sec = int(val) # 參數變成整數的秒數                 將參數變成整數的秒數並代入 sec
66        ms = int((val-sec)*100) # 小數部分                把秒數小數點以下的值代入 ms
67        mi = int(sec/60) # 分                            把分代入 mi
68        return "{}'{:02}.{:02}".format(mi, sec%60, ms)   傳回 **'**.** 字串
69
70
71    def draw_obj(bg, img, x, y, sc):                  取得座標與大小並繪製物體的函數
:     略：和list1101_1.py一樣(→P394 )
:     〉
78    def draw_shadow(bg, x, y, siz):                   顯示陰影的函數
:     略：和list1101_1.py一樣(→P.394 )
:     〉
87    def init_car():                                  在管理賽車的列表代入預設值的函數
:     略：和list1101_1.py一樣(→P.394 )
99    def drive_car(key): # 操作、控制玩家的賽車            操作、控制玩家賽車的函數
100       global idx, tmr, laps, recbk                     變成全域變數
101       if key[K_LEFT] == 1:                             按下向左鍵後
102           if car_lr[0] > -3:                               如果方向大於 -3
103               car_lr[0] -= 1                                   方向變成 -1 ( 向左 )
104           car_x[0] = car_x[0] + (car_lr[0]-3)*             計算賽車的水平座標
car_spd[0]/100 - 5
105       elif key[K_RIGHT] == 1:                          按下向右鍵後
106           if car_lr[0] < 3:                                如果方向小於 3
107               car_lr[0] += 1                                   方向變成 +1 ( 向右 )
108           car_x[0] = car_x[0] + (car_lr[0]+3)*             計算賽車的水平座標
car_spd[0]/100 + 5
109       else:                                            否則
110           car_lr[0] = int(car_lr[0]*0.9)                   朝向正面方向
111
112       if key[K_a] == 1: # 油門                         按下 A 鍵後
113           car_spd[0] += 3                                  增加速度
114       elif key[K_z] == 1: # 煞車                       按下 Z 鍵後
115           car_spd[0] -= 10                                 減少速度
116       else:                                            否則
117           car_spd[0] -= 0.25                               緩慢減速
118
119       if car_spd[0] < 0:                               速度不到 0 時
120           car_spd[0] = 0                                   速度變成 0
121       if car_spd[0] > 320:                             超過最高速度後
122           car_spd[0] = 320                                 變成最高速度
123
124       car_x[0] -= car_spd[0]*curve[int(car_y[0]+      根據賽車的速度與道路的彎曲計算水平
PLCAR_Y)%CMAX]/50
```

```
125        if car_x[0] < 0:                           接觸左側路肩後
126            car_x[0] = 0                               水平方向的座標變成 0
127            car_spd[0] *= 0.9                          減速
128        if car_x[0] > 800:                         接觸右側路肩後
129            car_x[0] = 800                             水平方向的座標變成 800
130            car_spd[0] *= 0.9                          減速
131
132        car_y[0] = car_y[0] + car_spd[0]/100       由賽車的速度計算在賽道上的位置
133        if car_y[0] > CMAX-1:                      超過賽道終點後
134            car_y[0] -= CMAX                           回到賽道的起點
135            laptime[laps] = time_str(rec-recbk)        計算並代入單圈時間
136            recbk = rec                                維持現在的時間
137            laps += 1                                  圈數值加 1
138            if laps == LAPS:                           圈數變成 LAPS 的值之後
139                idx = 3                                    idx 變成 3，進行終點處理
140                tmr = 0                                    tmr 變成 0
141
142
143    def move_car(cs): # 控制COM賽車               控制 COM 賽車的函數
144        for i in range(cs, CAR):                   重複處理所有賽車
145            if car_spd[i] < 100:                       如果速度小於 100
146                car_spd[i] += 3                            就加速
147            if i == tmr%120:                           每隔一段時間
148                car_lr[i] += random.choice([-1,0,1])       隨機改變方向
149                if car_lr[i] < -3: car_lr[i] = -3          方向未達 -3 就變成 -3
150                if car_lr[i] > 3: car_lr[i] = 3            方向超過 3 就變成 3
151            car_x[i] = car_x[i] + car_lr[i]*car_        由賽車的方向與速度計算水平座標
spd[i]/100
152            if car_x[i] < 50:                          靠近左側路肩時
153                car_x[i] = 50                              為了避免再過去而
154                car_lr[i] = int(car_lr[i]*0.9)             朝向正面方向
155            if car_x[i] > 750:                         靠近右側路肩時
156                car_x[i] = 750                             為了避免再過去而
157                car_lr[i] = int(car_lr[i]*0.9)             朝向正面方向
158            car_y[i] += car_spd[i]/100                 由賽車的速度計算賽道上的位置
159            if car_y[i] > CMAX-1:                      超過賽道終點之後
160                car_y[i] -= CMAX                           回到賽道起點
161            if idx == 2: # 賽車中的碰撞偵測             如果 idx 為 2（賽車中）就進行碰撞偵測
162                cx = car_x[i]-car_x[0]                     與玩家賽車的水平距離
163                cy = car_y[i]-(car_y[0]+PLCAR_Y)%          與玩家賽車在賽道上的距離
CMAX
164                if -100 <= cx and cx <= 100 and -10 <=     如果在這個範圍內
cy and cy <= 10:
165                    # 碰撞時的座標變化、交換速度及減速
166                    car_x[0] -= cx/4                           水平移動玩家賽車
167                    car_x[i] += cx/4                           水平移動 COM 賽車
168                    car_spd[0], car_spd[i] = car_             兩台賽車的速度互換並減速
spd[i]*0.3, car_spd[0]*0.3
169                    se_crash.play()                           輸出碰撞音
170
171
172    def draw_text(scrn, txt, x, y, col, fnt):     顯示含陰影字串的函數
173        sur = fnt.render(txt, True, BLACK)             產生用黑色描繪字串的 Surface
174        x -= sur.get_width()/2                         計算居中的 X 座標
175        y -= sur.get_height()/2                        計算居中的 Y 座標
176        scrn.blit(sur, [x+2, y+2])                     將 Surface 傳送到畫面
177        sur = fnt.render(txt, True, col)               產生用指定色描繪字串的 Surface
178        scrn.blit(sur, [x, y])                         將 Surface 傳送到畫面
179
180
```

181	`def main(): # 主要處理`	執行主要處理的函數
182	`    global idx, tmr, laps, rec, recbk, se_crash`	變成全域變數
183	`    pygame.init()`	初始化 pygame 模組
184	`    pygame.display.set_caption("Python Racer")`	設定顯示在視窗上的標題
185	`    screen = pygame.display.set_mode((800, 600))`	初始化繪圖面
186	`    clock = pygame.time.Clock()`	建立 clock 物件
187	`    fnt_s = pygame.font.Font(None,  40)`	產生字體物件 小型文字
188	`    fnt_m = pygame.font.Font(None,  50)`	產生字體物件 中型文字
189	`    fnt_l = pygame.font.Font(None, 120)`	產生字體物件 大型文字
190		
191	`    img_title = pygame.image.load("image_pr/title.png").convert_alpha()`	載入標題 LOGO 的變數
192	`    img_bg = pygame.image.load("image_pr/bg.png").convert()`	載入背景（天空與地面影像）的變數
193	`    img_sea = pygame.image.load("image_pr/sea.png").convert_alpha()`	載入大海影像的變數
194	`    img_obj = [`	載入道路旁物體影像的列表
195	`        None,`	
196	`        pygame.image.load("image_pr/board.png").convert_alpha(),`	
197	`        pygame.image.load("image_pr/yashi.png").convert_alpha(),`	
198	`        pygame.image.load("image_pr/yacht.png").convert_alpha()`	
199	`    ]`	
200	`    img_car = [`	載入賽車影像的列表
201	`        pygame.image.load("image_pr/car00.png").convert_alpha(),`	
⋮	`略`	
⋮	`⟨`	
221	`        pygame.image.load("image_pr/car26.png").convert_alpha()`	
222	`    ]`	
223		
224	`    se_crash = pygame.mixer.Sound("sound_pr/crash.ogg") # 載入SE`	載入碰撞音
225		
226	`    # 計算道路板子的基本形狀`	
227	`    BOARD_W = [0]*BOARD`	代入板子寬度的列表
228	`    BOARD_H = [0]*BOARD`	代入板子高度的列表
229	`    BOARD_UD = [0]*BOARD`	代入板子起伏值的列表
230	`    for i in range(BOARD):`	重複
231	`        BOARD_W[i] = 10+(BOARD-i)*(BOARD-i)/12`	計算寬度
232	`        BOARD_H[i] = 3.4*(BOARD-i)/BOARD`	計算高度
233	`        BOARD_UD[i] = 2*math.sin(math.radians(i*1.5))`	用三角函數計算起伏值
234		
235	`    make_course()`	建立賽道資料
236	`    init_car()`	把預設值代入管理賽車的列表
237		
238	`    vertical = 0`	管理背景水平位置的變數
239		
240	`    while True:`	無限迴圈
241	`        for event in pygame.event.get():`	重複處理 pygame 的事件
242	`            if event.type == QUIT:`	按下視窗的 × 鈕
243	`                pygame.quit()`	取消 pygame 模組的初始化
244	`                sys.exit()`	結束程式
245	`            if event.type == KEYDOWN:`	發生按下按鍵的事件時
246	`                if event.key == K_F1:`	如果是 F1 鍵
247	`                    screen = pygame.display.set_`	變成全螢幕

```
248              mode((800, 600), FULLSCREEN)
                 if event.key == K_F2 or event.key ==
     K_ESCAPE:
249                  screen = pygame.display.set_
     mode((800, 600))
250          tmr += 1
251
252          # 計算繪製道路用的X座標與路面高低
253          di = 0
254          ud = 0
255          board_x = [0]*BOARD
256          board_ud = [0]*BOARD
257          for i in range(BOARD):
258              di += curve[int(car_y[0]+i)%CMAX]
259              ud += updown[int(car_y[0]+i)%CMAX]
260              board_x[i] = 400 - BOARD_W[i]*car_
     x[0]/800 + di/2
261              board_ud[i] = ud/30
262
263          horizon = 400 + int(ud/3) # 計算地平線的座標
264          sy = horizon # 開始繪製道路的位置
265
266          vertical = vertical - int(car_spd[0]*
     di/8000) # 背景的垂直位置
267          if vertical < 0:
268              vertical += 800
269          if vertical >= 800:
270              vertical -= 800
271
272          # 繪製草地
273          screen.fill((0, 56, 255)) # 天空的顏色
274          screen.blit(img_bg, [vertical-800, hori
     zon-400])
275          screen.blit(img_bg, [vertical, horizon-
     400])
276          screen.blit(img_sea, [board_x[BOARD-1]-
     780, sy]) # 最遠的大海
277
278          # 根據繪圖資料繪製道路
279          for i in range(BOARD-1, 0, -1):
280              ux = board_x[i]
281              uy = sy - BOARD_UD[i]*board_ud[i]
282              uw = BOARD_W[i]
283              sy = sy + BOARD_H[i]*(600-horizon)/200
284              bx = board_x[i-1]
285              by = sy - BOARD_UD[i-1]*board_ud[i-1]
286              bw = BOARD_W[i-1]
287              col = (160,160,160)
288              if int(car_y[0]+i)%CMAX == PLCAR_Y+10:
     # 紅線的位置
289                  col = (192,0,0)
290              pygame.draw.polygon(screen, col, [[ux,
     uy], [ux+uw, uy], [bx+bw, by], [bx, by]])
291
292              if int(car_y[0]+i)%10 <= 4: # 左右的黃線
293                  pygame.draw.polygon(screen, YELLOW,
     [[ux, uy], [ux+uw*0.02, uy], [bx+bw*
     0.02, by], [bx, by]])
294                  pygame.draw.polygon(screen, YELLOW,
```

右側註解：

- 248　如果是 F2 鍵或 Esc 鍵
- 249　恢復成正常顯示
- 250　tmr 的值加 1
- 253　計算道路彎曲方向的變數
- 254　計算道路起伏的變數
- 255　計算板子 X 座標的列表
- 256　計算板子高低的列表
- 257　重複
- 258　由彎曲資料計算道路的彎度
- 259　由起伏資料計算起伏
- 260　計算並代入板子的 X 座標
- 261　計算並代入板子的高低
- 263　計算地平線的 Y 座標並代入 horizon
- 264　把開始繪製道路時的 Y 座標代入 sy
- 266　計算背景的垂直位置
- 267　若小於 0
- 268　就加 800
- 269　超過 800
- 270　就減 800
- 273　用設定的顏色填滿畫面
- 274　繪製天空與地面的影像（左側）
- 275　繪製天空與地面的影像（右側）
- 276　繪製左邊遠處的大海
- 279　重複繪製道路的板子
- 280　把梯形上底的 X 座標代入 ux
- 281　把上底的 Y 座標代入 uy
- 282　把上底的寬度代入 uw
- 283　把梯形的 Y 座標變成下一個值
- 284　把梯形下底的 X 座標代入 bx
- 285　把下底的 Y 座標代入 by
- 286　把下底的寬度代入 bw
- 287　把板子的顏色代入 col
- 288　如果在終點的位置
- 289　代入紅線的顏色值
- 290　繪製道路的板子
- 292　以一定的間隔
- 293　繪製道路左邊的黃線
- 294　繪製道路右邊的黃線

```
              [[ux+uw*0.98, uy], [ux+uw, uy], [bx+bw, by],
              [bx+bw*0.98, by]])
295               if int(car_y[0]+i)%20 <= 10: # 白線
296                   pygame.draw.polygon(screen, WHITE,
              [[ux+uw*0.24, uy], [ux+uw*0.26, uy], [bx+bw*0.26,
              by], [bx+bw*0.24, by]])
297                   pygame.draw.polygon(screen, WHITE,
              [[ux+uw*0.49, uy], [ux+uw*0.51, uy], [bx+bw*0.51,
              by], [bx+bw*0.49, by]])
298                   pygame.draw.polygon(screen, WHITE,
              [[ux+uw*0.74, uy], [ux+uw*0.76, uy], [bx+bw*0.76,
              by], [bx+bw*0.74, by]])
299
300               scale = 1.5*BOARD_W[i]/BOARD_W[0]
301               obj_l = object_left[int(car_y[0]+
              i)%CMAX] # 道路左邊的物體
302               if obj_l == 2: # 椰子樹
303                   draw_obj(screen, img_obj[obj_l], ux-
              uw*0.05, uy, scale)
304               if obj_l == 3: # 遊艇
305                   draw_obj(screen, img_obj[obj_l], ux-
              uw*0.5, uy, scale)
306               if obj_l == 9: # 大海
307                   screen.blit(img_sea, [ux-uw*
              0.5-780, uy])
308               obj_r = object_right[int(car_y[0]
              +i)%CMAX] # 道路右邊的物體
309               if obj_r == 1: # 看板
310                   draw_obj(screen, img_obj[obj_r],
              ux+uw*1.3, uy, scale)
311
312               for c in range(1, CAR): # COM賽車
313                   if int(car_y[c])%CMAX == int(
              car_y[0]+i)%CMAX:
314                       lr = int(4*(car_x[0]-car_
              x[c])/800) # 玩家看到的COM賽車的方向
315                       if lr < -3: lr = -3
316                       if lr >  3: lr =  3
317                       draw_obj(screen, img_car[
              (c%3)*7+3+lr], ux+car_x[c]*BOARD_W[i]/800, uy,
              0.05+BOARD_W[i]/BOARD_W[0])
318
319               if i == PLCAR_Y: #玩家賽車
320                   draw_shadow(screen, ux+car_
              x[0]*BOARD_W[i]/800, uy, 200*BOARD_W[i]/BOARD_W[0])
321                   draw_obj(screen, img_car[3+car_
              lr[0]], ux+car_x[0]*BOARD_W[i]/800, uy, 0.05+BOARD_
              W[i]/BOARD_W[0])
322
323       draw_text(screen, str(int(car_spd[0])) +
          "km/h", 680, 30, RED, fnt_m)
324       draw_text(screen, "lap {}/{}".format
          (laps, LAPS), 100, 30, WHITE, fnt_m)
325       draw_text(screen, "time "+time_str(rec), 100,
          80, GREEN, fnt_s)
326       for i in range(LAPS):
327           draw_text(screen, laptime[i], 80,
          130+40*i, YELLOW, fnt_s)
328
```

以一定的間隔
繪製左邊的白線

繪製中央的白線

繪製右邊的白線

計算道路旁的物體大小
把左邊物體的編號代入 obj_l
如果是椰子樹
就繪製該影像
如果是遊艇
就繪製該影像
如果是大海
就繪製該影像
把右邊物體的編號代入 obj_r
如果是看板
就繪製該影像

重複
調查該板子上是否有 COM 賽車

計算玩家看到 COM 賽車
的方向
如果小於 -3，就變成 -3
如果小於 3，就變成 3
繪製 COM 賽車

如果是玩家賽車的位置
就繪製賽車的陰影

繪製玩家的賽車

顯示速度

顯示圈數

顯示時間

重複
顯示單圈時間

329	`        key = pygame.key.get_pressed()`	把所有按鍵的狀態代入 key
330		
331	`        if idx == 0:`	idx 為 0 時（標題畫面）
332	`            screen.blit(img_title, [120, 120])`	顯示標題 LOGO
333	`            draw_text(screen, "[A] Start game", 400,`	顯示 [A] Start game
	`    320, WHITE, fnt_m)`	
334	`            move_car(0)`	移動所有賽車
335	`            if key[K_a] != 0:`	按下 A 鍵後
336	`                init_car()`	idx 變成 1，開始倒數
337	`                idx = 1`	所有賽車在預設位置
338	`                tmr = 0`	計時器變成 0
339	`                laps = 0`	圈數變成 0
340	`                rec = 0`	行駛時間變成 0
341	`                recbk = 0`	計算單圈時間用的變數變成 0
342	`                for i in range(LAPS):`	重複
343	`                    laptime[i] = "0'00.00"`	單圈時間變 0'00:00
344		
345	`        if idx == 1:`	idx 為 1 時（倒數）
346	`            n = 3-int(tmr/60)`	計算倒數的數字並代入 n
347	`            draw_text(screen, str(n), 400, 240,`	顯示數字
	`    YELLOW, fnt_l)`	
348	`            if tmr == 179:`	如果 tmr 為 179
349	`                pygame.mixer.music.load("sound_pr/bgm.`	載入 BGM
	`    ogg")`	
350	`                pygame.mixer.music.play(-1)`	以無限迴圈輸出
351	`                idx = 2`	idx 變成 2 並開始比賽
352	`                tmr = 0`	tmr 變成 0
353		
354	`        if idx == 2:`	idx 為 2 時（賽車中）
355	`            if tmr < 60:`	在 60 幀之間
356	`                draw_text(screen, "Go!", 400, 240,`	顯示 GO！
	`    RED, fnt_l)`	
357	`            rec = rec + 1/60`	計算行駛時間
358	`            drive_car(key)`	操作玩家賽車
359	`            move_car(1)`	移動 COM 賽車
360		
361	`        if idx == 3:`	idx 為 3 時（終點）
362	`            if tmr == 1:`	如果 tmr 為 1
363	`                pygame.mixer.music.stop()`	停止 BGM
364	`            if tmr == 30:`	如果 tmr 變成 30
365	`                pygame.mixer.music.load("sound_pr/`	載入片尾音樂
	`    goal.ogg")`	
366	`                pygame.mixer.music.play(0)`	輸出一次
367	`            draw_text(screen, "GOAL!", 400, 240,`	顯示 GOAL！
	`    GREEN, fnt_l)`	
368	`            car_spd[0] = car_spd[0]*0.96`	降低玩家賽車的速度
369	`            car_y[0] = car_y[0] + car_spd[0]/100`	在賽道上前進
370	`            move_car(1)`	移動 COM 賽車
371	`            if tmr > 60*8:`	經過 8 秒後
372	`                idx = 0`	idx 變成 0，回到標題
373		
374	`        pygame.display.update()`	更新畫面
375	`        clock.tick(60)`	設定幀率
376		
377	`if __name__ == '__main__':`	這個程式被直接執行時
378	`    main()`	呼叫出 main() 函數

執行這個程式後，會在畫面左上方顯示圈數、現在的時間、單圈時間。

圖 11-4-1　list1104_1.py 的執行結果

以下要說明測量時間的方法。

第 64 ～ 68 行定義了從時間值（秒數）建立 **'**.** 字串的 time_str() 函數，我們先說明這個函數。

```python
def time_str(val):
    sec = int(val)  # 參數變成整數的秒數
    ms = int((val-sec)*100) # 小數部分
    mi = int(sec/60) # 分
    return "{}'{:02}.{:02}".format(mi, sec%60, ms)
```

在這個函數的參數給予秒數，就會回傳 **'**.** 字串。秒數分成整數部分與小數部分（代入變數 sec 與 ms），並計算將秒數變成分的值（代入變數 mi），利用 format() 命令轉換成 **'**.** 字串。以粗體顯示的 {:02} 是設定轉換成兩位數。轉換的變數值如果是一位數，就變成 0*，在十位數加上 0。

圈數是由第 15 行宣告的 laps 變數管理。繞行幾圈會抵達終點是由第 38 行定義的 LAPS 常數管理。

變數名稱有分大小寫，所以
laps 與 LAPS 是不同的變數。

利用第 16 ～ 17 行宣告的 rec 與 recbk 變數測量時間。另外，用第 39 行宣告的 laptime
列表管理單圈時間。

比賽開始時，rec 與 recbk 皆為 0。賽車過程中，如第 357 行所示，rec = rec +
1/60 會增加秒數。《Python Racer》是以每秒 60 幀進行處理，所以加上 1/60 秒。
移動玩家賽車的 drive_car() 函數在第 133 ～ 140 行記錄每圈的單圈時間，三圈之後，
抵達終點。以下要單獨說明這個部分。

```python
if car_y[0] > CMAX-1:
    car_y[0] -= CMAX
    laptime[laps] = time_str(rec-recbk)
    recbk = rec
    laps += 1
    if laps == LAPS:
        idx = 3
        tmr = 0
```

玩家賽車在賽道上的位置回到起點時，laptime[laps] = time_str(rec-recbk)，將該圈
的單圈時間代入列表。接著測量下一個單圈時間為 recbk = rec，先在 recbk 代入當時
的秒數，藉此測量每圈的時間。此外，還要計算圈數，三圈之後，進行終點處理。

將秒數轉換成 **!**.** 字串的函
數是這裡的重點。

三圈的單圈時間合計與抵達終點所花的時間（顯示在畫面左上方的 time**!**.** ）有時
會有百分之 1 秒的差異。我們是用小數計算秒數，所以千分之 1 秒被捨去才會造成這
種情況，並非是計算錯誤，請別擔心，繼續學習。

Lesson 11-5　可以選擇車種

這次要讓玩家可以選擇自己喜歡的車種。與前面的程式相比，選擇車種的處理沒有那麼難，這樣就能完成《Python Racer》，請繼續努力。

⋙ 加入車種選擇

以下要說明加入了選擇車種的程式。這是《Python Racer》的完成程式，所以檔案名稱命名為「**python_racer.py**」。
請輸入以下程式，另存新檔之後，再執行程式。

程式 ▶ python_racer.py　※ 與前面程式不同的部分畫上了標示。

```
1    import pygame                              匯入 pygame 模組
2    import sys                                 匯入 sys 模組
3    import math                                匯入 math 模組
4    import random                              匯入 random 模組
5    from pygame.locals import *                省略 pygame. 常數的描述
6
7    WHITE = (255, 255, 255)                    定義顏色（白）
8    BLACK = (  0,   0,   0)                    定義顏色（黑）
9    RED   = (255,   0,   0)                    定義顏色（紅）
10   YELLOW= (255, 224,   0)                    定義顏色（黃）
11   GREEN = (  0, 255,   0)                    定義顏色（綠）
12
13   idx = 0                                    索引的變數
14   tmr = 0                                    計時器的變數
15   laps = 0                                   管理第幾圈的變數
16   rec = 0                                    測量行駛時間的變數
17   recbk = 0                                  計算單圈時間的變數
18   se_crash = None                            載入碰撞音的變數
19   mycar = 0                                  選擇車種用的變數
20
21   DATA_LR = [0, 0, 0, 0, 0, 0, 0, 0, 0, 0, 0, 0, 1, 2,    讓道路產生彎曲所使用的資料
     3, 2, 1, 0, 2, 4, 2, 4, 2, 0, 0, 0,-2,-2,-4,-4,-2,-
     1, 0, 0, 0, 0, 0, 0, 0, 0]
22   DATA_UD = [0, 0, 1, 2, 3, 2, 1, 0,-2,-4,-2, 0, 0, 0,    讓道路產生起伏所使用資料
     0, 0,-1,-2,-3,-4,-3,-2,-1, 0, 0, 0, 0, 0, 0, 0, 0,
     0, 0,-3, 3, 0,-6, 6, 0]
23   CLEN = len(DATA_LR)                        代入這些資料元素數的常數
24
25   BOARD = 120                               決定道路板子數量的常數
26   CMAX = BOARD*CLEN                         決定賽道長度（元素數）的常數
27   curve = [0]*CMAX                          代入道路彎曲方向的列表
28   updown = [0]*CMAX                         代入道路起伏的列表
29   object_left = [0]*CMAX                    代入道路左邊物體編號的列表
30   object_right = [0]*CMAX                   代入道路右邊物體編號的列表
31
32   CAR = 30                                  決定賽車數量的常數
```

427

行	程式碼	說明
33	`car_x = [0]*CAR`	管理賽車水平座標的列表
34	`car_y = [0]*CAR`	管理賽車在賽道上位置的列表
35	`car_lr = [0]*CAR`	管理賽車左右方向的列表
36	`car_spd = [0]*CAR`	管理賽車速度的列表
37	`PLCAR_Y = 10 # 玩家賽車的顯示位置　道路最前面(畫面下方)為0`	決定玩家賽車顯示位置的常數
38		
39	`LAPS = 3`	決定幾圈是終點的常數
40	`laptime =["0'00.00"]*LAPS`	顯示單圈時間的列表
41		
42		
43	`def make_course():`	建立賽道資料的函數
44	`    for i in range(CLEN):`	重複
45	`        lr1 = DATA_LR[i]`	把彎曲資料代入 lr1
46	`        lr2 = DATA_LR[(i+1)%CLEN]`	把下一個彎曲資料代入 lr2
47	`        ud1 = DATA_UD[i]`	把起伏資料代入 ud1
48	`        ud2 = DATA_UD[(i+1)%CLEN]`	把下一個起伏資料代入 ud2
49	`        for j in range(BOARD):`	重複
50	`            pos = j+BOARD*i`	計算列表索引值並代入 pos
51	`            curve[pos] = lr1*(BOARD-j)/BOARD + lr2*j/BOARD`	計算並代入道路彎曲方向
52	`            updown[pos] = ud1*(BOARD-j)/BOARD + ud2*j/BOARD`	計算並代入道路起伏
53	`            if j == 60:`	重複的變數 j 如果是 60
54	`                object_right[pos] = 1 # 看板`	在道路右邊放置看板
55	`            if i%8 < 7:`	重複的變數 i%8<7 時
56	`                if j%12 == 0:`	j%12 為 0 時
57	`                    object_left[pos] = 2 # 椰子樹`	放置椰子樹
58	`                else:`	否則
59	`                    if j%20 == 0:`	j%20 為 0 時
60	`                        object_left[pos] = 3 # 遊艇`	放置遊艇
61	`                if j%12 == 6:`	j%12 為 6 時
62	`                    object_left[pos] = 9 # 大海`	放置大海
63		
64		
65	`def time_str(val):`	建立 **'**.** 時間字串的函數
66	`    sec = int(val) # 參數變成整數的秒數`	將參數變成整數的秒數並代入 sec
67	`    ms  = int((val-sec)*100) # 小數部分`	把秒數小數點以下的值代入 ms
68	`    mi  = int(sec/60) # 分`	把分代入 mi
69	`    return "{}'{:02}.{:02}".format(mi, sec%60, ms)`	傳回 **'**.** 字串
70		
71		
72	`def draw_obj(bg, img, x, y, sc):`	取得座標與大小並繪製物體的函數
73	`    img_rz = pygame.transform.rotozoom(img, 0, sc)`	建立縮放後的影像
74	`    w = img_rz.get_width()`	把影像的寬度代入 w
75	`    h = img_rz.get_height()`	把影像的高度代入 h
76	`    bg.blit(img_rz, [x-w/2, y-h])`	繪製影像
77		
78		
79	`def draw_shadow(bg, x, y, siz):`	顯示陰影的函數
80	`    shadow = pygame.Surface([siz, siz/4])`	準備繪圖面(Surface)
81	`    shadow.fill(RED)`	用紅色填滿繪圖面
82	`    shadow.set_colorkey(RED) # 設定Surface的透明色`	設定繪圖面的透明色
83	`    shadow.set_alpha(128) # 設定Surface的透明度`	設定繪圖面的透明度
84	`    pygame.draw.ellipse(shadow, BLACK, [0,0, siz,siz/4])`	用黑色在繪圖面繪製橢圓形
85	`    bg.blit(shadow, [x-siz/2, y-siz/4])`	將畫了橢圓形的繪圖面傳送到遊戲畫面
86		
87		
88	`def init_car():`	在管理賽車的列表代入預設值的函數

```
89      for i in range(1, CAR):
90          car_x[i] = random.randint(50, 750)
91          car_y[i] = random.randint(200, CMAX-200)
92          car_lr[i] = 0
93          car_spd[i] = random.randint(100, 200)
94      car_x[0] = 400
95      car_y[0] = 0
96      car_lr[0] = 0
97      car_spd[0] = 0
98
99
100 def drive_car(key): # 操作、控制玩家的賽車
101     global idx, tmr, laps, recbk
102     if key[K_LEFT] == 1:
103         if car_lr[0] > -3:
104             car_lr[0] -= 1
105         car_x[0] = car_x[0] + (car_lr[0]-3)*
    car_spd[0]/100 - 5
106     elif key[K_RIGHT] == 1:
107         if car_lr[0] < 3:
108             car_lr[0] += 1
109         car_x[0] = car_x[0] + (car_lr[0]+3)*
    car_spd[0]/100 + 5
110     else:
111         car_lr[0] = int(car_lr[0]*0.9)
112
113     if key[K_a] == 1: # 油門
114         car_spd[0] += 3
115     elif key[K_z] == 1: # 煞車
116         car_spd[0] -= 10
117     else:
118         car_spd[0] -= 0.25
119
120     if car_spd[0] < 0:
121         car_spd[0] = 0
122     if car_spd[0] > 320:
123         car_spd[0] = 320
124
125     car_x[0] -= car_spd[0]*curve[int(car_y[0]+
    PLCAR_Y)%CMAX]/50
126     if car_x[0] < 0:
127         car_x[0] = 0
128         car_spd[0] *= 0.9
129     if car_x[0] > 800:
130         car_x[0] = 800
131         car_spd[0] *= 0.9
132
133     car_y[0] = car_y[0] + car_spd[0]/100
134     if car_y[0] > CMAX-1:
135         car_y[0] -= CMAX
136         laptime[laps] = time_str(rec-recbk)
137         recbk = rec
138         laps += 1
139         if laps == LAPS:
140             idx = 3
141             tmr = 0
142
143
144 def move_car(cs): # 控制COM賽車
145     for i in range(cs, CAR):
```

重複隨機決定
　COM 賽車的水平座標
　隨機決定賽道上的位置
　隨機決定速度
玩家賽車的水平座標在畫面中央
玩家賽車在賽道上的位置為預設值
玩家賽車的方向為 0
玩家賽車的速度為 0

操作、控制玩家賽車的函數
變成全域變數
按下向左鍵後
　如果方向大於 -3
　　方向變成 -1（向左）
　計算賽車的水平座標

按下向右鍵後
　如果方向小於 3
　　方向變成 +1（向右）
　計算賽車的水平座標

否則
　朝向正面方向

按下 A 鍵後
　增加速度
按下 Z 鍵後
　減少速度
否則
　緩慢減速

速度不到 0 時
　速度變成 0
超過最高速度後
　變成最高速度

根據賽車的速度與道路的彎度計算水平座標

接觸左側路肩後
　水平方向的座標變成 0
　減速
接觸右側路肩後
　水平方向的座標變成 800
　減速

由賽車的速度計算在賽道上的位置
超過賽道終點後
　回到賽道的起點
　計算並代入單圈時間
　維持現在的時間
　圈數值加 1
　圈數變成 LAPS 的值之後
　　idx 變成 3，進行終點處理
　　tmr 變成 0

控制 COM 賽車的函數
　重複處理所有賽車

```
146        if car_spd[i] < 100:                          如果速度小於 100
147            car_spd[i] += 3                                就加速
148        if i == tmr%120:                              每隔一段時間
149            car_lr[i] += random.choice([-1,0,1])          隨機改變方向
150            if car_lr[i] < -3: car_lr[i] = -3             方向未達 -3 就變成 -3
151            if car_lr[i] >  3: car_lr[i] =  3             方向超過 3 就變成 3
152        car_x[i] = car_x[i] + car_lr[i]*car_          由賽車的方向與速度計算水平座標
spd[i]/100
153        if car_x[i] < 50:                             靠近左側路肩時
154            car_x[i] = 50                                 為了避免再過去而
155            car_lr[i] = int(car_lr[i]*0.9)                朝向正面方向
156        if car_x[i] > 750:                            靠近右側路肩時
157            car_x[i] = 750                                為了避免再過去而
158            car_lr[i] = int(car_lr[i]*0.9)                朝向正面方向
159        car_y[i] += car_spd[i]/100                    由賽車的速度計算賽道上的位置
160        if car_y[i] > CMAX-1:                         超過賽道終點之後
161            car_y[i] -= CMAX                              回到賽道起點
162        if idx == 2: # 賽車中的碰撞偵測               如果 idx 為 2（賽車中）就進行碰撞偵測
163            cx = car_x[i]-car_x[0]                        與玩家賽車的水平距離
164            cy = car_y[i]-(car_y[0]+PLCAR_Y)              與玩家賽車在賽道上的距離
%CMAX
165            if -100 <= cx and cx <= 100 and -10 <=        如果在這個範圍內
cy and cy <= 10:
166                # 碰撞時的座標變化、交換速度及減速
167                car_x[0] -= cx/4                                 水平移動玩家賽車
168                car_x[i] += cx/4                                 水平移動 COM 賽車
169                car_spd[0], car_spd[i] = car_                    兩台賽車的速度互換並減速
spd[i]*0.3, car_spd[0]*0.3
170                se_crash.play()                                  輸出碰撞音
171
172
173 def draw_text(scrn, txt, x, y, col, fnt):             顯示含陰影字串的函數
174     sur = fnt.render(txt, True, BLACK)               產生用黑色描繪字串的 Surface
175     x -= sur.get_width()/2                           計算居中的 X 座標
176     y -= sur.get_height()/2                          計算居中的 Y 座標
177     scrn.blit(sur, [x+2, y+2])                       將 Surface 傳送到畫面
178     sur = fnt.render(txt, True, col)                 產生用指定色描繪字串的 Surface
179     scrn.blit(sur, [x, y])                           將 Surface 傳送到畫面
180
181
182 def main(): # 主要處理                                執行主要處理的函數
183     global idx, tmr, laps, rec, recbk, se_crash,     變成全域變數
mycar
184     pygame.init()                                    初始化 pygame 模組
185     pygame.display.set_caption("Python Racer")       設定顯示在視窗上的標題
186     screen = pygame.display.set_mode((800, 600))     初始化繪圖面
187     clock = pygame.time.Clock()                      建立 clock 物件
188     fnt_s = pygame.font.Font(None,  40)              產生字體物件  小型文字
189     fnt_m = pygame.font.Font(None,  50)              產生字體物件  中型文字
190     fnt_l = pygame.font.Font(None, 120)              產生字體物件  大型文字
191
192     img_title = pygame.image.load("image_pr/title.   載入標題 LOGO 的變數
png").convert_alpha()
193     img_bg = pygame.image.load("image_pr/bg.         載入背景（天空與地面影像）的變數
png").convert()
194     img_sea = pygame.image.load("image_pr/sea.png"). 載入大海影像的變數
convert_alpha()
195     img_obj = [                                      載入道路旁物體影像的列表
196         None,
197         pygame.image.load("image_pr/board.png").
```

```
         convert_alpha(),
198          pygame.image.load("image_pr/yashi.png").
     convert_alpha(),
199          pygame.image.load("image_pr/yacht.png").
     convert_alpha()
200      ]
201      img_car = [                                          載入賽車影像的列表
202          pygame.image.load("image_pr/car00.png").
     convert_alpha(),
203          pygame.image.load("image_pr/car01.png").
     convert_alpha(),
204          pygame.image.load("image_pr/car02.png").
     convert_alpha(),
205          pygame.image.load("image_pr/car03.png").
     convert_alpha(),
206          pygame.image.load("image_pr/car04.png").
     convert_alpha(),
207          pygame.image.load("image_pr/car05.png").
     convert_alpha(),
208          pygame.image.load("image_pr/car06.png").
     convert_alpha(),
209          pygame.image.load("image_pr/car10.png").
     convert_alpha(),
210          pygame.image.load("image_pr/car11.png").
     convert_alpha(),
211          pygame.image.load("image_pr/car12.png").
     convert_alpha(),
212          pygame.image.load("image_pr/car13.png").
     convert_alpha(),
213          pygame.image.load("image_pr/car14.png").
     convert_alpha(),
214          pygame.image.load("image_pr/car15.png").
     convert_alpha(),
215          pygame.image.load("image_pr/car16.png").
     convert_alpha(),
216          pygame.image.load("image_pr/car20.png").
     convert_alpha(),
217          pygame.image.load("image_pr/car21.png").
     convert_alpha(),
218          pygame.image.load("image_pr/car22.png").
     convert_alpha(),
219          pygame.image.load("image_pr/car23.png").
     convert_alpha(),
220          pygame.image.load("image_pr/car24.png").
     convert_alpha(),
221          pygame.image.load("image_pr/car25.png").
     convert_alpha(),
222          pygame.image.load("image_pr/car26.png").
     convert_alpha()
223      ]
224
225      se_crash = pygame.mixer.Sound("sound_pr/crash.     載入碰撞音
     ogg") # 載入SE
226
227      # 計算道路板子的基本形狀
228      BOARD_W = [0]*BOARD                                  代入板子寬度的列表
229      BOARD_H = [0]*BOARD                                  代入板子高度的列表
230      BOARD_UD = [0]*BOARD                                 代入板子起伏值的列表
231      for i in range(BOARD):                               重複
232          BOARD_W[i] = 10+(BOARD-i)*(BOARD-i)/12             計算寬度
```

```
233         BOARD_H[i] = 3.4*(BOARD-i)/BOARD
234         BOARD_UD[i] = 2*math.sin(math.radians
    (i*1.5))
235
236     make_course()
237     init_car()
238
239     vertical = 0
240
241     while True:
242         for event in pygame.event.get():
243             if event.type == QUIT:
244                 pygame.quit()
245                 sys.exit(-)
246             if event.type == KEYDOWN:
247                 if event.key == K_F1:
248                     screen = pygame.display.set_
    mode((800, 600), FULLSCREEN)
249                 if event.key == K_F2 or event.key ==
    K_ESCAPE:
250                     screen = pygame.display.set_
    mode((800, 600))
251         tmr += 1
252
253         # 計算繪製道路用的X座標與路面高低
254         di = 0
255         ud = 0
256         board_x = [0]*BOARD
257         board_ud = [0]*BOARD
258         for i in range(BOARD):
259             di += curve[int(car_y[0]+i)%CMAX]
260             ud += updown[int(car_y[0]+i)%CMAX]
261             board_x[i] = 400 - BOARD_W[i]*car_
    x[0]/800 + di/2
262             board_ud[i] = ud/30
263
264         horizon = 400 + int(ud/3) # 計算地平線的座標
265         sy = horizon # 開始繪製道路的位置
266
267         vertical = vertical - int(car_spd[0]*
    di/8000) # 背景的垂直位置
268         if vertical < 0:
269             vertical += 800
270         if vertical >= 800:
271             vertical -= 800
272
273         # 繪製草地
274         screen.fill((0, 56, 255)) # 天空的顏色
275         screen.blit(img_bg, [vertical-800, hori
    zon-400])
276         screen.blit(img_bg, [vertical, horizon-
    400])
277         screen.blit(img_sea, [board_x[BOARD-1]-
    780, sy]) # 最遠的大海
278
279         # 根據繪圖資料繪製道路
280         for i in range(BOARD-1, 0, -1):
281             ux = board_x[i]
282             uy = sy - BOARD_UD[i]*board_ud[i]
283             uw = BOARD_W[i]
```

行	說明
233	計算高度
234	用三角函數計算起伏值
236	建立賽道資料
237	把預設值代入管理賽車的列表
239	管理背景水平位置的變數
241	無限迴圈
242	重複處理 pygame 的事件
243	按下視窗的 × 鈕
244	取消 pygame 模組的初始化
245	結束程式
246	發生按下按鍵的事件時
247	如果是 F1 鍵
248	變成全螢幕
249	如果是 F2 鍵或 Esc 鍵
250	恢復成正常顯示
251	tmr 的值加 1
254	計算道路彎曲方向的變數
255	計算道路起伏的變數
256	計算板子 X 座標的列表
257	計算板子高低的列表
258	重複
259	由彎曲資料計算道路的彎度
260	由起伏資料計算起伏
261	計算並代入板子的 X 座標
262	計算並代入板子的高低
264	計算地平線的 Y 座標並代入 horizon
265	把開始繪製道路時的 Y 座標代入 sy
267	計算背景的垂直位置
268	若小於 0
269	就加 800
270	超過 800
271	就減 800
273	用設定的顏色填滿畫面
274	繪製天空與地面的影像（左側）
275	
276	繪製天空與地面的影像（右側）
277	繪製左邊遠處的大海
280	重複繪製道路的板子
281	把梯形上底的 X 座標代入 ux
282	把上底的 Y 座標代入 uy
283	把上底的寬度代入 uw

#	程式碼	說明
284	`            sy = sy + BOARD_H[i]*(600-horizon)/200`	把梯形的 Y 座標變成下一個值
285	`            bx = board_x[i-1]`	把梯形下底的 X 座標代入 bx
286	`            by = sy - BOARD_UD[i-1]*board_ud[i-1]`	把下底的 Y 座標代入 by
287	`            bw = BOARD_W[i-1]`	把下底的寬度代入 bw
288	`            col = (160,160,160)`	把板子的顏色代入 col
289	`            if int(car_y[0]+i)%CMAX == PLCAR_Y+10:` `# 紅線的位置`	如果在終點的位置
290	`                col = (192,0,0)`	代入紅線的顏色值
291	`            pygame.draw.polygon(screen, col, [[ux,` `uy], [ux+uw, uy], [bx+bw, by], [bx, by]])`	繪製道路的板子
292		
293	`            if int(car_y[0]+i)%10 <= 4: # 左右的黃` `線`	以一定的間隔

294	`                pygame.draw.polygon(screen, YELLOW,`
	`[[ux, uy], [ux+uw*0.02, uy], [bx+bw*`
	`0.02, by], [bx, by]])`
		繪製道路左邊的黃線

295	`                pygame.draw.polygon(screen, YELLOW,`
	`[[ux+uw*0.98, uy], [ux+uw, uy], [bx+bw, by],`
	`[bx+bw*0.98, by]])`
		繪製道路右邊的黃線

296	`            if int(car_y[0]+i)%20 <= 10: # 白線`	以一定的間隔

297	`                pygame.draw.polygon(screen, WHITE,`
	`[[ux+uw*0.24, uy], [ux+uw*0.26, uy], [bx+bw*0.26,`
	`by], [bx+bw*0.24, by]])`
		繪製左邊的白線

298	`                pygame.draw.polygon(screen, WHITE,`
	`[[ux+uw*0.49, uy], [ux+uw*0.51, uy], [bx+bw*0.51,`
	`by], [bx+bw*0.49, by]])`
		繪製中央的白線

299	`                pygame.draw.polygon(screen, WHITE,`
	`[[ux+uw*0.74, uy], [ux+uw*0.76, uy], [bx+bw*0.76,`
	`by], [bx+bw*0.74, by]])`
		繪製右邊的白線

300		
301	`            scale = 1.5*BOARD_W[i]/BOARD_W[0]`	計算道路旁的物體大小
302	`            obj_l = object_left[int(car_y[0]+i)` `%CMAX] # 道路左邊的物體`	把左邊物體的編號代入 obj_l
303	`            if obj_l == 2: # 椰子樹`	如果是椰子樹
304	`                draw_obj(screen, img_obj[obj_l], ux-` `uw*0.05, uy, scale)`	就繪製該影像
305	`            if obj_l == 3: # 遊艇`	如果是遊艇
306	`                draw_obj(screen, img_obj[obj_l], ux-` `uw*0.5, uy, scale)`	就繪製該影像
307	`            if obj_l == 9: # 大海`	如果是大海
308	`                screen.blit(img_sea, [ux-uw*0.5-780,` `uy])`	就繪製該影像
309	`            obj_r = object_right[int(car_y[0]` `+i)%CMAX] # 道路右邊的物體`	把右邊物體的編號代入 obj_r
310	`            if obj_r == 1: # 看板`	如果是看板
311	`                draw_obj(screen, img_obj[obj_r],` `ux+uw*1.3, uy, scale)`	就繪製該影像
312		
313	`            for c in range(1, CAR): # COM賽車`	重複
314	`                if int(car_y[c])%CMAX == int` `(car_y[0]+i)%CMAX:`	調查該板子上是否有 COM 賽車
315	`                    lr = int(4*(car_x[0]-car_` `x[c])/800) # 玩家看到COM賽車的方向`	計算玩家看到 COM 賽車的方向
316	`                    if lr < -3: lr = -3`	如果小於 -3，就變成 -3
317	`                    if lr > 3: lr = 3`	如果小於 3，就變成 3

318	`                    draw_obj(screen, img_`
	`car[(c%3)*7+3+lr], ux+car_x[c]*BOARD_W[i]/800, uy,`
	`0.05+BOARD_W[i]/BOARD_W[0])`
		繪製 COM 賽車

319		
320	`            if i == PLCAR_Y: # 玩家賽車`	如果是玩家賽車的位置

321	`            draw_shadow(screen, ux+car_x[0]` `*BOARD_W[i]/800, uy, 200*BOARD_W[i]/BOARD_W[0])`

322	`            draw_obj(screen, img_car[3+car_`
	`lr[0]+mycar*7], ux+car_x[0]*BOARD_W[i]/800, uy,`
	`0.05+BOARD_W[i]/BOARD_W[0])`

323	
324	`        draw_text(screen, str(int(car_spd[0])) +` `"km/h", 680, 30, RED, fnt_m)`
325	`        draw_text(screen, "lap {}/{}".format(laps,` `LAPS), 100, 30, WHITE, fnt_m)`
326	`        draw_text(screen, "time "+time_str(rec), 100,` `80, GREEN, fnt_s)`
327	`        for i in range(LAPS):`
328	`            draw_text(screen, laptime[i], 80,` `130+40*i, YELLOW, fnt_s)`
329	
330	`        key = pygame.key.get_pressed()`
331	
332	`        if idx == 0:`
333	`            screen.blit(img_title, [120, 120])`
334	`            draw_text(screen, "[A] Start game", 400,` `320, WHITE, fnt_m)`
335	`            draw_text(screen, "[S] Select your car",` `400, 400, WHITE, fnt_m)`
336	`            move_car(0)`
337	`            if key[K_a] != 0:`
338	`                init_car()`
339	`                idx = 1`
340	`                tmr = 0`
341	`                laps = 0`
342	`                rec = 0`
343	`                recbk = 0`
344	`                for i in range(LAPS):`
345	`                    laptime[i] = "0'00.00"`
346	`            if key[K_s] != 0:`
347	`                idx = 4`
348	
349	`        if idx == 1:`
350	`            n = 3-int(tmr/60)`
351	`            draw_text(screen, str(n), 400, 240,` `YELLOW, fnt_l)`
352	`            if tmr == 179:`
353	`                pygame.mixer.music.load("sound_pr/bgm.` `ogg")`
354	`                pygame.mixer.music.play(-1)`
355	`                idx = 2`
356	`                tmr = 0`
357	
358	`        if idx == 2:`
359	`            if tmr < 60:`
360	`                draw_text(screen, "Go!", 400, 240,` `RED, fnt_l)`
361	`            rec = rec + 1/60`
362	`            drive_car(key)`
363	`            move_car(1)`
364	
365	`        if idx == 3:`
366	`            if tmr == 1:`
367	`                pygame.mixer.music.stop()`
368	`            if tmr == 30:`

就繪製賽車的陰影

繪製玩家的賽車

顯示速度

顯示圈數

顯示時間

重複
　顯示單圈時間

把所有按鍵的狀態代入 key

idx 為 0 時（標題畫面）
　顯示標題 LOGO
　顯示 [A] Start game

　顯示 [S]Select your car

　移動所有賽車
　按下 A 鍵後
　　所有賽車在預設位置
　　idx 變成 1，開始倒數
　　計時器變成 0
　　圈數變成 0
　　行駛時間變成 0
　　計算單圈時間用的變數變成 0
　　重複
　　　單圈時間變成 0'00:00
　按下 S 鍵後
　　idx 變成 4，進入選擇車種的處理

idx 為 1 時（倒數）
　計算倒數的數字並代入 n
　顯示數字

　如果 tmr 為 179
　　載入 BGM

　　以無限迴圈輸出
　　idx 變成 2 並開始比賽
　　tmr 變成 0

idx 為 2 時（賽車中）
　在 60 幀之間
　　顯示 GO ！

　計算行駛時間
　操作玩家賽車
　移動 COM 賽車

idx 為 3 時（終點）
　如果 tmr 為 1
　　停止 BGM
　如果 tmr 變成 30

```
369         pygame.mixer.music.load("sound_pr/     載入片尾音樂
goal.ogg")
370         pygame.mixer.music.play(0)             輸出一次
371         draw_text(screen, "GOAL!", 400, 240,   顯示 GOAL！
GREEN, fnt_l)
372         car_spd[0] = car_spd[0]*0.96           降低玩家賽車的速度
373         car_y[0] = car_y[0] + car_spd[0]/100   在賽道上前進
374         move_car(1)                            移動 COM 賽車
375         if tmr > 60*8:                         經過 8 秒後
376             idx = 0                            idx 變成 0，回到標題
377
378     if idx == 4:                               idx 為 4 時（選擇車種）
379         move_car(0)                            移動所有賽車
380         draw_text(screen, "Select your car", 400,  顯示 Select your car
160, WHITE, fnt_m)
381         for i in range(3):                     重複
382             x = 160+240*i                      把選擇框的 X 座標代入 x
383             y = 300                            把選擇框的 Y 座標代入 y
384             col = BLACK                        把黑色代入 col
385             if i == mycar:                     如果是選擇的車種
386                 col = (0,128,255)              把亮藍色的值代入 col
387             pygame.draw.rect(screen, col, [x-  用 col 的顏色描繪外框
100, y-80, 200, 160])
388             draw_text(screen, "["+str(i+1)     顯示文字 [n]
+"]", x, y-50, WHITE, fnt_m)
389             screen.blit(img_car[3+i*7], [x-100,  繪製賽車
y-20])
390         draw_text(screen, "[Enter] OK!", 400,  顯示 [Enter] OK！
440, GREEN, fnt_m)
391         if key[K_1] == 1:                      按下 1 鍵後
392             mycar = 0                          在 mycar 代入 0( 紅色賽車 )
393         if key[K_2] == 1:                      按下 2 鍵後
394             mycar = 1                          在 mycar 代入 1( 藍色賽車 )
395         if key[K_3] == 1:                      按下 3 鍵後
396             mycar = 2                          在 mycar 代入 2( 黃色賽車 )
397         if key[K_RETURN] == 1:                 按下 Enter 鍵後
398             idx = 0                            idx 變成 0，回到標題畫面
399
400     pygame.display.update()                    更新畫面
401     clock.tick(60)                             設定幀率
402
403 if __name__ == '__main__':                     這個程式被直接執行時
404     main()                                     呼叫出 main() 函數
```

執行這個程式，在標題畫面按下 S 鍵後，會變成選擇車種的畫面。使用 1～3 鍵選擇車種，按下 Enter 鍵決定（**圖 11-5-1**）。

利用第 19 行宣告的 mycar 變數管理車種。mycar 的值與車種如下表所示。

表 11-5-1　mycar 的值與車種

mycar 的值	0	1	2
車種			

圖 11-5-1 python_racer.py 的執行結果

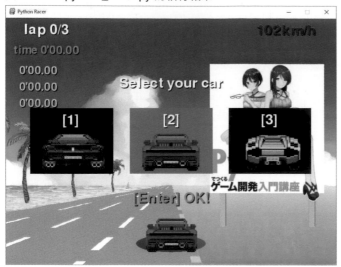

選擇車種的處理是在 main() 函數內的第 378 ～ 398 行執行，以下將單獨說明這個部分。

```python
if idx == 4:
    move_car(0)
    draw_text(screen, "Select your car", 400, 160, WHITE, fnt_m)
    for i in range(3):
        x = 160+240*i
        y = 300
        col = BLACK
        if i == mycar:
            col = (0,128,255)
        pygame.draw.rect(screen, col, [x-100, y-80, 200, 160])
        draw_text(screen, "["+str(i+1)+"]", x, y-50, WHITE, fnt_m)
        screen.blit(img_car[3+i*7], [x-100, y-20])
    draw_text(screen, "[Enter] OK!", 400, 440, GREEN, fnt_m)
    if key[K_1] == 1:
        mycar = 0
    if key[K_2] == 1:
        mycar = 1
    if key[K_3] == 1:
        mycar = 2
    if key[K_RETURN] == 1:
        idx = 0
```

按下 1 2 3 鍵時，更改 mycar 的值。
玩家賽車利用第 322 行

```
draw_obj(screen, img_car[3+car_lr[0]+mycar*7],
 ux+car_x[0]*BOARD_W[i]/800, uy, 0.05+BOARD_W[i]/BOARD_W[0])
```

使用 mycar 的值來移動賽車的影像編號，改變車種。

這次選擇車種的處理只改變了車輛的設計，並沒有更改性能。如果你從頭開始學到這裡，應該能加入依照車種改變性能的處理。最後，這裡要提供一些依照選擇的車輛改變性能的提示。

改變賽車的性能

賽車的性能可以有以下這些變化。

❶ 最高速度
❷ 以多快的速度加速
❸ 方向盤好不好轉

該怎麼做才能更改以上項目呢？
在 python_racer.py 的程式中，於 mycar 變數放入車種的值。玩家賽車的最高速度在 drive_car() 函數內的第 122 ～ 123 行設定為 320。假設利用列表定義三種車種的最高速度為 SPEED_MAX = [320, 300, 360]，第 122 ～ 123 行的 320 描述為 SPEED_MAX[mycar]，就可以依照車種來改變最高速度。
按下 A 鍵時，增加速度的計算是在第 113 ～ 114 行進行。此外，按下向左或向右鍵時，玩家賽車的水平座標是利用第 105 行與 109 行的程式來計算。調整這些地方，就能依照車種產生不同性能。

請將《Python Racer》改造成更正式的賽車遊戲！

由此可知《Python Racer》是使用各種技巧製作而成。

由於部分內容比較困難，不能一次看懂也沒關係，請一步一步閱讀並瞭解內容。

電腦遊戲 AI

深度學習※等新技術誕生之後，已經運用在各種領域，其中最具話題性的就是人工智慧（AI），可是遊戲 AI 的研究，以及在遊戲軟體加入 AI，從早期階段就已經開始著手進行。例如，距離撰寫本書的 30 年前，筆者在學生時期玩的電腦模擬遊戲及桌遊之中，（當時）就已經加入了優秀的思考歷程。

遊戲用的 AI 到底是什麼？

事實上，使用者在玩電腦遊戲時，如果可以感受到正在進行某種「智慧」運算，就是遊戲 AI。具體而言，由電腦操控，稱作 COM 或 NPC 的角色或機器，如果讓使用者感受到「行為像人類」，代表該遊戲加入了 AI。

讓遊戲 AI 這個名詞變得有名，應該是受到《勇者鬥惡龍 IV》（以下簡稱《DQ4》）的影響。這個 RPG 遊戲的第一款是在 1986 年上市，隨著第二款、第三款的發行，粉絲愈來愈多，進而帶動社會現象。系列 4 的《DQ4》加入了 AI 戰鬥，當玩家選擇「全力以赴」或「步步為營」之後，就會根據命令來攻擊敵人或治癒受傷夥伴的體力。

《DQ4》的賣點是在反覆戰鬥的過程中，會從夥伴的行為學習敵人的弱點，進而變聰明。但是剛開始與敵人對戰時，也會產生無用的行為，事實上有些使用者會覺得「『DQ4』的 AI 還不夠聰明」。可是，這款遊戲軟體是在 1990 年上市，當時能利用 AI 來戰鬥，可謂是十分先進、優秀。

1980 年代製作出大量的遊戲軟體，遊戲 AI 大部分受限於當時硬體可以計算的範圍，很少有勝過人腦的遊戲。可是，到了 1990 年代，硬體效能提升，演算法的研究也有顯著進步，有愈來愈多加入優秀 AI 的遊戲軟體出現。

尤其桌遊的思考歷程出現了讓人為之驚豔的進步。隨著硬體的高性能化，演算法研究的發展，還有新世代的 AI 登場，使得將棋和圍棋產生了「未來人類無法勝過電腦」的演變。

將棋與圍棋的思考歷程現在已經當作人工智慧研究的範疇，成為企業及研究機構的技術人員開發的對象。個人要產生如此高度的思考歷程有非常高的難度。

可是如果是動作遊戲裡的敵人行為，只要利用簡單的計算，就能讓玩家感受到「電腦具有智慧」。此外，模擬遊戲及角色扮演遊戲不用進行複雜的計算，透過程式設計，就能表現出電腦的智慧。業餘的程式設計手法就足以開發遊戲 AI。

本書介紹的三種遊戲都沒有加入遊戲 AI。《Galaxy Lancer》這種模擬遊戲若加入自動調整難度的 AI，應該能變成讓更多使用者喜歡玩的遊戲。如果是動作遊戲或賽車遊戲，在敵人的行為加上 AI，能讓遊戲變得更有趣。

舉例來說，在《提心吊膽企鵝迷宮》中調整敵人角色的行為，剩餘糖果愈多的地方，敵人就愈會在那裡徘徊。《Python Racer》可以加入當COM賽車被玩家賽車追上時，就會產生靠近對方的行為。敵人「刻意」干擾時，玩遊戲的人就會感覺到電腦的智慧。這樣可以提高遊戲的緊湊感（變有趣的原因之一），但是難度太高的遊戲會變得無聊，所以必須拿捏難度。

筆者設計過各式各樣的遊戲AI。印象最深刻的是在南夢宮工作時，在電玩機台（商用機械式遊戲機）加入AI，還有自行成立公司後，在手機遊戲App及家用遊戲軟體加入RPG戰鬥用AI，以及四人麻將的電腦思考歷程開發。透過幾種計算組合及一直以來廣為使用的手法，製作出實用的遊戲AI。

有機會的話，筆者希望可以將這種設計程式的方法傳授給你。

※深度學習是指根據腦神經迴路的結構製作而成的電腦程式演算法，運用這項技術持續將人工智慧實用化。

辛苦了，「進階篇」到此結束。

製作了各種類型的遊戲之後，你應該學到非常多東西吧！

希望這本書學到的技巧可以對你有所幫助。

遊戲界的未來就掌握在你手裡，請製作出有趣的遊戲來娛樂大眾。

歡迎來到特別附錄，
我是在未來遊戲中心工作的
Andromeda・Lili。
接下來由我負責解說。

特別附錄 1

Game Center
208X

特別附錄 2

《Animal》
掉落物拼圖

Profile

Andromeda・Lili

內建最新人工智慧的人造人。其
人工智慧是由 Python 編寫而成，
具有相當於 IQ200 的智慧，以及
接近人類的感情。

Appendix

Game Center 208X

》》》 歡迎來到未來遊戲中心！

接下來你要體驗的《Game Center 208X》已經放在壓縮檔案中，你可以從本書提供的網頁（請參考 P.12）下載。檔案解壓縮之後，會出現「Appendix1」資料夾，所有必要的檔案全都放在這裡。

《Game Center 208X》是一款設定成未來遊戲中心的軟體，可以玩多種遊戲。主要的結構是「從執行中的程式使用其他程式的功能」，我們先說明這是何種軟體。

》》》 利用多個檔案建立程式

大部分的程式設計語言可以將程式分別描述在多個檔案內，Python 也是如此。在 Python 把多個檔案組合成程式時，可以從核心程式呼叫並使用其他程式的功能，示意圖如下所示。

圖 Appendix1-1　呼叫其他程式的功能

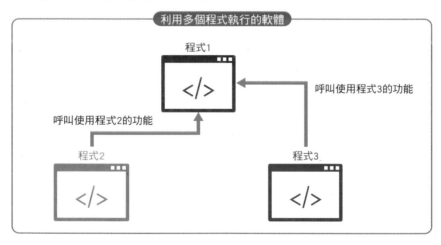

我們將利用簡單的範例程式實際說明這個部分。「Appendix1」資料夾內的 main_prog. py 與 sub_prog.py 就是範例檔案，程式分別如下所示。

程式 ▶ main_prog.py

```
1  import sub_prog                                  匯入 sub_prog 模組
2  r = input("請輸入圓形的半徑")                      用 input() 命令輸入半徑並代入 r
3  a = sub_prog.menseki(int(r))                     執行 sub_prog 的 menseki() 函數計算面積
4  print("半徑{}的圓形面積是".format(r, a))            用 print() 命令輸出值
```

程式 ▶ sub_prog.py

```
1  def menseki(r):                                  定義計算圓形面積的函數
2      return (r*r*3.14)                            傳回半徑 × 半徑 ×3.14 的值
```

使用 IDLE 開啟 main_prog.py 並執行。不需要先開啟 sub_prog.py，不過如果已經開啟也沒有關係。

此時畫面上會呈現等待輸入圓形半徑的狀態，請輸入適當的數值，再按下 Enter 鍵，就會輸出圓形的面積。

圖 Appendix1-2　main_prog.py 的執行結果

```
請輸入圓形的半徑10
半徑10的圓形面積是314.0
>>>
```

main_prog.py 執行了描述在 sub_prog.py 的函數。為了使用 sub_prog.py 的功能，在 main_prog.py 的第一行輸入 import sub_prog，匯入 sub_prog 模組。如果要執行該模組的功能，就得描述模組名稱 . 函數名稱。

這裡的 import 與匯入 tkinter、random 模組時使用的命令一樣。Python 會把其他人開發的程式變成模組，而 sub_prog.py 是具有計算圓形面積功能的模組。

sub_prog 模組是學習範例，只描述了兩行函數，但是在大規模的軟體開發時，為了執行複雜的計算或處理，有時會建立描述了大量程式的模組。例如，三名程式設計師組成團隊開發軟體時，C 負責模組開發，A 與 B 分別建立程式，透過程式可以使用 C 製作的模組功能。此外，將每個功能分成不同檔案，萬一發生錯誤，比較容易找到問題出在哪裡。

你是否已經瞭解將大型程式分成幾個檔案來描述有多方便？

接下來要請你體驗使用 Python 運用這種結構製作而成的《Game Center 208X》。

>>> 啟動《Game Center 208X》

《Game Center 208X》是遊戲軟體的啟動器。啟動器是為了方便管理多個軟體,利用滑鼠或按鍵選擇顯示在畫面上的軟體清單,就能輕易啟動各個軟體的工具軟體。

請啟動 game_center_208X.py,確認狀態。此時,分別按下 1 2 3 鍵,可以個別啟動、操作《提心吊膽企鵝迷宮 Pygame 版》、《Galaxy Lancer》、《Python Racer》等遊戲。

圖 Appendix1-3　game_center_208X.py 的執行結果

這裡的《提心吊膽企鵝迷宮》是使用 Pygame 製作的豪華版,還加入了音效。

444

game_center_208X.py 的程式如下所示。

程式 ▶ game_center_208X.py

```
1   import tkinter                                       匯入 tkinter 模組
2   import penpen_pygame                                 匯入 penpen_pygame 模組
3   import galaxy_lancer_gp                              匯入 galaxy_lancer_gp 模組
4   import python_racer                                  匯入 python_racer 模組
5
6   def key_down(e):                                     定義按下按鍵時執行的函數
7       key = e.keysym                                      把 keysym 的值代入變數 key
8       if key == "1":                                      按下 1 鍵之後
9           penpen_pygame.main()                                啟動提心吊膽企鵝迷宮
10      if key == "2":                                      按下 2 鍵之後
11          galaxy_lancer_gp.main()                             啟動 Galaxy Lancer
12      if key == "3":                                      按下 3 鍵之後
13          python_racer.main()                                 啟動 Python Racer
14
15  root = tkinter.Tk()                                 建立視窗元件
16  root.title("Game Center 2080's")                    設定視窗標題
17  root.resizable(False, False)                        不能更改視窗大小
18  root.bind("<KeyPress>", key_down)                   設定按下按鍵時執行的函數
19  canvas = tkinter.Canvas(width=800, height=800)      建立畫布元件
20  canvas.pack()                                       在視窗置入畫布
21  img = tkinter.PhotoImage(file="gc2080.png")         在變數 img 載入影像
22  canvas.create_image(400, 400, image=img)            在畫布繪製該影像
23  root.mainloop()                                     顯示視窗
```

利用第 2 ～ 4 行程式匯入以下三個模組。

- 《提心吊膽企鵝迷宮 Pygame 版》→ **penpen_pygame.py**
- 《Galaxy Lancer》→ **galaxy_lancer_gp.py**
- 《Python Racer》→ **python_racer.py**

按下按鍵時，執行 key_down() 函數。按下 [1]～[3] 鍵之後，key_down() 函數會以模組名稱 .main()，呼叫出各個模組（遊戲）的 main() 函數。

⟩⟩⟩ 檔案的種類

在「Appendix1」檔案夾內的檔案種類，以及 game_center_208X.py 啟動遊戲程式的狀態，可以顯示成下頁的圖示。

圖 Appendix1-4　啟動器與程式的關係

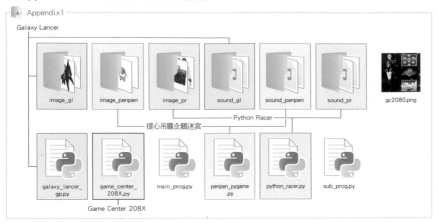

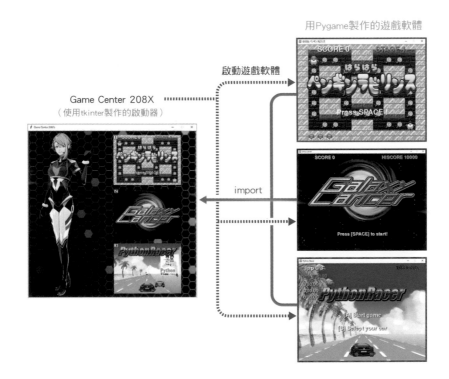

用Pygame製作的遊戲軟體

啟動遊戲軟體

Game Center 208X
（使用tkinter製作的啟動器）

import

■還可以加入原創遊戲

你可以在 game_center_208X.py 增加用 Pygame 開發的新遊戲軟體。例如，加入《Python 遊戲開發講座入門篇｜基礎知識與 RPG 遊戲》製作的 RPG《One Hour Dungeon》。

≫ if __name__ == '__main__': 的重要性

Chapter 5 説明過，if __name__ == '__main__': 是只在直接執行該程式時，啟動用的描述（→ P.178）。

《提心吊膽企鵝迷宮 Pygame 版》、《Galaxy Lancer》、《Python Racer》各個程式的最後兩行如下所示。

```
if __name__ == '__main__':
    main()
```

這個描述是只在直接執行時才呼叫 main() 函數，啟動遊戲軟體，匯入時並不會啟動。
假如這一行只描述 main()，在匯入 game_center_208X 時，就會啟動遊戲軟體。
如果可能在其他程式匯入用 Python 製作的程式，請記住必須先放入 if 語法。
此外，前面確認過的 sub_prog.py 沒有 if 語法，但是在 sub_prog.py 已經描述了函數的定義，所以即使匯入，也不會自行執行。

POINT

注意事項（來自作者）

這裡準備了《Game Center 208X》當作其他程式匯入 Python 程式的範例。這是一本遊戲開發的解説教材，目的是希望你可以愉快地理解 Python 的 import 用法。不過 import 並不是用來製作啟動器，而是用來整合 Python 內建的模組與新程式的功能。

《Game Center 208X》是以簡易方式製作的程式，如果透過 IDLE 執行，卻在玩遊戲的過程半途中止，之後再次用數字鍵啟動時，可能出現無法正常執行的問題，請特別注意這一點。

將來當你用 Python 進行大規模的軟體開發或與團隊一起設計程式時，希望這裡介紹的知識可以派得上用場。

另外，特別附錄的《提心吊膽企鵝迷宮》是將 Chapter 3～4 以 tkinter 製作的遊戲用 Pygame 重新寫過，並增加了 BGM 與 SE。使用 tkinter 製作的遊戲改用 Pygame 製作時，可以讓內容變豐富。若你想將 tkinter 的遊戲轉成 Pygame，可以當作參考。

《Animal》掉落物拼圖

這是提供給同時購買《Python 遊戲開發講座入門篇｜基礎知識與 RPG 遊戲》與本書讀者的一個彩蛋。請特別注意！如果要使用這個檔案，需要輸入在第一本著作 P.373 的密碼。

使用該密碼將 Appendix2.zip 解壓縮之後，可以看到裡面儲存了《Python 遊戲開發講座入門篇》製作的掉落物拼圖改編版，如下圖的遊戲畫面。

想瞭解掉落物拼圖遊戲作法的人，請參考第一本著作。

圖 Appendix2-1　animal_pzl.py 的執行畫面

這個《Animal》掉落物拼圖原本是以《貓咪貓咪》的可愛貓咪為題材製作而成的遊戲。這裡將題材改成「住在叢林中的動物們」，並將標題 LOGO 的文字、顏色、影像檔案名稱改成下圖，遊戲的程式本身並沒有變動。

圖 Appendix2-2　《Animal》掉落物拼圖使用的影像檔案

| animal1.png | animal2.png | animal3.png | animal4.png | animal5.png | animal6.png | animal7.png |

Hard 模式會掉落 6 種動物方塊。在「Appendix2」檔案夾內儲存了第 7 種熊貓的影像，假如你想製作出比 Hard 更難的 Expert 模組時，可以善加運用。

後記

感謝各位讀者閱讀到最後。

在《Python 遊戲開發講座入門篇│基礎知識與 RPG 遊戲》的後記，筆者提到撰寫遊戲開發書籍是我的夢想，但是筆者作夢也沒想到竟然會這麼快就出了第二本。這次由衷感謝 Sotechsha 的今村給予筆者撰寫這本書的機會。

和《Python 遊戲開發講座入門篇│基礎知識與 RPG 遊戲》一樣，這本書也獲得了許多設計師的鼎力相助。感謝生天目繪製了彩華與菫的插圖，以及設計動物掉落物拼圖的遠藤老師，參與新插圖製作的大森老師。青木晋太郎這次也製作了非常棒的音樂，與筆者共事超過十年的橫倉與 Seki 這次也製作了非常棒的點畫與標題 LOGO，在此謝謝各位的協助。還有，筆者在撰寫第一本著作時，從旁協助筆者的妻子，這次也幫忙校閱了專欄的內容，謝謝妻子各方面的協助。

本書説明了動作遊戲、射擊遊戲、還有 3D 賽車遊戲的製作方法，市面上應該還沒有解説模擬 3D 表現技法並製作成遊戲的書籍。最後，筆者想聊聊開發《Python Racer》時的秘辛。

《Python Racer》原本不是為了寫書而製作的程式，是筆者因為個人興趣而完成的遊戲。有一天，筆者想試試用 Python 製作的遊戲可以達到多專業的程度，思考要製作什麼遊戲，而開始嘗試製作模擬 3D 遊戲，就像筆者個人很喜歡的 SEGA 知名作品《OutRun》。附帶一提，筆者非常喜歡 1980 ～ 90 年代的 SEGA 遊戲。

開始製作後，發現用 Python 呈現模擬 3D 的技巧格外有趣，概略完成遊戲之後，有空就慢慢改良，一個人試玩，完全沉浸在個人的世界（苦笑）。

當筆者把這個遊戲介紹給今村時，他表示，如果講授專業遊戲製作方法的書籍企劃通過的話，就把這個遊戲加進去。當時還未確定是否要撰寫第二本書，多虧了第一本著作受到許多讀者的喜愛，馬上就決定要寫第二本書，結果這本《進階篇》就出版了。

最後筆者想講的是，模仿自己喜歡的遊戲，也是提升程式設計技術的捷徑。要模仿得一模一樣很困難，所以只要能做出來就好。書中的專欄也曾提過，筆者也是從這種方式開始，最後才能成為一名遊戲設計師。

如果這本書能幫助到你，筆者將深感榮幸。希望日後還有機會能再次見到各位。

2019 年秋　廣瀬 豪

Index

符號、數字

#（註解）	34
%（求餘運算子）	36, 355
\<B1-Motion\>	160
\<Button\>	28
\<Button-1\>	160
\<ButtonPress\>	28
\<ButtonRelease\>	28
\<Key\>	28
\<KeyPress\>	27, 28, 73
\<KeyRelease\>	28, 73
\<Motion\>	28
__name__	178, 447
α 版	16
β 版	16
3DCG	316
10 進位制與 16 進位制	154
π（pi）	59

A

abs()	52
after()	29, 33, 67, 73, 99, 340
AI	438

B

BASIC	120
bind()	26-28, 42, 53, 160, 329
blit()	178, 185, 202, 222, 234, 264, 342, 377
Button()	26, 60, 164

C

Canvas()	26, 31
Checkbutton()	26
COM	393
convert()	350, 375
convert_alpha()	350, 375
cos()	58-64, 233
create_image()	32, 34, 342
create_line()	62, 64
create_polygon()	326
create_rectangle()	323, 342

D

datetime.now()	30
datetime 模組	30
day	30
def	27
delete()	34, 164, 342

E

Entry()	26
exit()	178

F

float()	61
format()	30, 425
font=	24
FPS	192

G

geometry()	24, 26
global	33
GUI	26

H

hour	30

I

IDLE	13
if __name__ == '__main__':	178, 447
import	178, 443-447
init()	177, 205, 277, 310
insert()	164

K

keycode	27
keysym	27

L

Label()	24, 26
len()	160
load()	181, 197, 277

繪製字串 178, 264, 308

M

mainloop() 25
math.pi 59
math 模組 56, 59
minute 30
month 30

N

None 247
NPC 393, 438

O

ogg 格式 269

P

pack() 31
pass 311
PhotoImage() 32
pip3 172-175
place() 24
play() 269, 277
print() 337, 390, 443
Pycharm 44
Pygame 170
  Surface（表面） 177-179, 201, 386
  顏色設定 177
  旋轉與縮放影像 183
  繪製影像 180, 197-198, 202
  繪製影像（半透明） 386
  影像的顯示位置 185
  切換畫面大小 182
  更新畫面 178
  繪製影像的座標 198, 342
  按鍵輸入 182, 187, 199
  按鍵常數 182, 189, 201, 203, 205
  音效 268
  初始化 177
  圖形繪圖 179
  中文顯示 189
  幀率 177
  結束程式 178
  滑鼠操作 189

R

radians() 59, 64, 337
random 模組 108
rect() 255, 342
resizable() 83
RGB 154
root 24-25
rotate() 184-185
rotozoom() 184-185, 222, 234, 377

S

scale() 184-185
second 30
set_alpha() 387
set_colorkey() 386
sin() 58-64, 233, 335, 358
sprite 316
sqrt() 56, 72
stop() 269, 277
Surface（表面） 177-179, 201, 386
sys 模組 178

T

tag= 34
tan() 58-64
text= 24, 26
Text() 26
tkinter 31, 342
title() 24
Tk() 24
tkinter 模組 24, 322
try ～ except 61, 311

Y

year 30

1 劃

一點透視圖法 318

2 劃

二維列表 38

二點透視圖法 318

3 劃

三角函數 57-64, 217, 226, 335
三點透視圖法 319
下載網址 12

4 劃

元素 38
元組 189, 201, 311
內分點 368
文字編輯器 13
片尾音樂 268

5 劃

世界觀 75
四則運算 343
平面設計師 16
正弦波 335, 347, 358-359
生命制 131, 248

6 劃

交換變數的值 408
企劃立案 15
光的三原色 153
列表 38
吃點數遊戲 78
地圖 39
地圖編輯器 156
多行文字輸入欄 26
多邊形 316
寺田憲史 223

7 劃

判斷地面與牆壁 41
即時處理 29, 84, 178, 340
攻略 136, 143

8 劃

事件 27-28, 182
兩點間的距離 55, 238
函數 27
弧度 59

玩家視角 387
玩遊戲中的畫面 67, 71, 116, 263, 416

9 劃

宣告全域變數 33, 117
按鈕 26
按鍵常數 182, 189, 201, 203, 205
按鍵輸入 24, 84
　Mac 73
　Windows 99
計時器 65, 74, 205, 263, 416
計算飛彈的座標 221
音效設計師 16

10 劃

個人開發 17
宮永好道 18
射擊遊戲 192
時間制 131
核取按鈕（核取方塊） 26
特效（演出） 241, 278, 295
素材 17
索引 65, 71, 74, 116, 263, 416
索引值 38
迷宮 81, 156
除錯 16

11 劃

動作資料 317
動作遊戲 78
動畫 31, 35, 89, 203
啟動器 444
巢狀迴圈 40
常數 71, 86
捲動（快速） 196
捲動 33
掉落物拼圖 448
移植 447
處理速度下降 389
規劃師 16

12 劃

單文字輸入欄 26

單圈時間	418
幀率	67
復古遊戲	190
最高分	297
殘機制	131
殼層	194, 248
無敵狀態	248, 255
畫布	26, 31
程式除錯人員	16
程式設計師	18
結尾	144
視窗	24
註解	34
亂數	109, 295
亂數的種類	166

13 劃

匯入	178, 443-447
搖桿	309
滑鼠游標的位置	41
滑鼠輸入	28
碰撞偵測（矩形）	50, 118, 407
碰撞偵測（圓形）	54, 235, 254
遊戲控制器	309
遊戲程式設計師	16, 18, 72
遊戲結束的畫面	66, 71, 116, 263
遊戲開發	15
遊戲製造商	21
過關畫面	116, 263

14 劃

圖塊	39, 156
旗標	307
演算法	78, 438

綜合開發環境	13, 44
製作人	16
遠近法	318

15 劃

彈幕射擊	192
敵人角色	105, 136, 155, 226, 279, 307
標題畫面	66, 71, 116, 263, 416
標籤	34
標籤元件	24, 26
模型資料	317
模組	443
模擬 3D	316, 322
潛行遊戲	19
線框圖	316

16 劃

操作性	99

17 劃

總監	16
賽車遊戲	314

19 劃

繪製影像的座標	
pygame	198, 342
tkinter	31, 342
難易度	73, 136, 154, 439

21 劃

魔王角色	286

Attention

範例程式的密碼

本書在網站上提供的範例程式以 ZIP 格式壓縮，並設定了密碼，請輸入以下密碼，解壓縮之後再使用。

密碼：Pn#cRss7

參與本書的設計師

■ 白川彩華、水鳥川菫

插畫　生天目 麻衣

■ Prologue

插畫　井上 敬子

■ Chapter 1〜2

設計　World Wide Software Design Team

■ Chapter 3〜4　《提心吊膽企鵝迷宮》

設計　橫倉 太樹

■ Chapter 6〜8　《Galaxy Lancer》

設計　Seki Ryuta
插畫　大森 百華
音效　青木 晋太郎

■ Chapter 9〜11　《Python Racer》

設計　橫倉 太樹
音效　青木 晋太郎

■ **Appendix1　《Game Center 208X》**

插畫　大森 百華
聲音　World Wide Software Design Team

■ **Appendix2　《Animal》**

設計　遠藤 梨奈

■ **Special Thanks**

菊地　寬之 老師（TBC 學院）

〉〉〉 作者簡介

■ **廣瀬 豪（ひろせ つよし）**

畢業於早稻田大學理工學院。曾在南夢宮擔任規劃師，於任天堂及 KONAMI 合資的公司擔任程式設計師與總監的職務，後來自行成立製作遊戲的 World Wide Software 有限公司，開發出家用遊戲軟體、商用遊戲機、手機 app、網頁 app 等各種遊戲。現在一邊經營公司，一邊在教育機構指導程式設計與遊戲開發的課程，以及撰寫書籍。首次製作遊戲是在國中時期，之後不論本業或興趣，都利用 C/C++、Java、JavaScript、Python 等各種程式設計語言開發遊戲。著作有《いちばんやさしい JavaScript 入門教室》、《いちばんやさしい Java 入門教室》、《Python 遊戲開發講座入門篇》（以上為 Sotechsha）。

Python 遊戲開發講座進階篇｜動作射擊與 3D 賽車

作　　者：廣瀨豪
譯　　者：吳嘉芳
企劃編輯：莊吳行世
文字編輯：王雅雯
設計裝幀：張寶莉
發 行 人：廖文良

發 行 所：碁峰資訊股份有限公司
地　　址：台北市南港區三重路 66 號 7 樓之 6
電　　話：(02)2788-2408
傳　　真：(02)8192-4433
網　　站：www.gotop.com.tw
書　　號：ACG006200
版　　次：2021 年 12 月初版
　　　　　2024 年 01 月初版二刷
建議售價：NT$850

國家圖書館出版品預行編目資料

Python 遊戲開發講座進階篇：動作射擊與 3D 賽車 / 廣瀨豪原
　著：吳嘉芳譯. -- 初版. -- 臺北市：碁峰資訊, 2021.12
　　面；　　公分
　ISBN 978-986-502-991-3(平裝)
　1.Python(電腦程式語言)
312.32P97　　　　　　　　　　　　　　　　　110017015